先进储能科学技术与工业应用丛书

Advanced Energy Storage Science Technology
and Industrial Applications Series

电化学储能中的
计算、建模与仿真

◆ 施思齐　等 著

  化学工业出版社

·北　京·

内 容 简 介

本书重点介绍了电化学储能中的科学与技术问题、第一性原理计算、分子动力学模拟、蒙特卡罗和渗流模拟、有效介质理论和空间电荷层模拟、相场模拟、多尺度多物理场建模与仿真、老化研究以及材料基因工程。同时对电化学储能涉及的基础理论，计算、建模与仿真方法面临的挑战及展望进行了详尽叙述。本书内容覆盖面较广，蕴含丰富的科学和工程技术问题，注重基本概念、基本原理的阐述及数学表述的严谨性。相关应用案例来自前沿的科学和技术工作者的研究成果。

本书可供电化学能量存储和转换材料与器件研发的科研工作者与工程技术人员参考，也可作为高等学校化学、物理、材料、新能源等专业本科生和研究生的教材或教学参考书。

图书在版编目（CIP）数据

电化学储能中的计算、建模与仿真/施思齐等著. —北京：化学工业出版社，2022.12（2023.5重印）
（先进储能科学技术与工业应用丛书）
ISBN 978-7-122-42688-8

Ⅰ.①电… Ⅱ.①施… Ⅲ.①电化学-储能-计算②电化学-储能-系统建模③电化学-储能-系统仿真 Ⅳ.①TQ150.1

中国版本图书馆 CIP 数据核字（2022）第 258725 号

责任编辑：卢萌萌　　　　　　　　　　　　文字编辑：王云霞
责任校对：张茜越　　　　　　　　　　　　装帧设计：史利平

出版发行：化学工业出版社（北京市东城区青年湖南街13号　邮政编码100011）
印　　装：大厂聚鑫印刷有限责任公司
787mm×1092mm　1/16　印张20¾　彩插20　字数480千字　2023年5月北京第1版第3次印刷

购书咨询：010-64518888　　　　　　　　　　售后服务：010-64518899
网　　址：http://www.cip.com.cn
凡购买本书，如有缺损质量问题，本社销售中心负责调换。

定　　价：168.00元　　　　　　　　　　　　　　　　版权所有　违者必究

《先进储能科学技术与工业应用丛书》

丛书主编：李 泓

《电化学储能中的计算、建模与仿真》
编 委 会

主　　任：施思齐

编委成员（按姓氏拼音排序）：

丁昱清　何　冰　贺耀龙　胡宏玖

李亚捷　林雨潇　刘金平　刘　悦

罗亚桥　任　元　施思齐　王　达

杨正伟　殷晓彬　张　更　邹喆乂

序一

我国承诺"2030 年碳排放达到峰值，2060 年达到碳中和"。为此，必须大力发展可再生能源，构建能源互联网，以清洁和绿色方式满足"电动中国"对电力的需求。可再生能源具有间歇性、波动性和分散性，需要建立就地收集和存储的网络，成为能源互联网的一个节点，然后互联起来，成为智能的、开放的和双向流动的能源共享网络。构建能源互联网的关键是储能，特别是电化学储能。

因此，储能技术是能源革命的关键支撑技术，被视为国家战略新兴产业。随着全球新能源的快速发展，对储能的需求持续提升。当前仍以抽水储能占据主要地位，但已首次降到 86%。电化学储能的占比迅速提高至 12.2%。其中锂离子电池约占 91%。由于电化学储能更加灵活、更符合人口集中地区的需求，有广阔的增长空间，即将成为满足多种应用场景和需求的主要储能方式。电化学储能产业发展机遇期已经到来，这需要我们加强该领域的基础研究。

电化学储能中的电子/离子输运机理、表/界面结构副反应、制造工艺优化等诸多科学与技术问题均与固态离子学、固体物理、电化学、力学、热学等基础理论密不可分。计算、建模与仿真可衔接基础理论知识和科学技术问题，深化研究人员对电化学储能涉及的物理化学过程的理解，促进研究模式由"经验指导实验"向"理论预测/设计、实验验证"的转变。

从来自实验、计算、建模、仿真和工业生产的数据中总结规律和图像并解决实际问题，在电化学储能研究中越来越发挥重要的作用。因此，有必要采用融合多尺度计算、建模与仿真，以及数据科学和基于人工智能的机器学习手段的"材料基因组思想"，建立面向电化学储能的计算与数据平台，进一步提升电化学储能材料发现、器件设计与工艺优化迭代效率。在数据获取方面，平台可针对储能材料所面临的化合物种类庞杂、数据多源异构和多目标性能评估等挑战，通过高通量并发式计算替代传统的顺序迭代计算，筛选出具有多种目标性能的储能材料，帮助研究人员在繁杂化学空间中发现潜在的新型储能材料；在数据处理方面，平台可凭借机器学习对海量数据的挖掘能力，厘清电化学储能材料/器件的成分/结构与性能间的关系，助力其性能和工艺的优化。

本书的出现填补了国际范围内面向电化学储能应用的集多尺度计算方法、高通量计算以及机器学习于一体的书籍空白,为丰富电化学储能领域的教学与科研工作做出贡献。在具体论述中,作者力求从描述储能材料的微观、介观、宏观尺度,以及高通量计算与机器学习的角度为读者阐释电化学储能中常见的科学与技术问题及其所涉及的物理模型,分析两者之间存在的映射关系。本书对电化学储能领域中较为抽象的基础理论的介绍均与具体案例相结合,所作论述与拓展颇有见地,具有较强的可读性。这有益于不同层次的读者从书中汲取该领域的相关知识并获得启迪。

本书作者施思齐教授自 2001 年攻读博士学位起率先在国内开展电化学储能材料的第一性原理计算研究,熟悉电化学储能领域的基础理论知识和软件技术,在计算、建模与仿真方法的应用和发展方面做出了较为突出的成绩。相信本书能够为我国电化学储能领域的本科生、研究生、科研工作者以及工程技术人员提供有益参考。

中国工程院院士
2022 年 12 月 15 日

序二

电化学储能清洁低碳、高效安全，在便携电源、电动车、储能等领域中正不断释放巨大潜力，被相关科学研究与工程技术人员寄予厚望，并将为我国实现"双碳"战略发挥重大作用。当前，电化学储能材料与器件性能的开发程度尚未到达"天花板"，其亟须突破原有桎梏，以应对应用端对能量密度、倍率性能、宽温域服役性能、安全性、服役寿命等与日俱增的需求。这对研究人员来说既是机遇，也是挑战。

通过大数据科学和机器学习赋能计算、建模与仿真，将有助于打破传统以经验积累和循环试错为特征的"经验寻优"的研究方式，建立集实验、理论、计算和数据于一体的"理性设计"研究模式，为缩短材料从发现到走向市场的时间、降低研发成本、促进制造业升级铺平道路。具体来讲，利用计算、建模与仿真可厘清电化学储能材料成分/器件结构与性能之间的映射关系，归纳领域知识和物理图像，以反哺并指导实验向"理性设计"转变，加速材料发现、器件设计优化与制造工艺革新的进程。然而，借助单一尺度计算获得的储能材料结构-性能关系的物理图像过于简单。例如，储能材料中广泛存在复合材料、多晶材料、纳米材料等非均质材料体系，其宏观性能既取决于电子、原子尺度的微观结构，也取决于更宽尺度范围内的显微结构。因此，如何在统一的物理框架下，从微观、介观和宏观结构角度，多尺度地理解储能材料结构对性能的影响规律，并为包括材料设计、合成、改性、成型和表征在内的研究步骤提供理论依据和方法指导尤为关键。迄今，多尺度计算、建模与仿真依托于物理、化学与化工、材料、数学、力学、计算机等领域知识的交叉融合，已成为开展电化学储能材料及器件研究，并理解材料结构-性能之间定量映射关系的有力研究手段。

施思齐等著写的这本《电化学储能中的计算、建模与仿真》，归纳了电化学储能材料与器件中普遍存在的科学与技术问题，并从多尺度计算以及机器学习的角度构建上述问题的物理或机器学习模型，最终尝试给出问题的"解"。以当前视角探讨电化学储能材料与器件设计中存在的科学与技术问题的书籍在国内外尚属首例。作者一直从事该领域的研究工作，并取得了突出成绩。该书涉及电化学储能领域中艰深且发挥关键作用的理论领域，为其在面向电化学储能研究的多尺度计算中的拓展应用给出了清晰的描绘。该书内容丰富，既重视内容的前沿性与基础性，对电化学储能相关专业知识、研究进展及面临的挑战均做了颇有见解的阐述；也注重表述的易懂性，通过实例启发读者"理实结合"。相信此书的出版能够让不同层次的读者均能感到有可读性并从中受益，促进我国电化学储能材料与器件的研究与发展。

中国科学院院士
2022年12月于清华园

前言

电化学储能技术具有战略性和先导性，是学术界与工业界响应"碳达峰"和"碳中和"号召、维护国家能源安全的着力点，为构建以新能源为主体的电力系统提供了重要支撑。深化电化学储能技术与信息技术的融合，推动研发、制造、应用端向"互联网+"智慧能源模式转型，是我国实现能源可持续发展以及"智能移动"目标的关键任务，同时也标志着我国能源利用方式正向着清洁、安全和可再生转变。

推进电化学储能技术对于电动载具、智能电网、大规模储能等领域至关重要，其高度依赖于材料发现、器件设计以及生产工艺优化的协同发展。材料层面，周期达十余年的"试错法"研发模式难以满足产业界对高性能材料的迫切需求，且单一尺度/精度的计算方法难以应对当前电化学储能材料设计面临的化合物种类庞杂、数据多源异构和多目标性能评估等挑战；器件层面，材料性能无法完全发挥，以及高性能材料的成本问题，均是提出设计方案时面临的障碍；生产工艺层面，严格遵循设计方案制造电化学储能器件需优化工艺和设备。由此，亟待厚植行业软件及相关数据共建共享的生态，有机地融合理论、数据和实验研究，开发集计算、建模与仿真、数据库和机器学习于一体的研发平台，以助力电化学储能材料与器件数字化、智能化研发，加速材料发现、器件设计与制造工艺的迭代优化。在这样的背景下，编写一本详细介绍面向电化学储能研究的计算、建模和仿真方法及应用的工具书是非常必要的。

电化学储能技术是融合材料、物理、化学、力学、数学、计算机、数据等多学科研究的结晶。为了让具有不同学科背景和不同层次的学术界和工业界读者均能得到启示，我们在本书编写过程中，对涉及的方程进行了详细的推导，尽量避免由于转述他人的解释而造成的错漏；对于每一个知识点，尽量从更为形象、直观的角度出发，力求向初学者阐明其中和材料/器件性能有关的科学与技术问题，归纳其影响因素及两者之间遵循的一般规律，并向有基础的读者展示如何借此解决实际问题。

本书涉及电化学储能研究中的科学与技术问题、相关基础理论、第一性原理计算、分子动力学模拟、蒙特卡罗和渗流模拟、有效介质理论和空间电荷层模拟、相场模拟、多尺度多物理场建模与仿真、老化研究以及材料基因工程。这些内容既各自独立，也可通过对理论能量密度、热力学相图、缺陷形成机制、电子导电/离子输运机理、电压平台、有序/无序相结构、溶剂化结构脱溶过程、表/界面副反应、（低温/高温）充放电速率、材料相变与应力演化、本征/化学/电化学稳定性安全性、老化/失效等多尺度问题进行探究而将其相互关联。

  本书的相关素材来自前沿科学和一线技术工作者的成果，并融合笔者二十年来从事电化学储能材料计算与设计研究的心得和体会。希望通过本书的内容抛砖引玉，厚植电化学储能领域的基础研究氛围，并打通其与应用之间的鸿沟。本书经过各位作者坚持不懈的努力，历时三年得以完成。真诚地感谢陈立泉院士、南策文院士、李泓研究员等对本书撰写过程中提出的宝贵建议以及对本书的高度推荐。感谢顾辉、张文清、欧阳楚英、崔艳华、李东江、程涛、练成、黄俊、倪萌、李培超、吴英强、黄秋安、庄全超、吴剑芳、喻嘉、吴兴远、李杰、朱琦、易金、王爱平、赵倩、孙楠楠、宋涛、孙拾雨、蒲博伟、何婷婷、施维、林申等老师和同学对本书内容的有益探讨。感谢国家自然科学基金和重点研发项目的长期资助和支持。感谢化学工业出版社的大力支持及相关工作人员的辛勤工作。

  电化学储能中的计算、建模与仿真的涉及面广，且正在蓬勃发展之中。由于水平有限，书中不当和不妥之处在所难免，恳望广大读者不吝批评和指正。

施思齐

2022 年 12 月 8 日

目录

第1章　电化学储能中的科学与技术问题

1.1 ▶ 电化学储能概述 ··· 1
1.2 ▶ 电化学储能中的科学问题 ······························· 2
    1.2.1　热力学问题 ······································ 2
    1.2.2　动力学问题 ······································ 4
    1.2.3　稳定性评价 ······································ 6
1.3 ▶ 电化学储能中的技术问题 ······························· 6
    1.3.1　多物理场耦合问题 ································ 6
    1.3.2　器件老化和失效问题 ······························ 7
    1.3.3　器件设计问题 ···································· 8
参考文献 ··· 9

第2章　面向电化学储能应用的基础理论简介

2.1 ▶ 电化学基本原理 ·· 12
    2.1.1　电化学基本概念 ·································· 12
    2.1.2　电化学热力学 ···································· 13
    2.1.3　电化学动力学 ···································· 16

2.2 ▶ 配位场理论 ··· 17
2.3 ▶ 缺陷化学基础 ··· 18
2.4 ▶ 输运物理 ··· 18
2.5 ▶ 扩散系数 ··· 20
2.6 ▶ 晶格动力学 ··· 22
2.7 ▶ 渗流理论 ··· 24
2.8 ▶ 有效介质理论 ··· 25
2.9 ▶ 界面双电层 ··· 26
  2.9.1 固液双电层 ·· 26
  2.9.2 固固双电层 ·· 28
2.10 ▶ 相变平均场理论 ··· 29
2.11 ▶ 多物理场耦合理论 ··· 29
参考文献 ·· 31

第 3 章

36

电化学储能中的第一性原理计算

3.1 ▶ 第一性原理计算方法 ··· 36
  3.1.1 薛定谔方程 ·· 36
  3.1.2 哈特里-福克自洽场方法 ·· 37
  3.1.3 分子轨道能级计算方法 ·· 38
  3.1.4 密度泛函理论 ·· 42
  3.1.5 交换关联泛函的修正算法 ·· 44
3.2 ▶ 热力学函数计算指导材料理性设计与结构锚定 ······································· 45
  3.2.1 电能存储——从热能、势能、机械能到化学能 ······························· 46
  3.2.2 第一性原理相图计算探究相变微观起源 ······································· 47
  3.2.3 界面上的物理与化学 ·· 53
  3.2.4 微观结构扰动效应 ·· 59
3.3 ▶ 准粒子结构映射材料内禀特性 ··· 66
  3.3.1 电子结构刻画材料物性 ·· 66
  3.3.2 缺陷化学理论指导设计储能材料 ··· 73

3.4 ▶ 离子输运图像 ·· 79
  3.4.1 离子输运机制 ··· 79
  3.4.2 输运通道识别 ··· 83
3.5 ▶ 展望 ··· 92
参考文献 ··· 93

第 4 章

107

电化学储能中的分子动力学模拟

4.1 ▶ 分子动力学模拟概述 ·· 107
4.2 ▶ 分子动力学模拟的基本原理 ··· 108
4.3 ▶ 分子动力学模拟的基本设置 ··· 109
  4.3.1 分子动力学模拟运行流程以及输入、输出信息 ····················· 109
  4.3.2 初始构型、速度及边界条件 ··· 110
  4.3.3 时间步长 ·· 111
  4.3.4 系综、温度与压强 ··· 111
  4.3.5 势函数以及力的计算方法 ·· 112
4.4 ▶ 分子动力学模拟的分类 ··· 112
  4.4.1 粗粒度分子动力学模拟 ··· 113
  4.4.2 极化分子动力学模拟 ·· 114
  4.4.3 反应分子动力学模拟 ·· 114
  4.4.4 第一性原理分子动力学模拟 ··· 115
  4.4.5 基于机器学习势函数的分子动力学模拟 ······························ 116
4.5 ▶ 分子动力学模拟在电化学储能中的应用 ···································· 116
  4.5.1 晶态-非晶态转变 ··· 116
  4.5.2 液态电解质中微结构表征 ·· 118
  4.5.3 电极/电解质界面反应 ··· 118
  4.5.4 离子输运性质 ··· 119
  4.5.5 枝晶生长影响因素 ··· 125
4.6 ▶ 分子动力学模拟软件 ·· 125
4.7 ▶ 展望 ··· 126

参考文献 ··· 126

第 5 章　132

电化学储能中的蒙特卡罗和渗流模拟

- 5.1 ▶ 蒙特卡罗模拟 ··· 132
  - 5.1.1 蒙特卡罗模拟概述 ·· 132
  - 5.1.2 蒙特卡罗模拟基本步骤 ·· 137
  - 5.1.3 蒙特卡罗模拟在电化学储能研究中的应用 ······················ 142
- 5.2 ▶ 渗流模拟 ·· 148
  - 5.2.1 渗流理论概述 ··· 148
  - 5.2.2 渗流模拟的基本步骤 ··· 152
  - 5.2.3 渗流模拟在电化学储能研究中的应用 ··························· 153
- 5.3 ▶ 蒙特卡罗模拟与其他方法的融合 ·· 156
  - 5.3.1 与渗流模拟融合 ··· 156
  - 5.3.2 与团簇展开方法融合 ··· 157
  - 5.3.3 与键价和计算融合 ·· 159
  - 5.3.4 与分子动力学模拟融合 ·· 159
- 5.4 ▶ 展望 ·· 161
- 参考文献 ··· 162

第 6 章　167

电化学储能中的有效介质理论和空间电荷层模拟

- 6.1 ▶ 有效介质理论模拟 ·· 167
  - 6.1.1 有效介质理论概述 ·· 167
  - 6.1.2 有效介质理论方程 ·· 169
  - 6.1.3 基于有效介质理论的离子电导率计算 ··························· 170

6.2 ▶ 空间电荷层模拟 ·· 171
    6.2.1 空间电荷层模拟概述 ··· 171
    6.2.2 空间电荷层模拟的基本步骤 ·· 175
    6.2.3 空间电荷层模拟在电化学储能研究中的应用 ······················ 176
6.3 ▶ 展望 ··· 179
参考文献 ·· 179

第 7 章

182

电化学储能中的相场模拟

7.1 ▶ 相场模拟概述 ·· 182
7.2 ▶ 相场模拟中的特征物理量 ··· 185
7.3 ▶ 电化学相场模拟 ··· 186
    7.3.1 经典相场模型简介 ·· 186
    7.3.2 电化学相场模拟步骤 ··· 190
    7.3.3 电化学相场模拟演化方程 ··· 190
7.4 ▶ 相场模拟在电化学储能中的应用 ·· 191
    7.4.1 离子电导率与相分离 ··· 191
    7.4.2 电极材料的力学行为与应力演化 ···································· 194
    7.4.3 枝晶生长 ··· 195
7.5 ▶ 展望 ··· 198
参考文献 ·· 199

第 8 章

204

电化学储能中的多尺度多物理场建模与仿真

8.1 ▶ 多尺度多物理场建模与仿真概述 ·· 204
8.2 ▶ 颗粒尺度建模与仿真 ··· 206

8.2.1 基本模型 ··· 206
  8.2.2 活性材料中的电化学-力学耦合及颗粒机械损伤的控制 ············· 209
  8.2.3 活性颗粒表面黏结体系及固态电解质膜的综合调控 ················ 212
8.3 ▶ 电极尺度建模与仿真 ·· 216
  8.3.1 电极的干燥成型 ·· 216
  8.3.2 电极的扩散诱导应力 ··· 219
  8.3.3 电极的分层和屈曲失效 ·· 222
8.4 ▶ 多尺度多物理场建模与仿真 ·· 224
  8.4.1 理论模型 ·· 224
  8.4.2 热场模拟 ·· 230
  8.4.3 荷电状态估计 ·· 233
  8.4.4 电池容量特性计算 ··· 233
  8.4.5 电池阻抗监测技术 ··· 235
8.5 ▶ 基于均匀化方法的快速建模与仿真 ·· 237
8.6 ▶ 展望 ··· 239
参考文献 ··· 239

第9章

电化学储能中的老化研究

9.1 ▶ 老化概述 ·· 245
9.2 ▶ 老化机理简介 ··· 245
  9.2.1 储存老化 ·· 245
  9.2.2 循环老化 ·· 247
9.3 ▶ 老化模型简介 ··· 251
  9.3.1 机理模型 ·· 251
  9.3.2 经验/半经验模型 ··· 259
  9.3.3 机器学习老化模型 ··· 260
9.4 ▶ 展望 ··· 262
参考文献 ··· 262

第 10 章

电化学储能中的材料基因工程

- 10.1 ▶ 材料基因工程概述 ·· 266
  - 10.1.1 材料基因工程的由来和内涵 ································ 266
  - 10.1.2 数据驱动的材料研发模式——第四范式 ················· 268
- 10.2 ▶ 电化学储能中的高通量计算与数据平台 ····················· 269
  - 10.2.1 高通量计算概述 ·· 269
  - 10.2.2 高通量计算与数据平台 ····································· 269
  - 10.2.3 高通量计算助力电化学储能材料筛选 ···················· 276
- 10.3 ▶ 电化学储能中的机器学习 ·· 277
  - 10.3.1 机器学习概述 ··· 277
  - 10.3.2 机器学习的一般步骤 ·· 278
  - 10.3.3 机器学习在电化学储能中的应用 ·························· 296
  - 10.3.4 挑战性问题与对策 ··· 299
- 10.4 ▶ 展望 ··· 303
- 参考文献 ··· 304

第1章 电化学储能中的科学与技术问题

1.1 电化学储能概述

据苏联天文学家 Kardashev[1] 于 1964 年对社会文明所掌握的能量获取手段及程度标定出的三种等级,即Ⅰ级文明(主宰行星及周围卫星能源)、Ⅱ级文明(收集整个恒星的能源)、Ⅲ级文明(收集银河系系统的能源),目前人类文明仍处于Ⅰ级文明阶段。此阶段可获取的能量包括热能、机械能、风能、太阳能、化学能、生物能、电磁能、原子能,如图 1-1 所示。而从如何存储上述能量的角度看,储能技术可划分为热能、机械能、电磁能、化学能四个大类。其中,隶属化学能中的电化学储能技术因能量密度高、能量转换效率优异以及环境友好等特

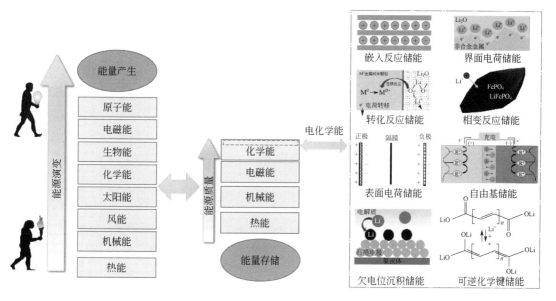

图 1-1 人类社会获取、存储能量方式的演变以及电化学储能反应机制示意图[3,4]

点受到广泛关注，并成为当前应用范围最广且发展潜力最大的储能技术[2]。电化学储能技术的发展与产业的逐步成熟为加快我国面向未来以新能源为主的电力系统的建设铺平了道路，是我国"碳达峰"和"碳中和"世纪战略实施的关键推动力。

本书聚焦电化学储能电池技术，其发展的关键在于构造更高能量及功率密度、更安全以及更便携的电化学储能器件，实现将获得的能量经由嵌入反应、相变反应、转化反应等多种途径存储为化学能，并最终以电能形式释放。随着当前消费电子、电动载具、超级电网、航空航天等领域的飞速发展，亟须更系统和深入地理解电化学储能机理，大力推动其关键材料研发，以实现电化学储能器件在能量密度、充电速率、宽温域性能、安全性、服役寿命等方面的进一步突破。

早期研究中，探究电化学储能机制和研发新材料通常依赖于实验试错，近年来计算机技术的飞速发展促使以基本物理定律/规律和计算技术为基础的数值方法迅速成为发掘电化学储能机理的手段，并有力推动了上述研发进程。然而，电化学储能涉及复杂的热力学、动力学及稳定性问题，具体包括了表/界面结构生成、有序/无序相形成、混合离子输运、枝晶生长、界面稳定性、机械强度、抗氧化和抗腐蚀等诸多类子问题。同时，电化学储能器件的实际性能并非其中所涉材料性能的简单线性累加，而是涵盖了电芯、模组及电池包等多种尺度相关行为和机制的耦合，由此，仅对储能材料性能层面的描述难以适用于整个储能系统，并可能造成对器件整体性能的错估。因此，了解电化学储能中的科学和技术问题，系统掌握相应的电化学储能计算、建模和仿真方法，并从多角度深入理解和探索复杂的电化学储能机理，成为推动电化学储能技术发展的必备技能和有力工具。

1.2 电化学储能中的科学问题

电化学储能涉及诸多复杂的热力学平衡和非平衡问题，以及由其结果导向的稳定性评价。平衡态热力学研究不含时情况下的热动力学（thermodynamics）现象，着重关注系统处于平衡状态时的广义力与广义运动之间的关联，其已形成以热力学三大定律为基础的完善理论。在材料科学中，这部分热动力学理论通常被简称为热力学。非平衡态热力学研究含时情形下的热动理学（thermokinetics）现象，着重关注系统广义运动所处的状态，这部分研究目前还处于起步阶段。在材料科学中，这部分热动理学理论通常被简称为动力学。稳定性指受到环境扰动偏离平衡态的系统在扰动撤除后仍能恢复原平衡态的程度。系统稳定性越好，其抵抗环境扰动的能力则越强。图1-2简要汇总了电化学储能材料涉及的主要热力学、动力学及其稳定性评价问题，我们随后将对其依次进行详述。

1.2.1 热力学问题

电化学储能材料在热力学方面涉及直接通过吉布斯自由能计算理论能量密度、电压平台、副反应，以及间接通过自由能极小值锚定有序/无序相、固态电解质膜、点缺陷、空间电荷层、无机-有机混合界面等关键材料体相/界面结构等问题，如图1-2所示。可以看出，上述计算方法的核心是通过构造吉布斯自由能并结合基础电化学理论获得相应问题的物理量形式（详见第2章）。

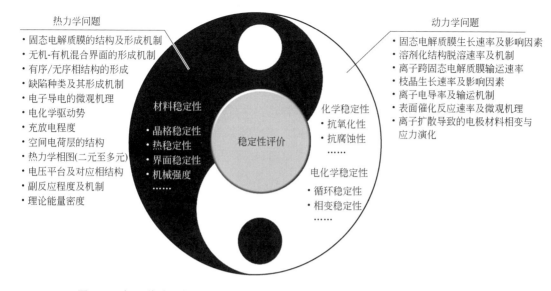

图 1-2 电化学储能材料涉及的热力学、动力学科学问题及其稳定性评价问题

此外，还可将多尺度计算与实验数据转化为吉布斯自由能、形成能、凸包能等热力学函数，进而绘制相图反映出与储能材料结构、化学、电化学相关的热力学特性，最终构建热力学数据库及指导材料设计，如图 1-3 所示。其中，绘制相图可揭示储能材料制备过程中的相结构与温度、压强等工艺因素的关系。相比通过实验的方式绘制相图，由 Kaufman 和 Cohen[4]于 20 世纪 60 年代开发的相图计算方法（CALPHAD）缩短了绘制相图所需的时间，降低了绘制难度。然而，其面临的共性挑战是对多元相图（例如，四元、五元相图等）的可视化程度不高（将在第 3 章具体介绍），导致其在这类体系中仍难以得到普适应用。

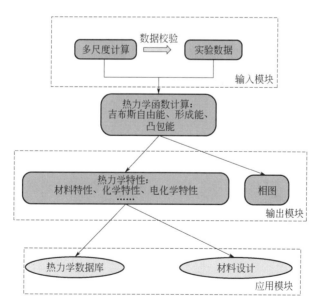

图 1-3 基于多尺度计算及实验数据的热力学函数计算及面向构建热力学数据库、
材料设计的热力学特性分析和相图绘制方法

1.2.2 动力学问题

近年来,电化学储能材料与器件的研究中越来越多地考虑到非平衡体系中的动力学行为。例如本书第 7 章中所提到的电池枝晶生长相场模拟研究,其核心相场演化方程即是基于非平衡热力学思想构造出的。该行为可作为纽带将热力学与动力学(扩散动力学、反应动力学)联系起来,并用于研究储能材料中离子嵌入、两相相变、负极表面电沉积等非平衡反应机制及反应速率问题[5]。

1.2.2.1 输运动力学

电化学储能器件中包含固相离子输运、液相传质、跨界面(如电极和电解质之间的界面)离子输运等复杂输运过程,如图 1-2 所示。为此,本书第 3~7 章详细介绍了固相离子输运问题、液相传质导致的枝晶生长问题以及离子跨界面输运问题,希望为读者建立输运动力学物理图像提供帮助与见解。

在上述输运过程中,固体内部及固相之间的离子传输通常较慢,往往是决定电化学储能器件倍率性能、能量效率、自放电率等的控制步骤。由此,揭示离子在固体中的传输机制成为近年来电化学储能材料领域关注的科学问题之一。例如,刻画离子输运的微观物理图像需考虑输运机制、输运通道、激活能(又称活化能)以及过渡态四种关键描述因素的交叉影响[6-8],而各描述因素又进一步衍生出诸多更为具体的勾勒元素[9-11],如图 1-4 所示。各衍生的勾勒元素之间相互制约,同时描述因素与勾勒元素之间存在复杂的跨级交叉作用,这使得对离子输运物理本质(如晶格动力学、空间电荷层等)的深入探究,以及对多尺度离子输运的配合关系与物理属性等方面的研究仍极具挑战。

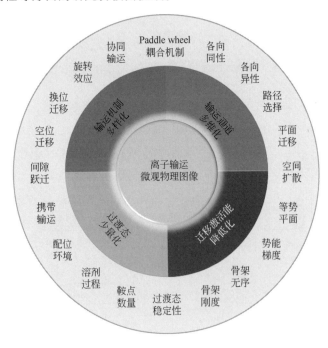

图 1-4 影响离子输运微观物理图像的四种关键描述因素及其衍生的勾勒元素[6,7]

1.2.2.2 反应动力学

在电化学储能器件中，物质、能量、电荷、动量等要素周期变化的可逆性及速率很大程度上取决于不同材料界面接合性质。尤其是电极/电解质核心界面接合性问题，对电池充放电效率、能量密度、循环性、服役寿命、安全性等方面有重要影响。其中，深入挖掘固态电解质膜（solid electrolyte interphase，SEI）形成与表面反应等过程的内在机理尤为关键。然而，电化学储能材料反应动力学均由反应产物、反应路径、形成条件以及反应速率等因素共同影响，如表 1-1 所示。当前的实验技术水平难以对上述工作状态进行完全解析，导致上述多元化的影响因素很难解耦并构成与 SEI 形成、表面反应等问题的一一映射。为此，本书后续章节分别从不同尺度计算阐述了 SEI 形成及电极表面反应动力学问题。

表 1-1　与固态电解质膜（SEI）形成及电极表面反应动力学相关的科学问题

总括问题	细化问题
SEI 形成问题	SEI 构成：无机、有机电解质中的溶质（盐）、溶剂、添加剂的不同可能导致 SEI 组分不同
	还原路径：单电子、多电子还原条件下产物不同
	SEI 形貌模型：双层结构模型、马赛克模型、多层结构模型、李子布丁模型
	SEI 稳定性：SEI 一方面需紧密吸附于电极表面并承受充放电过程中电极的体积变化；另一方面需要电解质与电极间的化学窗口高度匹配。此外，电子隧穿使 SEI 增厚并继续消耗电解质，但多厚的 SEI 才能阻止电子隧穿尚未有定论
表面反应问题	溶剂化/去溶剂化：离子嵌入前的去溶剂化是一个缓慢的过程，被认为是限制石墨电极充电速率性能的关键决速步。此外，去溶剂化缓慢会导致溶剂化的碱金属离子嵌入石墨致使石墨剥离，进而降低电池容量
	表面电催化：通过表面修饰促进/阻碍反应的电子转移速率成为调控电化学电极过程的有效手段
	枝晶生长：枝晶生长问题使得电池难以稳定循环，并存在安全隐患。然而，枝晶生长速率、生长形貌及其影响因素目前尚未有定论

1.2.2.3 相变动力学

电化学储能材料在充电和放电循环周期中较大的迁移离子浓度变化，可能导致相变的发生。尽管热力学分析可以描述材料相变前后的平衡状态，即初态与终态，但难以描述上述平衡态之间的具体相变历程。Gibbs（吉布斯）等[12]于 19 世纪 70 年代首次提出体系自由能的概念，其将上述两种平衡态自由能降低的程度定义为相变驱动力，就此发展出相变动力学的概念，为描绘化学反应中的动力学过程奠定了初步的理论基础。

相变动力学计算中重点关注非平衡状态下系统熵的产生及其演化，可根据 Gibbs 自由能导数定义出相变动力学的两种形式[13]：一种是小尺度局域化区域内原子的重新排布；另一种则是大尺度下原子的重新排布。前者对应亚稳态母相的一级相变，而后者则对应失稳状态母相的二级相变以及（调幅）分解。表 1-2 中总结了电化学储能材料中常见的相变类型、特点及理论模型，同时指明了理论模型中尚未解决的代表性科学问题。

表 1-2 电化学储能材料中常见的相变类型、特点及理论模型

相变类型	相变特点	理论模型	存在科学问题
两相相变	晶体结构变化忽略不计	Cahn-Hilliard 调幅分解理论[14]	应变能、Jahn-Teller 效应等影响嵌入式化合物中复杂化学-机械耦合的因素,需扩展 Cahn-Hilliard 理论进行研究[15]
堆叠层顺序变化	优选堆积叠层顺序随嵌入物质的浓度而变化	基于部分位错迁移机理[16]	尚未开发出堆叠序列变化相变的连续介质模型,且理论必须考虑化学-机械耦合
重构相变	转化反应储能	成核和生长机理	相变的重构性质导致生长相和收缩相界面不连贯或是半连贯

1.2.3 稳定性评价

保障电化学储能器件稳定运行的前提是保证其所涉材料均具有一定的材料稳定性(如热稳定性、界面稳定性、晶格稳定性、较高的机械强度以及较低的自放电率和热膨胀系数等)、化学稳定性(如抗腐蚀性、抗氧化性等)以及电化学稳定性(如循环稳定性、相变稳定性、不易电化学分解、宽电解液电化学窗口等特性)。

对电化学储能材料与器件上述稳定性进行判断往往需要相关热力学及动力学知识的支撑,从而将三者相互关联。例如,材料稳定性方面,纳米尺寸的活性物质尽管在提升电化学储能材料功率密度等方面极具优势,但其表/界面尺寸效应及热力学不稳定性使得其在极端工况下有退化及失效的风险[17];化学稳定性方面,过渡金属与电解液的反应会破坏正极表面,导致结构坍塌,继而发生过渡金属离子溶解[18]、相变和晶格氧析出等副反应[19],最终造成正极性能衰减;电化学稳定性方面,正极脱嵌锂离子过程产生的各向异性力也会导致微裂纹的形成,从而暴露出颗粒内部的新表面,加速材料性能劣化[20]。此外,热力学问题和动力学问题的交叉影响会进一步将评价电化学储能器件稳定性这一问题复杂化。为此,本书第 8 章介绍的多尺度多场建模与仿真方法将热力学问题和动力学问题进一步耦合,为解决上述问题提供了可行的方案。

1.3 电化学储能中的技术问题

1.3.1 多物理场耦合问题

电化学储能器件的实际性能依赖于服役时的多物理场环境[21],包括电化学场、温度场及应力场。一方面,电化学场和温度会显著影响电化学反应,进而影响器件性能;另一方面,在器件的制备和服役过程中,各种内外部机械应力会引起电池内部的机械损伤,进而危及其性能的发挥[22]。此外,受温度应力和扩散诱导应力的牵引,三者间往往存在相互耦合,各场之间的关联如图 1-5 所示。历史上,对电化学场的研究自电化学储能器件研发之初就备受关注[23],

对温度场和应力场的研究则始于 20 世纪 90 年代[24-28]。

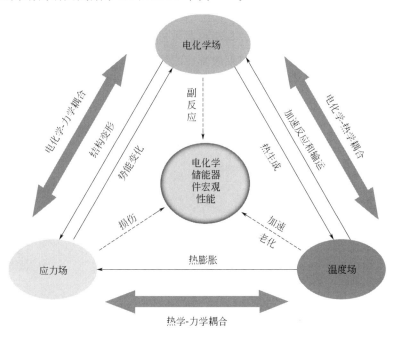

图 1-5　电化学储能器件中电化学、温度及应力间的相互耦合机制

受电化学储能系统封闭式运行、原位探测手段受限的制约，进行多物理场耦合建模和数值模拟是目前深入认识器件电化学工作机制、内部热及应力生成与演化、探寻器件循环寿命和热安全等行为背后物理机制，以及进行器件设计和优化的必由之路。在早期电化学场和热场研究的基础上，研究者们已针对不同的关注点发展出多种多物理场耦合模型，如电化学-热学耦合模型、电化学-力学耦合模型及电化学-热学-力学耦合模型。此外，考虑器件内部各物理场间的跨尺度相互作用、裂纹萌生、损伤演化等更多服役细节的多物理场耦合理论与模型仍在发展当中。

1.3.2　器件老化和失效问题

近年来，随着电化学储能应用领域的持续扩展，器件服役时的老化与失效问题受到越来越多的关注。老化是指器件在存储或使用过程中由于受到电化学、热、机械等多物理场过程的综合作用（涉及循环容量下降、自放电、内阻增加、枝晶生成和生长、SEI 增厚、裂纹形成及扩展等外在表现及其内在诱因），其性能随服役时间的延长而缓慢降低的现象。失效则是指器件性能不满足正常服役的功能性和安全性要求，包括器件性能退化至低于额定设计要求和工况滥用导致器件直接面临安全风险两个方面。

老化和失效涉及的现象众多、诱发因素复杂且具有重叠性，两者的关系如图 1-6 所示。电化学储能器件正常服役时的老化通常引起其功能性失效，该过程往往由各种副反应和微损伤引起，具有缓慢与渐进式累积的特点，可用的数理模型较多（见本书第 9 章）。与之相比，电化学储能器件的安全性失效则往往与机械滥用、电滥用、热滥用等突发工况相关，使得器件处于针刺、冲击、短路、过热等极端工况下，进而造成电池热失控和爆炸[29]。安全性失效具有突发性，通常需要系统的事后测试和诊断进行个例分析[30]。面对日益复杂的服役工况和当前电化学储能器件老化过快、失效问题频发的现状，迫切需要建立老化与失效现象、微观机理以及使用条件间的关联，从而设计和优化其服役性能[31,32]。其中，借助计算、建模及仿真方法系统分析和探究电池老化和失效现象背后的机理，并借助事后诊断建立工况滥用与安全性失效间关系的数值模型，进而勾勒电池老化和失效的全面物理图像，是推动电化学储能器件高安全、长寿命服役的重要方向。

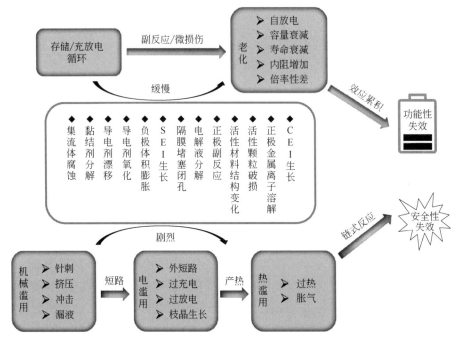

图 1-6 电化学储能器件老化和失效之间的关系

1.3.3 器件设计问题

对电化学储能器件进行优化设计以提升器件性能，其可概括为材料、电极、电芯和模组四个层面递进式的设计流程[33]，如图 1-7 所示。在材料层面，基于材料基因组工程勾勒出合理的储能材料设计图谱，可筛选电化学储能器件正极、负极、电解质和隔膜等关键材料。在电极层面，开展电化学-力学分析及其半电池试验，可对电极关键参数（如活性材料比例、电极粒径、孔隙率和电极厚度等）进行设计，并可评估涂覆、掺杂、添加导电剂/黏结剂等改性方法的成效。在电芯层面，运用多物理场仿真，可优化降低电化学储能器体内部电流、温度、电压等分布不均，进而改善电池散热和控制副反应引起的容量衰减。最后，在模组层面，需要将一系列与电化学储能器件机械、电气以及温度相关的老化/失效问题及相应参数集成到管理软件中，以此确保每个电芯都在合适的温度和电压间隔内工作。此外，借鉴数据孪生的概念将实际的电化学储能器件数字化为由数据构成的数字模型，并对电化学储能器件的生产工艺流程、工作状况进行监控，将为电化学储能器件系统管理带来更大的便利。

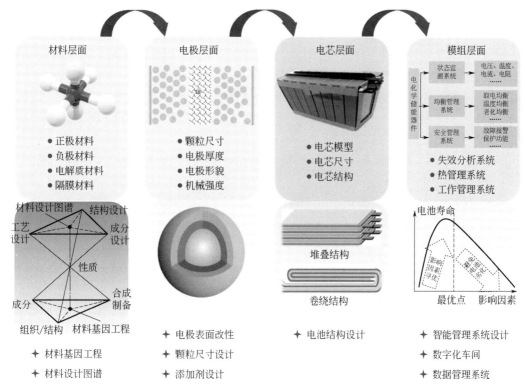

图 1-7 电化学储能器件从材料、电极、电芯和模组四个层面递进式设计流程[33]

参考文献

[1] Kardashev N S. Transmission of information by extraterrestrial civilizations [J]. Sov Astron, 1964, 8: 217-221.

[2] Liu J, Zhang J G, Yang Z G et al. Materials science and materials chemistry for large scale electrochemical energy storage: from transportation to electrical grid [J]. Adv Funct Mater, 2013, 23 (8): 929-946.

[3] Zu C X, Li H. Thermodynamic analysis on energy densities of batteries [J]. Energy Environ Sci, 2011, 4: 2614-2624.

[4] Kaufman L, Cohen M. The martensitic transformation in the iron-nickel system [J]. JOM, 1956, 8 (10): 1393-1401.

[5] Bazant M Z. Theory of chemical kinetics and charge transfer based on nonequilibrium thermodynamics [J]. Acc Chem Res, 2013, 46 (5): 1144-1160.

[6] 任元, 邹喆乂, 赵倩, 等. 浅析电解质中离子输运微观物理图像 [J]. 物理学报, 2020, 69 (22): 226601.

[7] 任元, 罗亚桥, 施思齐. 锂电池中的计算物理学 [J]. 物理, 2022, 51 (6): 384-396.

[8] Shi S Q, Lu P, Liu Z Y, et al. Direct calculation of Li-ion transport in the solid electrolyte interphase [J]. J Am Chem Soc, 2012, 134 (37): 15476-15487.

[9] Zhang L W, He B, Zhao Q, et al. A database of ionic transport characteristics for over 29000 inorganic compounds [J]. Adv Funct Mater, 2020, 30 (35): 2003087.

[10] Zou Z Y, Ma N, Wang A P, et al. Relationships between Na^+ distribution, concerted migration, and diffusion properties in rhombohedral NASICON [J]. Adv Energy Mater, 2020, 10 (30): 2001486.

[11] Zou Z Y, Li Y J, Lu Z H, et al. Mobile ions in composite solids [J]. Chem Rev, 2020, 120 (9): 4169-4221.

[12] Gibbs J W. Equilibrium of heterogeneous substances [J]. Am J Sci, 1878, S3-16 (96): 441-458.

[13] 王季陶. 现代热力学及热力学学科全貌 [M]. 上海: 复旦大学出版社, 2005.

[14] Cahn J W. Phase separation by spinodal decomposition in isotropic systems [J]. J Chem Phys, 1965, 42 (1): 93-99.

[15] Rudraraju S, van der Ven A, Garikipati K. Mechanochemical spinodal decomposition: a phenomenological theory of phase transformations in multi-component, crystalline solids [J]. npj Comput Mater, 2016, 2: 16012.

[16] Gabrisch H, Yazami R, Fultz B. The character of dislocations in $LiCoO_2$ [J]. Electrochem Solid-State Lett, 2002, 5 (6): A111-A114.

[17] Jain R, Lakhnot A S, Bhimani K, et al. Nanostructuring versus microstructuring in battery electrodes [J]. Nat Rev Mater, 2022, 7 (9): 736-746.

[18] Liu T C, Dai A, Lu J, et al. Correlation between manganese dissolution and dynamic phase stability in spinel-based lithium-ion battery [J]. Nat Commun, 2019, 10 (1): 4721.

[19] Xiao R J, Li H, Chen L Q. Density functional investigation on Li_2MnO_3 [J]. Chem Mater, 2012, 24 (21): 4242-4251.

[20] Mesgarnejad A, Karma A. Vulnerable window of yield strength for swelling-driven fracture of phase-transforming battery materials [J]. Comput Mater, 2020, 6 (1): 58.

[21] 陈龙, 夏权, 任羿, 等. 多物理场耦合下锂离子电池组可靠性研究现状与展望 [J]. 储能科学与技术, 2022, 11 (7): 2316-2323.

[22] Li R H, Li W, Singh A, et al. Effect of external pressure and internal stress on battery performance and lifespan [J]. Energy Storage Mater, 2022, 52: 395-429.

[23] Tarascon J M, Armand M. Issues and challenges facing rechargeable lithium batteries [J]. Nature, 2001, 414 (6861): 359-367.

[24] Chen Y F, Evans J W. Thermal analysis of lithium polymer batteries by a two dimensional model-thermal behavior and design optimization [J]. Electrochim Acta, 1994, 39 (4): 517-526.

[25] Amatucci G, Pasquier A D, Blyr A, et al. The elevated temperature performance of the $LiMn_2O_4$/C system: failure and solutions [J]. Electrochim Acta, 1999, 45 (1-2): 255-271.

[26] Winter M, Besenhard J O. Electrochemical lithiation of tin and tin-based intermetallics and composites [J]. Electrochim Acta, 1999, 45 (1-2): 31-50.

[27] García R E, Chiang Y M, Carter W C, et al. Microstructural modeling and design of rechargeable lithium-ion batteries [J]. J Electrochem Soc, 2005, 152 (1): A255-A263.

[28] Christensen J, Newman J. A mathematical model of stress generation and fracture in lithium manganese oxide [J]. J Electrochem Soc, 2006, 153 (6): A1019-A1030.

[29] 许辉勇, 范亚飞, 张志萍, 等. 针刺和挤压作用下动力电池热失控特性与机理综述 [J]. 储能科学与技术, 2020, 9 (4): 1113-1126.

[30] 王其钰, 王朔, 张杰男, 等. 锂离子电池失效分析概述 [J]. 储能科学与技术, 2017, 6 (5): 1008-1025.

[31] Sahraei E, Campbell J, Wierzbicki T. Modeling and short circuit detection of 18650 Li-ion cells under mechanical abuse conditions [J]. J Power Sources, 2012, 220: 360-372.

[32] Wang H, Lara-Curzio E, Rule E T, et al. Mechanical abuse simulation and thermal runaway risks of large-format Li-ion batteries [J]. J Power Sources, 2017, 342: 913-920.

[33] Han X B, Lu L G, Zheng Y J, et al. A review on the key issues of the lithium ion battery degradation among the whole life cycle [J]. eTransportation, 2019, 1: 100005.

第2章 面向电化学储能应用的基础理论简介

深化对电化学储能中基础理论知识的理解，是解决电化学储能系统中仍然面临的复杂科学与技术问题的关键。例如，可利用配位场理论研究电极材料微观结构/电荷转移性质调控机理，可利用输运理论研究电解质与电极中离子输运行为，以及可利用多物理场耦合理论阐释电化学储能材料与器件的老化机制。此外，利用缺陷化学、晶格动力学以及相变平均场等面向电化学储能应用的基础理论，还可分析电化学储能材料与器件中涉及能量密度、倍率性能、安全性、服役寿命等关键性指标的科学与技术问题。

系统了解电化学储能中的基础理论是开展相关计算、模拟及仿真研究的基石。进行第一性原理计算、分子动力学模拟等多尺度计算、模拟及仿真方法研究需要分别构建适用于特定时间及空间尺度范围内的基本方程。值得注意的是，通过求解这些方程虽可获得储能材料与器件物性参数及机理模型，但仍需要将其与面向电化学储能应用的基础理论紧密耦合（见图2-1）。例如，配位场理论与可描述材料中电子结构特性的第一性原理计算方法相结合，可帮助精确获得并理解储能材料分子轨道能级图像，以此将电化学性能研究从传统基于材料体/表面的宏观层面推向局域化学配位环境的微观层面；输运物理理论可与分子动力学模拟相结合以研究电极/固态电解质中离子迁移激活能（激活能又称活化能）、离子输运通道以及离子输运机制，从而发掘潜在的电极/固态电解质；而多物理场耦合理论和多尺度多场建模与仿真相结合的方法被广泛地应用于理解电化学储能器件的损伤和老化机理，以为增强电化学储能器件的安全性及延长其服役寿命提供保证。此外，面向日益复杂的储能场景和性能要求，需将计算、模拟与仿真获得的数据有效入库存储，为材料高通量物性筛选及机器学习等后续研究提供重要数据支撑。

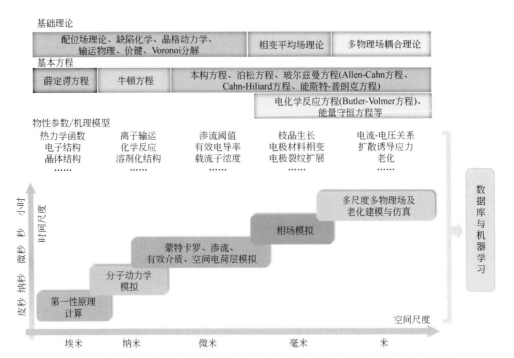

图 2-1 电化学储能应用涉及的基础理论、基本方程、物性参数、机理模型

2.1 电化学基本原理

2.1.1 电化学基本概念

2.1.1.1 电化学定义与组件特征

电化学是一门研究电能和化学能之间相互转化机理的学科。电化学系统主要由各种电子导体、离子导体以及电子/离子混合导体组成，各材料的定义、种类、导电机理、特征等信息概括如表 2-1 所示[1]。

表 2-1 电子导体、离子导体和电子/离子混合导体的定义、种类、导电机理及特征[1]

导体类型	定义	种类	导电机理	特征
电子导体	在电场作用下电子/空穴作为载流子做定向运动的导体	金属 半导体 导电聚合物	（电子导体示意图，电场 E，电压 ΔV）	导电过程中本身不发生变化；温度升高—电阻升高；导电总量全部由电子/空穴承担
离子导体	正、负离子作为载流子的导电载体	电解质溶液 固态电解质 熔融盐 离子液体	（离子导体示意图，HCl 水溶液，电场 E，正极、负极）	导电过程中有化学反应发生；温度升高—电阻下降；导电总量由阴阳离子分担

续表

导体类型	定义	种类	导电机理	特征
电子/离子混合导体	离子导电和电子导电同时存在的一类导体	复合物（LiF/Cu 基 MCI）聚合物（PEDOT: PSS）MX_2 型过渡金属电极等	（电极、混合导体、电解液示意图：阳离子、电子、阴离子、原子）	导电过程中实现电子/离子传导；温度升高—电阻下降；导电总量受二者耦合作用影响

2.1.1.2 原电池与电解池

根据电化学反应发生条件与结果的不同，电化学系统可划分为原电池和电解池两类，如表 2-2 所示。其中，原电池是将化学能转变成电能的装置，而电解池是将电能转化成化学能（与外电源组成回路，使得电流在电化学体系中通过并促使电化学反应发生）的装置。为了保持电解液的电中性，荷电粒子必须在两极间运动。同时，电子需要通过外电路进行传输并避免其在电极上积累。电极反应是一种特殊的氧化还原反应，其发生在不同地点，但电子转移物质的量相等[1]。1833 年，法拉第在总结大量实验的基础上，提出法拉第一定律及第二定律[2]：①在电极上发生电极反应的物质质量与通过的电量成正比；②若将几个电解池串联，通入一定的电量后，在各个电解池的电极上发生反应的物质的物质的量相同。

表 2-2 原电池与电解池的相同点及在能量转化、有无外接电源、反应原理三方面的不同点

项目	原电池	电解池
相同点	两个电极、电解质溶液、形成闭合回路	
能量转化	化学能转化为电能	电能转化为化学能
有无外接电源	无	有
反应原理	负极(氧化反应) 正极(还原反应) 电解质溶液	阳极(氧化反应) 阴极(还原反应) 电解质溶液

2.1.2 电化学热力学

电化学研究主要涉及能量的储存、释放和转化等过程，其发展离不开热力学理论的指导。为此，表 2-3 总结了几种热力学理论并介绍了其在电化学储能领域中的应用。其中，经典热力学、分子和统计热力学等平衡态热力学理论的研究已较为成熟。近年来，随着非平衡态热力学在电化学储能领域中的发展，使得在实际过程中量化解决特定复杂非平衡态电化学问题成为可能。如何构建完备的非平衡态热力学体系以解决实际的电化学问题，以及如何高效利

用计算机技术从完善电化学理论和丰富电化学体系数据库等方面辅助电化学热力学的发展，是今后该领域重点思考和解决的问题之一[3]。

表 2-3　几种热力学理论简介及其在电化学储能领域中的应用[3]

热力学理论	简介	在电化学储能领域中的应用	
		方法/模型	解决的问题/适用范围
经典热力学	以经典热力学理论为基础，研究平衡系统中各个宏观性质（电动势、电化学势、能量密度、活度等）间的关系，揭示变化的方向/限度	Debye-Hückel 模型	理想稀溶液的活度系数
		Pitzer 模型	混合电解质溶液的活度系数等
		局部组成模型	弱电解质溶液、混合溶剂电解质溶液的活度系数等
分子和统计热力学	提供表达分子结构的分子参数与热力学性质间的定量关系	量子力学密度泛函理论	吸附能、扩散激活能、位错缺陷等对枝晶成核的影响机理
		经典密度泛函理论	粒子在带电表面、受限空间中的分布
		联合密度泛函理论	复杂的固液表/界面问题
		分子动力学	通过原子的动力学轨迹研究扩散机制
非平衡态热力学	引入时间变量，研究材料制备/应用中的不可逆过程	动态密度泛函理论	离子输运的耦合效应
		相场模拟	枝晶生长、裂纹扩展和断裂等

在电化学领域中，"势"的概念众多，且极易造成混淆和误解。在此，我们对电化学热力学中涉及的各种"势"进行了梳理。首先，将目标电荷 q 从无穷远处移至带电球体表面，电场力做的功相当于带电球体所带电荷产生的电势，称为外电势（用 ψ 表示），可通过如下公式计算：

$$\psi = \int_{r_0}^{\infty} \frac{\sigma_M q}{r^2} dr = \frac{\sigma_M q}{r_0} \tag{2-1}$$

式中，r_0 为带电球体半径；r 为目标电荷与球体的距离；σ_M 为球体所带的电荷。

若目标电荷继而进入带电球体的内部，由于带电球体的表面和内部存在一定的电势差，目标电荷穿过球体表面也需要做功，因此带电球体的内电势（ϕ）为：

$$\phi = \psi + \chi \tag{2-2}$$

式中，χ 为表面电势差。

其次，若将 1mol 带电粒子 i（每个粒子所带电量为 $z_i e$）移至带电球体内部，所涉及的能量变化称为 i 的电化学势 $\overline{\mu}_i$，其可分为电化学部分（带电粒子转移所需的电功）和化学部分（带电粒子与带电球体间发生化学作用引起的偏摩尔自由能变化，即化学势 μ_i[2]）两个部分。则总的电化学势 $\overline{\mu}_i$ 表示为：

$$\overline{\mu}_i = z_i F \phi + \mu_i \tag{2-3}$$

式中，F 为法拉第常数。

另外，假设恒温恒压条件下化学反应在原电池中可逆地进行，该过程中所做的最大非体积功 W_r' 等于系统摩尔吉布斯自由能的变化 $\Delta_r G_m$。此时 W_r' 就是电池的最大电功 $W_r' = -zFE$，其中 z 为参与反应的摩尔电子数。因此，

$$\Delta_r G_m = -zFE \tag{2-4}$$

式中，E 为电池的电动势。

可以看出，原电池电动势的大小与电池反应摩尔吉布斯自由能的变化密切相关。此外，原电池电动势的大小还与反应物和产物的活度（a）有关[2]。将式（2-4）与化学反应等温方程 $\Delta_r G_m = \Delta_r G_m^{\ominus} + RT \ln \prod_B a_B^{\nu_B}$ 相结合，可得：

$$-zFE = -zFE^{\ominus} + RT \ln \prod_B a_B^{\nu_B} \tag{2-5}$$

式中，R 和 T 分别为理想气体常数和热力学温度。

将式（2-5）化简后可得：

$$E = E^{\ominus} - \frac{RT}{zF} \ln \prod_B a_B^{\nu_B} \tag{2-6}$$

式中，$E^{\ominus}$ 为电池的标准电动势；ν_B 为物质 B 的计量系数；a_B 为参加反应的反应物和产物的活度；$\Delta_r G_m^{\ominus}$ 为标准状态下系统摩尔吉布斯自由能的变化。

式（2-6）即为电池电动势的能斯特方程。实际测量电池电动势的过程较为复杂。因此，可采用半电池反应模型，将标准参比电极作为基准，测得的相对数值即为单个电极的界面电势差。通过上述方式获得的电极电势称为"相对电极电势"。最常用的参比电极是标准氢电极（SHE）。将一个金属铂片用铂丝连接并固定在玻璃管的底部形成铂电极，在铂片表面镀一层铂黑并将其中一半插入溶液中而另一半露出液面（此时溶液中氢离子的活度为 1），随后在使用时通入压力为 101.325kPa 的氢气即形成标准氢电极。其平衡电势在任何温度下都为零：

$$\text{Pt, H}_2(p=101.325\text{kPa})|\text{H}^+\{a(\text{H}^+)=1\} \qquad \varphi^{\ominus}(\text{H}^+|\text{H}_2) = 0\text{V} \tag{2-7}$$

若将上述标准氢电极作为负极，将待测电极作为正极，即可组成无液接电势的电池 $\text{Pt, H}_2(p=101.325\text{kPa})|\text{H}^+\{a(\text{H}^+)=1\}||\text{M}^{z+}\{a(\text{M}^{z+})\}|\text{M}$，其电动势就是待测电极的氢标电极电势，简称电极电势[1]。上述方法也可用于表征 φ 与体系中各种物质活度间的关系。例如，根据式（2-6），反应为 $\text{H}_2 + \text{Cu}^{2+} = 2\text{H}^+ + \text{Cu}$ 的电池 $\text{Pt, H}_2(p=101.325\text{kPa})|\text{H}^+\{a(\text{H}^+)=1\}||\text{Cu}^{2+}\{a(\text{Cu}^{2+})\}|\text{Cu}$ 电动势为：

$$E = E^{\ominus} - \frac{RT}{2F} \ln \frac{a^2(\text{H}^+)a(\text{Cu})}{[p(\text{H}_2)/p^{\ominus}]a(\text{Cu}^{2+})} = E^{\ominus} + \frac{RT}{2F} \ln a(\text{Cu}^{2+}) \tag{2-8}$$

式中，E 为铜电极的平衡电极电势，又可表示为 φ_e。

当 $a(\text{Cu}^{2+}) = 1$ 时，$E = E^{\ominus}$，此时 $E^{\ominus}$ 叫作铜电极的标准电极电势，记作 $\varphi^{\ominus}$，可表示为：

$$\varphi_e = \varphi^{\ominus} + \frac{RT}{2F} \ln a(\text{Cu}^{2+}) \tag{2-9}$$

对于一般的电极反应：

$$\text{Oxi(氧化态)} + ze^- \rightleftharpoons \text{Red(还原态)} \tag{2-10}$$

其平衡电极电势为：

$$\varphi_e = \varphi^{\ominus} + \frac{RT}{zF} \ln \frac{a_{\text{Oxi}}}{a_{\text{Red}}} \tag{2-11}$$

上式叫作平衡电势方程，又称能斯特方程。相较于式（2-6）而言，式（2-11）的使用更为普遍[4]。平衡电极电势（φ_e）是氧化态和还原态物质都处于平衡状态下的氢标电极电势，标准电极电势（$\varphi^{\ominus}$）则是氧化态和还原态物质均处于标准状态下的氢标电极电势。表 2-4 中总结了电化学中所涉及的各种势的基本概念、意义及计算公式[4,5]。

表 2-4　电化学中的各种势的基本概念、意义及计算公式[4,5]

基本概念	意义	计算公式
外电势	将试验电荷从无穷远处移至带电球体表面电场力做的功	$\psi = \int_{r_0}^{\infty} \frac{\sigma_M q}{r^2} dr = \frac{\sigma_M q}{r_0}$
内电势	将试验电荷从无穷远处移至带电球体内部电场力做的功	$\phi = \psi + \chi$
过电势	外加电极电势（φ_{app}）与反应平衡电势（φ_e）的差	$\eta = \varphi_{\text{app}} - \varphi_e$
电极电势	工作电极相对氢标电极的电势	$\varphi = \dfrac{-\left(\bar{\mu}_e^{\text{工作电极}} - \bar{\mu}_e^{\text{参比电极}}\right)}{F}$
平衡电极电势	氧化态物质和还原态物质处于平衡状态下的氢标电极电势	$\varphi_e = \varphi^{\ominus} + \dfrac{RT}{zF} \ln \dfrac{a_{\text{Oxi}}}{a_{\text{Red}}}$
标准电极电势	氧化态物质和还原态物质处于标准状态下的氢标电极电势	$\varphi^{\ominus} = \dfrac{-\Delta_r G_m^{\ominus}}{zF}$

2.1.3　电化学动力学

处于热力学平衡状态的电极体系电势恒定，理论上电极应当无电流通过。然而，在实际运行的过程中，电极体系会有一定的电流通过，导致电极电势偏离平衡状态，这种现象称为电极的极化。当有电流通过时，发生在电极/界面区域内的一系列变化的总和过程统称为电极过程。一般情况下，电极过程由液相传质步骤、前置转化步骤、电荷传递步骤（或电子转移步骤）、随后转化步骤、液相传质步骤（或生成新相）五个步骤组成[6]。

电子转移步骤与其前后的步骤构成的总的电化学反应称为电极反应，其为一种特殊的氧化还原反应，氧化与还原反应等当量进行，但发生的空间不同。电极反应包含多种类型，如金属离子从电极上得到电子还原为金属单质的金属沉积反应（电池中产生枝晶的由来），溶液中非金属离子借助电极发生还原或氧化反应产生气体的析出反应（如氧气析出反应、氢气析出反应），等等[1]。电极反应中每个步骤的特性不同，且反应能力有很大的差异，由此存在着决速步。根据决速步的不同，可将电极极化分为不同类型，其中电化学极化和浓差极化最为常见[4]。当电极过程由电荷传递步骤控制时，极化类型为电化学极化；当电极过程由液相传质步骤控制时，极化类型为浓度极化。

在完整的电子转移动力学理论建立之前，人们已通过大量的实验总结出电化学极化的一些基本规律。其中，1905 年塔菲尔（Tafel）详细研究了析氢反应速率与过电势之间的关系，并提出塔菲尔公式：

$$\eta = A + B \ln j \tag{2-12}$$

式中，η 为过电势；j 为外电流密度；A 和 B 为经验常数。

塔菲尔公式在很宽的电流密度范围内都适用，但当电流密度较小（趋于零）时，η 趋于负无穷，其结果与实际情况不符。为解决上述问题，人们从大量实验中总结出了另一个经验公式：

$$\eta = \omega j \tag{2-13}$$

式中，ω 是一个与电极材料的性质、溶液组成及温度等有关的常数。

20 世纪 20 年代，巴特勒（Butler）和福尔默（Volmer）建立了可定量预测 j 与 φ 关系的电极动力学公式，即 Butler-Volmer 公式[4]，该公式是研究电极过程动力学的重要基础：

$$j = j_0 \left\{ \exp\left(-\frac{\beta F \Delta \varphi}{RT}\right) - \exp\left[\frac{(1-\beta) F \Delta \varphi}{RT}\right] \right\} \tag{2-14}$$

式中，j 为净反应电流密度（稳态条件下等于外电流密度）；j_0 为交换电流密度；$\Delta \varphi$ 为电极电势与平衡电极电势之差；β 为传递系数。

在平衡状态下，通过 Butler-Volmer 公式能够导出能斯特方程；在过电势较大的情况下，通过 Butler-Volmer 公式能够推导出塔菲尔公式。这里需要说明的是，式（2-14）形式并不唯一，可以根据具体的问题选择恰当的形式进行使用[7]。如需对液相传质动力学、电子转移动力学、复杂电极反应与反应机理等问题有更深入的了解，读者可查阅《电极过程动力学导论》[8]等书籍。

2.2 配位场理论

配位场理论主要用于描述配位化合物的结构和电子性能，其是在 1929 年提出的晶体场理论模型的基础上结合分子轨道理论发展并建立的[9-11]。晶体场理论的核心思想是将配体看作点电荷，且将中心离子和配体之间的相互作用看作是阳阴离子之间（或离子与偶极分子之间）的静电排斥（主要考虑了对配体电子和对中心离子最外层 d 电子的排斥），此时，若晶体场为球对称，那么这种排斥作用会同时提高所有 d 电子的能级（详见第 3.1 节）。但显然化合物中的晶体场通常都不是球对称的，例如电化学储能电池正极材料普遍为具有八面体、四面体或三角棱柱等晶体场的过渡金属化合物。此时中心过渡金属离子 d 轨道因周围特定配位场的排斥作用发生能级分裂，导致电子的重新分布并使得体系能量降低。

然而，上述将配体当作点电荷处理的方式过于粗糙[12]。为此，van Vleck[11]于 1935 年进一步提出了配位场理论的概念，其关键在于融合了分子轨道理论方法处理由配体作用导致的中心离子轨道能级分裂，即考虑配体对称性的同时，采用原子轨道线性组合形式获得电子分布和占据信息，最终实现对化合物结构和电子性质的描述。虽然配位场理论比离子嵌入电化学储能机制的发现早了近半个世纪，然而我们对电化学过程中电荷储存/转移机理的认识也是在近几十年才逐渐深入的。其中，第一性原理计算与先进软件的发展促进了从微观尺度确定系统中电子占据态等性质，为扩展配位场理论在电化学储能中的应用带来了实质性的突破，为定量预测不同材料电化学性能提供了强有力的理论基础和支撑。更多理论推导和上述方法的关联细节参见本书第 3.1 节及文献[9]。

2.3 缺陷化学基础

基态（绝对零度，即 0K）时，晶体中的质点（包括原子、离子和分子）在三维空间按照一定的规律完全有序排列形成理想晶体结构。而实际上，晶体原子都将发生振动，且许多原子都不可避免地错排[13-15]。当晶体中点缺陷达到一定浓度时将引起熵增（ΔS）。更具体地讲，尽管在完整的晶体中形成缺陷需要一定的能量（ΔH），但如果熵增足以补偿缺陷生成所需要的焓时，由 $\Delta G = \Delta H - T\Delta S$ 可知，此时体系吉布斯自由能将显著降低（如图 2-2 所示），有利于缺陷形成。然而，随着缺陷浓度的进一步增加，晶体中较多格点位置被空穴代替且呈无序分布，此时引入更多缺陷导致的熵增无法弥补焓值变化最终带来的体系自由能升高，导致体系在高缺陷浓度下变得热力学不稳定。大多数实际材料都处于完全有序和完全无序两种极端状态之间。因此，在某一缺陷浓度下，自由能存在一个极小值，对应热力学平衡条件下晶体中缺陷的临界浓度。此时进一步生成缺陷需要更多外界能量进行补偿。

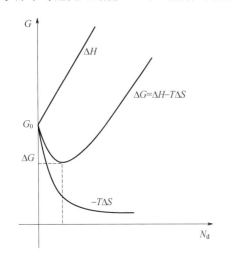

图 2-2 理想晶体中引入不同缺陷浓度（N_d）时吉布斯自由能（G）、焓（H）和熵（S）改变引起的能量变化（G_0 为理想晶体的吉布斯自由能）

上述简化物理图像（图 2-2）解释了晶体结构的不完美特性。此外，假定 ΔH 和 ΔS 都与温度无关，随着温度的升高，$-T\Delta S$ 增大，所以吉布斯自由能的极小值存在于更高的缺陷浓度处，说明升高温度可促使缺陷产生。由此可见，改变温度是在材料体系中引入缺陷的有效手段。对于电化学储能材料，深化对不同缺陷形成过程及其能量/电荷补偿机制的理解，将为调控其氧化还原活性、催化活性以及离子/电子迁移等性能提供理论基础。后续第 3.3 节详细探讨了如何基于缺陷化学理论提出与上述性能相关的调控策略，并指导新型电化学储能材料的设计。

2.4 输运物理

厘清并规范专业术语的使用对离子输运物理图像的清晰勾勒至关重要[16-20]。例如，在固体中，扩散是唯一的物质迁移方式。固体扩散过程是指构成固体的原子或离子在不同温度或外界条件（如电场）作用下发生长程迁移的过程[21]。这里需要特别注意的是，"扩散"通常是指宏观和介观尺度的物理现象，"迁移"则被用来描述离子的具体运动形式，离子在介质中的运动过程通常被描述为"传导"。有别于上述三者，"输运"特指离子在介质中主动或被动运动的特性。最终，离子输运特性通常采用离子电导率、扩散系数、离子迁移数以及离子迁移激活能等物理量来进行描述[20]。

离子电导率本质上是由离子在外加电场的作用下沿电场方向定向移动的趋势（包括移动速率、移动的难易程度以及可移动离子数量）决定，与快离子导体或电子/离子混合导体的离子输运性能密切相关。根据经典随机行走理论[16]，离子在上述材料中的迁移是离子以缺陷作为媒介，克服迁移激活能跳跃到另一个相邻晶格位点（空位或间隙）的过程。因此，电化学储能中的离子电导率实际上是指离子迁移的直流电导率σ_{dc}，根据阿伦尼乌斯方程（Arrhenius equation）其可表示为：

$$\sigma_{dc} = \frac{\sigma_0}{T}\exp\left(-\frac{E_a}{k_B T}\right) \tag{2-15}$$

式中，σ_0为前置因子；E_a为离子迁移激活能；k_B为波尔兹曼常数；T为热力学温度。

由此，可将快离子导体的$\ln(\sigma_{dc}T)$对$\frac{1}{T}$作图，其斜率即为$-E_a/k_B$，截距为$\ln(\sigma_0)$。但是，离子的迁移依赖于晶格内缺陷的存在，此时离子在发生迁移之前需断开其与快离子导体宿主离子的键，并引起相稳定性的变化[22]。因此，按照缺陷类型和相变机制，以及$\ln(\sigma_{dc}T)$对$\frac{1}{T}$的线性/非线性特征，可以将快离子导体分为三类[23]。

（1）点缺陷型

如β-Al_2O_3、α-Li_3N和具有LISICON（Li^+ superionic conductor）结构的快锂离子导体，其离子输运是迁移离子点缺陷的简单热激活过程（此时体系原子仅在小尺度区域内发生重排），在此情况下，$\ln(\sigma_{dc}T)$对$\frac{1}{T}$呈现良好的线性关系。

（2）一级相变型

如银离子导体和氧离子导体等传统快离子导体、$LiBH_4$和具有NASICON（Na^+ superionic conductor）结构或反钙钛矿结构的快锂离子导体，在离子迁移过程中其初始晶格迁移离子的非迁移部分发生大尺度的重排，并与骨架离子共同形成一个新的无序相，相变前后的$\ln(\sigma_{dc}T)$-$\frac{1}{T}$均具有线性关系，但相变处σ_{dc}值发生突变。

（3）二级相变型

如玻璃态含锂硅酸盐、磷酸盐或硫化物等少数快锂离子导体，其在温度升高时存在玻璃化转变，此时$\ln(\sigma_{dc}T)$-$\frac{1}{T}$表现出非线性关系。

由此可见，大部分用作电化学储能电池领域的固态电解质材料皆属前面两类，即无机晶态化合物，其$\ln(\sigma_{dc}T)$-$\frac{1}{T}$在全部或部分温度范围内呈现出良好的线性关系。然而，与离子传导态有关的热力学效应和熔化热力学效应具有一定关联，这使得无法在足够宽的温度范围内明确判断固态电解质材料是否可以发生二级相变[24]。除无机晶态快离子导体外，具有短程有序和长程无序结构的均质无序固体（如玻璃态化合物和某些聚合物）也是固态电解质的候选材料，但其中的离子输运行为更复杂。其一，这些体系中的等势面往往不规则，处于不同位置的离子被激活并进行迁移的概率和时间也不尽相同。因此，需要在确定迁移过程对应的时间尺度之后，才能确定有效迁移离子的浓度[25]。其二，这些体系相比于无机晶态快离子导体具有超高的空位浓度，使得空位之间的相互作用通常不能忽略。空位浓度又会受到加工方法（如加热和冷却过程、成型方法）的影响[26]，这加大了研究均质无序固体中离子输运的难度。其三，由于均质无序固体中的多体相互作用，其中的离子输运往往是协同的，即一次离子跳跃可以激发数次离子跳跃[27]，但其机制和影响因素尚不明晰。此外，式（2-15）中的前置因子 σ_0 以及离子迁移激活能 E_a[28] 等在均质无序固体中也难以被准确定义。

综上所述，理解离子输运的微观机理并勾勒其物理图像，有助于提出离子电导的调控策略。当前计算机技术的飞速发展为我们加深对离子迁移如何诱导有效载流子浓度、迁移率以及相稳定性的变化，以及进一步加深对一阶和二阶相变等关键难题的理解提供了良好的契机。例如，基于第一性原理计算、分子动力学、蒙特卡罗模拟、渗流理论、有效介质理论和界面空间电荷层等方法可从不同时间/空间尺度阐明快离子导体或电子/离子混合导体的扩散系数、迁移离子的分布特征、异质界面和同质界面的电荷分布以及体相/界面的离子电导率等。然而，材料在上述不同描绘尺度下所展示出的离子输运特性不尽相同，这使得融合多尺度计算对其进行理解至关重要。

2.5 扩散系数

在菲克第一定律中，扩散系数被定义为在单位时间及浓度梯度条件下，垂直通过单位面积的扩散物质的量。实际上，原子或离子的扩散过程可分为化学扩散、自扩散、互扩散以及外场（如电场）下的扩散等，不同扩散过程的扩散系数具有不同的表达式。为避免研究离子输运行为时混用不同扩散系数，我们在本节进一步讨论扩散系数的定义。通常，由浓度梯度引起的扩散被称为化学扩散；不依赖浓度梯度，仅由热振动产生的扩散被称为自扩散。自扩散系数的测定通常采用同位素示踪原子法，即在没有浓度梯度或化学势梯度的条件下测量示踪原子的扩散量[21]，此时自扩散系数等于示踪原子扩散系数 D^*。系统中存在几种粒子同时进行扩散的情况被称为互扩散。固态电解质离子电导由其中的迁移离子在电场作用下由无序扩散转变为定向扩散引起。此时，其电荷扩散系数（或称为电导扩散系数）D_σ 与其直流离子电导率 σ_{dc} 的关系可以通过 Nernst-Einstein 方程 [式（2-16）] 表示[16]：

$$D_\sigma = \frac{k_B T \sigma_{dc}}{C q^2} \tag{2-16}$$

式中，k_B 为玻尔兹曼常数；T 为热力学温度；C 为迁移离子数密度；q 为迁移离子电荷量。

值得注意的是，通过将实验测得的直流离子电导率 σ_{dc} 代入上述方程可得到 D_σ 具体值，但其仅具有"扩散系数"的量纲，并非精确意义的"扩散系数"[16,23]。

描述固体中离子扩散的经典模型认为离子跳跃事件是随机的（即离子每次跳跃的方向与前次跳跃的方向无关），该模型适用于迁移离子浓度无限稀释的情况[16]。离子的跳跃取决于点缺陷，如空位或间隙，且每次跳跃的距离一定[29]。不相关的单个离子跳跃可以用随机行走（random walk）模型来描述，其随机扩散系数 D_r 为：

$$D_r = \frac{\langle R_n^2 \rangle}{2dt_n} = \frac{a^2 \Gamma}{2d} \tag{2-17}$$

式中，a 为跳跃距离；Γ 为跳跃频率；d 为扩散维度（一维、二维、三维扩散分别取 1、2、3）；R_n 为迁移离子跳跃 n 次的总位移；t_n 为迁移离子跳跃 n 次的总时间[29]。式（2-17）左侧等式被称为 Einstein 方程或 Einstein-Smoluchowski 方程。式（2-17）中，跳跃频率 Γ 可表示为：

$$\Gamma = \nu Z \exp\left(-\frac{\Delta G}{k_B T}\right) = \nu Z \exp\left(\frac{\Delta S}{k_B}\right) \exp\left(-\frac{\Delta H}{k_B T}\right) \tag{2-18}$$

式中，ν 为尝试频率（attempt frequency），其值等于离子在平衡位置沿某一个跳跃方向的振动频率；Z 为配位数；$\exp\left(-\frac{\Delta G}{k_B T}\right)$ 为具有跳跃条件离子所占分数；ΔG 为离子跳跃所需要的吉布斯自由能；ΔS 为熵增；ΔH 为焓变[29]。将式（2-18）代入式（2-17）可得：

$$D_r = \frac{1}{2d} a^2 \nu Z \exp\left(\frac{\Delta S}{k_B}\right) \exp\left(-\frac{\Delta H}{k_B T}\right) \tag{2-19}$$

实际上，离子在固体中的输运是以缺陷作为媒介，因此离子跳跃事件不是完全随机的（离子可能在两个位置间做往返跳跃，即离子每次跳跃的方向与前次跳跃的方向有关）。可以引入一个相关因子 f，来描述离子跳跃事件之间的相关性[16]。此时，迁移离子的示踪扩散系数 D^* 可表示为：

$$D^* = f D_r \tag{2-20}$$

前已述及，电荷扩散系数 D_σ 与其电导率 σ 的关系可以通过 Nernst-Einstein 方程表示。在实际体系中，迁移离子之间往往存在相互作用。这种相互作用将使得示踪扩散系数 D^* 与电荷扩散系数 D_σ 不相等。示踪扩散系数 D^* 与电荷扩散系数 D_σ 之比为 Haven ratio 相关因子（H_R）：

$$H_R = \frac{D^*}{D_\sigma} \tag{2-21}$$

若 H_R 等于 1，则迁移离子之间无相互作用；若 H_R 不等于 1，则迁移离子之间存在相互作用。将式（2-21）代入式（2-20）可以得到：

$$\frac{D_\sigma}{D_r} = \frac{f}{H_R} \tag{2-22}$$

在具有熔融亚晶格结构的快离子导体及结构无序的导电玻璃或聚合物电解质中，相关因子 f 以及 H_R 的值对于研究其扩散机制（特别是协同扩散机制）具有重要意义，但目前无论是从理论上还是实验上对它们进行准确测量仍然是固态离子学研究中的一个难点，亟须深入研究。

2.6 晶格动力学

晶体点阵中的原子或离子会在其晶格平衡位点附近以约 $10^{12} \sim 10^{13}$ Hz 的频率进行振动，这被称为晶格振动。Born 和 Huang[30]于 1954 年出版的经典著作《晶格动力学理论》奠定了晶格动力学的理论根基。书中详细总结了与晶格振动相关的理论基础和实验研究，首次证实了晶格振动对材料力学、热力学等多方面物理性质的影响，并将研究晶格振动的发生机制及其对上述材料物理性质影响规律的学科定义为晶格动力学。

声子是用来描述晶格振动的能量量子，也是晶格动力学理论的基础。与材料晶格振动相关的信息，包括声子频率、声子振幅、声子模式等统称为声子信息。通过声子信息可以推导揭示材料的诸多性质，声子软模和晶格软化就是其中的典型例子。声子软模最初是指随着温度、压力等条件的变化，铁电材料中的某些特定声子频率降低至 0，并引发铁电材料相变的过程[31]。后续研究发现，声子频率降低会削弱阳离子和阴离子之间的键相互作用，导致材料的硬度（通常用体弹模量和杨氏模量表征）[32]和声速同时降低，宏观上表现为材料变软[33]，即晶格软化。材料中的声速不仅可以反映材料的硬度和模量等力学性质，也与声子频率密切关联，是联系材料力学和晶格动力学的纽带。目前，声子信息已可用于揭示快离子导体、记忆合金、铁电材料等的热膨胀、热传导、电子传导、离子输运和相变临界温度等性质。

拉曼光谱[34]、红外光谱[35]、非弹性中子散射[36]、超声声速测量[37]、电化学阻抗谱[38]等实验方法可以被广泛应用于表征如快离子导体等储能材料中的晶格动力学相关性质[39,40]。例如，拉曼和红外光谱可用于测量声子能带，并探测其中的光学声子支和声学声子支；非弹性中子散射可用于测量声子总态密度和迁移离子声子分态密度。图 2-3 详细阐述了如何利用实验手段建立晶格动力学相关性质与离子输运行为之间的映射关系。

值得一提的是，利用晶格动力学可以深入理解晶格振动对快离子导体中离子输运行为的影响机制和规律[41-46]。已有研究表明，可以将声子信息中的声子频率[40]、声子振幅[47]、声子模式[48,49]等作为描述符，来刻画快离子导体中离子输运行为的物理图像，并勾勒出其设计准则。下面我们根据离子电导率和与声子频率相关的晶格软化之间的关系，进一步说明晶格动力学在理解离子输运行为中的作用。

在传统晶体学方法中通常可通过构建三维离子扩散路径[33]、元素替代[50]以及选择固有低离子迁移激活能的离子导体[51]等方式改善材料离子电导率。相比之下，基于晶格动力学理论可以进一步揭示迁移离子之间以及迁移离子-骨架离子之间的相互作用，以帮助理解快离子输运现象并提出快离子导体材料离子电导率的改性策略。例如，利用晶格软化策略[17]，可为阳离子迁移提供一个平坦的迁移势能面，以降低离子迁移激活能 E_a。上述策略通常可以通过使用极化性更强的阴离子实现，如在 Li_6PS_5X 和 $LiAlX_4$（X 代表卤素 Cl、Br、I）中降低 Cl 的占比而提高 Br 和 I 的占比[17,52]。该策略不仅将离子迁移与晶格软化的概念关联在一起，加深

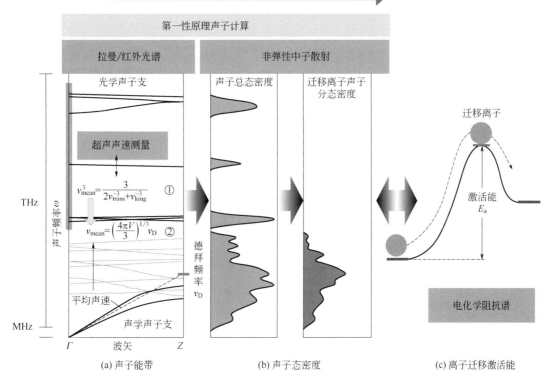

图 2-3 多种可用于探索晶格动力学相关性质与离子输运行为映射关系的实验手段[39]

（a）声子能带可通过红外和拉曼光谱测定，其反映出材料的声速以及德拜频率等性质。设体系的原胞所包含的原子总数为 n，则图中共有 $3n$ 条声子色散曲线，包括 3 条声学声子支和 $3n-3$ 条光学声子支。声学声子支穿过布里渊区中心，对应频率在兆赫兹（MHz）范围内，图中用深绿色实线表示；光学声子支未穿过布里渊区中心，其频率在太赫兹（THz）范围内，图中用红色实线表示。在低波矢范围内，频率最低的声学声子支的斜率数值与材料中的纵波声速 v_{long} 成正比，另外两条简并的声学声子支的斜率数值与材料中的横波声速 v_{trans} 成正比。根据公式①，可由 v_{long} 和 v_{trans} 得到材料中的平均声速 v_{mean}。德拜频率 v_D 为声学声子支的频率上限。由公式②可知，v_{mean} 与德拜频率 v_D 成正比，式中 V 为原胞内单个原子的平均占有体积。因此，经 Γ 点由 v_{mean} 决定斜率的直线（绿色虚线）与相邻波矢纵轴交点处的频率即为 v_D。超声声速测量实验可以精确测定材料中的横波声速（v_{trans}）和纵波声速（v_{long}），并根据公式①计算得出平均声速 v_{mean}。通过超声声速测量和拉曼/红外实验手段可以建立平均声速和德拜频率之间的联系。（b）与声子能带图对应的声子态密度图，其可通过非弹性中子散射进行表征。其中左图为声子总态密度，右图为迁移离子声子分态密度。图（a）中的声子能带和图（b）声子态密度还可以通过第一性原理声子计算[53]，如冻声子[54]和有限位移法[55]等获得。（c）为迁移离子在快离子导体中扩散所需的离子迁移激活能示意图，离子迁移激活能可通过电化学阻抗谱进行评估

了对于快离子导体中离子输运行为的理解，还有助于从原子尺度的晶体结构对具有高离子电导率和结构稳定性的快离子导体进行高通量筛选。例如，Meyer-Neldel 规则揭示了阿伦尼乌斯方程［式（2-15）］中 σ_0 与 E_a 之间的竞争关系[56]。

然而，晶格软化和离子输运的关系极其复杂。例如，式（2-15）中存在 σ_0 与 E_a 的竞争关系，导致晶格软化虽然能使某些快离子导体的离子迁移激活能 E_a 降低，但同时也会降低前置因子 σ_0，最终使得体系的离子电导率无法得到明显提升[17]。因此，若想获得无机快离子导体材料的最佳离子电导率，需从晶格动力学的角度挖掘出 σ_0 与 E_a 之间的最佳匹配值及相应的

调整手段,如图 2-4 所示。

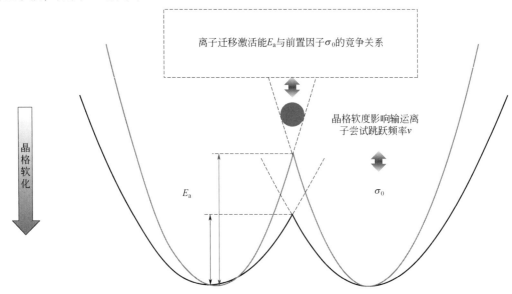

图 2-4 晶格软化导致的离子迁移激活能 E_a 变化与前置因子 σ_0 变化的竞争关系[17]

式(2-15)中的前置因子 σ_0 可以表示为 $\sigma_0 = \dfrac{q^2}{k_B} zCa^2 v$ [29]。其中,z 为几何因子,与迁移离子的迁移通道有关。根据式(2-22),z 可以表示为 $\dfrac{fZ}{2dH_R}$。两式中其他符号在第 2.4 节和第 2.5 节均有明确定义。晶格软化可以影响离子尝试跳跃频率 v,进而影响前置因子 σ_0。

晶格动力学理论还在不断发展和完善当中,晶格动力学与其他多尺度、多形态的实验或计算手段的结合也日渐紧密。因此,利用晶格动力学揭示快离子导体离子输运行为的本质,有望成为未来电化学储能材料领域的重要研究方向之一。

2.7 渗流理论

1957 年,Broadbent 和 Hammersley[57]采用统计学方法研究了无序多孔介质中流体或粒子的随机扩散现象,据此建立了渗流统计模型。在此基础上,他们首次提出了渗流阈值的概念,并将其作为渗流系统维持其原本特性不变的临界条件[58]。自此,以上述扩散现象为基础建立的渗流理论广泛应用于材料科学、化学、物理学、生物学等不同学科领域,为研究无序体系的结构演化、高温超导、电子跳跃及各种临界现象提供理论支持。

在电化学储能领域中,渗流理论主要用于研究固态电解质的离子输运特性。例如,借助渗流理论可分析单相无机固态电解质[如锂镧锆氧(LLZO)、锂镧钛氧(LLTO)等]中的离子运动轨迹,并确定其在电解质中相邻位点是否导通[59]。而对于复合固态电解质[如 LiI-Al_2O_3、PEO-LLZO(聚氧化乙烯-锂镧锆氧)等],可以通过搭建出多相混合渗流模型,并结合蒙特卡罗模拟分析迁移离子浓度对其输运通道规模的影响(见第 5.3 节中详细阐述),或结合有效介质理论揭示复合固态电解质中的渗流现象(见第 6.1 节中详细阐述),以及离子导体几何形状等因素对离子输运特性的影响[60]。

2.8 有效介质理论

自然界中，除单晶或均质无序体系，几乎所有材料从显微结构上看都是非均质的，如各类复合材料、多晶材料等，其具有从原子到宏观尺度的多尺度结构特征。其中，在介观尺度下主要可研究材料显微结构的形成/演变及其与性能之间的定量关系。从介观尺度上看，复合材料的性能是由多组元、多特性的集成反应决定，即 $K^* = K^*(K, g)$，其中，K^* 表示复合材料的宏观有效性能，K 表示材料中各组元的性质，g 表示材料的结构特征。研究者们可通过预设复合材料的组合种类及组合方式来优化电化学储能材料的关键电学、力学等性能。然而，复合材料的庞杂性及微观结构的多样性等客观因素使得采用传统实验方式难以高效筛选出复合材料的最优组合。为此，计算方法可作为预先筛选手段以降低实验成本、缩短研发周期[61-63]。

有效介质理论（effective-medium theory，EMT）是一种介观尺度的计算方法。与第一性原理计算方法相比，其更适用于研究材料显微结构与物理性能的定量关系[61]。1935 年，Bruggeman[64]基于有效介质近似方法（假设第二相随机分布于基体相当中，如图 2-5 所示）提出了有效介质理论的概念。1987 年，南策文[65]将有效介质理论与细观力学等其他方法结合，提出了一个自洽的 EMT 模型。随后，其利用该理论讨论了包含界面层的分散第二相颗粒对电解质离子输运特性的影响，并发现该理论用于研究二元无规混合物体系离子电导率及热导率的结果与实验结果高度吻合。1990 年，马余强等[66]从典型二元无规混合物的两种不同拓扑结构出发，在 Maxwell-Garnett 理论（见第 6.1.2 小节详细推导）的基础上建立了计算该类混合物有效电导率的普适方程，随后通过设计一系列实验验证了该理论计算的准确性。1998 年，Siekierski 等[67]将电解质看成是由连续的聚合物相与分散的无机相组成的准两相体系，并利用 Vogel-Tammann-Fulcher 方程［即 VTF 方程，如式（2-23）所示］刻画出两相界面层的离子电导率 σ_{dc}，由此建立了可用于复合固态电解质（composite solid polymer electrolyte，CSPE）离子导电性能研究的 EMT 模型。

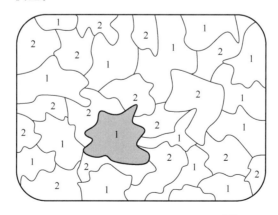

图 2-5　有效介质理论模型示意图[68]

由 1、2 两相组成的非均质材料中，假设其中任意一相（如相 1）随机分布于基体相（相 2）中

$$\sigma_{dc} = A_1 T^{-\frac{1}{2}} \exp\left[-\frac{E_a}{k_B(T-T_0)}\right] \tag{2-23}$$

式中，A_1 是前置因子；E_a 是表观活化能，即为离子迁移时的迁移激活能；T_0 是热力学玻璃化转变温度；T 为热力学温度。

2002 年，方滨等[69]根据 EMT 模拟揭示出聚氨酯/盐体系中存在三种具有不同离子输运特性的组分，包括导电聚氨酯相、导电界面层和硬段聚集体复合单元，由此将体系划分为由基体相、掺杂相、界面相组成的电解质。由以上典型研究可见，目前 EMT 已被广泛用来模拟多孔介质、复合固态电解质等非均质材料的离子输运特性，这些工作丰富了有效介质理论的内涵并推动了其进一步的发展。

2.9 界面双电层

当不同物体接触时，由于其物理化学性质的差别，两相界面的粒子所受作用力与各自相内部粒子所受作用力不同，此时界面处将出现游离电荷（包含离子与电子）或取向偶极子（如极性分子）的重新排布，从而形成大小相等、符号相反的两层界面荷电层，即双电层[70,71]。根据两相组成的不同，其可以分为固液双电层与固固双电层。

2.9.1 固液双电层

2.9.1.1 固液双电层分类

当电极与电解液接触并形成新的界面时，来自体相的游离电荷或偶极子将在界面处富集并发生重排，从而形成固液双电层。此时根据该双电层结构特点可分为离子双电层、偶极双电层和吸附双电层[6]。

（1）离子双电层

由于金属和溶液两侧的电化学势不同，导致游离电荷在两相间转移，此时大小相等、符号相反的游离电荷（分别用+/-号区分正/负电荷）分布在界面两侧形成离子双电层。其特点是每一相中有一层电荷，但其符号相反，如图 2-6（a）所示。

（2）偶极双电层

金属表面的自由电子有向表面外"膨胀"的趋势，但因金属离子的引力约束导致其不能逸出过远，由此界面处靠电极侧形成偶极双电层，靠溶液侧则形成偶极溶剂分子，如图 2-6（b）所示。

（3）吸附双电层

溶液中某种游离电荷在电极表面发生非静电吸附形成电荷层，之后其靠静电作用吸引了溶液中带相反电荷的游离电荷形成吸附双电层，如图 2-6（c）所示。

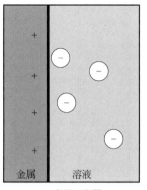 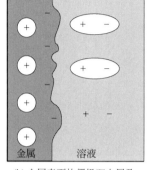 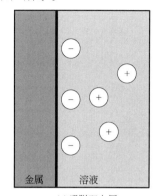

(a) 离子双电层　　(b) 金属表面的偶极双电层及偶极水分子取向层　　(c) 吸附双电层

图 2-6　三种固液双电层（离子双电层、偶极双电层和吸附双电层）的结构特点[6]

2.9.1.2　固液双电层结构的理论模型

描述固液双电层结构的理论模型主要有以下几种：

（1）Helmholtz 模型

其核心思想是正（+）/负（−）电荷等量且紧密分布于界面两侧，如图 2-7（a）所示。该结构类似于平板电容器。

（2）Gouy-Chapman 模型

Gouy 和 Chapman 随后对 Helmholtz 模型进行改进，其核心思想是引入了扩散层的概念。即电荷在界面处电极侧分布较为有序，而在电解液侧由于离子间的相互作用较弱，导致电荷扩散到远离界面的体相溶液中，如图 2-7（b）所示。相较于 Helmholtz 模型，该模型对电容的变化有了更好的解释。然而，由于此时电荷被抽象为一个点（没有考虑离子的几何大小），其对电容的预测值远高于实测值。

（3）Gouy-Chapman-Stern 模型

当界面处电势差很大时，"点电荷"会被无限压缩到接近电极表面的位置，因此正负电荷的距离将趋近于零，从而造成电容接近无穷大。因此，Stern 在 Gouy-Chapman 模型的基础上加入新的约束条件，即离子尺寸。此时界面处较为紧密的内层称为 Helmholtz 层，外层仍为扩散层，如图 2-7（c）所示。该模型解决了上述 Gouy-Chapman 模型中遇到的问题，但仍有尚未考虑到的实际现象，例如，当界面处产生吸附现象并且吸附力大于静电力时，即使同种电荷也可形成固液双电层。

最后值得注意的是，决定固液双电层中离子/电荷排布的主要原因是静电作用和热运动，具体因素包括浓度、温度和溶液组分与电极间相互作用等[1]。例如，溶液浓度越低，双电层的分散程度就越大，反之双电层排布越紧密；此外，随着温度升高，离子热运动加剧，导致双电层趋于分散排布，反之双电层趋于紧密排布。

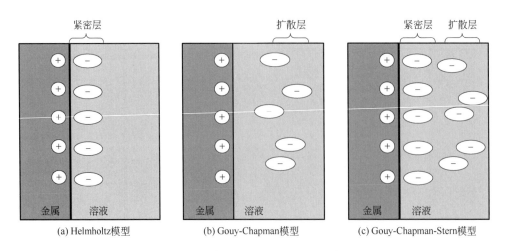

图 2-7 三种固液双电层模型的示意图

2.9.2 固固双电层

当两种具有不同电化学势的固态材料（以正极和固态电解质为例）接触时，界面附近的离子和电子均趋于向具有低化学势材料（如高电压正极）聚集。但如果只有一种载流子（即可以移动的点缺陷，无论是离子还是电子）能够迁移，或者某种载流子迁移更快，则会创造出一个局部电荷聚集的区域，即空间电荷层[72]，其示意如图 2-8 所示。具体来讲，由于固态电解质无法传导电子，此时体系中的离子迁移较快，导致在电解质/电极化学势差异的驱动下界面附近离子向化学势最低的正极区域移动。界面处因载流子重排而产生的静电势使得电解质/电极化学势均偏离体相值，这种"势"即为电化学势（化学势+静电势）。当界面两侧的电化学势相等时，整个体系达到平衡。

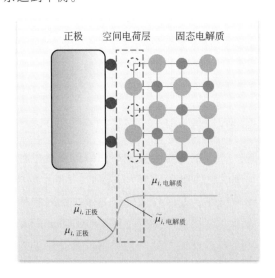

图 2-8 电极/电解质空间电荷层形成机制示意图

界面上载流子富集形成界面核，相邻的空间电荷层内载流子耗尽，且载流子发生重排后的体相化学势及界面电化学势分布。i 表示载流子，$\mu_{i,正极}$ 和 $\mu_{i,电解质}$ 分别表示正极和电解质体相中载流子的化学势，$\tilde{\mu}_{i,正极}$ 和 $\tilde{\mu}_{i,电解质}$ 分别表示界面处正极和电解质中载流子的电化学势（化学势+静电势）

值得注意的是，电化学储能电池中的正极和固态电解质界面处、同质晶界处、固态电解质膜（SEI）中的异质界面处均广泛存在空间电荷层效应，并通过电化学过程中界面处载流子的分布不同而影响离子在界面处的输运特性。此外，在过渡金属化合物电极的电化学过程中形成的空间电荷层还被发现其具有特殊的储锂行为（见 6.2.3.4 部分详细讨论）。由此，有必要对储能材料中固固界面处的空间电荷层的基本概念、基本模型、储能机制及其对离子输运的影响进行更深入的探索，以进一步提升储能材料界面电子/离子输运性能。

2.10 相变平均场理论

一个相受外界条件影响转变为另一相的过程，称为相变。相变现象种类繁多且成因复杂，Ehrenfest[73]根据热力学势各阶导数的连续性对相变现象进行了分类：热力学势 $0 \sim (K-1)$（其中 $K \geqslant 1$）阶导数连续而 K 阶导数不连续的相变称为 K 级相变。其中，高阶（$K \geqslant 2$）相变通常称为连续相变。此外，还可以根据原子迁移的方式，将相变分为扩散型相变与无扩散型相变。事实上，连续相变在很长一段时间内都是采用平均场理论进行描述，其主要思想是将其他分子施加在单体的作用以一个有效场代替，从而将多体问题转化为近似等效的单体问题。1873 年 van der Waals[74]提出既能反映气、液各相性质，又能描述相变和临界现象的气液状态方程。1907 年 Weiss[75]提出分子场理论用以解释铁磁相变现象。1934 年 Bragg 和 Williams[76]提出用平均场近似方法研究合金的有序化相变过程。1937 年 Landau[77]提出了描述连续相变的平均场理论，其包括两条基本假设：①热力学势在 K 阶相变点附近可以展开为序参量的解析函数，如式（2-24）所示；②对 K 阶相变而言，除 K 阶外的所有 $K-1$ 阶展开系数均在相变点变号。对于只有一个序参量（M）的体系，其热力学势 [$\Gamma(M)$] 可在相变点附近展开为：

$$\Gamma(M) = \Gamma_0(T) + \frac{1}{2}a(T)M^2 + \frac{1}{4}b(T)M^4 + \cdots + \frac{1}{2^K}z(T)M^{2^K} \tag{2-24}$$

式中，$\Gamma_0(T)$ 是序参量为零时的热力学势；$a(T)$、$b(T)$、$z(T)$ 分别为与温度有关的展开系数。

至此，借助连续相变的平均场理论就可以描绘体系的热力学性质。然而，Ornstein 和 Zernike[78]指出上述平均场理论忽视了重要的涨落效应（包括能量、磁矩等），即短程的涨落现象也可能出现长程关联。尽管通过对偶场的方法（即对偶场为零时，序参量自发出现在相变点附近，进而导致体系的对称性破缺）可控制序参量的热力学共轭变量，使得部分序参量可测，但体系序参量完整物理图像的勾勒仍需借助经典量子物理方法进行探究。

2.11 多物理场耦合理论

电化学储能器件通常在电化学反应、质量传递、电荷运动、热量传导、结构变形等多种物理效应的共同作用下进行工作[79]，此时电流、电压、温度、内应力等诸多因素都会影响到器件服役性能（如能量密度、倍率性能及安全性能等）的发挥。因此，相应的建模分析和优化设计需要应用多学科的理论和方法,包括材料学、物理学、电化学、力学等。早期受限于计算机软硬件和数值计算理论的不足和局限性,仿真分析主要关注于某个单一物理效应。然而电化学储能器件的服役过程面临复杂的温度、力学和电学工况甚至遭遇热及机械滥用场景,在这些状况下电池的性能将遭遇大幅退化、热失控等严峻挑战。由此,开展基于多物理场耦合的电化学储能器件计算、建模和仿真,尽量还原真实的服役状况并按预定服役要求对其进行主动设计已成为提升电池性能的必要环节[80]。

多物理场建模的核心任务是物理场之间的耦合[81]。电化学储能中常见的基本耦合形式有三种:电化学-热耦合、电化学-应力耦合、热-应力耦合。

(1) 电化学-热耦合

电池充放电时会产热,并以热源的形式进入热场控制方程,从而造成电池温度的上升[82]。主要产热包括欧姆热($\dot{q}_o$)、电化学反应热($\dot{q}_r$)和极化热($\dot{q}_p$)三部分,其中前两者占比较大[83],总的热生成率($\dot{q}$)用公式表示为:

$$\dot{q} = \dot{q}_o + \dot{q}_r + \dot{q}_p \tag{2-25}$$

热场控制方程由能量守恒确定,见第 8.4.1 小节。与通常的化学反应类似,电化学反应也会受到温度的影响,材料的物理特性呈现温度依赖性,通常由阿伦尼乌斯关系给出[84]:

$$P = P_r \exp\left[\frac{E_{a,P}}{R}\left(\frac{1}{T_r} - \frac{1}{T}\right)\right] \tag{2-26}$$

式中,P 为广义物理参量,可表示扩散系数、离子电导率等;P_r 表示参考温度 T_r 下的参数值;$E_{a,P}$ 表示与该参数对应的激活能;R 和 T 分别为理想气体常数和热力学温度。

(2) 电化学-应力耦合

锂或锂离子在活性材料[85]及离子在电解质材料[86]中迁移会引起材料变形,进而诱发内应力,给材料/结构的安全服役带来威胁。该变形通常是各向同性的,表示为:

$$\varepsilon_c = \frac{\Omega}{3}\Delta c \tag{2-27}$$

式中,Ω 为偏摩尔体积;Δc 为相应的摩尔浓度改变量。

同时,内应力的产生也会造成材料弹性能的改变,进而影响电化学反应过程。主要体现在对锂化学势[87]和过电势[88]的影响两个方面,分别表示为:

$$\mu = \mu_r + RT\ln\left(\frac{c}{c_{\max} - c}\right) - \Omega\sigma_h - \frac{\beta_{ijkl}}{2}\sigma_{ij}\sigma_{kl} \tag{2-28}$$

$$\eta = \eta_V + \eta_{eq} - \sigma_h \Omega / F \tag{2-29}$$

式中,μ_r 为参考状态的锂化学势;R 和 T 仍分别为理想气体常数和热力学温度;c 和 $c_{\max}$ 分别为锂摩尔浓度和最大嵌锂摩尔浓度;Ω 为偏摩尔体积;$\sigma_h = \sigma_{kk}/3$ 为扩散诱导应力所对应的静水应力;β_{ijkl} 为柔度张量;σ_{ij}、σ_{kl} 为应力张量,$i, j, k, l = 1 \sim 3$;式(2-28)右侧第二、第三、第四项分别反映锂浓度、静水应力、活性材料锂化模量改变对化学势的影响；η 为过电势；η_V 和 η_{eq} 分别为当前及平衡状态时的电极电势；$\sigma_h \Omega / F$ 反映系统弹性改变对过电势的影响。

（3）热-应力耦合

电化学储能材料与器件也存在广泛的热胀冷缩现象，温度变化引起的热变形表示为[89]：

$$\varepsilon_T = \alpha \Delta T \tag{2-30}$$

式中，α 和 ΔT 分别表示热膨胀系数和温度改变量。

参考文献

[1] Bard A J, Faulkner L R, White H S. Electrochemical methods: fundamentals and applications [M]. New York: John Wiley & Sons, 2022.

[2] Hamann C H, Hamnett A, Vielstich W. Electrochemistry [M]. New York: John Wiley & Sons, 2007.

[3] 练成, 程锦, 黄盼, 等. 新能源化工热力学 [J]. 化工进展, 2021, 40（9）: 4711-4733.

[4] 高鹏, 朱永明. 电化学基础教程 [M]. 北京: 化学工业出版社, 2013.

[5] Boettcher S W, Oener S Z, Lonergan M C, et al. Potentially confusing: potentials in electrochemistry [J]. ACS Energy Lett, 2020, 6（1）: 261-266.

[6] 李荻. 电化学原理 [M]. 北京: 北京航空航天大学出版社, 2008.

[7] Dickinson E J F, Wain A J. The Butler-Volmer equation in electrochemical theory: origins, value, and practical application [J]. J Electroanal Chem, 2020, 872: 114145.

[8] 查全性. 电极过程动力学导论 [M]. 3版. 北京: 科学出版社, 2002.

[9] 王达, 周航, 焦遥, 等. 离子嵌入电化学反应机理的理解及性能预测: 从晶体理论到配位场理论 [J]. 储能科学与技术, 2022, 11（2）: 409-433.

[10] Bethe H. Termaufspaltung in Kristallen [J]. Ann Phys, 1929, 395（2）: 133-208.

[11] van Vleck J H. Valence strength and the magnetism of complex salts [J]. J Chem Phys, 1935, 3（12）: 807-813.

[12] Griffith J S, Orgel L E. Ligand-field theory [J]. Q Rev Chem Soc, 1957, 11（4）: 381-393.

[13] 林祖纕, 郭祝崑, 孙成文, 等. 快离子导体（固体电解质）基础、材料、应用 [M]. 上海: 上海科学技术出版社, 1983.

[14] 萨拉蒙 M B, 快离子导体物理 [M]. 北京: 科学出版社, 1984.

[15] 史美伦. 固体电解质 [M]. 重庆: 科学技术文献出版社, 1982.

[16] Mehrer H. Diffusion in solids: fundamentals, methods, materials, diffusion-controlled processes [M]. Berlin Heidelberg: Springer-Verlag, 2007.

[17] Kraft M A, Culver S P, Calderon M, et al. Influence of lattice polarizability on the ionic conductivity in the lithium superionic argyrodites Li_6PS_5X（X = Cl, Br, I）[J]. J Am Chem Soc, 2017, 139（31）: 10909-10918.

[18] Kabiraj A, Mahapatra S. High-throughput first-principles-calculations based estimation of lithium ion storage in monolayer rhenium disulfide [J]. Commun Chem, 2018, 1（1）: 81.

[19] Krauskopf T, Culver S P, Zeier W G. Bottleneck of diffusion and inductive effects in $Li_{10}Ge_{1-x}Sn_xP_2S_{12}$ [J]. Chem

Mater, 2018, 30 (5): 1791-1798.

[20] 任元, 邹喆义, 赵倩, 等. 浅析电解质中离子输运微观物理图像 [J]. 物理学报, 2020, 69 (22): 226601.

[21] 杨勇. 固态电化学 [M]. 北京: 化学工业出版社, 2016.

[22] Kim S, Yamaguchi S, Elliott J A. Solid-state ionics in the 21st century: current status and future prospects [J]. MRS Bull, 2009, 34 (12): 900-906.

[23] 高健. 若干锂离子固体电解质中的离子输运问题研究 [D]. 北京: 中国科学院大学, 2015.

[24] Hagenmuller P, van Gool W. Solid electrolytes: general principles, characterization, materials, applications [M]. New York: Academic Press, 1978.

[25] Dyre J C, Maass P, Roling B, et al. Fundamental questions relating to ion conduction in disordered solids [J]. Rep Prog Phys, 2009, 72 (4): 046501.

[26] Tuller H L, Button D P, Uhlmann D R. Fast ion transport in oxide glasses [J]. J Non Cryst Solids, 1980, 40 (1-3): 93-118.

[27] Kunow M, Heuer A. Coupling of ion and network dynamics in lithium silicate glasses: A computer study [J]. Phys Chem Chem Phys, 2005, 7 (10): 2131-2137.

[28] Habasaki J, Hiwatari Y. Molecular dynamics study of the mechanism of ion transport in lithium silicate glasses: Characteristics of the potential energy surface and structures [J]. Phys Rev B, 2004, 69 (14): 144207.

[29] Gao Y R, Nolan A M, Du P, et al. Classical and emerging characterization techniques for investigation of ion transport mechanisms in crystalline fast ionic conductors [J]. Chem Rev, 2020, 120 (13): 5954-6008.

[30] Born M, Huang K. Dynamical theory of crystal lattices [M]. Oxford: Clarendon Press, 1954.

[31] Casella L, Zaccone A. Soft mode theory of ferroelectric phase transitions in the low-temperature phase [J]. J Phys: Condens Matter, 2021, 33 (16): 165401.

[32] Guo Z, Wang J, Yin W. Atomistic origin of lattice softness and its impact on structural and carrier dynamics in three dimensional perovskites [J]. Energy Environ Sci, 2022, 15 (2): 660-671.

[33] Weber D A, Senyshyn A, Weldert K S, et al. Structural insights and 3D diffusion pathways within the lithium superionic conductor $Li_{10}GeP_2S_{12}$ [J]. Chem Mater, 2016, 28 (16): 5905-5915.

[34] Ahlawat N. Raman spectroscopy: A review [J]. Int J Comput Sci Mob Comput, 2014, 3 (11): 680-685.

[35] Davies M. Infrared spectroscopy and molecular structure [M]. Amsterdam: Elsevier, 1963.

[36] Lovesey S W. Theory of neutron scattering from condensed matter [M]. Oxford: Oxford Science Publishers, 1984.

[37] Robinson D E, Ophir J, Wilson L S, et al. Pulse-echo ultrasound speed measurements: Progress and prospects [J]. Ultrasound Med Biol, 1991, 17 (6), 633-646.

[38] Irvine J T S, Sinclair D C, West A R. Electroceramics: characterization by impedance spectroscopy [J]. Adv Mater, 1990, 2 (3): 132-138.

[39] Krauskopf T, Muy S, Culver S P, et al. Comparing the descriptors for investigating the influence of lattice dynamics on ionic transport using the superionic conductor $Na_3PS_{4-x}Se_x$ [J]. J Am Chem Soc, 2018, 140 (43): 14464-14473.

[40] Muy S, Bachman J C, Giordano L, et al. Tuning mobility and stability of lithium ion conductors based on lattice dynamics [J]. Energy Environ Sci, 2018, 11 (4): 850-859.

[41] Lucovsky G, White R M, Liang W Y, et al. The lattice polarizability of PbI_2 [J]. Solid State Commun, 1976, 18 (7): 811-814.

[42] Bauerle J E. Study of solid electrolyte polarization by a complex admittance method [J]. J Phys Chem Solids, 1969, 30 (12): 2657-2670.

[43] Huberman B A, Sen P N. Dielectric response of a superionic conductor [J]. Phys Rev Lett, 1974, 33 (23): 1379-1382.

[44] Wang J C, Gaffari M, Choi S. On the ionic conduction in β-alumina: Potential energy curves and conduction mechanism [J]. J Chem Phys, 1975, 63 (2): 772-778.

[45] Boyce J B, Huberman B A. Superionic conductors: transitions, structures, dynamics [J]. Phys Rep, 1979, 51 (4): 189-265.

[46] Köhler U, Herzig C. On the correlation between self-diffusion and the low-frequency LA ⅔⟨111⟩ phonon mode in b.c.c.metals [J]. Philos Mag A, 1988, 58 (5): 769-786.

[47] Wakamura K. Roles of phonon amplitude and low-energy optical phonons on superionic conduction [J]. Phys Rev B, 1997, 56 (18): 11593-11599.

[48] Wu S Y, Xiao R J, Li H, et al. New insights into the mechanism of cation migration induced by cation-anion dynamic coupling in superionic conductors [J]. J Mater Chem A, 2022, 10 (6): 3093-3101.

[49] Xu Z M, Chen X, Zhu H, et al. Anharmonic cation-anion coupling dynamics assisted lithium-ion diffusion in sulfide solid electrolytes [J]. Adv Mater, 2022: 2207411.

[50] Bernges T, Culver S P, Minafra N, et al. Competing structural influences in the Li superionic conducting argyrodites $Li_6PS_{5-x}Se_xBr$ ($0 \leqslant x \leqslant 1$) upon Se substitution [J]. Inorg Chem, 2018, 57 (21): 13920-13928.

[51] Wang Y, Richards W D, Ong S P, et al. Design principles for solid-state lithium superionic conductors [J]. Nat Mater, 2015, 14 (10): 1026-1031.

[52] Flores-González N, López M, Minafra N, et al. Understanding the effect of lattice polarisability on the electrochemical properties of lithium tetrahaloaluminates, $LiAlX_4$ (X=Cl,Br,I) [J]. J Mater Chem A, 2022, 10 (25): 13467-13475.

[53] Shi S Q, Zhang H, Ke X Z, et al. First-principles study of lattice dynamics of $LiFePO_4$ [J]. Phys Lett A, 2009, 373 (44): 4096-4100.

[54] Chaput L, Togo A, Tanaka I, et al. Phonon-phonon interactions in transition metals [J]. Phys Rev B, 2011, 84 (9): 094302.

[55] Parlinski K, Li Z Q, Kawazoe Y. First-principles determination of the soft mode in cubic ZrO_2 [J]. Phys Rev Lett, 1997, 78 (21): 4063-4066.

[56] Metselaar R, Oversluizen G. The Meyer-Neldel rule in semiconductors [J]. J Solid State Chem, 1984, 55 (3): 320-326.

[57] Broadbent S R, Hammersley J M. Percolation processes: Ⅰ. Crystals and mazes. Mathematical proceedings of the Cambridge philosophical society [M]. Cambridge: Cambridge University Press, 1957.

[58] 张李盈, 任景莉. 渗流理论、方法、进展及存在问题 [J]. 自然杂志, 2019, 41 (2): 119-131.

[59] 刘金平, 蒲博伟, 邹喆乂. 等. 基于蒙特卡罗模拟的离子导体热力学与动力学特性 [J]. 储能科学与技术, 2022, 11 (3): 878-896.

[60] Li Z, Huang H M, Zhu J K, et al. Ionic conduction in composite polymer electrolytes: Case of PEO: Ga-LLZO composites [J]. ACS Appl Mater Interfaces, 2019, 11 (1): 784-791.

[61] 孙楠楠, 施展, 丁琪, 等. 基于有效介质理论的物理性能计算模型的软件实现 [J]. 物理学报, 2019, 68（15）: 157701.

[62] 南策文. 非均质材料物理: 显微结构-性能关联 [M]. 北京: 科学出版社, 2005.

[63] 施展, 南策文. 铁电/铁磁三相颗粒复合材料的磁电性能计算 [J]. 物理学报, 2004, 53（08）: 2766-2770.

[64] Bruggeman D A G. Berechnung verschiedener physikalischer Konstanten von heterogenen Substanzen. Ⅰ. Dielektrizitätskonstanten und Leitfähigkeiten der Mischkörper aus isotropen Substanzen [J]. Ann Phys, 1935, 416（7）: 636-664.

[65] 南策文. 含分散第二相的离子导体导电理论 [J]. 物理学报, 1987, 36（2）: 191-198.

[66] 马余强, 李振亚. 二元无规混合系统的有效介质理论 [J]. 物理学报, 1990, 39（3）: 457-463.

[67] Siekierski M, Wieczorek W, Przyłuski J. AC conductivity studies of composite polymeric electrolytes [J]. Electrochim Acta, 1998, 43（10）: 1339-1342.

[68] Zou Z Y, Li Y J, Lu Z H, et al. Mobile ions in composite solids [J]. Chem Rev, 2020, 120（9）: 4169-4221.

[69] 方滨, 王新灵, 杨冰, 等. 有效介质理论在聚氨酯固体电解质中适用性研究 [J]. 高分子材料科学与工程, 2002, 18（6）: 184-186.

[70] Grahame D C. The electrical double layer and the theory of electrocapillarity [J]. Chem Rev, 1947, 41（3）: 441-501.

[71] Henderson D, Boda D. Insights from theory and simulation on the electrical double layer [J]. Phys Chem Chem Phys, 2009, 11（20）: 3822-3830.

[72] Maier J. Ionic conduction in space charge regions [J]. Prog Solid State Chem, 1995. 23（3）: 171-263.

[73] Ehrenfest P. Phasenumwandlungen im üblichen und erweiterten Sinn, klassifiziert nach den entsprechenden Singularitäten des thermodynamischen Potenziales [J]. Proc Acad Sci Amsterdam, 1933, 36: 153-157.

[74] van der Waals J D. On the continuity of the gas and liquid state [D]. Leiden: Leiden University, 1873.

[75] Weiss P. L'hypothèse du champ moléculaire et la propriété ferromagnétique [J]. J Phys Theor Appl, 1907, 6（1）: 661-690.

[76] Bragg W L, Williams E J. The effect of thermal agitation on atomic arrangement in alloys [J]. Proc R Soc A, 1934, 145（855）: 699-730.

[77] Landau L D. On the theory of phase transitions. Ⅱ [J]. Zh Eksp Theor Phyz, 1937, 7（19）: 627.

[78] Ornstein L S, Zernike F. Accidental deviations of density and opalescence at the critical point of a single substance [J]. Proceeding of Akademic Science（Amsterdam）, 1914, 17（2）: 793-806.

[79] 王旸, 岳钒, 黄晓东. 全固态锂离子电池的多物理场建模与仿真技术研究 [J]. 电子器件, 2021, 44（1）: 1-6.

[80] Zhao Y, Stein P, Bai Y, et al. A review on modeling of electro-chemo-mechanics in lithium-ion batteries [J]. J Power Sources, 2019, 413: 259-283.

[81] 林楠, Ulrike K, Jochen Z, 等. 电化学能量储存和转换体系多物理场模型的建立及其应用 [J]. 储能科学与技术, 2022, 11（4）: 1149-1164.

[82] Zhao R, Liu J, Gu J J. The effects of electrode thickness on the electrochemical and thermal characteristics of lithium ion battery [J]. Appl Energy, 2015, 139: 220-229.

[83] Zhang X. Thermal analysis of a cylindrical lithium-ion battery [J]. Electrochim Acta, 2011, 56（3）: 1246-1255.

[84] Liu L, Park J, Lin X K, et al. A thermal-electrochemical model that gives spatial-dependent growth of solid electrolyte interphase in a Li-ion battery [J]. J Power Sources, 2014, 268: 482-490.

[85] Cheng Y T, Verbrugge M W. The influence of surface mechanics on diffusion induced stresses within spherical nanoparticles [J]. J Appl Phys, 2008, 104 (8): 273-278.

[86] Grazioli D, Verners O, Zadin V, et al. Electrochemical-mechanical modeling of solid polymer electrolytes: impact of mechanical stresses on Li-ion battery performance [J]. Electrochim Acta, 2019, 296: 1122-1141.

[87] He Y L, Hu H J, Song Y C, et al. Effects of concentration-dependent elastic modulus on the diffusion of lithium ions and diffusion induced stress in layered battery electrodes [J]. J Power Sources, 2014, 248: 517-523.

[88] Lu B, Song Y C, Zhang Q L, et al. Voltage hysteresis of lithium ion batteries caused by mechanical stress [J]. Phys Chem Chem Phys, 2016, 18 (6): 4721-4727.

[89] Ai W, Kraft L, Sturm J, et al. Electrochemical thermal-mechanical modelling of stress inhomogeneity in lithium-ion pouch cells [J]. J Electrochem Soc, 2019, 167 (1): 1-12.

第3章 电化学储能中的第一性原理计算

3.1 第一性原理计算方法

基于密度泛函理论（density functional theory，DFT）的第一性原理计算（first-principles calculation，FP）方法的提出解决了多粒子薛定谔方程（Schrödinger equation）的求解问题，已被广泛应用于化学、物理、生命科学和材料科学等领域中新材料的正向预测与反向设计。第一性原理计算方法的核心思想及其包含的近似处理方法如图 3-1 所示，其优势在于可以获取一些在实验中无法或难以捕获的原子尺度下的关键信息，进而推动了研究者们理解电化学储能材料结构与能量密度、倍率性能以及稳定性等性能之间的内禀构效关系。

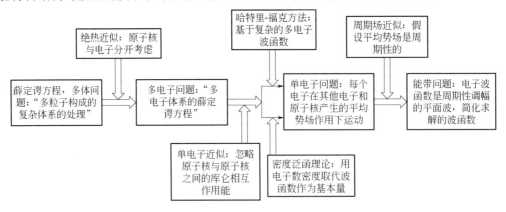

图 3-1 第一性原理计算方法的核心思想及其包含的近似处理方法

3.1.1 薛定谔方程

通过求解多粒子体系的薛定谔方程可对材料的基态结构与能量等状态进行确定。多粒子体系的薛定谔方程可表达为：

$$H\Psi(r,R) = E\Psi(r,R) \tag{3-1}$$

式中，$\Psi(r,R)$ 代表体系的总波函数；r 和 R 分别代表体系内所有电子坐标 r_i 和原子核坐标 R_j 的集合；E 为哈密顿量的本征值；H 为哈密顿量，其包含了体系内所有动能及势能信息：

$$\begin{aligned} H &= T_e + T_N + V_{ee} + V_{NN} + V_{eN} \\ &= -\frac{1}{2}\sum_i^e \nabla_i^2 - \frac{1}{2}\sum_i^N \frac{1}{M_i}\nabla_i^2 + \frac{1}{2}\sum_{i,j(i\neq j)}^{ee} \frac{1}{|r_i-r_j|} + \frac{1}{2}\sum_{i,j(i\neq j)}^{NN} \frac{z_i z_j}{|R_i-R_j|} - \sum_{i,j(i\neq j)}^{eN} \frac{z_j}{|r_i-R_j|} \end{aligned} \tag{3-2}$$

式中，T_e 和 T_N 分别表示电子和原子核的动能项；V_{ee}、V_{NN} 和 V_{eN} 分别为电子-电子、原子核-原子核、电子-原子核的相互作用项；M_i 为原子量；z_i、z_j 分别为 i、j 原子的原子序数；∇ 为拉普拉斯算子。

由此可见，若想将电子与原子核进行分开处理，需要处理 V_{eN} 这一交叉项。考虑到原子核的质量是电子的1837倍，Born 和 Oppenheimer[1] 提出了绝热近似（Born-Oppenheimer 近似），即考虑电子运动时，认为原子核是静止的；而考虑原子核运动时，可以不考虑电子在空间上的具体分布。由此，可将体系的波函数 $\Psi(r,R)$ 写成核波函数 $\chi(r,R)$ 和电子波函数 $\phi(r,R)$ 的乘积形式。电子体系运动方程可以表达为：

$$H_e\phi = E\phi \tag{3-3}$$

$$H_e = -\frac{1}{2}\sum_i \nabla_i^2 + \frac{1}{2}\sum_{i,j(i\neq j)} \frac{1}{|r_i-r_j|} + \sum_i v_i(r_i) \tag{3-4}$$

式中，$v_i(r_i)$ 为第 i 个电子的势能，ϕ 为电子波函数且其与原子核无关。

3.1.2 哈特里-福克自洽场方法

基于哈特里（Hartree）近似[2]，将相互作用的电子看作在由所有电子产生的平均场 g_i 中运动的独立电子。由此，式（3-4）中的哈密顿量可用对单电子求和的形式表达，如式（3-5）所示：

$$H = T_e + V_{ee} + V_{eN} \approx \sum_i \left(-\frac{1}{2}\nabla_i^2 - v_i + g_i\right) \equiv \sum_i H_i \tag{3-5}$$

此时多电子体系的电子波函数可近似为单电子波函数的积。尽管 Hartree 简化了计算过程，但仍然难以完美地给出多电子体系的波函数。对此，Fock 引入了斯莱特（Slater）行列式[3]的概念，使电子的交换反对称性得以满足。将行列式形式的波函数代入薛定谔方程并进行变分操作，则可推导出单电子哈特里-福克（Hartree-Fock）方程[4]：

$$\left[-\frac{1}{2}\nabla^2 + v(r_i)\right]\varphi_i(r_i) + \sum_{j\neq i}\iint \frac{|\varphi_j(r_j)|^2}{|r_i-r_j|}\varphi_i(r_i)\mathrm{d}r_j - \sum_{j\neq i,\parallel}\iint \frac{\varphi_j^*(r_j)\varphi_i(r_i)}{|r_i-r_j|}\varphi_j(r_i)\mathrm{d}r_j = E_i\varphi_i(r_i) \tag{3-6}$$

式中，左边第一项为单电子的动能与势能项；第二项为电子间的库仑作用；第三项为电子之间的交换作用项；$\parallel$ 表示电子波函数 φ 求和仅在相同自旋方向的电子之间进行。

可以看到，Hartree-Fock 方程是通过引入 Slater 行列式将多电子体系波函数用原子轨道波函数的叠加（加权平均）表示，并由此发展了分子轨道方法（见第 3.1.3 小节介绍）。通过上述方法，可以给出具有特定电子数系统中满足交换反对称特性的行列式波函数，并得到考虑了电子相互作用哈密顿量对应最小体系总能的单个行列式。然而，上述形式中强关联体系（其电子距离很近）电子间的库仑排斥作用能将被高估，并且，Hartree-Fock 方程的计算难度（随着体系中电子数的四次方量级增加）远大于 Hartree 方程，最终使其仅适用于原子数较少的体系。鉴于此，Hohenberg 和 Kohn[5]于 1964 年提出的密度泛函理论为将多电子体系基态转化到单电子体系进行计算提供了新的思路（见第 3.1.4 小节介绍）。

3.1.3 分子轨道能级计算方法

材料晶体结构基本单元（局域配位环境）的电子特性决定了其物理和化学性质，如储能电池中过渡金属（TM）正极材料的电子结构通常由 TM 离子在不同局域配位场下 d 轨道的分布/占据特性决定[6]。配位场理论于 1952 年由 Orgel[7]提出，其融合了晶体场中的静电作用与分子轨道的共价成键作用，是研究材料结构畸变、热力学性质和磁性等物理化学问题的基础。1929 年，Bethe[8]提出了晶体场理论的基本思想——配合物中的金属离子受到周围原子（即配体，通常被视为点负电荷）电场的影响，并借此研究了晶体场对称性/强度对气态金属离子电子能级的影响。1935 年，van Vleck[9]论证了晶体场理论与分子轨道理论的一致性，并将其成功应用于化学领域。然而，上述晶体场理论忽略了共价成键作用，因此难以对化合物性质给出定量的解释。在这种情况下，配位场理论中通过引入共价成键作用和晶体场参数，弥补了上述晶体场理论的缺陷。目前，配位场理论已成功应用于储能领域，实现对决定离子嵌入式电极材料电压的费米能级的计算模型、衡量相结构稳定性的晶体场稳定化能计算公式、调控阴离子氧化还原活性的电荷补偿模型等的严格推导[10]。

晶体场效应的强度取决于配体离子所产生静电场的对称性和强度，而中心离子受到晶体场的影响程度则取决于周围配体离子的类型、位置与对称性[11]。因此，首先可通过晶体场理论判断中心离子轨道能级的分裂，再根据对称性匹配原则、最大重叠原则和能量相近原则三大原则推导出中心离子 M（即 TM）与配体 L 形成的杂化分子轨道，进而定量地评估费米能级处电子的分布状态与能级位置。总之，上述中心离子和配体的核外电子在位置空间以及能量空间的分布都可通过求解电子波函数进行描述，其可写成四个独立函数的乘积，即与电子到原子核的径向距离 r 相关的径向函数 $R(r)$，与角度 θ 和 ϕ 相关的两个角函数 $\Theta(\theta)$ 和 $\Phi(\phi)$，以及自旋函数 Ψ_s。具体形式为：

$$\Psi(r,\theta,\phi) = R(r)\Theta(\theta)\Phi(\phi)\Psi_s \tag{3-7}$$

3.1.3.1 原子轨道分裂

下面主要阐明如何通过晶体场理论定性地揭示中心 M 离子的 d 轨道分裂。轨道分裂程度的定量计算涉及复杂的数学问题。首先，需要建立 M 离子所受晶体场势的表达式，并将晶体场对 d 轨道能级的影响看作微扰。此时，可采用哈密顿量描述扰动和相应的矩阵元素，并通过微扰理论确定晶体场中电子波函数及其本征能级。若忽略电子自旋轨道耦合作用对总能量的贡献，哈密顿量可简化为：

$$H = -\frac{h^2}{8\pi^2 m}\nabla^2 - \frac{Ze^2}{r} + V' = H_0 + H' \tag{3-8}$$

式中，前两项分别表示表示自由离子相互作用的动能项和势能项（用 H_0 表示），第三项 V' 为微扰项（用 H' 表示），d 轨道能级在晶体场中的分裂是由微扰项所引起。

其中对于具有 P 个配位体系统的微扰势可表达为：

$$V'(r,\theta,\phi) = \sum_{j=1}^{P} eq_i \left[4\pi Z_{00}(\theta_j,\phi_j)Z_{00}(\theta,\phi)\rho_0(r) + \frac{4\pi}{5}\sum_{\alpha=0}^{2} Z_{2\alpha}(\theta_j,\phi_j)Z_{2\alpha}(\theta,\phi)\rho_2(r) + \frac{4\pi}{9}\sum_{\alpha=0}^{4} Z_{4\alpha}(\theta_j,\phi_j)Z_{4\alpha}(\theta,\phi)\rho_4(r) \right] \tag{3-9}$$

式中，$\rho_k(r)$ 是 $\dfrac{r^k}{R_j^{k+1}}$ 的缩写，$\boldsymbol{R}_j$ 和 $\boldsymbol{r}$ 为径向矢量；q_i 为第 i 个原子的电荷量；$Z_{k\alpha}(\theta_j,\phi_j)$ 项和 $Z_{k\alpha}(\theta,\phi)$ 项分别描述了第 j 个配体的位置以及 M 电子的角位置；其中，$k \leqslant 4 (k=0, 2, 4)$；$\alpha = 0, 1, \cdots, k$。

通过进一步引入晶体场势 $V'(r,\theta,\phi)$，相对能量的变化程度 E_k 可以通过微扰理论来进行计算，通过方程求解，可以得到下列矩阵元：

$$H'_{ij} = \sum_{j=1}^{p} eq_i \left[4\pi Z_{00}(\theta_j,\phi_j)\beta_{00}\langle\rho_0(r)\rangle + \frac{4\pi}{5}\sum_{\alpha=0}^{2} Z_{2\alpha}(\theta_j,\phi_j)\beta_{2\alpha}\langle\rho_2(r)\rangle + \frac{4\pi}{9}\sum_{\alpha=0}^{4} Z_{4\alpha}(\theta_j,\phi_j)\beta_{4\alpha}\langle\rho_4(r)\rangle \right] \tag{3-10}$$

式中，球谐函数 $Z_{k\alpha}$ 对应于两个实数 d 轨道的两个球谐函数 $Z_{k\alpha}(\theta_j,\phi_j)$ 和 $Z_{k\alpha}(\theta,\phi)$ 的乘积；$\beta_{k\alpha}$ 是系数。通过对比式（3-9）和式（3-10），可以看出式（3-10）中 $\beta_{k\alpha}\langle\rho_k(r)\rangle$ 的系数即是式（3-9）中 $z_{k\alpha}(\theta,\phi)\rho_k(r)$ 的系数。

由此，中心原子的 d 轨道受到配体电场的影响导致其轨道简并度下降。这里我们以碱金属/高价金属离子电池中 ML_6 分型电极为例，对其 d 轨道分裂系数进行详细的推导。具有典型 ML_6 分子构型的电极材料主要由八面体场组成。其中，M 离子的 d 轨道对应的对角矩阵元为：

$$H'_{ii} = \frac{7}{2}\sqrt{\frac{4\pi}{9}}\beta_{40}\langle\rho_4(r)\rangle + \frac{\sqrt{35}}{2}\sqrt{\frac{4\pi}{9}}\beta_{44}\langle\rho_4(r)\rangle \tag{3-11}$$

正八面体具有 O_h 群对称性，其 d 轨道分别属于两个不同的不可约表示，即 $e_g(d_{z^2}, d_{x^2-y^2})$ 与 $t_{2g}(d_{xy}, d_{xz}, d_{yz})$。将 H'_{ij} 值与 $V'(r,\theta,\phi)$ 对照可得：

$$E'_{d_{z^2}} = E'_{d_{x^2-y^2}} = \langle\rho_4(r)\rangle \tag{3-12}$$

$$E'_{d_{xy}} = E'_{d_{xz}} = E'_{d_{yz}} = -\frac{2}{3}\langle\rho_4(r)\rangle \tag{3-13}$$

式中，各个配位场中 d 轨道相对能量计算所涉及的径向积分 $\langle\rho_n(r)\rangle = eq_i\int_0^{\alpha} R_{nd}^2(r)$ 且 $\rho_k(r)r^2 dr = \dfrac{eq_j}{R_j^{k+1}}\langle r^k\rangle$，由此，$\langle\rho_4(r)\rangle = \dfrac{eq_j}{R_j^5}\langle r^4\rangle$，$\langle r^4\rangle = \int_0^{\alpha} R_{nd}^2(r)r^6 dr$。通常用符号 ρ 表示比率 $\dfrac{\langle r^2\rangle}{\langle r^4\rangle}$，

其中，$\langle r^2 \rangle$ 和 $\langle r^4 \rangle$ 则可借助类氢斯莱特轨道或哈特里-福克自洽场自由离子 d 波函数来计算，通常取其经验值（2.0）[12]；此外，定义 $Dq = \frac{1}{6}\langle \rho_4(r) \rangle$，因此，$E'_{d_{z^2}} = E'_{d_{x^2-y^2}} = 6Dq$，$E'_{d_{xy}} = E'_{d_{xz}} = E'_{d_{yz}} = -4Dq$。

上述仅推导处于八面体场中的 ML_6 分子构型电极中 d 轨道的分裂情况，不同对称性晶体场中 d 轨道的相对能级见表 3-1。上述 d 轨道分裂参数的确定为后续进一步借助配位场理论分析体系分子轨道特性及调控体系费米能级提供理论依据。

表 3-1 不同对称性晶体场中 d 轨道的相对能级（单位为晶体场分裂参数 D_q）

配位数	晶体场	d_{z^2}	$d_{x^2-y^2}$	d_{xy}	d_{xz}	d_{yz}
3	三角形	-3.21	5.46	5.46	-3.85	-3.85
4	四面体	-2.67	-2.67	1.78	1.78	1.78
4	平面正方形	-4.28	12.28	2.28	-5.14	-5.14
5	三角双锥	7.07	-0.82	-0.82	-2.72	-2.72
5	方形金字塔	0.86	9.14	-0.86	-4.57	-4.57
6	八面体	6.00	6.00	-4.00	-4.00	-4.00
6	三角棱柱	0.96	-5.84	-5.84	5.36	5.36
8	立方体	-5.34	-5.34	3.56	3.56	3.56

3.1.3.2 构造分子轨道能级图

分子轨道波函数是由原子轨道波函数的线性组合而成，即 $\Psi_i = \sum_{i=1}^{m} c_i \phi_i$，其中，系数 c_i 可通过将上述分子轨道波函数代入薛定谔方程后应用变分原理求得。因此，在确定上述原子轨道分裂情况基础上，根据原子轨道对称性匹配、最大化重叠和能量相近原则可进一步获得体系分子轨道能级。下面我们以八面体场 ML_6 分子构型电极体系为例，阐述如何基于分子轨道理论构造分子轨道能级图。首先，需找出所有电极体系中形成 σ 轨道基的可约表示。考虑到中心原子 M 与配体 L 原子轨道线性组合而成的分子轨道属于以 6 根 M—L 键所属点群为基组进行对称操作得到的可约表示，我们将分子点群的所有对称操作作用于这组 σ 轨道，再应用恒等操作便可以得到一组 σ 键的特征标，如表 3-2 所示。

表 3-2 八面体构型分子形成 σ 键的可约化特征标

O_h	E	$8C_3$	$6C_2$	$6C_4$	$3C_2$	i	$6S_4$	$8S_6$	$3\sigma_h$	$6\sigma_d$
$\Gamma_{八面体}$	6	0	0	2	2	0	0	0	4	2

参考八面体点群 O_h 的特征标（表 3-3），利用可约化公式化简得到：$\Gamma_{八面体} = a_{1g} + t_{1u} + e_g$。其中，属于中心原子 M 的原子轨道为：$a_{1g}(s)$；$t_{1u}(p_x, p_y, p_z)$；$e_g(d_{x^2-y^2}, d_{z^2})$。故可推断出 M 可获得的唯一杂化形式为：$d^2sp^3$（$d^2$ 指 $d_{x^2-y^2}, d_{z^2}$）。

表 3-3　八面体点群 O_h 的特征标

O_h		E	$8C_3$	$6C_2$	$6C_4$	$3C_2$	i	$6s_4$	$8S_6$	$3\sigma_h$	$6\sigma_d$
$x^2+y^2+z^2$	a_{1g}	1	1	1	1	1	1	1	1	1	1
—	a_{2g}	1	1	−1	−1	1	1	−1	1	1	−1
$(x^2-y^2, 3z^2-r^2)$	e_g	2	−1	0	0	2	2	0	−1	2	0
—	t_{1g}	3	0	−1	1	−1	3	1	0	−1	−1
(yz, zx, xy)	t_{2g}	3	0	1	−1	−1	3	−1	0	−1	1
—	a_{1u}	1	1	1	1	1	−1	−1	−1	−1	−1
—	a_{2u}	1	1	−1	−1	1	−1	1	−1	−1	1
—	e_g	2	−1	0	0	2	−2	0	1	−2	0
(x, y, z)	t_{1u}	3	0	−1	1	−1	−3	−1	0	1	1
—	t_{2u}	3	0	1	−1	−1	−3	1	0	1	−1

通常在具有八面体场的碱金属离子/高价金属离子电池电极材料中除形成σ键之外，还会观察到π键的存在，其在离子嵌入电化学过程中也发挥了关键的作用。例如，在富锂过渡金属氧化物研究领域当中，M-3d/O-2p 的π键成键轨道对阳离子氧化还原活性起了主导性影响，如图 3-2（a）所示。π键轨道处理的基本原理和σ键一致，需确定出配体 L 上的一组完整π键轨道所构成的群表示。此时，所考虑的配体 L 的轨道都应垂直于 M—L 的σ键，由此可得如下特征标（表 3-4）。

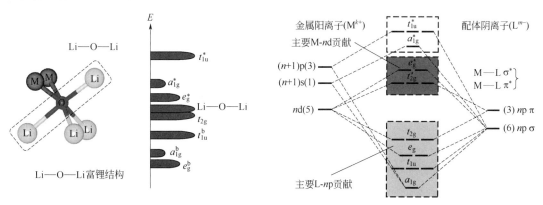

(a) 富锂层状氧化物(如Li_2MnO_3)中Li—O—Li构型的局部原子配位及其能带结构示意图

(b) 中心原子M与配体L轨道之间的σ键和π键的能带结构图

图 3-2　Li—O—Li 构型的局部原子配位及能带结构以及中心原子 M 与配体 L 轨道之间的σ键和π键的能带结构示意图[13]

在大多数用于碱金属/碱土金属离子电池正极材料中，过渡金属阳离子 M^{k+} 与配体 L^{m-} 形成八面体配位，M 的部分 d 轨道与 L 的部分 p 轨道杂化形成σ键和π键，其中黄色部分代表主要由 L-p 轨道贡献，红色部分表示主要由 M-d 轨道贡献

表 3-4　八面体形成 π 键的特征标

O_h	E	$8C_3$	$6C_2$	$6C_4$	$3C_2$	i	$6S_4$	$8S_6$	$3\sigma_h$	$6\sigma_d$
Γ_π	12	0	0	0	-4	0	0	0	0	0

参考八面体点群 O_h 的特征标（表 3-4）并进行约化，得到结果为：

$$\Gamma_{八面体} = t_{1g} + t_{2g} + t_{1u} + t_{2u} \tag{3-14}$$

对于中心离子的 s、p、d 轨道，不存在与 t_{1g} 和 t_{2u} 相匹配的原子轨道，且此时 t_{1u} 已成 σ 键，故只可采用 $t_{2g}(d_{xy}, d_{yz}, d_{xz})$ 对称性轨道形成 π 键。另外，考虑到中心离子不存在和 t_{1g}、t_{2u} 型配体群轨道对称性匹配的原子轨道，因此，t_{1g} 和 t_{2u} 轨道通常看作是非键轨道。

综上所述，八面体场 ML_6 构型的电极体系的分子轨道能级如图 3-2（b）所示。此时中心 M 原子的五个 d 轨道分裂为 $e_g(d_{x^2-y^2}, d_{z^2})$ 和 $t_{2g}(d_{xy}, d_{xz}, d_{yz})$。其中 e_g 将沿 M—L 键方向与 L-p 轨道重叠，形成能量较高的反键态 e_g^* 和能量较低的成键态 e_g，$t_{2g}(d_{xy}, d_{xz}, d_{yz})$ 与 L-p 杂化形成 t_{2g}^* 和 t_{2g}。由于配体轨道能级低于金属原子轨道能级，因此 M—d 电子填充在 e_g^* 和 t_{2g}^* 轨道上。金属离子的 $(n+1)s$ 和 $(n+1)p$ 轨道将与配体 p(σ) 态重叠，形成 a_{1g} 和 t_{1u}；配体的轨道能级比中心离子更低，此时配体 p(σ) 态的电子主要位于 e_g、a_{1g}、t_{1u} 和 t_{2g} 的成键态上，另外，由于它们的能量相近，因此通常将它们混合标记为 L-p 状态。

值得注意的是，上述思想也可推广至对有机电极体系中发生的非离子嵌入式电化学反应的调控中[14-16]，此时电极材料的氧化还原电位与体系最低未占据分子轨道（LUMO）的能量相关，并受分子轨道对称性的严格控制。就此，Chen 等[17-19]研究了有机电极还原电位和电子亲和能（EA）的关联，发现其呈现出明确的线性关联。导致这一现象的本质在于 EA 反映了中性分子接受电子变成阴离子的还原过程中自由能的变化，并最终决定了有机电极体系的放电电压。由此可见，对于材料电压与费米能级位置之间的关系，在无机电极材料中可通过配位场理论对 d 轨道分裂及成键性质进行估计，而在有机电极中还需基于非 d 轨道的对称性匹配进行判断。通过将上述配位场理论或分子轨道理论与第一性原理计算相结合，可给出包含不同配位场金属化合物电极或有机电极体系精确的分子轨道能级图像，为理解碱金属/碱土金属离子电池电极材料中局域电子结构特性提供一个新的视角，并最终帮助我们将电极电化学性能研究从传统基于材料体/表面的宏观层面推向局域化学成键的微观层面。鉴于此，本书作者团队自主开发了"识别局部配位场构建晶体分子轨道能级程序（MOELD-LLF）"，实现了根据电极体系局域配位环境推导其原子轨道分裂特性，并通过对称性匹配原理确定体系杂化分子轨道能级排布这一流程的自动化。该程序目前已开源（访问地址：https://gitlab.com/shuhebing/MOELD-LLF）。

3.1.4　密度泛函理论

3.1.4.1　霍恩伯格-科恩定理

密度泛函理论的基本思想是用电荷密度代替波函数来确定体系的基态物理性质。Hohenberg 和 Kohn[5]通过考虑非均匀电子气系统中电子间的交换关联作用提出了密度泛函的概念，给出其应当满足的两个基本定理，即霍恩伯格-科恩（Hohenberg-Kohn）定理：

定理 1：对于一个已知的电荷密度分布 $\rho(r)$，会对应唯一的总能量 $E(\rho)$。

定理 2：总能量 $E(\rho)$ 是电荷密度的泛函，能量泛函对电荷密度变分取极小值可得到基态能量。

定理 1 保证了电荷密度 $\rho(r)$ 可作为体系基本物理量，即与其所处外势场 $v(r)$ 之间存在一一对应关系。据此，体系的动能 T、电子与电子作用能项 $\frac{1}{2}\iint\frac{n(r)n(r')}{|r-r'|}drdr'$、总能量 $E[\rho(r)]$ 皆可通过 $\rho(r)$ 来表达，基态能量 E 可用 Hohenberg-Kohn 公式表示：

$$E(\rho) = F(\rho) + \int v(r)\rho(r)dr \tag{3-15}$$

式中，$F(\rho)$ 为仅与电荷密度 $\rho(r)$ 相关的泛函。

3.1.4.2 科恩-沈方程

在上述密度泛函理论的框架下，Kohn 和 Sham[20]进一步提出了科恩-沈（Kohn-Sham）方程用以解决能量与电荷密度具体函数形式及求解思路的问题。他们认为，在系统电子数不变前提下，若不考虑系统中电子间相互作用，基态的电荷密度 $\rho_0(r)$ 由 N 个独立轨道贡献。假设一个系统考虑相互作用并且与前述系统具有相同的基态电子概率分布，此时 Hohenberg-Kohn 公式可以表达为：

$$E_{HK}(\rho) = T_0(\rho) + U(\rho) + E_{xc}(\rho) + \int v(r)\rho(r)d^3r \tag{3-16}$$

式中，$T_0(\rho)$ 为无相互作用系统的动能项；$U(\rho)$ 是哈特里-福克近似下的电子间相互作用项；$E_{xc}(\rho)$ 为交换关联能。

通过变分法处理可以得到单电子形式的方程组，即为 Kohn-Sham 方程：

$$\left\{-\frac{1}{2}\nabla^2 + V_{eff}[\rho(r)]\right\}\phi_i(r) = E_i\phi_i(r) \tag{3-17}$$

式中，$V_{eff}[\rho(r)]$ 为自变量包含 $E_{xc}[\rho(r)]$ 的有效势能。

只要知道 $V_{eff}[\rho(r)]$ 具体形式，即可对 Kohn-Sham 方程进行求解。然而，$E_{xc}[\rho(r)]$ 的形式因缺乏相对密度泛函的对应关系而无法明确给出，因此还需要通过对体系密度泛函形式做出假设才可借助密度泛函理论真正解决实际问题。

3.1.4.3 交换关联泛函

如上所述，在密度泛函理论中，利用 Kohn-Sham 方程把有相互作用粒子的全部复杂性归于交换关联能泛函 $E_{xc}[\rho(r)]$ 中。然而，至今为止也仅可通过一些近似方法求解给出 $E_{xc}[\rho(r)]$ 具体形式，包括局域密度近似[21]（local density approximation, LDA, 包括 PW92[21]、VMN[22]）、广义梯度近似[23]（generalized gradient approximation, GGA, 包括 PW91[24]、PBE[25]）、含动能密度的广义梯度近似[26]（Meta-GGA, 包括 BR89[27]、tauPBE[28]）、杂化泛函[29]（hybrid density functional, hybrid-GGA, 包括 B3P[30]、B3LYP[31]）、完全非局域泛函[32]。就此，Perdew 和 Schmidt[32]纵观 DFT 的发展历史，总结并提出不同精度获取交换关联泛函的"雅各布天梯（Jacob's Ladder）"（如图 3-3 所示）。

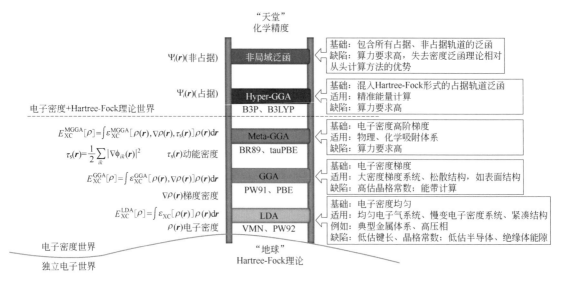

图 3-3 密度泛函理论框架下用不同的交换关联泛函近似连接独立电子世界（Hartree-Fock 理论）和化学精度天堂的雅各布天梯（Jacob's Ladder）过程

由下至上依次代表精度逐渐增加的交换关联泛函形式

3.1.4.4 赝势与波函数展开方法

除上述交换关联泛函形式的选择以外，Kohn-Sham 方程的求解还依赖于波函数形式的选取。因此，如何最大程度上完整、准确地描述波函数至关重要。事实上，Kohn-Sham 方程外场项 $U(\rho)$ 的波函数是由芯电子波函数项和价电子波函数项组成。1937 年，Slater 提出采用一个外部区域为平面波而内部区域由球面波叠加组成的函数基组来描述波函数。在此基础上，出于原子核对电子的库仑势远高于芯电子对价电子的有效作用势这一事实的考虑，其提出在波函数展开时忽略芯电子贡献从而发展了赝势方法。目前，使用较多的赝势包括模守恒赝势（norm-conserving pseudopotential，NCPP）[33]、超软赝势（ultrasoft pseudopotential，USPP）[34]等。此外，由 Blöchl[35]于1994年提出全电子的投影缀加平面波（projector augmented wave，PAW）方法，其波函数由每一个原子的价电子波函数和赝波函数的展开叠加共同构成，因此可准确描述全波段的波函数。

3.1.5 交换关联泛函的修正算法

由上述讨论可知，第一性原理计算精度主要取决于描述电子之间相互作用的交换关联泛函。与实验结果相比，基于 LDA 或 GGA 交换关联泛函给出的计算结果可能存在较大的偏差[36]。为此，更准确、更快速以及更有针对性的修正方法被陆续提出，如表 3-5 所示，这也为准确预测电化学储能材料的能量密度、倍率性能、稳定性等关键性能铺平道路。

表 3-5 基于密度泛函理论的各种交换关联泛函修正理论、方法

计算目标	理论/方法名称	具体内容	适用背景
更准确	自相互作用修正	消除不真实的电子与自身的相互作用	改善局域电子态计算精度

续表

计算目标	理论/方法名称	具体内容	适用背景
更准确	GW近似	以多体系格林函数（G）计算出的对多体效应对准能级贡献的自能（W），替代密度泛函的交换关联能	改善激发态的能带计算精度
	相对论方程	针对重元素的密度泛函理论计算，采用考虑了相对论效应的赝势，如有效核势	改善含重元素体系计算精度
更快速	线性标度算法	把体系分割成若干部分，作为单独子体系进行密度泛函理论计算，但子体系之间存在相互作用	改善粒子数大到一定程度的体系的计算速度
	紧束缚方法	认为价电子被紧紧地束缚在原子核的周围，不需迭代构造哈密顿矩阵	改善绝缘体能带结构的计算速度
更针对	LDA/GGA+U	在密度泛函理论中加入Hubbard模型中原子占据位库仑排斥项	针对含过渡金属或稀土金属的高局域态材料
	密度泛函微扰理论	在密度泛函微扰理论中运用线性响应技术计算声色散	针对性地计算体系的晶格动力学
	范德瓦尔斯修正	Kohn等[37]和Lein等[38]分别提出针对不同系统间距都能准确计算范德瓦尔斯系数以及总关联能的方案	针对松散结构、惰性气体、生物分子和聚合物、物理吸附体系

3.2 热力学函数计算指导材料理性设计与结构锚定

明确材料的结构参数（例如，晶胞参数、键长、键角等）及局域结构特性（例如，晶格畸变、晶格缺陷等）是刻画其电子性质的先决条件。利用基于密度泛函理论的第一性原理计算可准确求解体系的基态热力学函数并作为稳定性评判依据，如表3-6所示。在此基础上，根据材料趋稳原则锚定其原子结构，进而实现对材料分子轨道、能带、态密度以及电荷分布等电子性质的分析。

表3-6 电化学储能材料稳定性评判方法及评判依据

稳定性判断方法	内容	稳定性判断依据
内聚能	自由原子组成化合物释放的能量	内聚能越负，材料越稳定
形成能	由反应物形成生成物时，需要/释放的能量	形成能越负，材料越稳定
自由能	系统减少的内能中可以转化为对外做功的部分	自由能越负，材料越稳定

上述基于第一性原理计算的热力学函数通常处于0K，忽略了熵值的影响。而真实条件（非0K条件）下对储能材料包括相稳定性[39]以及离子电导率[40]等物性的刻画需进一步考虑熵的影响。为此，本节总结了熵的种类、计算公式以及物理意义，其中熵值可通过如下公式计算：

$$S = k_B \ln \Omega \tag{3-18}$$

式中，Ω是系统的微观状态数，k_B是玻尔兹曼常数。

通过 Ω 可以表示体系或者粒子的构型或者其他状态，并用于诸如原子（构型熵）、电子（电子熵）和声子（振动熵）之类的单个实体，如表 3-7 所示。

表 3-7 基于统计热力学的熵值计算[41,42]

熵种类	计算公式	物理意义
振动熵	$S_{\text{vib}} = -3k_B \int_0^\infty g(E)[(n_E+1)\ln(n_E+1) - n_E \ln n_E] dE$	原子核相对运动产生的熵，与晶格振动相关
构型熵	$S_{\text{cf}}(x) = -k_B(x_2 - x_1)[\chi \ln \chi + (1-\chi)\ln(1-\chi)]$	与各组元的组分 x、x_1、x_2 相关，其中 $\chi = \dfrac{x - x_1}{x_2 - x_1}$
电子熵	$S_e^{\text{band}} = -\int n[f \ln f - (1-f)\ln(1-f)] d\varepsilon$	与电子态密度 $n(\varepsilon)$ 和费米分布函数 f 有关

注：表中，$g(E)$ 和 n_E 分别表示声子态密度和声子占据因子；x_1 和 x_2 分别表示含缺陷和空位结构的离子浓度；$x_1 < x < x_2$；$n(\varepsilon)$ 和 f 分别是电子态密度和费米分布函数；k_B 为玻尔兹曼常数。

此外，热力学函数还可以分子动力学和蒙特卡罗模拟输入数据的形式参与多尺度计算，详见第 4、第 5 章。

3.2.1 电能存储——从热能、势能、机械能到化学能

如第 1 章所述，能量存储经历了从热能、势能、机械能到化学能的演变。电化学储能隶属于化学能，其作为突破目前能源紧张桎梏、开发新型清洁能源的关键发展目标之一，亟须全面发展其能量密度、倍率性能、服役寿命、安全性等性能指标。计算理论能量密度可考察储能体系的储能上限，其可通过计算储能体系对应氧化还原反应的反应物与产物的吉布斯自由能之差，即反应的形成能来考察。对如下反应：

$$\alpha A + \beta B \longrightarrow \gamma C + \delta D \tag{3-19}$$

其在标准状态下（即等温等压条件下体系标准吉布斯自由能变化等于对外所做的最大非体积功时）的形成能为：

$$\Delta_r G^\ominus = \gamma \Delta_f G_C^\ominus + \delta \Delta_f G_D^\ominus - \alpha \Delta_f G_A^\ominus - \beta \Delta_f G_B^\ominus \tag{3-20}$$

电池的理论能量密度可分为质量能量密度（Wh/kg）和体积能量密度（Wh/L）两种：

$$\varepsilon_m = \frac{\Delta_r G^\ominus}{\sum M} \tag{3-21}$$

$$\varepsilon_V = \frac{\Delta_r G^\ominus}{\sum V_M} \tag{3-22}$$

式中，$\sum M$ 和 $\sum V_M$ 分别表示反应物摩尔质量与反应物摩尔体积之和。

借助能斯特方程，可得到标准状态下电化学体系的热力学平衡电位 $E^\ominus$，也即电化学势[43,44]：

$$\Delta_r G^\ominus = -zFE^\ominus \tag{3-23}$$

式中，F 为法拉第常数；z 为每摩尔电极材料发生氧化/还原反应时转移的电子数量。

上述体系标准吉布斯自由能可通过热力学手册获取，Aydinol 等[45]于 1997 年证明也可通过第一性原理计算获得 0K 时忽略了熵影响的吉布斯自由能。

开路电压 V_oc 是电池正负极之间的电压，其在零电流条件下（化学和热力学均为热力学可逆的）与 $E^\ominus$ 数值相等，可通过如下公式计算：

$$FV_\text{oc} = -F\Delta E_\text{F} = \mu_\text{A}^\text{e} - \mu_\text{C}^\text{e} \tag{3-24}$$

式中，ΔE_F 为正负极材料的费米能级差；μ_A^e 和 μ_C^e 分别为电池正极和负极的平衡电极电势。据此，可刻画电池工况下的 $E^\ominus$ 或 V_oc 曲线并分析相应的电荷转移机制（例如，小极化子机制）[44]，进而帮助厘清其潜在的电化学储能机制（例如，嵌入反应、相变反应等）[46]；亦可进一步获取 Li-S、Li-O$_2$ 等电化学储能材料体系的本征过电位信息，探究其与氧化还原过程反应动力学速率之间的动力学关系，并通过电解质盐浓度或溶剂对电位加以调节，最终达到氧化还原介质（其通过在电极和电解质之间穿梭电子或空穴，催化 Li-S、Li-O$_2$ 电池的电极反应速率）的最优催化效果[47]。

能量密度公式［式（3-21）与式（3-22）］以及能斯特方程［式（3-23）］揭示出高能量密度材料的有利条件：较小的摩尔质量/摩尔体积、较高的转移电荷量以及较高的电化学驱动势。与之对应的电子结构信息在第 3.3.1 小节中详细讨论。需要说明的是，在计算理论能量密度时，活性/非活性材料的质量、缺陷和尺寸效应等贡献均应被考虑，以弥合由实际材料与理想材料之间的自由能偏差导致的理论能量密度的错误估计。

更具体来讲，上述有利条件既与电极材料种类相关，也与嵌入离子本身的属性相关，这也是导致在特定的电极材料中部分离子无法嵌入的本质原因。例如，为解释实验中已被广泛证实的 Na$^+$ 无法有效嵌入石墨负极的问题，Liu 等[48]首先将碱金属原子 A（A=Li,Na,K,Rb,Cs）嵌入石墨电极导致能量状态的变化理论上拆解为由三部分组成：体相 A 解离成孤立的原子状态所需克服的原子内聚能（E_d），受 A 原子嵌入影响石墨晶体层间膨胀和平面内拉伸产生的能量（E_s），A 原子嵌入上述应变石墨结构中的结合能（E_b），如图 3-4（a）所示。研究发现，E_d 与 E_s 均随着元素周期表原子序数增加单调增长。E_b 则主要由 A 原子电离为 A^{n+} 的电离能（E_ion）以及 A^{n+} 与石墨基底结合的耦合能（E_cp）贡献［图 3-4（b）、（c）］。可以看出，E_cp 将随碱金属元素周期的增加（从 Li 到 Cs）平稳增长，而此时 Na 原子电离能（E_ion）的突起导致其相比其他碱金属原子嵌入至石墨电极结合能（E_b）更正。这也是导致 Na$^+$ 在这些材料中无法嵌入（或吸附）的本质原因。尤其值得注意的是，该结论也可广泛拓展至其他电化学基材体系，如 Pt（111）晶面等［图 3-4（c）、（d）］。由此可见，要设计更多高能量密度的碱金属/碱土金属离子电池，不仅需考虑基体材料的结构/电子特性，还需考虑离子本身电负性、电离能/电子亲和能等属性差异带来的影响。

3.2.2　第一性原理相图计算探究相变微观起源

相图描述了系统在建立热力学相平衡后，物质的组成与系统内状态参数（如温度或者压力等）之间的关系。其可用于展示状态参数改变对材料相组成、各相转化分解趋势的影响。利用第一性原理计算不同化合物吉布斯自由能可以解决传统相图绘制过程中可能存在的热力学数据获取缓慢的问题，加速相图绘制过程。本小节将介绍第一性原理相图计算的基础理论以及应用案例[49]，为读者借此开展储能材料的相变机理研究提供借鉴。

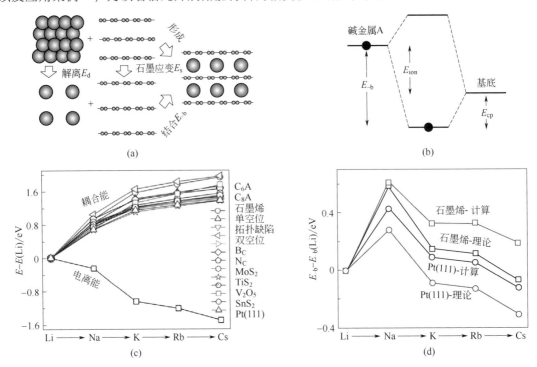

图 3-4　碱金属 A（A=Li，Na，K，Rb，Cs）和基材［石墨、Pt（111）等］之间结合的示意图[48]
（a）A 嵌入至石墨电极能量状态的变化可拆解为由三部分组成：体相 A 解离成为孤立的原子状态所需克服的原子内聚能（E_d）、受 A 原子嵌入影响石墨晶体应变（层间膨胀和平面内拉伸）产生的能量（E_s）、A 原子插入上述应变石墨结构中的结合能（E_b）；（b）结合能 E_b、电离能 E_{ion} 和耦合能 E_{cp} 的物理含义及其关系；
（c）不同基材随 A 改变 E_{ion} 和 E_{cp} 的变化；（d）不同基材随 E_b 改变的变化

3.2.2.1　第一性原理组分相图

（1）基础理论

组分相图是第一性原理组分相图的重要分支，其是基于物质的形成能"趋低"会对应定温定压下孤立系统内固态化合物"趋稳"这一现象，来刻画系统相成分和相结构的稳定化过程。对于形如 $A_{1-x}B_x$ 的化合物体系，形成能 G_f 与浓度 x 以及 A 和 B 的吉布斯自由能的关系如下。

$$G_f = G_{A_{1-x}B_x} - (1-x)G_A - xG_B \quad (3-25)$$

组分相图绘制过程中，凸包能 E_{hull}（目标化合物与相应同比稳态化合物或化合物组合间的形成能之差）的计算及凸包点（$E_{hull}=0\text{eV}$）的构建最为关键。出现在相图凸包点上的相为热力学稳定的相。各个凸包点相连的线称为凸包线，处于凸包线以上的化合物热力学均不稳定，且 E_{hull} 值越大的亚稳态γ相越趋于发生分解，如图 3-5（a）所示。

相的元素种类数称为元。三元与四元组分相图的构建是在立体空间中进行的［图 3-5（b）、(c)］，虽然无法直接体现凸包能的大小，但是仍然可以指示化合物的分解趋势。需要说明的是，组分相图因维度限制很难描述多组元（高于四元）、非固定组分相的热力学稳定性。为此，基于组分相图衍生出了巨势相图及第一性原理化合物相图。其中巨势相图可以借助开放系统元素来降低相图维度，以降低复杂度，详见第 3.2.2.2 小节。

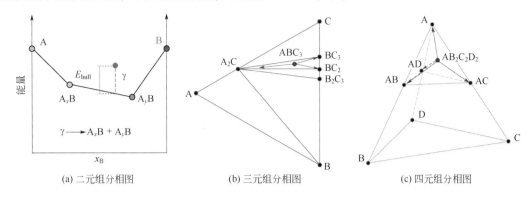

图 3-5　基于第一性原理计算的二元组分相图[50]、三元组分相图[51]以及四元组分相图

（2）应用案例

如上述及，组分相图可用于判别电极材料在不同离子脱/嵌程度下的结构。如图 3-6 所示[52]，阶段 X（Ⅰ～Ⅲ—Ⅳ）代表 Li/Na$_x$BCF$_2$ 电极材料（x 为 Na$^+$或 Li$^+$化学计量比）的不同离子脱/嵌结构。可以看出，Li/NaBCF$_2$ 在 Li$^+$/Na$^+$嵌入浓度 0.125 以上均为阶段Ⅰ结构（Li$_{0.333}$BCF$_2$、Li$_{0.5}$BCF$_2$、LiBCF$_2$、Na$_{0.25}$BCF$_2$、Na$_{0.5}$BCF$_2$、Na$_{0.667}$BCF$_2$、NaBCF$_2$），在 Li$^+$/Na$^+$嵌入浓度 0.125 以下则为阶段Ⅱ结构（Li$_{0.125}$BCF$_2$、Na$_{0.062}$BCF$_2$、Na$_{0.125}$BCF$_2$）。

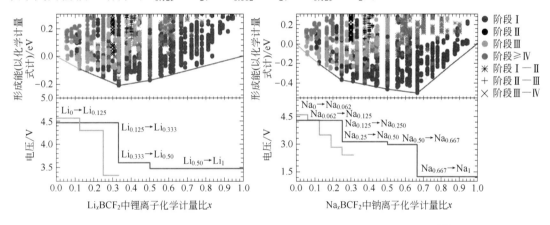

图 3-6　Li$_x$BCF$_2$ 与 Na$_x$BCF$_2$ 的组分相图和 Li$^+$/Na$^+$脱/嵌电压图[52]

3.2.2.2　第一性原理巨势相图

（1）基础理论

巨势相图与组分相图不同的地方在于前者描述的体系为开放系统（对一种或者几种元素开放，与外界系统存在物质和能量交换。开放元素的化学势 μ 为固定值），后者则为孤立系统。通过开放元素的化学势可以直接反映当前系统所处的状态（温度、电势等）。以 Li$_{x,y}$A 系统为例，化学势与电势变化如图 3-7 所示。

由于系统开放，以形成能来衡量巨势相图中化合物稳定性并不合理。因此，巨势相图

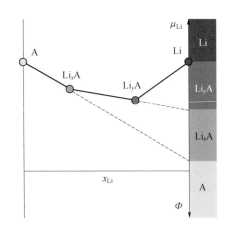

图 3-7 Li 化学势 μ_{Li} 与电势 Φ 关系示意图[50]

使用巨势代替形成能对化合物稳定性进行衡量，假设其对 A 开放，则 A_nB_m 物质的巨势 φ_f 计算为：

$$\varphi_f = \frac{G_{A_nB_m} - nG_A^{\ominus} - mG_B^{\ominus}}{m} \quad (3-26)$$

式中，$G_{A_nB_m}$ 为 A_nB_m 的吉布斯自由能；n 和 m 分别为 A 和 B 的原子数；$G_A^{\ominus}$ 和 $G_B^{\ominus}$ 为元素 A 和 B 的标准吉布斯自由能。

在未开放元素浓度相同的情况下，物质巨势越小越稳定。需要说明的是，巨势相图的端点不仅可以为元素或单质，还可以为化合物。并且巨势相图可以通过向外界开放不同元素来降低相图的维度，用于分析外加电势、高温等特定条件下高元（高于 4 元）化合物的电化学稳定性及热稳定性。

（2）应用案例

1）热稳定分析

构建 Li-Fe-P-O 巨势相图可判断磷酸铁锂在不同温度下所发生的反应，从而帮助精确控制温度、氧化学势区间等合成的工艺条件。考虑到上述系统对氧气开放，其巨势应为：

$$\varphi(T,p,N_{Li},N_{Fe},N_P,\mu_{O_2}) = G(T,p,N_{Li},N_{Fe},N_P,\mu_{O_2}) - \mu_{O_2}N_{O_2}(T,p,N_{Li},N_{Fe},N_P,\mu_{O_2}) \quad (3-27)$$

此时氧气作为开放元素，其化学势直接反映了系统当前的温度和压力，其线性关系如下：

$$\mu_{O_2}(T,p_{O_2}) = \mu_{O_2}(T,p^{\ominus}) + k_BT\ln\frac{p_{O_2}}{p^{\ominus}} \quad (3-28)$$

式中，μ_{O_2} 是氧气化学势；k_B 为玻尔兹曼常数；T 是温度；$p^{\ominus}$ 是标准大气压；N_i 是 Fe、P、Li 的粒子数。

当把氧气分压 p_{O_2} 看作定值，氧气化学势将只与温度相关。此时，改变温度将会直接影响氧化物的巨势，进而以化合物转化的巨势"趋低"原则，预测潜在的分解反应或确定反应的稳定合成区间。例如，从 Li-Fe-P-O 巨势相图（图 3-8）中可以看到，$LiFePO_4$ 的凸包出现的氧化学势区间为 [−16.70eV，−11.52eV]，对应其合成区间。

2）电化学稳定分析

与热稳定分析类似，电化学稳定分析同样是借助开放元素与系统状态之间的关系来对化合物的电化学稳定性进行衡量，并通过巨势判断电化学分解产物。以无机碱金属/碱土金属离子电解质为例，系统可以向输运离子对应的碱金属/碱土金属元素 A 开放，则 A 的化学势改变与电势呈现线性关系，即：

$$\mu_A(\Phi) = \mu_A^{\ominus} - eq\Phi \quad (3-29)$$

式中，Φ 为电势；$\mu_A^{\ominus}$ 为输运离子 A 在标准状态下的化学势；e 为电子电荷；q 为 A 所携带的电子数。

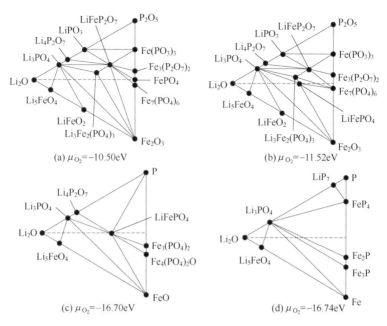

图 3-8　不同氧气化学势下的 Li-Fe-P-O 巨势相图[53]

电势可以改变 A 的化学势进而影响所有含 A 化合物的巨势,巨势高的化合物将自发向巨势低的化合物演化。目前,电化学稳定性分析方法根据分解路径假设的不同,分为直接分解法和间接分解法。直接分解法认为巨势决定了电化学分解过程,所以在化合物所蕴含元素较少时,借助不同 $\mu_A(\Phi)$ 下绘制的巨势相图即可知道固态电解质在不同电势下的电化学稳定性。

如图 3-9 所示[54],当锂化学势(μ_{Li})相对金属锂化学势(对应 $\mu_{Li}=0eV$)为 0eV 和 $-2.5eV$ 时,$Li_{10}GeP_2S_{12}$ 不在凸包点上,表明其在此电势范围内均不稳定,并将分解为临近三角形中的化合物。例如,在 $\mu_{Li}=-2.5eV$ 时 [图 3-9(c)],$Li_{10}GeP_2S_{12}$ 将分解为 GeS_2、S 及 P_2S_5。

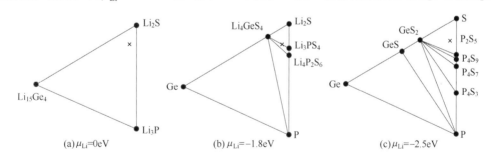

图 3-9　不同锂化学势(相对金属锂化学势)下的 Li-Ge-P-S 巨势相图[54]
$Li_{10}GeP_2S_{12}$ 化合物在相图中蓝色叉号处

这里需要着重指出,上述直接分解分析的方法仅以未开放元素(除 Li 以外的非迁移原子对应元素)在特定浓度下的巨势为标准判断平衡态化合物种类,缺乏对分解能垒的评估,可能导致计算的电化学稳定窗口偏小。具体来讲,持续发生电化学直接分解需要晶核的长大和骨架离子的迁移,上述行为均需要达到一定能量才可激活。间接分解方法考虑了上述行为,认为电解质会随其输运离子脱/嵌行为而优先转变为不稳定结构,随后在分解能的驱动下彻底分解为热力学上最有利的产物。这种分析方法关键在于寻找电解质的脱锂点和嵌锂点及对应的氧化还原产物，并通过式（3-29）确定氧化还原电势。例如，据 Li_xPS_5Cl 相图[55]（图 3-10），Li_6PS_5Cl 发生氧化反应时将先脱锂生成 Li_4PS_5Cl 后再分解为 $LiCl$、S、Li_3PS_4 这三种产物，而其发生还原反应时则会先嵌锂生成 $Li_{11}PS_5Cl$ 后再分解为 P、Li_2S、$LiCl$。

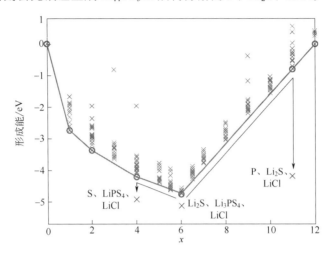

图 3-10 Li_xPS_5Cl（$0 \leqslant x \leqslant 12$）相图[55]

蓝色叉号代表不稳定化合物，圆圈代表稳定化合物，黑线指示 Li_xPS_5Cl 的脱嵌路线，
黑色叉号周围化学式为 Li_xPS_5Cl 在对应浓度下的直接分解产物

3.2.2.3 第一性原理化合物相图

（1）基础理论

化合物相图描述的体系与组分相图相同，均为孤立体系，并且也以化合物的形成能作为衡量物质稳定性的标准。但与组分相图不同，化合物相图不以元素或单质为端点，而是以化合物作为相图的端点，计算不同比例下化合物混合后的反应能 ΔG。对于两种反应物 c_a 和 c_b，其在混合比例为 x 时的 ΔG 可通过如下公式计算：

$$\Delta G[c_a, c_b] = \min_{x \in [0,1]} \{G_{pd}[xc_a + (1-x)c_b] - xG[c_a] - (1-x)G[c_b]\} \quad (3\text{-}30)$$

式中，$G[c_a]$ 和 $G[c_b]$ 是反应物的吉布斯自由能；而 $G_{pd}[xc_a + (1-x)c_b]$ 是反应平衡相的吉布斯自由能。

最大反应能处对应最可能的分解相[56]，借此可分析孤立系统内高元数化合物的分解趋势，并用于衡量电极-电解质界面稳定性。

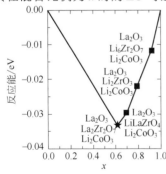

图 3-11 $Li_7La_3Zr_2O_{12}$-$LiCoO_2$ 化合物相图[56]

正方形和五角星标记均为凸包点；
x 表示 $Li_7La_3Zr_2O_{12}$ 的占比

（2）应用案例

以 $Li_7La_3Zr_2O_{12}$（固态电解质）-$LiCoO_2$（正极）体系界面稳定性研究为例（图 3-11）[56]，其相图上每一个凸包点具有该 $Li_7La_3Zr_2O_{12}$-$LiCoO_2$ 混合浓度下（用 x 表示

$Li_7La_3Zr_2O_{12}$ 占比）最稳定（自由能最小）的产物组合。通过式（3-30）计算反应能量 ΔG，其最大反应能点（以星号表示）对应的 La_2O_3、$La_2Zr_2O_7$、Li_2CoO_3 即为 $Li_7La_3Zr_2O_{12}$-$LiCoO_2$ 界面最有可能生成的化合物。

将最大反应能绘制为能量热图[57]的方法也常用来分析包覆材料和正极的匹配程度，如图 3-12 所示。正极材料与包覆层的化学反应活性顺序为 NCM（$LiNi_{0.8}Co_{0.1}Mn_{0.1}O_2$）> LCO（$LiCoO_2$）> LMO（$LiMn_2O_4$）> LFPO（$LiFePO_4$），表明 LFPO 和 LMO 正极材料与候选包覆材料界面更稳定。此外，$LiYF_4$ 和 $LiLuF_4$ 分别对完全放电和半充电的正极材料具有良好的稳定性。

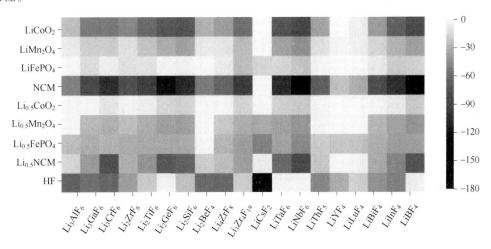

图 3-12 包覆材料和各种正极材料或正极沉淀物 HF 之间反应能的能量热图[57]

横向为包覆材料；纵向为正极材料。图中方格代表对应体系的最大反应能，颜色越深代表最大反应能越负（反应活性越高），越不利于包覆材料与正极材料的稳定性

3.2.3 界面上的物理与化学

借鉴界面工程的概念，可修饰电化学储能器件内复杂的固固界面（如固态电解质与电极间界面）和固液界面（如电解液与电极间界面），进而改进其离子/电子输运、能量密度、机械稳定性、化学稳定性、电化学稳定性等。然而，将宏观层面的界面修饰方法迁移至微观层面需厘清其界面化学环境、原子结构等信息。本小节介绍了基于微观尺度计算锚定界面结构的方法以及发生在界面上的典型物理、化学变化。

3.2.3.1 固态电解质界面结构锚定

离子电池中有机电解质在较宽充放电电位会在负极表面形成固态电解质膜（solid electrolyte interphase，SEI），其可隔绝电极与电解液并阻止两者之间发生副反应，保证电池稳定服役。然而，SEI 形成的复杂性以及有效原位观测的困难性导致其迄今为止仍被认为是"可充电锂离子电池中最重要但最不为人所知的组分"，图 3-13 梳理了近 50 年来我们对 SEI 结构认识的简要历史[58,59]。

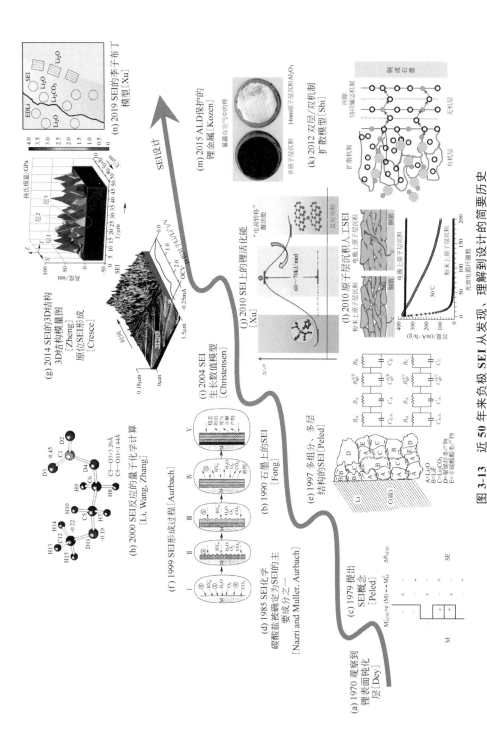

图 3-13 近 50 年来负极 SEI 从发现、理解到设计的简要历史

(a) Dey 等[60]于 1970 年初首次在锂金属上观察到钝化层;(b) 1990 年,石墨上的主要成分为 Li_2CO_3,以及 Aurbach 等[64]分别于 1985 年和 1987 年确定 Li_2CO_3 为 SEI 的主要成分之一;(c) 1979 年,Peled[62]引入了 SEI 的概念;(d) Nazri 和 Muller[63] 等[66]阐述了 SEI 的形成过程,表明该过程是由电解质在电极表面发生还原反应引起;(e) Peled[65]将绘成马赛克结构,并于 1997 年将其转化为等效电路模型;(f) Aurbach 型来模拟 SEI 的生长,其假设 SEI 的主要成分为 Li_2CO_3,但仍缺少许多相关的特性,如膜电阻;(j) 2010 年,Xu[72]通过实验测量了硅负极上 SEI 的力学性能,他们展示了模量图和 SEI 结型来模拟 SEI 的生长;(h) 2000 年之后,量子化学计算被用于模拟电解质还原氧化反应路径,这些路径有助于理解 SEI 的形成[68-70];(i) 2004 年,Christensen 等[67]于 2014 年使用原位电化学 AFM 对多组分和多层 SEI 的时间演化的连续介质模 Shi 等[73]基于"协同输运"机制计算了 Li_2CO_3 中的锂离子扩散,并提出了双层/双机制/双机制模型;(l) Zheng[74]等测量了硅负极上 SEI 的力学性能,他们展示了模量图和 SEI 结构图,根据对 SEI 的基本理解开始指导设计人工 SEI,Jung 等[75]使用原子层沉积(ALD)方法在组装的石墨负极上沉积了纳米厚的 Al_2O_3 涂层,并证明了其耐用性的提高;(m) Kozen 等[76]于 2015 年使用 ALD 涂层保护锂金属电极;(n) 2019 年,Xu 等[77]提出 SEI 的李子布丁模型

针对 SEI 结构已有诸多推测，但仍无法真正锚定其结构。尤其是能够阻止电子遂穿的 SEI 的最小厚度方面，迄今尚无定论。一般认为，允许输运离子通过但阻止电子隧穿的 SEI 厚度 L 可根据并联电容器模型，即通过式（3-31）粗略估算：

$$L = \frac{\varepsilon A}{3.6 \times 10^{12} C \pi} \tag{3-31}$$

式中，ε、A 和 C 分别是介电常数、电极面积和电容。

在初步明确了 SEI 结构、作用、设计原则的基础上，Zhu 等[78]鉴于人工双层固态电解质膜（BL-SEI）的各向异性和结构缺陷共同作用对锂金属负极的保护作用，利用第一性原理计算方法设计了由共价石墨材料和无机盐（LiF、Li_2O、Li_3N 和 Li_2CO_3）组成的 BL-SEI，如图 3-14 所示。通过对比化学稳定性、离子电导率和机械强度，发现石墨烯/LiF 组合相较其他界面在离子输运及界面稳定性上表现更佳。

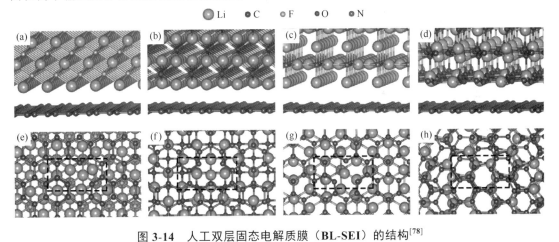

图 3-14 人工双层固态电解质膜（BL-SEI）的结构[78]
（a）石墨烯/LiF（111）；（b）石墨烯/Li_2O（001）；（c）石墨烯/Li_3N（001）；（d）石墨烯/Li_2CO_3（001）；
（e）～（h）在石墨烯中具有单个碳原子缺陷的相应 BL-SEI

此外，全固态电池中正极和固态电解质间普遍存在的空间电荷层现象也已受到关注。空间电荷层的概念是由 Ohta 等[79]引入并用于解释 $LiCoO_2$（正极）-Li_3PS_4（固态电解质）之间的高界面电阻现象。随后，Haruyama 等[80]利用第一性原理计算方法揭示出 $LiCoO_2$-Li_3PS_4 界面处空间电荷层形成及导致高界面电阻的机制，即 Li_3PS_4 固态电解质中部分 Li 吸附至 $LiCoO_2$ 正极表面，使得界面锂离子输运通道堵塞。目前，因缺乏有效的原位观测手段，且在界面处存在复杂的界面反应[81]及界面接触失效[82]等干扰因素，对正极-固态电解质界面中产生空间电荷层的本质机理及其对离子、电子输运机制的影响仍未明晰，亟待更深入探索。

3.2.3.2 枝晶生长的第一性原理计算

表面成核和扩散模型中均已经指出[83]，负极表面输运离子较高的吸附能和较低的迁移能垒是抑制其枝晶生长的有利因素。例如，Zhong 等[84]发现与吸附能较高的 Li 电极相比，吸附能较低的 Na 电极表面的纵向枝晶更长。第一性原理计算结果还证实了 Li、Na、Mg 等离子的迁移能垒与实验中观察到的枝晶纵向长度成反比，如图 3-15（a）所示[85]。此外，对于不具有沉积物亲和位点的电极材料来说，输运离子在其表面的沉积/溶解易引起电极尺寸的剧烈变化，降低了电极表面与 SEI 的结合强度，导致 SEI 脱落失稳。相对而言，具有沉积物亲和位点的电极材料，如具有良好亲锂性的原子（O、S、N）掺杂的石墨烯、合金化负极（Li_xM，M=Al、Cu、Sb、Sn 等）可促进金属原子均匀地沉积或溶解[86,87]。然而，Yang 等[88]发现锂离子与亲和位点的吸附能过大会导致主体结构坍塌［图3-15（c），在石墨负极体系中，键长、键角变化最小说明在锂沉积/溶解过程中结构稳定性最好］，而过小则不利于沉积原子的成核和沉积物的横向生长［图3-15（b）］，由此提出锂离子与亲和位点的吸附能应该在一定的范围内。以 Ag（111）晶面为例，保证锂离子沉积结构既均匀又稳定的阈值为-2.01~-1.81eV。

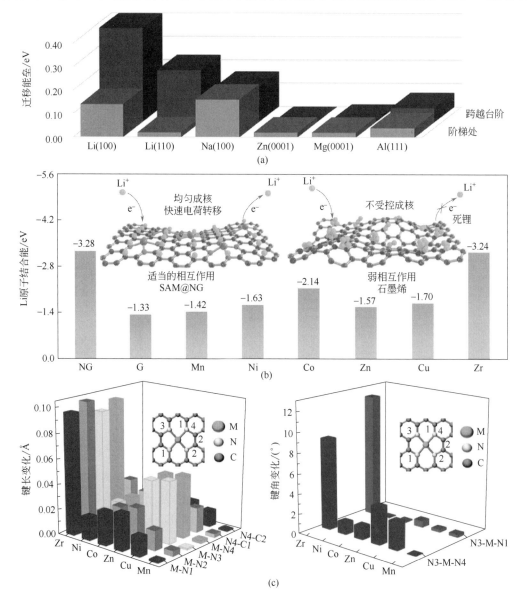

图 3-15 枝晶生长第一性原理计算分析结果展示（一）

（a）计算所得的各种金属表面跨越台阶和阶梯处的迁移能垒[85]；（b）锂原子在不同基底上的结合能；（c）SAM@NG 电极在沉积锂前后键长键角变化[88]［SAM@NG 为单原子（single-atoms，SA）位置被 M 原子（M=Mn、Ni、Co、Zn、Cu、Zr）取代的氮掺杂石墨烯］

此外，高亲和性电极材料能有效降低电沉积的成核能垒，有利于电池的稳定循环。利用第一性原理计算分析电极表面电子性质有助于揭示这一现象背后的机理。Chen 等[87]指出，含掺杂原子（H、B、C、N、O、F、P、S、Cl、I）的石墨电极与锂离子的亲和性主要与掺杂元素与碳之间的电负性差、局部偶极、电荷转移有关［图3-16（a）］。其中，电负性差异有利于形成负电中心并强化锂离子的吸附；局部偶极的形成有利于增强锂离子与成核位点之间的离子-偶极作用；电荷转移则能够降低锂成核能垒。实验表明，嵌铜石墨烯的亲锂性高于普通石墨烯。Wang 等[89]利用第一性原理计算进一步分析发现，能级最低的分子轨道主要集中在静电势更负的铜原子及其相邻碳原子周围，使其表现出强的亲锂性［图 3-16（b）、（c）］。Cui 等[90]在碳基电极上原位合成 TiO_2-F 纳米棒。他们利用第一性原理计算表明 F 元素（高电负性）的引入增大了电极表面的电荷密度［图3-16（d）］，提高了电极对 Li^+、Na^+、K^+和 Zn^{2+}的吸附能，最终使得 TiO_2-F 展现出诱导上述金属离子均匀沉积的潜能。由此可见，采用高亲和性电

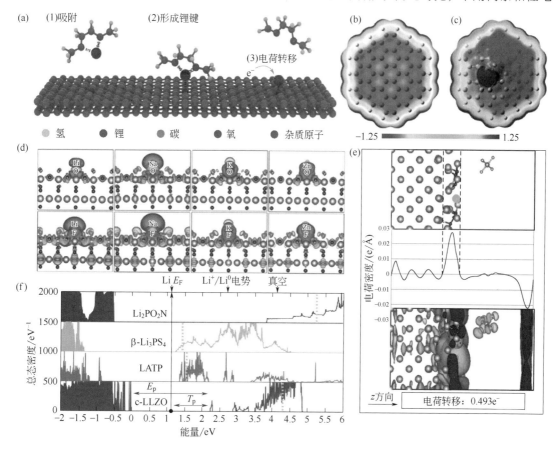

图 3-16 枝晶生长第一性原理计算分析结果展示（二）

（a）负极表面骨架锂成核示意图[87]；（b）石墨烯表面的静电势分布；（c）嵌铜石墨烯表面的静电势分布[89]；
（d）TiO_2 和 F-TiO_2 在不同阳离子（Li^+、Na^+、K^+、Zn^{2+}）吸附时的电荷密度分布[90]；（e）Li(100)/Li_2CO_3 界面[91]：
Li(100)界面处 Li_2CO_3 吸附引入的阳离子（由 Li^+-PF_6引入的 Li^+）后的优化结构（上），阳离子吸附前后
电荷差分密度 $\rho(z)$ 的积分图［$\rho(z)dz$，z 为垂直于表面的 z 方向］（中）及电荷差分密度图（等值面
为 0.0001 e/bohr）（下）；（f）通过计算 Li_2PO_2N、Li_3PS_4、$Li_{1.17}Al_{0.17}Ti_{1.83}(PO_4)_3$（LATP）、
c-$Li_7La_3Zr_2O_{72}$（c-LLZO）固态电解质表面带隙，发现其对枝晶生长的调控作用[92]

极材料的确有效地降低了电沉积的成核能垒，进而成为抑制枝晶表面成核、生长的有效手段。此外，锂金属电极与位于电极表面处的锂离子之间电荷均匀分布[91]［图 3-16（e）］以及固态电解质较低的表面带隙[92]［图 3-16（f）］同样对枝晶生长有着抑制作用。

3.2.3.3 表面与界面稳定性

从计算构造及预测材料界面、表面模型到被实验验证仍面临极大的挑战，其中最大的问题在于需要进一步考虑储能材料的机械强度、热力学稳定性以及电化学稳定性。

（1）机械强度

本节以人工双层固态电解质膜（BL-SEI）为例，阐明强调界面机械强度作为界面机械稳定性重要评判依据的原因。界面机械强度可定义为在外力作用下，界面不改变其基本性状的能力。黏附功（W_{ad}）作为界面机械强度的数值表达，被定义为将单位面积界面分成两个自由表面所需的功。黏附功越高，则界面机械强度越高。其可通过式（3-32）计算得到：

$$W_{ad} = (E_{IL} + E_{GL} - E_{BL\text{-}SEI})/A \qquad (3\text{-}32)$$

式中，E_{IL} 和 E_{GL} 分别表示由界面形成的无机层和石墨层两个自由表面的自由能；$E_{BL\text{-}SEI}$ 表示由它们组成的界面结构的能量；A 表示它们的表面积。

（2）热力学稳定性

通过热力学函数计算可衡量界面处两种接触材料的热力学稳定性。可借助材料数据库构建包含这两种材料中所有元素的相图，进而确定两种接触材料的热力学稳定性，即如果相图中包含两种原始材料以外的相，则表明这两种材料接触后界面热力学不稳定。Richards 等[93]提出可通过考虑反应物的混合比例 x 来确定其反应生成物形成能［式（3-30）］及产物。以 $LiCoO_2/Li_3PS_4$ 界面为例，其在混合比例为 0.4 时将生成 Li_2SO_4、Li_2S、Li_3PO_4 和 Co_9S_8，如图 3-17 所示。

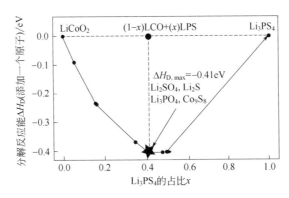

图 3-17　$LiCoO_2$ 和 Li_3PS_4 的反应能量及其对应的反应产物[50]

星号对应于混合比例为 0.4 下分解反应能（$\Delta H_{D,\,max}$）及相应预测形成产物

为探究复杂水溶液环境对催化、储能、水热合成、溶解等表面反应过程的影响，Persson

等[94]提出一种融合固相的第一性原理计算和液相的实验吉布斯自由能预测固-水溶液相平衡的方案,以此推动固体在液相中的相稳定性和溶解相图计算框架的发展。

(3) 电化学稳定性

在电极-固态电解质界面处形成钝化相间层（固态电解质膜）的驱动力来自正/负电极费米能 E_F（电化学势）与固态电解质最高占据分子轨道(HOMO)/最低未占据分子轨道(LUMO)之间的差值,即溶剂分子或离子在电解液中保持稳定需满足以下公式:

$$eV_{oc} = \mu_A - \mu_C \leqslant E_F \tag{3-33}$$

式中, e 为电子电荷量; V_{oc} 表示开路电压; μ_A 和 μ_C 分别表示碱金属/碱土金属离子在负极和正极的化学势。

电解质的 LUMO 和 HOMO 能量差 E_g 通常被粗略认为是固态电解质的"电化学窗口"。据此,我们可以提出电化学稳定性的要求:具有高于 LUMO 的 μ_A,否则负极将还原电解质;类似地,具有低于 HOMO 的 μ_C,否则正极将氧化电解质。

进一步地,阴离子的电负性直接影响固态电解质的氧化稳定性。例如,固态电解质的氧化电位遵循氯化物>氧化物>硫化物>氮化物的总体趋势,这与其电负性呈负相关关系（N^{3-} < S^{2-} < O^{2-} < Cl^-）。这一原理也适用于基于卤化物的固态电解质。其中,氟基固态电解质氧化稳定性最高,碘基固态电解质氧化稳定性最低。氧化基固态电解质的氧化稳定性取决于氧的释放,这与氧原子与相邻原子间的键合环境有关。需要说明的是,上述还原过程即使从热力学上看是可能发生的,但还需考虑其动力学控制作用。

3.2.4 微观结构扰动效应

3.2.4.1 表面催化效应

储能材料表面的电化学动力学过程限制了部分材料体系的实际应用。例如,固态电解质膜（SEI）生长阶段,SEI 无机盐沉积层（如 LiF 层）受负极表面催化活性不足影响将导致其不致密而失去钝化效果[95],进而造成电解液的过量损耗。空气电池表面的氧化反应（O_2 在放电过程中与 Li^+ 结合形成 Li_2O_2）及还原反应（Li_2O_2 在充电过程中重新还原为 Li^+ 和 O_2）动力学缓慢致使电池过电位过高,进而导致电池循环性能差、电流密度低、电极材料不稳定、电解质分解等问题。此外,锂负极表面的空位或其他阳离子吸附将导致电子不均匀分布,从而加速锂离子的吸引和还原动力学过程,最终导致锂离子不均匀沉积[91]。对此,利用第一性原理计算手段从电子角度理解电极表面催化行为并揭示催化反应机理,是从理论上探求催化活性调控的有力手段。

一般可通过引入活性吸附、氧化还原中心等手段提升表面催化反应活性,帮助提高氧化还原反应（例如,锂化/脱锂反应）的转化效率。例如,Zhou 等[96]通过理论模拟筛选了用于催化分解 Li_2S 的单原子催化剂材料。多硫化物的还原能谱分析显示（如图 3-18 所示,硫化物间能量跨度越大说明反应越困难）,无论在石墨烯（决速步为 $Li_2S_4+2Li \longrightarrow 2Li_2S_2$）还是在氮掺杂石墨烯（N-doped graphene, NG）（决速步为 $Li_2S_2+2Li \longrightarrow 2Li_2S$）

中，钒单原子催化剂的引入可大大降低体系的分解势垒，从而改善了 Li-S 电池的电化学性能。此外，表面空位缺陷也同样具有催化活性[95]，这也为催化位点构造提供了新思路。

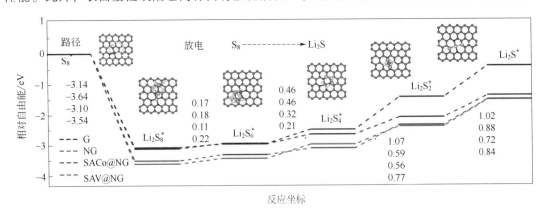

图 3-18 石墨烯（G）、氮掺杂石墨烯（NG）、以 Co 为单原子催化剂的 NG（SACo@NG）和以 V 为单原子催化剂的 NG（SAV@NG）上的多硫化物还原反应能量变化图谱[96]

然而，影响电化学表面催化活性的相关因素尚未完全厘清，亟须补充对与电极表面相关（如形貌、尺寸、催化位点密度等）以及与电解质相关（如添加剂种类、溶剂化结构等）因素的理解，以此构建出完整的电化学表面催化物理图像。

3.2.4.2 尺寸效应

降低材料尺寸可带来表/界面比显著增加、表面能增高、晶格扭转、缺陷浓度上升等独特特性，同时也为电化学储能材料性能的调控提供了新的方向。事实上，基于尺寸效应诱发的新奇效应，如量子尺寸效应、库仑阻塞效应、量子隧道效应、霍尔-佩奇效应和介电屏蔽效应等，已经成功应用于包括化学、物理、生物学、电化学等多个领域，并推动了高催化活性表面材料、新型磁性材料、高强合金材料的研发。

电化学储能器件中关键材料的性能也受到尺寸效应的影响。例如，降低材料尺寸至纳米级（纳米化策略）可将热力学允许但动力学困难的电化学反应，如相转变反应[97]引入电化学储能体系并构造相应器件；亦可增加储能材料晶界占比，并通过界面储能增高其能量密度[98]；此外，通过使用由纳米活性材料组装或天然具有纳米孔隙度的微米级颗粒作为电极材料，在保留纳米化策略优势的同时克服其首圈循环库仑效率低、体积性能差、质量负载率低以及高制造成本等缺陷，这也是未来储能材料的重点发展方向之一[99]。要实现上述调控，关键在于完全厘清尺寸效应背后的构效关系，建立其全景微观物理图像。

由材料尺寸的降低诱导的表面形貌复杂化、输运通道联通化、存储机制多样化以及机械和热稳定性矛盾化等效应可作为微观层面上的唯象描述因子，并可演化出更为具体的物理量或物理模型，如图 3-19 所示。目前，这些物理量或物理模型完全定性或者定量地表达仍需借助理论计算方法，以将其一对一或是一对多地映射于上述唯象描述因子，最终勾勒出全面的电化学储能材料表/界面尺寸效应物理图像。

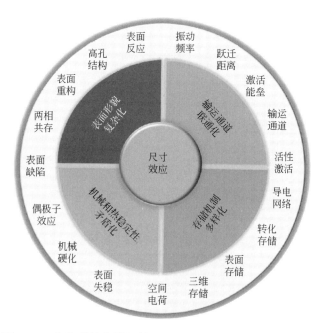

图 3-19　电化学储能材料基于尺寸效应的微观物理图像全景

3.2.4.3　溶剂化效应

输运离子在嵌入电极之前,其与溶剂的络合结构(溶剂化结构)的输运过程和去溶剂化过程被认为是限制电化学储能器件倍率性能的主要因素之一。此外,溶剂化结构会参与 SEI 形成,具体来说,电解液中 LUMO 能级较低的成分将优先被还原并参与 SEI 的形成[100]。为此,通过调制电解液成分、浓度以及使用添加剂的方式来缩短去溶剂化过程(降低电荷转移能垒)以及调制 SEI 结构,是提升电化学储能器件倍率性能、电化学稳定性及界面稳定性的可行策略[101]。

典型电解液的溶剂化结构、电化学特性以及对固态电解质膜成分的影响如图 3-20 所示。其中,低、高浓度电解液分别为盐浓度低于或高于 1.0mol/L。在低浓度电解液中,Li^+ 通常与 4 个溶剂分子配位,其中自由溶剂分子和溶剂分离的离子对占主导地位。低浓度电解液具有较高的离子电导率,但因其电化学特性及其对固态电解质膜成分的影响[如图 3-20(a)所示]使得界面副反应严重。在高浓度电解液中,Li^+ 的配位数减少,高浓度离子对和聚集体的比例增加,同时孤立溶剂分子的数量急剧减少。此时其参与形成的 SEI 结构以阴离子还原形成的无机物为主,可有效阻止界面副反应。然而,高浓度电解液黏度较大,存在离子电导率低、倍率性能低等问题,如图 3-20(b)所示。为此,已衍生出了通过添加特定稀释剂的策略,人为制造局域高浓度结构的电解液,其兼顾了低黏度以及溶剂化结构优势,如图 3-20(c)所示。然而,稀释剂种类较少,且选定的稀释剂难以应用于多种电解液,因此需进一步开发满足不同电解液体系的稀释剂,以应对不同电池服役性能需求。

对溶剂化结构的深入理解可帮助解释为何碳酸乙烯酯(EC)无法像聚碳酸酯(PC)一样在电极表面形成稳定的 SEI,而是在首次充放电过程中发生溶剂共嵌入并破坏电极材料的层间结构。虽然对此目前尚无定论,但总结来说有几种解释,如表 3-8 所示。

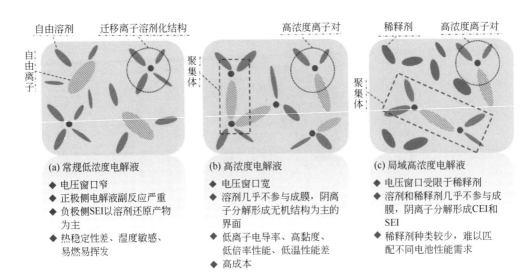

图 3-20 三种电解液的溶剂化结构、电化学特性及其对固态电解质膜成分的影响[100]

表 3-8 碳酸乙烯酯（EC）和聚碳酸酯（PC）在电极表面形成 SEI 行为差异总结

基本原理	具体内容	存在问题
还原路径差异	PC 经历双电子还原产生气体，EC 则经历由单电子还原[102]	—
共嵌物体积差异	PC 的共嵌物结构体积大于石墨层的层间距，而 EC 则相反	无法解释其他溶剂分子界面行为与 EC 相似
去溶剂化顺序差异	PC 体系脱去 PC 结构和阴离子的概率相当，而 EC 体系优先脱去 EC 分子	—
对输运离子溶解作用差异	PC 对输运离子的溶解作用比 EC 或碳酸亚乙烯酯（VC）更强，离子更难从 PC 中解溶	—

构建溶剂化结构的类真实体系并对输运离子-溶剂间相互作用进行准确描述是准确描述相关反应过程的关键[59]。目前，计算中根据处理输运离子-溶剂相互作用距离的不同，常用到的溶剂化模型可分为以下三种[103-106]：

① 隐式溶剂化模型（implicit model）；
② 显式溶剂化模型（explicit model）；
③ 隐式/显式混合溶剂化模型（implicit/explicit model）。

（1）隐式溶剂化模型

隐式溶剂化模型又叫自洽反应场（self-consistent reaction field，SCRF）模型，是将溶剂描述为一个连续的、均一的、各向同性的介电场[107,108]，而溶质则处于溶剂反应场的空穴中。按照空穴和反应场描述方式的不同，隐式溶剂化模型可分为：Onsager 模型、极化连续模型（polarizable continuum model，PCM）、等密度可极化连续模型（isodensity PCM，IPCM）、自洽反应场等密度的可极化连续模型（self-consistent isodensity PCM，SCI-PCM）、基于密度的溶剂化模型（solvation model based on density，SMD）。其中，Onsager、PCM、IPCM、SCI-PCM

模型只明确定义了溶剂的极性部分，而 SMD 模型不仅定义了极性部分，还明确定义了非极性部分，也是目前应用最为广泛的模型之一。其中，最早提出的 PCM 模型[109-111]将溶质分子的空穴处理为一个个相互交联的小球［联合原子拓扑模型（united atom topological model, UTAM）］，这也导致了该方法无法给出溶质-溶剂相互作用的解析解，只能使用数值积分来求解，求解过程中将每个小球表面进行精细的网格划分，如图 3-21 所示。

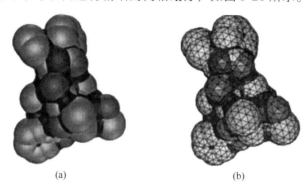

图 3-21　联合原子拓扑模型及网络划分后的曲线模型[109]

联合原子拓扑模型（a）；由于（a）模型无法给出解析解，需在求解过程中将每个小球表面进行精细的网格划分，由此采用的面积为 $0.4Å^2$（$1Å=10^{-10}m$）的网格绘制的曲面模型（b）。小球以原子为中心，半径设为该原子范德瓦尔斯半径的 1.2 倍

溶剂化自由能（ΔG_{sol}）是描述溶剂化效应的重要参数，可定义为把溶质从气相转移到液相中所做的功。通常溶剂化自由能主要分为三部分：空穴自由能（ΔG_{cav}）、范德瓦尔斯自由能（$\Delta G_{dis\text{-}rep}$）以及静电自由能（$\Delta G_{es}$），因此，总溶剂化自由能为：

$$\Delta G_{sol} = \Delta G_{cav} + \Delta G_{dis\text{-}rep} + \Delta G_{es} \tag{3-34}$$

其中，前两项由溶质分子的空穴半径、分子表面积、分子体积等本征性质决定[95,112-114]，而 ΔG_{es} 主要由溶质的偶极 μ、溶剂分子介电常数 ε、极化偶极子的极化率 α 和小球半径 R 共同决定：

$$\Delta G_{es} = -\frac{\varepsilon-1}{3\varepsilon+1} \times \frac{\mu^2}{R^2}\left[1-\frac{\varepsilon-1}{2\varepsilon+1}\times\frac{2\alpha}{R^3}\right]^{-1} \tag{3-35}$$

值得注意的是，隐式溶剂化模型把溶剂分子近似成可极化的连续介质来考虑（如图 3-21 所示），并以其介电常数（ε）来进行表征［式（3-35）］。因此很大程度上减少了计算的复杂性，从而适用于中等大小的溶剂体系。但由于隐式溶剂化模型未具体描述溶质附近的溶剂分子的结构和分布，导致其无法描述溶质与溶剂间的相互作用，如氢键作用等。并且对于描述溶质是离子的情况，隐式溶剂化模型的精度明显降低。为此，我们需要考虑更加完善的溶剂化效应，即引入显式溶剂化模型对溶剂分子之间的相互作用进行描述。

（2）显式溶剂化模型

显式溶剂化模型，顾名思义，是将溶剂分子直接引入模型当中进行量子化学计算。目前理论上常用的显式溶剂化模型主要有两类[115-117]：一类是超分子簇（super-molecular cluster）

模型，其将溶质附近（通常取第一溶剂层）的溶剂分子引入体系中，与溶质分子一起组成一个超分子簇，而忽略了远程溶剂分子间的相互作用，如图3-22（a）所示，这种模型体系相对来说较小，因此可在量子力学计算能力的范围内对其溶剂化能进行预测；另一类是周期性（periodic boundary condition，PBC）模型，如图3-22（b）所示，这类模型考虑了更多的溶剂分子，可以较好地描述近程和远程的分子间相互作用，但复杂性远远超出了现有量子化学方法计算的能力范围，因而通常是采用分子动力学和蒙特卡罗模拟等技术进行研究。

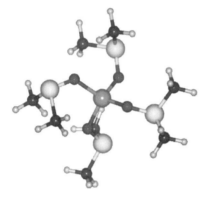

(a) 超分子簇模型　　　　　　　　(b) 周期性模型

图 3-22　显式溶剂化模型

（3）隐式/显式混合溶剂化模型

鉴于上述隐式溶剂化模型和显式化模型的优势与局限性，目前已有大量研究将这两种模型进行结合，提出了隐式/显式混合溶剂化模型[112]。在该溶剂化模型中，近程的溶剂分子与溶质分子一起作为一个超分子簇被置于一个溶剂介电常数为 ε 的反应场中，如图3-23所示。如此一来，既可以大幅度缩减整个体系的计算自由度，又能较好地描述溶质与近程的分子间作用和远程溶剂体系的静电作用。

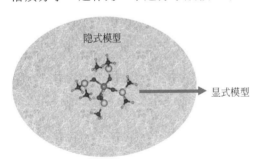

图 3-23　隐式/显式混合溶剂化模型

然而，要想充分发挥隐式和显式两种模型的优势，还需考虑诸多方面的问题，如：超分子簇的大小及几何构象如何确定？如何合理判断哪些溶剂分子该用显式引入？哪些溶剂分子可以处理为连续的介电常数？混合溶液的情况如何处理？现有文献表明[112-114,118]，可采用优化超分子簇的方法来解决上述问题，即利用粗精度结构优化与高精度量子化学计算相结合的办法寻找势能面上的最优构象。

3.2.4.4　无机-有机混合界面

无机-有机混合界面的计算被认为是密度泛函理论最具挑战性的应用之一[119]。由于无机成分和有机成分电子结构特性显著不同，使得对其中一个组分有效的计算参数对另一个组分的计算效果不佳，导致计算结果存在巨大偏差。因此，正确的电子结构描述方法、算法以及参数选择非常重要。为了解决这个问题，Hofmann 等[120]探索了如何为材料体系选择恰当的界面原子结构模型，强调了交换关联泛函以及范德瓦尔斯校正对在有效的收敛自洽场周期内获取准确的结构/电子性质的修正作用。

尤其对于无机体系和有机体系中的大分子体系，其结构自由度相差很大，导致其界面匹配存在从纯粹的物理吸附体系到强烈的化学吸附相互作用[121,122]的多种可能性。这种基于化学、物理两种观察视角下的局部电子态的交叠，为准确地描述有机-无机界面带来巨大困难。具体来讲，一方面需应对"方法上的挑战"，既适用于无机体系的密度泛函理论近似方法有可能限制了有机体系的物理/化学性质刻画，反之亦然。为此，需补充充足的有机-无机界面相关物性的描述。另一方面，还面临"参数上的挑战"，计算有机、无机结构时最优计算参数的不兼容性导致了计算效率低下、数值不稳定以及结果违背物理规律等问题。对此，Lejaeghere 等[123]发现，在优化了收敛条件的前提下，使用平面波和原子中心基函数对体相材料的模拟均能给出相同的结果。由此可见，需进行详细的收敛测试以确保所选的基函数以及相关的设置（例如截断能和布里渊区网格划分）对研究对象描述的误差在可接受的范围内。尤其在对表面电荷密度、表面电子向真空中衰减的描述以及分子在表面上的吸附能等对收敛条件较为敏感的计算时，需谨慎考虑参数设置。

3.2.4.5 有序结构与无序结构

本节将进一步介绍电化学材料体系中结构的有序/无序现象。原子有序构型可以解释包括开路电压、离子电导率在内的性质[124]，而局部构型的无序多组分体系也因其多变的性能而引起人们的极大兴趣。然而，原子结构的高精度表征目前仍然具有挑战性，并且电池反应本身伴随着一系列复杂的热力学、动力学过程，这些都阻碍了对复杂有序/无序结构的全面探索。因此，利用理论计算方法预测有序/无序相的物性十分重要。

有序/无序相的理论预测方法以格子气模型（lattice-gas model）为基础。然而，基于上述模型并利用穷举法产生的构型数量巨大。为此，众多其他方法，如完全随机、静电能筛选、马尔科夫链蒙特卡罗抽样、团簇展开等被提出，以达到减少计算量的目的[125-127]。其中，团簇展开方法是目前使用最广泛的方法（将在第 5 章详细介绍）。其可作为第一性原理计算与蒙特卡罗模拟之间的桥梁，并形成了第一性原理与蒙特卡罗模拟结合的计算范式（FP-MC 计算）[128]：首先通过对少量构型的第一性原理计算获得其基态总能；然后通过对上述计算结果进行拟合，以求解出团簇展开的关键变量，即团簇相互作用；在此基础上，进一步利用团簇展开方法求解更大体积下更多构型的能量并进行蒙特卡罗模拟，最终实现对材料性能的预测。

然而，团簇展开方法主要用于二元或三元体系，体系组元数上升导致的电荷态分配问题、结构弛豫等问题将限制其用于更多组元系统中。为此，Yang 等[129]开发了基于团簇展开的改进程序，以期为无序离子系统的计算研究提供指导。此外，对于需要考虑变胞以及极稀浓度的情况，团簇展开等方法还存在仅限定于固定的超胞中进行结构搜索的不足。为此，本书作者团队提出空间群-子群变换方法[130,131]，为进一步预测电极、固态电解质中有序相的物性提供了全新的研究思路。

3.3 准粒子结构映射材料内禀特性

固体物理学中通常把具有强相互作用的原子系统简化成准粒子系统，使我们在研究准粒子映射的电化学储能材料能量密度、稳定性、倍率性能等特性时问题得到简化。在解决实际问题时，常常把准粒子概念推广至具有一定能量或动量的系统中，如声子系统、电子系统、光子系统、点缺陷系统等，进而可对上述准粒子系统结构等信息进行准确刻画，并理解其内禀特性。为此，本节介绍了电化学储能材料中常见的准粒子结构及其对应的内禀特性。

3.3.1 电子结构刻画材料物性

3.3.1.1 氧化还原活性分析

（1）电荷补偿贡献分析

传统的过渡金属氧化物正极材料会随着碱金属离子的嵌入/脱出发生氧化还原反应，并伴随着正极中其他离子变价以提供电荷补偿[132]。最初，电荷补偿被认为是由过渡金属阳离子主导，但近年来在富锂层状过渡金属氧化物中也报道了由局部 Li-O-Li 构型诱导的阴离子可逆变价（O^{2-}/O_2^{2-}）现象，并受到越来越多的关注[133]。然而 Du 等[134]发现 O-2p 轨道虽表现出电化学活性，但其可逆循环性还有待进一步提高。除上述阴阳离子共变价图像以外，Shadike 等[135]借助计算与先进表征手段，首次发现层状 $NaCrS_2$ 电极在充放电过程中由于 Cr 与 Na 空位的互占位导致异常"晶胞呼吸"（晶胞参数 c 不变）现象，进而诱导单阴离子可逆变价（S^{2-}/S_2^{2-}）并贡献全部比容量（95mAh/g）的新图像，以此打破了目前广泛认为只有包含"本征"Li-O-Li 构型的富锂材料才可出现阴离子可逆变价的认知。然而，能够有效控制上述阴离子参与/主导变价可逆性的通用策略仍亟待进一步被提出以实现正极能量密度的突破。

（2）能量密度提升策略

在探讨过渡金属正极材料能量密度提升策略之前，需先了解主导其大小的电荷转移项 Δ 以及电子间库仑相互作用项 U 的概念，如图 3-24 所示。含过渡金属正极材料的分子轨道在分裂过程中，成键态（M—L，M 为中心离子，L 为配体）与反键态（M—L）*能量之差被称为电荷转移项 Δ，其由 M—L 键共价性强度决定，并与 M 和 L 电负性之差直接相关。

此外，基于莫特-哈伯德分裂的电子间库仑相互作用项 U 可解释能带占位现象，（M—L）* 能带分裂形成了空置的上哈伯德能带（UHB）与满电子的下哈伯德能带（LHB）[136]。Abakumov 等[133]也证实了当过渡金属元素种类及价态确定时，可通过马德隆能、电子亲和能、电离能以及电子-空穴相互作用的库仑相互作用能项来估算 U 和 Δ 的具体数值。而转移电子电荷量以及电化学驱动势作为提升电池能量密度的直观参数，则直接受控于费米能级附近的电子态特性[137]。

在此基础上，根据能斯特方程［如式（3-23）］，可提出几种提升能量密度的策略，如图

3-25 所示。对于转移电子电荷量而言，无论主流的阳离子提供电荷补偿［图 3-25（a）］还是新兴的阴离子提供电荷补偿［图 3-25（b）］，提升的转移电子电荷量都不明显。电负性差增大虽能导致电荷转移项降低并提升容量，但本质上仍旧是依赖于阳离子提供电荷补偿［图 3-25（c）、(d)］。相比之下，阴、阳离子协同提供电荷补偿将会激发出可观的额外转移电子电荷量。

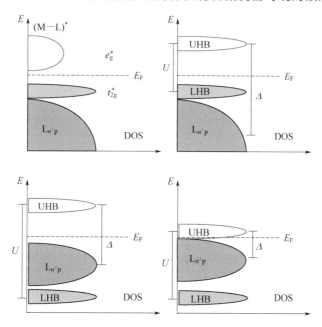

图 3-24 八面体场过渡金属化合物中受电子间库仑相互作用项 U 以及电荷转移项 Δ 影响的上哈伯德能带（UHB）、下哈伯德能带（LHB）以及配体 $L_{n'p}$ 非键轨道的相对位置分布[133]

DOS—电子态密度

基于阴、阳离子协同变价提供额外容量的策略，我们进一步基于电子间库仑相互作用项 U 以及电荷转移项 Δ 的相对值探讨其如何影响费米能级处的电荷态特性以促进阴、阳离子变价。当 U 远小于 Δ 时，高度离子化的 M—L 键使得费米能级附近参与氧化还原的电子由满态 LHB 贡献，反之参与氧化还原的电子由 L-2p 非键轨道贡献。而对于 U 与 Δ 相差不大的情况，LHB 与 L-2p 非键轨道的重叠使得阴、阳离子都可发生电化学反应，因此有利于激活额外容量。综上，通过适当筛选 M—L 的元素种类以实现 Δ 与 U 的平衡这一策略为提升电极容量提供了新的思路。此外，电化学储能正极材料的电化学驱动势由费米能级附近（M—L）*相对于 Li-1s 轨道（以锂离子电池为例）的位置决定，Δ 可表示为重叠积分 S^2 和电负性差 $\Delta\chi$ 的函数，即 $\Delta = S^2/\Delta\chi$。因此，通过高电负性差的成分设计［图 3-25（e）］、元素诱导［图 3-25（f）］、p 型合金化[11,52]［图 3-25（g）］等策略都有望实现正极材料电化学势的提升。

综上，尽管目前对于如何提升电化学储能材料转移电荷量以及电化学驱动势均给出了初步理解并提出一系列相应的策略，但化学空间的复杂性使得上述策略都存在严重的材料局限性。为此，若能将上述策略中积累的专家知识嵌入机器学习中，则可能为进一步筛选电化学储能正极材料并提出提升其能量密度的普适性策略提供途径。

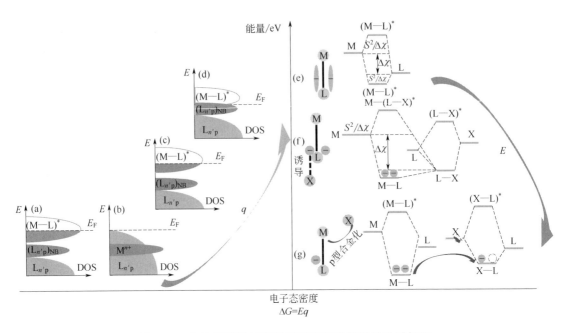

图 3-25　电化学储能材料能量密度提升策略的微观机理

通过阳离子提供电荷补偿（a）、阴离子提供电荷补偿（b）、电负性差增大导致的阳离子提供更多电荷补偿（c）、阴、阳离子协同提供电荷补偿（d）提升电化学储能材料转移电子电荷量；以及通过高电负性差的成分设计（e）、元素诱导（f）、p 型合金化（g）提升电化学驱动势。$\varDelta$ 可表示为重叠积分 S^2 和电负性差 $\Delta\chi$ 的函数，即 $\varDelta=S^2/\Delta\chi$。为简化起见，此处讨论忽略了电子-电子关联导致的轨道分裂

3.3.1.2　热力学因素分析

（1）电化学窗口分析

为满足应用需求，电化学储能材料各部件之间应具有良好的匹配性，尤其是电极与电解质材料之间。Goodenough 等[138]对电解质电化学窗口稳定性提出了明确的要求，即其氧化电位应低于正极的费米能级，而还原电位则应高于负极的费米能级，如图 3-26 所示。

目前，第一性原理计算已经成为预测现有电极、电解质材料电化学窗口的重要手段，其计算方法主要分为三类：

① HOMO/LUMO 方法

Goodenough 等[139]于 1988 年提出的使用最高占据分子轨道（HOMO）/最低未占据分子轨道（LUMO）的能量间隙来描述电解质窗口的方法。HOMO 和 LUMO 概念是在研究孤立分子电子性质时提出的，对于大多数电解质，由于氧化还原反应与相应界面上的化学反应的耦合，使得使用 HOMO/LUMO 评判孤立电解质溶剂分子窗口并用于电解质筛选可能导致准确度较低甚至误筛[140]。导致上述误差的本质是由于 HOMO/LUMO 方法未考虑电化学反应过程中电子的与原子核的重构，使得其预测值可能与实际值偏差较大。但不可否认的是，HOMO/LUMO 仍可作为初筛方法以快速预测电解质的电化学稳定性。

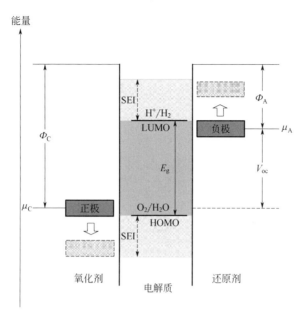

图 3-26 以水系电解质为例的电池开路电压示意图[138]

Φ_A 和 Φ_C 是负极和正极的电势。例如，电解质具有热力学稳定性的窗口。μ_A>LUMO 和/或 μ_C<HOMO 时，需要通过形成 SEI 钝化层来实现电化学稳定

② EA/IP 方法

Ong 等[141]于 2011 年提出使用亲和势（EA）/电离势（IP）代替 HOMO/LUMO 来预测电解质窗口。EA 与 IP 分为垂直（VEA/VIP）和绝热（AEA/AIP）两种计算方式。两者的差别体现在几何（结构和构象）重组的程度，即前者仅考虑了电子重构，而后者不仅考虑电子重构还考虑了原子核的重构。相对于 HOMO/LUMO 方法，AEA/AIP 因考虑了电子与原子核的重构使其计算的氧化还原电位更接近真实情况。但需强调的是，其与真实氧化/还原电位相比仍存在一定差距，这种差距本质上来源于方法中没有考虑电解质中的环境（盐、溶剂等）对离子氧化还原稳定性的影响。

③ 氧化还原电位方法

针对上述方法预测电解质电化学窗口的局限性，Peljo 等[142]于 2018 年提出了使用氧化还原电位（redox potential）方法对电化学窗口进行标定。相比于 HOMO/LUMO 及 EA/IP，氧化还原电位计算不仅考虑气相条件下的电子与原子核重构，也充分考虑了溶液相环境的影响。采用 Born-Haber 热力学循环可准确计算出电解质在还原或氧化过程中溶液相下的自由能变化，并估算其氧化还原反应能。因此，借助氧化还原电位方法可以具体地考察单/多电子氧化还原过程以及分子发生分解等情况。虽然目前该方法中关于溶剂化能计算的细节参数仍有待改进，但其已成为实现电解质氧化还原电位准确预测的关键手段。

（2）相变稳定性及可逆性分析

电极材料需保证在电化学储能过程中不发生相变或发生完全可逆相变，以满足电池循环稳定性需求。然而，电极材料通常难以避免在离子脱嵌过程中发生由热力学稳定性的骤然变化导致的相变。为此，一种基于相变来提升电极材料热力学稳定性的策略被广

泛关注[143]。

这里以锂离子电池层状正极材料为例，如图 3-27 所示，当锂的脱出量达到一定程度，电极会转变为热力学更为稳定的相，从而加强氧原子在晶格中的结合强度。Hong 等[144]在 Sn 掺杂的 Li_2IrO_3 正极中发现阴离子氧化还原导致了 Ir—O 的 π 键键合［图 3-27（a）］，使得 Ir—O 距离缩短至 1.8 Å 以下。另外，氧被氧化至高价态可能引发 O—O 二聚体产生［图 3-27（b）］。上述二聚体的产生在硫化物中同样被观察[145]。晶体学数据表明[146,147]，在 Li_2IrO_3 的 α-多晶型和 β-多晶型在离子嵌入/脱出过程中会发生八面体骨架的协同变形［图 3-27（c）］。这种 O—O 距离的缩短触发了部分填充的 σ(O—O)*态和 (M—O)*（M 为过渡金属）态之间的混合，并称为"还原耦合"。

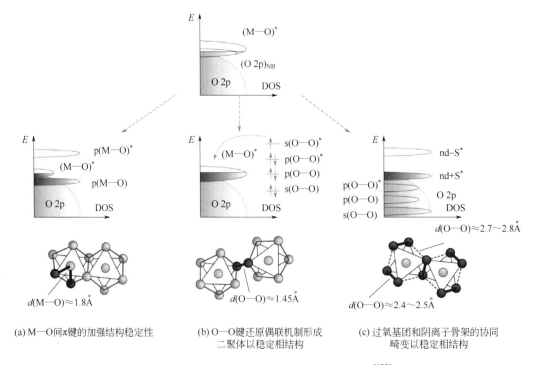

(a) M—O 间 π 键的加强结构稳定性　(b) O—O 键还原偶联机制形成二聚体以稳定相结构　(c) 过氧基团和阴离子骨架的协同畸变以稳定相结构

图 3-27　氧化物通过相变的形式稳定其结构[133]

输运离子从正极材料中进一步脱出时，氧会因无法稳定存在于晶格中而形成氧气并析出，从而导致充放电循环不可逆。比如，Xiao 等[148]通过第一性原理计算了富锂锰基正极材料 $Li_{2-x}MnO_3$ 的脱氧阈值，认为当体系脱锂量 $x \geqslant 0.5$ 时会有氧气释放。然而，不同材料的完全可逆、部分可逆以及不可逆阈值存在巨大差异。为此，Yahia 等[143]提出了一种通过计算材料电荷转移项 Δ 反映可逆阈值的策略（这里以 O—O 对为例），即通过电荷转移项 Δ 的振幅作为预测富锂/富钠过渡金属氧化物正极材料中阴离子氧化可逆容量性（如图 3-28 所示）：节点①之前 $(O—O)^n$ 是完全可逆的，此时氧化和还原过程中涉及的电子态相似；从节点①到节点②，金属轨道位于 π*轨道和 σ*轨道之间，将形成 O_2^{2-} 过氧化物；σ* 和 M-d 带的反转会导致阳离子还原，从而产生电压迟滞；节点②以上的金属轨道位于氧化物种的 π*态以下，属于不可逆过程。

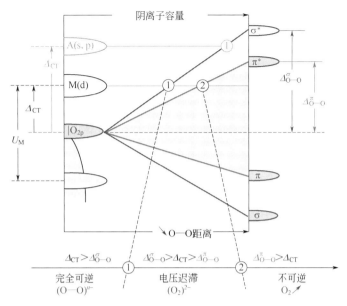

图 3-28　富锂/富钠过渡金属氧化物（A 表示 Li 离子或 Na 离子，M 为过渡金属）中阴离子氧化过程的电荷转移动力学[143]

由 O—O 间距离的减小（下坐标）或阴离子容量的增大（上坐标）导致 O_{2p} 轨道分裂产生的 π、π* 和 σ、σ* 分别用黄色（Δ_{O-O}^{π}）和红色（Δ_{O-O}^{σ}）表示，Δ_{CT} 由阴离子轨道（此处为 O_{2p} 轨道）与上方空金属轨道的相对位置决定。阴离子活性的不同由①和②分割为完全可逆、电压迟滞以及不可逆三个区域

3.3.1.3　动力学因素分析

（1）电子导电率

电子能带结构以及电子态密度（DOS）能够直接反映出材料的电子导电性。例如，Xiong 等[149]采用第一性原理计算对比了原始和锂化 Mg_3N_2 材料的 DOS 和能带结构，如图 3-29 所示。结果表明，Mg_3N_2 为半导体（带隙为 0.91eV），而在锂离子嵌入后，其中间态 $LiMg_3N_2$ 和最终产物 $Li_7Mg_3N_2$ 均表现出金属态特性，意味着锂化过程增强了电极的电子导电性。

基于第一性原理计算体系在吸附等过程中的电荷密度/差分密度，借此分析出其电荷转移程度也可间接地表征电子导电率。例如，Zhao 等[150]通过计算片状 $MoSe_2$-SnO_2 复合体系界面差分电荷密度发现，两种材料复合后表面上 Se 和 O 原子之间的电荷密度增加，说明复合导

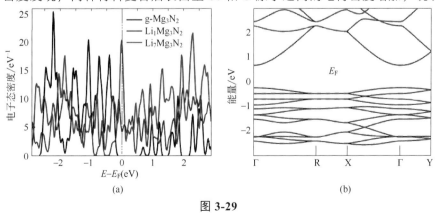

图 3-29

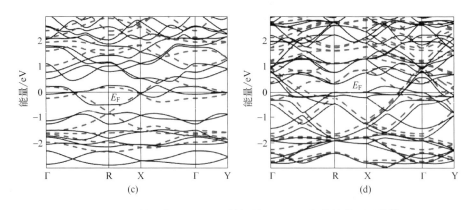

图 3-29 原始和锂化 Mg_3N_2 材料的 DOS 和能带结构对比[149]

（a）$x = 0$、1 和 7 的 $Li_xMg_3N_2$ 的态密度图，费米能级被设置在 0eV；（b）～（d）为对应的电子能带结构（黑色实线和红色虚线分别表示向上自旋和向下自旋电子态）

致了 $MoSe_2$ 表面上的 Se 原子失去电子并与表面 O 原子形成化学键，如图 3-30 所示。这一材料界面上发生的电荷积累也将进一步促进输运离子通过界面快速传输。

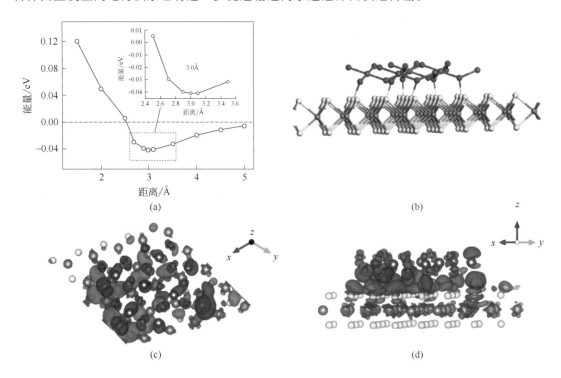

图 3-30 基于第一性原理计算体系在吸附等过程中的电荷密度/差分密度[150]

（a）SnO_2 在 $MoSe_2$（100）平面上的吸附能随 Se—O 化学键距离的变化趋势；（b）通过范德瓦尔斯校正优化得到 O-$MoSe_2$/SnO_2 几何构型；（c）O-$MoSe_2$/SnO_2 复合前后的差分电荷密度的俯视图；（d）O-$MoSe_2$/SnO_2 复合后的差分电荷密度的侧视图［棕/紫云分别表示失电子/得电子（等值面为 $0.000605e/bohr^3$）］

此外，也可利用包覆[151]、掺杂[152]等手段对电极材料电子电导率进行提升，并可借助能带结构计算、DOS 计算和电荷密度/差分密度计算等理论手段进行调控。

（2）极化子输运

在可极化的材料中，多余电子/空穴与离子振动的耦合较容易形成"极化子"。"极化子"一词是 Pekar[153]于 1946 年提出，用于定义位于势阱中的过量电荷载流子（电子或空穴）。该载流子是通过置换周围的离子而自发产生的。可极化固体中的过量电荷会促使离子移至其附近，并且在晶体中传播时产生跟随电荷载流子的极化云。根据极化云的空间范围，可区分为小极化子和大极化子。在上述极化子概念提出后，Fröhlich[154]和 Holstein[155]随后提出极化子理论，其通过建立严格的量子场哈密顿量，明确提出了大极化子和小极化子的区分方法。如今，可以通过多种理论及实验技术分析材料中极化子的形成机制及检测极化子的存在[156,157]。例如，Ceder 等[156]利用 GGA+U 方法研究了 Li_xFePO_4 中小极化子的迁移，并通过将已知的小极化子导体赤铁矿（Fe_2O_3）作为研究对象评估了理论方法的准确度。通过设置合理的 Fe 元素 U 值（4eV），可获得与其他实验相吻合的小极化子迁移激活能（约 100meV）。较低的自由极化子迁移的激活能垒可有效提高电子的迁移率，而电荷载流子给体（即输运离子或空位）之间较大的结合能又将使得材料中的自由极化子难以出现。例如，在 Li_xFePO_4 系统脱锂过程形成的 $Li_{1-x}FePO_4$ 和 Li_yFePO_4 两相共存系统中（x 和 y 均被认为是极小的数值）[158]，Li_yFePO_4 中的电子与 Li^+ 之间的结合能为 370meV，而 $Li_{1-x}FePO_4$ 中的空穴-空位结合能大于 500meV，表明锂离子和极化子可能会以强相互作用激子的形式一起扩散穿过晶体。

电子空穴极化子和 Li^+ 空位之间存在的强耦合使得对极化子传输的理解更加困难。Sharma 等[159]通过第一性原理计算以及近似的 Mott 模型研究了 $NaFePO_4$ 结构中空穴极化子的迁移势垒，并以此作为评估极化子电导率的依据。结果表明，晶粒尺寸与极化子电导率存在负相关关系。当晶粒尺寸小于 75nm 时，极化子浓度的增加、极化子跳跃距离的减小以及极化子迁移激活能的降低，导致极化子电导率增大。进一步地，DOS 计算表明空穴极化子态（接近价带的局域间隙态）随着 U 值的增大而增多，如图 3-31 所示。此外，Maxisch 等[156]通过第一性原理计算证明橄榄石-$LiMPO_4$（M=Fe、Mn、Co、Ni）结构中空穴极化子的形成是由 Fe-3d 态而不是价带顶部 O-2p 态贡献。

3.3.2 缺陷化学理论指导设计储能材料

热运动使得实际晶体材料中原子偏离理想平衡位置并形成晶体学缺陷，导致材料的结构、性能发生显著变化。其中，点缺陷是电化学储能材料中最常见的缺陷类型。缺陷化学理论即为基于溶液模型[160]研究点缺陷（空位缺陷、间隙缺陷以及置换缺陷等）的产生、泯灭以及平衡状态的科学。深化对缺陷化学的理解从而为准确/全面地刻画电化学储能材料构效关系提供理论基础，也是实现材料电子/离子输运、能量存储、稳定性等性能设计的关键。

然而，要想通过实验手段对点缺陷进行精准的表征及操控十分困难。近年来，第一性原理计算作为重要的辅助研究方法，其愈发成熟地应用于揭示上述缺陷改变电化学储能材料结构/电子等性质机理的研究中[161]。

3.3.2.1 基本概念

（1）点缺陷种类与书写规则

目前，最广泛用于描述点缺陷的为 Kröger-Vink 符号系统，其一般形式可表示为：

$$D_a^{b(b=".", "'", "*")} \tag{3-36}$$

式中，D 表示为缺陷种类（空位或缺陷原子/离子）；下标 a 表示缺陷所处的亚晶格位置；上标 b 表示缺陷所带有效电荷；"·" "'" "*" 分别表示正、负电荷以及电中性。

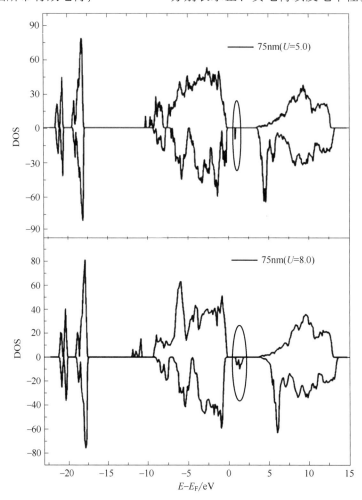

图 3-31 具有空穴极化子态的 NaFePO₄ 结构的电子态密度[159]

为符合实验测定的极化子浓度（2%），用于计算 NaFePO₄ 电子态密度的晶胞尺寸被确定为 75nm

基于上述定义的规则，表 3-9 进一步提供了电化学储能材料中的点缺陷种类、表示规则以及书写形式。需要注意的是，点缺陷的电荷量是通过上标计数实现的。

表 3-9 电化学储能材料中的点缺陷种类、表示规则以及书写形式

点缺陷种类	点缺陷表示规则	点缺陷书写形式
空位	空位（Vacancy, V）存在于 M 位置	V_M
间隙原子	M 原子存在于间隙（interstitial, i）位置	M_i
置换型缺陷	M 原子取代 X 原子的位置	M_X
电子型缺陷	带负电的自由电子；带正电的电子空穴	e'; $h^·$
本征原子占据本征位置	M 原子占据 M 亚晶格	M_M^*

续表

点缺陷种类	点缺陷表示规则	点缺陷书写形式
无缺陷	无缺陷的理想晶格	Null
缺陷缔合	MX 晶体中点缺陷互相缔合	$(V_M V_X)^*$

点缺陷的形成方式主要分为两类：本征缺陷和非本征缺陷（如图 3-32 所示）。本征缺陷是由晶格原子的热振动产生，因此也被称为热缺陷，其浓度受温度影响较大。本征缺陷包括肖特基缺陷（Schottky defect）和弗兰克尔（Frenkel defect）缺陷两类。肖特基缺陷是由于晶格内原子受热运动激发而离开晶格内部，从而导致在原来位置留下一个空位（vacancy）所形成的，此外空位的汇聚还可能形成空位簇（row of vacancy）。需要注意的是，为保持电中性，晶体材料中形成的肖特基缺陷数目应符合材料化学式的元素构成比例。弗兰克尔缺陷是由于晶格原子（lattice atom）离开正常格点而挤入间隙位置形成的，导致在原来格点位置上出现空位。除上述本征缺陷以外，非本征缺陷则是由于杂质原子（foreign atoms）引入晶格内部形成的，其中杂质原子既有可能置换正常原子也有可能进入间隙位置。并且，晶格原子之间也会发生互相占据彼此位置的情况，从而形成互占位（mutual occupancy）结构。

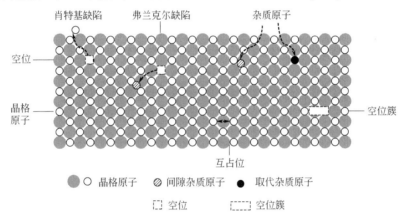

图 3-32　晶体中常见点缺陷种类

（2）缺陷反应方程式

固态电化学材料中，可以用缺陷反应方程式和质量作用定律来描述缺陷的生成、泯灭以及缺陷平衡状态的移动。在此，以 M_aX_b（M 和 X 分别为组成化合物的元素种类，a/b 为化学计量比）为例，总结出以下需要遵守的缺陷反应方程式书写规则：

① 化学计量比固定　在化合物 M_aX_b 中，M 位置的数目与 X 位置的数目比例固定，并等于化合物化学计量比。

② 位置数不变　当缺陷发生变化时，可在 M 格位上形成空位 V_M 或把 V_M 消除，但都不会改变 M 点阵位置数，即此时正负离子比值不变。产生在晶格位置的缺陷有 V_M、V_X、M_M、M_X、X_M、X_X 等。与正常晶格位置无关的缺陷有 e'、h·、M_i、X_i 等。

③ 质量守恒　缺陷反应方程式同样需要遵守质量守恒定律，即反应前后物质的总量保持不变。需要注意的是，空位缺陷 V_M 不存在质量，因此对质量守恒没有影响。

④ 电荷中性　在缺陷反应中的反应物与生成物应该具有相同的总有效电荷数。由于晶体必须处于电中性，总有效电荷数一般情况下为零。

（3）缺陷形成能

缺陷形成能 E_X 表示在完美晶体材料中形成相应缺陷所需要补偿的能量。第一性原理计算得到的缺陷形成能可表示为系统总能量的改变量：

$$E_X = E_p - E_d - \sum_i n_i \mu_i + q(E_{VBM} + \mu_e) + E_{corr} \tag{3-37}$$

式中，E_p 和 E_d 分别表示完美晶体超胞与含缺陷晶体超胞总能量；μ_i 为缺陷原子的化学势；E_{VBM} 是由计算的能带结构所给出的价带最大值；μ_e 为价带顶部的电子化学势，考虑到如掺杂等原因引起费米能级的移位，μ_e 可以当作一个自由参数，例如，$\mu_e = E_{gap}/2$ 对应的是未掺杂半导体的情况，其中 E_{gap} 是本征半导体带隙；最后 E_{corr} 是相关修正能。通过引入含缺陷超胞的静电势修正项的方法，固体缺陷的形成能即可被计算出来[162]。

3.3.2.2 补偿机制

对晶体内缺陷补偿机制的深入了解可帮助理解点缺陷对电化学储能材料性能的积极影响（例如固溶强化）与消极影响（例如氢脆）。缺陷补偿机制分为离子补偿机制及电子补偿机制，二者将分别对晶体结构及电子结构产生影响。异价点缺陷因其需要满足电中性原则而可能产生额外的带电缺陷（包括产生空位和填隙离子补偿，以及产生电子或空穴的电子补偿）相比同价态间取代更为复杂。因此异价点缺陷的补偿机制如图 3-33 所示。

图 3-33　异价点缺陷的补偿机制
离子补偿机制（纵向）以及电子补偿机制（横向）

（1）离子补偿机制

异价阳离子取代存在几种简单的离子补偿机制，以实现晶体的电荷平衡。

其中，高价阳离子取代低价阳离子可能产生：

① 阳离子空位　高价态阳离子空位需要更多数量的低价态离子补偿以保证体系电中性，然而高价态离子仅占据一个阳离子格点，因而将形成阳离子空位。

② 阴离子填隙　上述高价态阳离子取代低价态阳离子情形下，体系也可通过在阳离子格点周围产生阴离子填隙来保持其电中性。然而，由于阴离子较大的离子半径，导致上述补偿机制目前仅在特定材料（如萤石结构以及磷灰石结构材料）中被发现。

而低价阳离子取代高价阳离子则会产生：

① 阴离子空位　与上述阳离子空位补偿机制相同，阴离子空位的产生源于占据格点的离子数目与需要补偿的电荷量之间的不匹配。

② 阳离子填隙　当低价态阳离子取代高价态阳离子，需要更多的低价阳离子进行电荷补偿，然而晶体内无法匹配同样多的阳离子格点，导致低价态阳离子进入间隙位置。

除上述单缺陷离子补偿机制以外，还存在两种离子同时置换的情况，此时将通过不同离子间的电荷差补偿电荷，从而保持系统电中性。

（2）电子补偿机制

含过渡金属的电化学储能材料，尤其是固溶后产生过渡金属混合价态的材料当中，电子电导随温度环境不同展现出半导体、金属甚至超导体特性。此时电子电导率的转变可能涉及过渡金属元素甚至阴离子变价，从而产生自由电子和电子空穴以满足体系电中性。最终材料展现出 n 型或 p 型的电子电导率。这里给出上述四种单离子加上双离子取代情况下的电子补偿机制。

① 阳离子空位　电化学储能材料在充电过程中锂离子与电子将共同脱出，此时在材料内部产生锂离子空位以及空穴。

② 阴离子填隙　氧化物中，阴离子填隙/空位伴随着过渡金属元素的氧化还原，此时，受温度及氧分压控制缺陷的产生导致了氧气的吸收或释放。

③ 阴离子空位　其可看作是上述阴离子填隙的逆反应，其形成的数目亦受温度及氧分压控制。

④ 阳离子填隙　此类电子补偿机制在电化学储能材料中最为常见，即受电化学驱动力，阳离子进入材料（多为层状氧化物）间隙位置，而电子作为自由电子进入晶格内部以满足电中性需求。

⑤ 双离子取代　异价离子的进入激发材料内部活性元素参与变价以保证电中性，此时变价离子也可变相看作取代离子的一类。

3.3.2.3　基于缺陷化学的调控策略

相比于通过成分设计调制电化学储能材料能量密度、稳定性以及倍率等性能的"外在"式方法，基于缺陷调控的"内在"式调控策略引起越来越多的关注。该类策略旨在通过引入相对稳定的缺陷结构来提供活性位点、调节费米能级、促进离子扩散和电荷转移，以及修饰包括表面和界面在内的其他缺陷，从而达到提升电化学储能材料储能密度、热力学稳定性以及电子/离子电导率的目的，如图 3-34 所示。

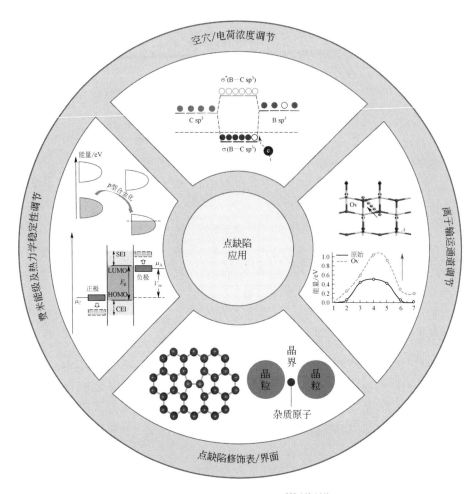

图 3-34　点缺陷调控策略[52,163,164]

（1）空穴/电荷浓度调节

事实上，在电极材料中加入原子尺度缺陷（如阳离子空位）被认为是调控其电化学储能性能的有效策略之一[52]。一方面，点缺陷的存在可能导致体系空位增多，并改变局域电子、原子环境，从而改变电极材料氧化还原活性、催化活性以及其中的离子/电子迁移能力。另一方面，点缺陷诱导的强化学吸附作用也可以抑制锂-硫电池中多硫化物的溶解[165]。

（2）离子输运通道调节

随着理论计算研究的深入，对于调控点缺陷提升电化学储能材料电导率的微观机理已建立了初步的理解。例如，Yeh 等[163]利用第一原理研究了 Li^+ 在原始状态和存在氧空位两种状态的 TiO_2 材料在中的嵌入和输运行为。氧空位的引入导致了材料带隙的缩小并最终改善其电子导电性能。此外，晶格中空位的存在还会导致层状过渡金属氧化物层间距增大，由此在不改变结构框架的基础上促进了离子的输运[166]。更多的实验及计算结果表明[167]，点缺陷的引入可优化电极材料中的离子输运通道，使其获得更高的倍率性能和循环稳定性。

（3）费米能级及热力学稳定性调节

电化学储能材料的不稳定将导致储能器件容量、电压衰减严重，因此是影响电化学储能器件寿命的重要因素。点缺陷作为诱导费米面移动的直接因素[52]，是调控电极/电解质匹配性能的重要途径。例如，通过 p 型合金化引入合适的合金元素可使得正极材料费米能级降低，以此达到提升其能量密度的目的[11]。此外，点缺陷偏析界面设计也可用于调控材料的机械稳定性。

（4）点缺陷修饰表/界面

复杂的电化学储能材料中广泛分布的点、线、面缺陷的相互作用使得包含其结构与材料性能之间的关系难以解耦，导致难以实现成分和结构的精准调控。例如，受热力学驱动的点缺陷向其他缺陷位置（如晶界）的偏析可能导致局部配位环境电荷密度的重新分布，最终影响材料的离子/电子输运性、机械稳定性、热力学稳定性[168]。

此外，点缺陷的引入可能是降低并稳定晶界极限尺寸，并增多表面活性吸附位点的有效手段。其可帮助调和表/界面在氧化还原过程中高热力学稳定性与低界面尺寸不可兼得的矛盾，进而助力新型电化学储能表/界面材料的结构设计。

3.4 离子输运图像

3.4.1 离子输运机制

按物质状态划分，电解质可分为液态电解质、无序固态电解质（无序的玻璃态和聚合物，以及某些输运离子与"空位"无序占据的晶态固态电解质）以及无机固态电解质（晶态），其分别以溶剂化离子输运机制、聚合物链段运动与配位传递共同输运机制，以及刚性骨架通道传导多离子协同输运机制实现离子输运，如图3-35所示。对液态电解质而言，离子与溶剂间偶联将随着盐浓度的增大而增强，此时离子输运行为将发生从溶剂化结构主导到局域结构主导的转变[169,170]。对固态电解质而言，无序固态电解质的离子电导率的对数与温度倒数的关系可能不像有序固态电解质那样符合直线关系（即阿伦尼乌斯关系，其被描述为输运离子缺陷的简单热激活过程）。此时，可借助构型熵理论[171]或自由体积理论[172]解释上述直线关系偏离的本质原因，并以此拟合适用于玻璃态和聚合物固态电解质的线性公式，详见参考文献[173]。

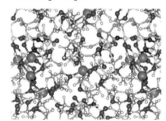

(a) 液态电解质中溶剂分子
协调离子输运

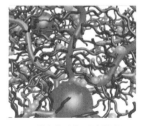

(b) 聚合物电解质中链段
运动与离子输运

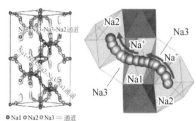

(c) NASICON(Na^+ superionic conductor)
中的多离子协同输运

图 3-35 液态、聚合物以及无机固态电解质离子运输形式[174,175]

目前，借助第一性原理计算、分子动力学、相场模拟、有限元分析和机器学习及将上述方法融合的多尺度计算已可初步探明液态和有序固态电解质离子输运物理图[176]并用于描述对应离子输运行为。然而，限于广泛存在的非平衡热力学问题、界面离子输运问题以及离子间复杂的耦合/抑制效应，建立能够刻画无序固态电解质离子输运行为的模型仍存在困难。

3.4.1.1 溶剂化离子输运

输运离子在电解液中的输运并非独立的，而是先被极性有机溶剂分子溶剂化，再借助盐的可溶性使其最终克服能垒在晶格中迁移。在浓度较低的电解液中，离子被溶剂分子包围，此时被完全隔离的输运离子和阴离子能够实现快速输运[177]。例如，前期研究发现纳米 $LiFePO_4$ 与水溶液电解质接触后会形成同时具有类似于体相与溶剂化锂离子结构的固液界面，并促进输运离子通过该界面输运。为此，厘清溶剂化与脱溶剂化动力学过程将极大地深化我们对离子输运微观图像的理解（见图 3-36）。

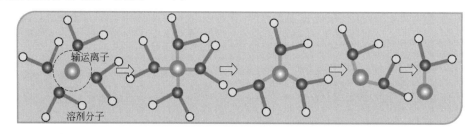

图 3-36 液态电解质溶剂化与脱溶剂化动力学过程中携带式离子输运方式示意图[169]

根据如下公式可计算液态电解质的离子电导率，实现不同液态电解质之间离子输运性能的横向对比：

$$\sigma = nqm \tag{3-38}$$

式中，n 为载流子数；q 为载流子电荷量；m 为离子迁移率。

n 和 m 是决定离子在液态电解质中传输难易的两个关键因素，其中，n 与盐的溶解度和解离度成正比，m 则与电解液的基质黏度相关。

3.4.1.2 离子传递输运

离子在聚合物中的输运可拆分为链段的移动和配位的传递两个过程[178,179]。其中，离子在具有特定溶剂分子配位的可动聚合物链段的"簇拥"下传递运动这一输运特征被定义为配位间同步传递输运机制（如图 3-37 所示），其具体描述为：输运离子与聚合物链段上的极性基团配位，并在电场驱动下随着链段从一个配位点运动到下一个配位点。需说明的是，输运离子在聚合物中的快速输运需以聚合物链段具备高可动性为前提。对此，聚合物若在非晶态状态下则更容易实现。因此，研究普遍认为离子输运通常只发生在聚合物电解质的非晶态相中[180]，仅对于某些具有特殊晶体结构的聚合物电解质，输运离子才能在晶相中传导。例如，$PEO-LiAsF_6$ 中成对的 PEO 链折叠形成圆柱形隧道，Li^+ 则与醚氧键配合后沿着圆柱形隧道进行传输。当进一步考虑不同温度下聚合物实际状态时，可以发现，在低温下聚合物通常处于结晶或半结晶态；只有当温度升高至 T_g（玻璃态转变温度）时，结晶聚合物的一部分才可转变为非晶态；之后继续提升至熔化温度（T_m）时，聚合物熔化并伴随着结构转变为完全无序。由此可见，为保证聚合物无定形区链段的可动性，聚合物电解质电池工作温度应高于 T_g。

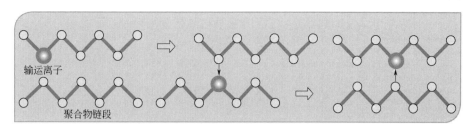

图 3-37　有机聚合物基固态电解质中离子在配位之间传递输运方式示意图[169]

对于复合固态电解质，其离子输运途径主要包括在基体中输运、在分散相中输运，以及在介于基体与分散相之间的中间相中输运三种。由于中间相通常与基体之间存在严重的结构不匹配及较强的化学势梯度，其结构在离子输运过程中会发生较大的变化，因此导致其与基体和分散相均具有显著差异。这也将使得离子在上述三者之间的输运性质不统一，从而影响复合固态电解质的离子电导率。一般来说，基体的离子传导是决定体系总离子电导率的主要因素，其高度依赖于聚合物的微观结构[181]。对此，分散相的加入可改变基体的微观结构及相稳定性，进而有效调控体系总离子导电性能。

3.4.1.3　离子通道输运

无机固态电解质中离子输运特征与液态电解质和聚合物电解质均不同。这是由于无机固态电解质骨架具有一定的刚性，其输运图像可由其本质结构/电子属性直接勾勒。从物质结构角度可将无机固态电解质中的离子输运分为离子在晶体内输运和相间界面离子输运（如图 3-38 所示）[182,183]。其中，根据不同界面扩散的物理模型又可将相间界面离子输运分为离子沿晶界输运与离子跨晶界输运［如图 3-38（b）、（c）所示］[183]。

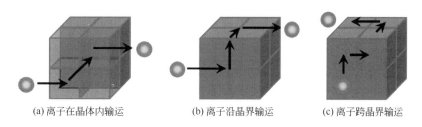

(a) 离子在晶体内输运　　(b) 离子沿晶界输运　　(c) 离子跨晶界输运

图 3-38　无机固态电解质中离子输运方式示意图[182,183]

（1）间隙输运机制

对无机固态电解质来说，离子输运发生在具有周期的晶格中，此时离子在晶格中的占位状态决定其势能，而离子在迁移过程中发生的势能变化决定其迁移能垒和迁移路径。输运离子可以在固态电解质中沿相邻位点跳跃，即离子可在电势的驱动下使骨架畸变从而实现其间隙输运［如图 3-39（a）所示］，或可优先寻找晶体中相邻的空位或缺陷位置进行输运［如图 3-39（b）所示］。总体而言，离子是在与骨架原子相互作用的驱动下通过跃迁的方式在相邻位点间发生迁移[184,185]。因此，获取离子迁移能垒需首先厘清传导介质的结构形式，进而构建离子输运图像描述因子，这也为刻画无机固态电解质中离子间隙输运的物理图像提供定量信息。

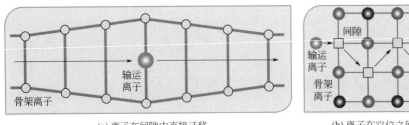

(a) 离子在间隙中直接迁移　　(b) 离子在空位之间迁移

图 3-39　无机固态电解质中离子间隙扩散输运方式示意图[169]

（2）离子换位协同输运

本书作者团队于 2012 年针对间隙 Li$^+$ 在主要成分为 Li$_2$CO$_3$ 的固态电解质膜（SEI）中的输运特性进行研究，首次阐明了间隙 Li$^+$ 在上述界面中的 Knock-off（间隙 Li$^+$ 和晶格 Li$^+$ 协同交换位置）协同输运机理[73]。离子间的强库仑相互作用以及上述特殊离子占位产生传导离子的协同输运使得势垒降低[186]。在多离子协同输运中，各个离子所处的位置能量不尽相同。当相邻离子一起运动时，高能量位置的离子向下运动，部分抵消了低能量位置离子向上运动的能垒。由此，在多个离子的共同运动下，协同输运可表现出更低的能垒（如图 3-40 所示）。目前已在不同的无机固态电解质（Li$_{10}$SiP$_2$S$_{12}$、Li$_{1+x}$Al$_x$Ti$_{2-x}$(PO$_4$)$_3$、Li$_{14}$P$_2$Ge$_2$S$_{16-6x}$O$_x$、Na$_3$Zr$_2$Si$_2$PO$_{12}$、Li$_7$La$_3$Zr$_2$O$_{12}$ 等）中发现离子协同输运现象，并据此提出了进一步提高离子电导率的方向[187-190]。随后，我们针对离子的协同输运程度进行了定量研究，揭示出单斜 Na$_3$Zr$_2$Si$_2$PO$_{12}$ 结构中的全新的 Na5 位置，并提出了 Na$^+$ 关联迁移机制[190]，即通过将输运离子推入高能位后降低其能垒，进而提高材料离子电导率。

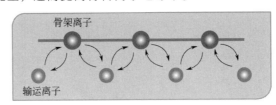

图 3-40　无机固态电解质中输运离子与骨架离子换位协同输运示意图[169]

协同输运机制适用于骨架几何形状突出的离子导体，其本质为间隙离子与骨架离子之间，以及输运离子之间的相互作用改变了离子的输运方式，进而降低了离子输运能垒。早期被提出的 "Knock-off" 机制[73]、"Concerted migration" 机制[186]、"Cooperative" 机制[188]、"Collective" 机制[187]、"Interstailicy" 机制[191] 及 "Correlated migration" 机制[189] 等均为针对协同输运提出的相关理论描述。然而，对于骨架几何形状并不突出的离子导体，其输运行为更适合 "Grotthuss" 机制，即由氢键断裂并形成驱动的质子传输机制[192]。

此外，不同离子存在不同的协同输运方式，具体可分为：同种离子间协同（如 Li$^+$-Li$^+$ 或 Na$^+$-Na$^+$）、异种同价离子间协同（如 Li$^+$-Na$^+$）、异种异价离子间协同（如 Na$^+$-Zn^{2+}），以及异种电荷离子协同（如 Co^{2+} 与 O^{2-}）。在同种离子协同输运过程中，多个迁移离子分别占据高、低能位后通过库仑作用力互相推动协同运动，进而提高了离子扩散系数。通过改变迁移离子的占位与浓度可影响局域平衡构型，激活低能垒协同运动并调节协同跳跃率，进而改善离子扩散系数。此外，可通过 van Hove 关联函数定性描述离子协同输运。van Hove 关联函数可拆分为 $G_{\text{self}}(R,t)$ 和 $G_{\text{distinct}}(R,t)$，二者共同定义协同跳跃率以定量描述离子的协同输运程度：

$$G_{\text{self}}(R,t) = \frac{1}{4\pi R^2 N_{\text{d}}} \left\langle \sum_{i=1}^{N_d} \delta[R - |\boldsymbol{r}_i(t_0) - \boldsymbol{r}_i(t+t_0)|] \right\rangle \tag{3-39}$$

$$G_{\text{distinct}}(R,t) = \frac{1}{4\pi R^2 \rho N_{\text{d}}} \left\langle \sum_{i \neq j}^{N_d} \delta[R - |\boldsymbol{r}_i(t_0) - \boldsymbol{r}_j(t+t_0)|] \right\rangle \tag{3-40}$$

式中，<>表示时间的平均；δ 是狄拉克德尔塔函数；$r_i(t_0)$ 表示第 i 个粒子在时间 t_0 的位置；N_d 和 R 分别为迁移离子数量、与中心粒子的径向输运距离。迁移离子的平均数密度 ρ，其作为归一化因子使得 R 远大于 1 时，$G_{\text{distinct}}(R,t)$ 趋近于 1。$G_{\text{distinct}}(R,t)$ 描述了经过时间 t 且距离中心粒子 R 处，其他粒子的分布情况。若在较短时间内其他粒子跳跃到中心原子位置（即中心粒子原位置处存在其他粒子的分布概率），则发生了协同输运。

3.4.2 输运通道识别

材料具有连通的离子输运通道是其能够成为离子导体的先决条件。实验中，离子输运通道可以通过对 X 射线/中子粉末衍射结果进行最大熵方法（maximum entropy method，MEM）分析直接得到[193-195]。理论与计算上，晶态离子导体中离子输运通道的识别方法有：晶体结构几何分析方法（crystal structure geometric analysis，GA）[195-199]、键价方法（bond valence method，BV）[200,201]、基于第一性原理的爬坡弹性带（climbing-image nudged elastic band，CI-NEB）计算[202,203]、晶格动力学方法[204]、经典分子动力学模拟（classical molecular dynamic simulation，CMD）[205]和第一性原理分子动力学模拟（ab initio molecular dynamic simulation，AIMD）[206]。并且，通过 Connolly 表面（Connolly surfaces）[207]以及 Procrystal 计算（Procrystal calculations）[208]等方法也可以得到离子输运通道。

3.4.2.1 晶体结构几何分析方法

晶体空间由原子及原子间隙两部分组成，间隙的大小、数量和位置作为晶体结构的重要特征，为描述离子输运通道提供了数据量化表达基础。离子晶体中的间隙位置通常需要借助特定的算法来表征。其中，Voronoi 分解算法[209]（Voronoi tessellation、Voronoi decomposition）作为一种空间分割算法，已被广泛用于构造周期域中给定原子排列的间隙空间的图形表示[210-213]。在对晶体的空间进行 Voronoi 分解后，可得如图 3-41 所示的 Voronoi 网络（Voronoi network）。其中，Voronoi 顶点（Voronoi node）对应间隙位置；相邻的 Voronoi 顶点之间相连的 Voronoi 边（Voronoi edge）对应了相邻间隙位置之间的路径；离子迁移路径的瓶颈位置存在于 Voronoi 边中，Voronoi 边瓶颈点的通道尺寸对应于瓶颈尺寸。

Voronoi 分解算法可分为标准 Voronoi 分解、Voronoi S 分解以及 Radical Voronoi 分解[215]，如图 3-42 所示。其中，标准 Voronoi 分解适用于离子半径相等的情况；Voronoi S 分解适用于离子半径不相等的情况，虽然该算法计算精度比 Voronoi 分解高，但其计算难度较大，导致不常被使用；Radical Voronoi 分解同样适用于离子半径不相等的情况，其计算精度较前述方法略低，但能有效降低计算量提高效率。此外，将较大半径的离子看成若干小球的组合，也可进一步增加该方法的划分精度[215]。常见的间隙空间分析软件有 ToposPro[196]、Zeo++[198]以及 CAVD[197]等。其中，ToposPro 软件是基于标准 Voronoi 分解；Zeo++软件可实现标准 Voronoi 分解和 Radical Voronoi 分解，但其存在内置的离子半径表不合理、不能根据离子配位环境来分配离子半径等缺点。CAVD 软件是本书作者团队开发的一种间隙空间分析软件（https://gitee.com/shuhebing/cavd），该软件是基于 Radical Voronoi 分解，采用 Shannon 离子半径表，并能根据离子配位环境分配离子半径。此外，现有的工具仅考虑了局部间隙，而忽略了输运离子位于 Voronoi 多面体面心上的情况。为解决这一不足，需要将 Voronoi 面心也包括在构建的网络中，以此实现晶体空间中间隙位置的有效定位。该思路已在 CAVD python 软件包中实现，并在 6955 种含 Li^+、Na^+、Mg^{2+}、Al^{3+} 的离子化合物中成功实现了离子输运行为的准确分析（验证率为 99%）。

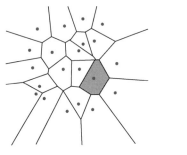
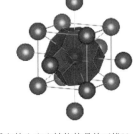

(a) 二维Voronoi分解　　(b) 具有体心立方结构的晶体三维Voronoi分解

图 3-41　二维 Voronoi 分解示意图以及具有体心立方结构的晶体三维 Voronoi 分解示意图[214]

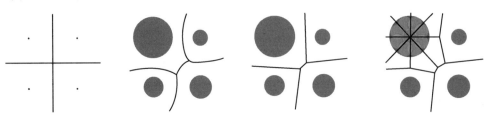

(a) 标准Voronoi分解　(b) Voronoi S分解　(c) Radical Voronoi分解　(d) 将较大半径的离子看成若干小球的组合的改进Radical Voronoi分解

图 3-42　四个粒子的 Voronoi 分解示意图[215]

CAVD 计算的总体流程如图 3-43 所示。①从结构文件中获取晶格参数、原子占位等信息，进而获取、表示并分析结构中的原子空间；②从原子空间出发，快速进行 Voronoi 分解以获取结构的间隙空间；③定义间隙空间的模型以反映离子的输运特征，并进行量化分析；④计算得到数据以多种形式输出，如用于程序分析的数据格式或用于可视化的数据格式等。此外，网络的各种定量描述符也可用于识别材料信息，以供后续机器学习使用。

使用 CAVD 需要首先指定输运离子类型，Voronoi 分解对局部结构的变化十分敏感[216]，使得由 Voronoi 胞构建的间隙簇难以识别可输运离子的位点和间隙的对称性，最终导致当化合物包含多种潜在可输运离子时问题变得更为复杂。此外，离子半径仅是影响输运离子在离子导体中输运的众多因素之一[217]。其他与离子输运过程相关的附加标准的引入，例如定义一个普适的、可测量的参数来描述框架离子的分布，将使结果更加精确可靠[218,219]。进而推动基于 CAVD 进行结构预测方法的发展。

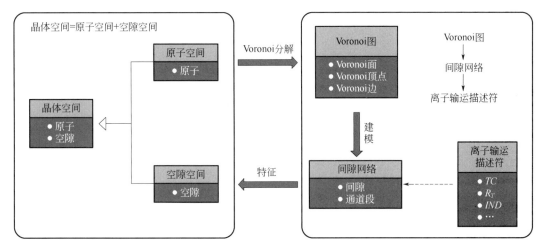

(a) 离子输运分析过程中所涉及对象的类图

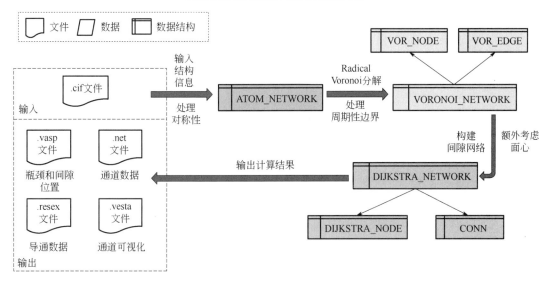

(b) CAVD总体流程

图 3-43　离子输运分析过程中所涉及对象的类图[218]以及 CAVD 总体流程[220]

3.4.2.2　键价和计算

键价（bond valence，BV）理论起源于 Pauling 电价规则（electrostatic valence rule）[221]，并随着理论知识的不断深入，被运用于分析/预测复杂晶体、表面和液体的结构等领域[222]。1978 年，Waltersson[223]首次生成 Valance 图用于表征 Li_2WO_4 中 Li^+的位置。之后，Brown[224]提出该 Valance 图可用来描绘离子输运通道；Adams 等[200,201,225,226]基于该思想开展了一系列的研究工作，揭示出多种晶态/非晶态材料中的离子输运通道。目前，键价方法存在三种常见模型：BVS（BV sum）[227]、BVEL（BV energy landscape）[203]和 BVSE（BV site energy）[228,229]。其程序实现包括基于 BVS 模型的 VALMAP2.032、基于 BVEL 模型的 3DBVSMAPPER 软件[203]以及基于 BVSE 模型的 SoftBV 软件[229]和 BVpath 软件[230]。这些分析技术均可以快速地（分钟量级）计算出材料中可能存在的离子输运通道，并且 BVEL 和 BVSE 方法还可以给出输运通道的迁移能垒。

（1）键价和模型

在键价和（BVS）模型中，依据局域电中性原理，输运离子 A 的氧化态 $V(A)$ 应等于与之连接的每个键（$X_1, X_2, \cdots, X_j$）的键价 S_{A-X_j} 之和[231]：

$$V(A) = \sum_{j=1}^{N} S_{A-X_j} \tag{3-41}$$

上式又被称为"键价和规则"（bond-valence sum rule）[229]。键价 S_{A-X_j} 和键长 R_{A-X_j} 的关系存在经验公式[231]：

$$S_{A-X_j} = \exp\left(\frac{R_0 - R_{A-X_j}}{b}\right) \tag{3-42}$$

式中，R_0 与 b 均为经验键价参数，其取值依赖于相互作用的 A 离子以及 X 离子种类。例如，当 A 离子为锂离子时，b 通常取 0.37Å[232]。中心 A 离子仅与其配位 X 离子有相互作用，而不考虑其他离子的相互作用。假设晶体空间中任意位置存在的测试离子为输运离子，可计算其键价和值（即 BVS 值）[203]并判断其是否可以迁移：

$$\text{BVS} = \sum_{j=1}^{N} \left[m_j \exp\left(\frac{R_0 - d_j}{b}\right) \right] \tag{3-43}$$

式中，d_j 为测试离子与配位的周围第 j 号成键离子之间的距离；m_j 为第 j 号离子的占据率；N 为与之配位阴离子数。

当该特定位置的 BVS 值与理想 BVS_{id} 值（即阳离子氧化态）的失配度小于 10% 时，即认为测试离子可以占据该位置；据此描绘的晶体结构中的键价失配曲面（BV mismatch landscapes），可用于显示离子可能的迁移通道。值得注意的是，由于 BVS 模型是基于键价失配度刻画输运通道，因此无法定量给出离子迁移通道的能量曲面。

（2）BVEL 模型

为解决上述 BVS 模型中提及的问题，Sale 与 Avdeev[203]提出了 BVEL 模型，并通过 3DBVSMAPPER 软件加以实现。BVEL 模型考虑了缩放项，将键价失配度（或氧化态失配度）转化为能量的失配度，进而可以给出输运通道的能量曲面。此外，BVEL 模型也考虑了额外的库仑排斥项。BVEL 模型中异种电荷离子之间的作用力（$\text{BVEL}_{+/-}$）以及同种电荷离子之间的作用力（$\text{BVEL}_{+/+,-/-}$）分别表示为：

$$\text{BVEL}_{+/-} = \sum_{j=1}^{N} (m_j D_0 \{\exp[\alpha(R_{\min} - d_j)] - 1\}^2 - 1) \tag{3-44}$$

$$\text{BVEL}_{+/+,-/-} = \sum_{j=1}^{N} \left\{ \text{ConvEV} \frac{m_j}{d_j} \frac{|V_{\text{TI}}||V_j|}{(n_{\text{qnTI}} n_{\text{qn}j})^{1/2}} \times \left[\text{erfc}\left(\frac{d_j}{\rho}\right) - \text{erfc}\left(\frac{d_{\text{cutoff}}}{\rho}\right) \right] \right\} \tag{3-45}$$

式中，D_0、R_{min} 和 α 为经验键价参数，其取值依赖于测试离子种类以及周围成键离子种类；ConvEV 为从长度到能量（单位为 eV）的转换因子；V_{TI} 和 V_j 分别表示测试离子的氧化态和第 j 个成键离子的氧化态；n_{qnTI} 和 n_{qnj} 分别表示测试离子的主量子数和第 j 个相邻离子的主量子数；erfc 是误差补余函数；d_{cutoff} 为消除误差补余函数项的截断距离；ρ 可通过如下公式计算：

$$\rho = \rho_f (r_{TI} + r_j) \qquad (3\text{-}46)$$

式中，ρ_f 为常数值 0.74；r_{TI} 和 r_j 分别为测试离子和与之相邻的第 j 个离子的共价半径。

（3）BVSE 模型

BVSE（BV site energy）模型是 BVS 模型的另一种衍生模型[225]。Adams 等[229]基于 BVSE 模型开发了 SoftBV 软件。BVSE 模型考虑了测试离子与周围阴/阳离子之间的相互作用[228,229]：

$$\text{BVSE} = D_0 \sum_{i=1}\left[\left\{\exp\left(\frac{R_{min}-d_i}{b}\right)-1\right\}^2 - 1\right] + \sum_{j=1}\frac{q_{TI}q_j}{d_j}\text{erfc}\left\{\frac{d_i}{(r_{TI}+r_j)f}\right\} \qquad (3\text{-}47)$$

式中，D_0、R_{min} 和 b 为经验键价参数；d_i 为测试离子与相邻第 i 号电性相反离子之间的距离；r_{TI} 和 r_j 分别为测试离子和相邻第 j 个同种电性离子的共价半径；f 为屏蔽因子；q_{TI} 和 q_j 分别表示测试离子和相邻第 j 个同种电性离子的有效电荷数；d_j 为测试离子与相邻第 j 号电性相同离子之间的距离。

BVSE 模型通过计算三维晶体结构中每一位点的 BVSE 能量（单位为 eV），据此描绘出晶体结构中 BVSE 能量曲面，可用于显示可能的离子输运通道。需要强调的是，通过 BVSE 计算得到的离子跃迁能垒通常要高于通过第一性原理 CI-NEB 方法计算的能垒值。

（4）几何分析与键价法的结合

鉴于几何分析与键价方法产生结果的一致性[233]，可将两者结合起来构建离子输运网络，获得用于分析离子迁移路径的能量分布图。其结合的一般研究范式为（图 3-44）：①使用 CAVD 构建间隙和连接它们线段的拓扑网络；②使用基于 BVSE 能量的路径查找算法[234]来确定每对间隙之间的最小能量路径（MEP）；③构建间隙和 MEP 的运输网络，并使用 CAVD 将对称的等效 MEP 合并为组；④将输运离子晶格位点与最终的传输网络相匹配；⑤通过使用最短路径算法来计算晶格位置之间的所有迁移路径。

3.4.2.3 融合识别离子导体中离子传输网络

离子传输路径的高通量分析对于筛选快速离子导体至关重要。当前虽然诸如几何分析和键价位能（BVSE）等经验方法被广泛应用，然而，几何分析方法只能提取几何和拓扑路径特性，无法考虑原子间的相互作用，而 BVSE 方法则不能对形成路径的空位和间隙进行几何分类。通过结合几何拓扑路径网络和 BVSE 方法来识别构成离子传输网络的间隙和连接段，则可以获取相邻晶格位点之间非等价离子迁移路径的几何形状和能量分布。并且，这些路径可以进一步用于自动生成 NEB 计算中所需的中间构型。通过内含几何分析和 BVSE 方法的电解质材料筛选平台[236]，本书作者团队对无机晶体结构数据库中 48321 种含 Li、Na、Mg 和 Al

的离子化合物进行高通量筛选，通过设置瓶颈和间隙的屏蔽半径阈值 [0.56Å（含锂化合物）/0.90Å（含钠化合物）0.55Å（含镁化合物）/0.35Å（含铝化合物）~ 3.0Å] 以及低激活能结构阈值（0 ~ 1.2eV），最终获得了 1270 种潜在的固态电解质候选材料。其中既包括文献中已报道的快离子导体，也包括可进一步探索的新材料（图 3-45）[233,237]。

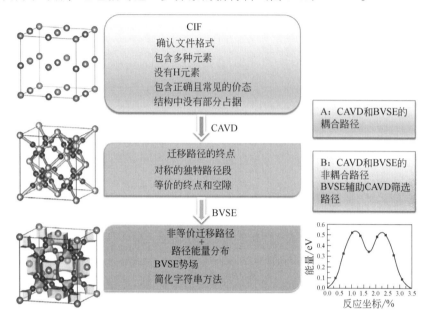

图 3-44 结合了几何分析和 BVSE 方法判别迁移离子在晶格位置之间的所有迁移路径的流程图[235]

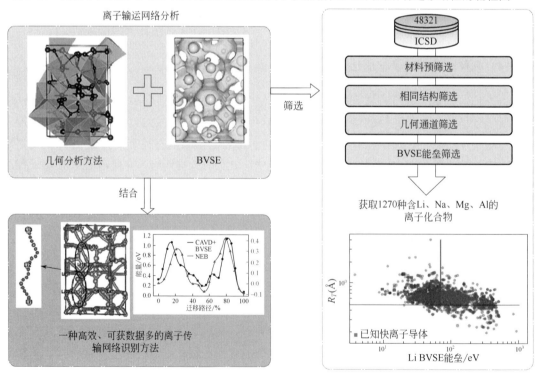

图 3-45 融合多尺度计算方法筛选快离子导体[233]

通过 BVSE 方法计算的键价位能与通过几何分析方法计算的拓扑网络能够自然互补。本书作者团队通过将二者结合起来，并使用 MEP 算法对其进行功能扩充，利用能量态势快速找到每对间隙之间的 MEP，由此识别出信息量更大的传输网络，并成功提取出离子输运路径的几何结构和能量分布。此外，为进一步提高高通量筛选的效率，该团队还开发了 CCNB 软件（https：//gitee.com/shuhebing/CCNB）来计算相邻晶格位点之间的非等价输运路径，该路径信息可以进一步用作自动 FP-NEB 计算的输入参数。

为了更清楚地呈现方法各部分之间的关系，在图 3-46 中以四方相 LLZO（icsd-246817）为例展示了相关工作流程。

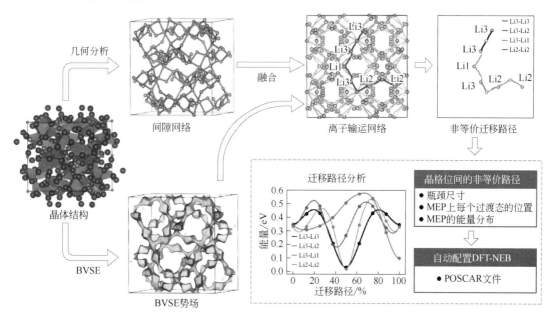

图 3-46　几何分析和 BVSE 组合方法的工作流程[233]

（1）第一步

使用基于 BVSE 能量的查找 MEP。其中，搜索 MEP 和迁移能垒使用的是 CI-NEB 计算方法[238,239]。

（2）第二步

计算相邻晶格位点之间的非等价输运路径。输运网络由每对间隙之间的一组平衡间隙位置和通路组成。通过找到每对间隙之间所有的 MEP，可以构建一个更大的输运通道网络。通过对应的晶体结构对称性操作可将间隙和 MEP 片段分组为不同类型，并仅考虑不对称的 MEP 片段。过高迁移能垒的 MEP 片段离子不易传输将被滤除。

（3）第三步

使用第一性原理 NEB 自动计算方法。由于存在以下两个问题，NEB 计算很难应用于自动化高通量工作：①MEP 通常通过在初始状态和最终状态之间线性内插一组中间构型来找到它们,但是如果任何中间构型太靠近构架离子,则下一次迭代计算可能会变得不稳定并导致 NEB 计算发散;②对于晶体结构中的 NEB 计算,选择迁移路径的过渡态位点并非易事,特别是对于低对称性结构。采用 CAVD 方法和 BVSE 方法融合,可识别出晶体结构的晶格位点之间的所有非等价途径,然后沿着每个途径自动生成一连串中间构型。如此规避了传统 NEB 方法中仅可进行简单线性插值的不足。这种初始插入中间构型方法大大提高了 NEB 计算效率。

3.4.2.4 基于 Ewald 求和的静电能计算在电化学储能中的应用

厘清电化学储能材料中输运离子/空位有序相结构对调制其开路电压[240]、离子电导率[241]等电化学性能至关重要。为弥补实验表征手段不足,采用 Ewald 于 1921 年提出的基于格子气模型[242]的 Ewald 求和方法[243]计算体系静电能(推导公式详见参考文献[244]),将其作为预测输运离子/空位有序相结构的初步筛选判据,可加快预测速度。

Ewald 求和方法通过与其他方法相结合可拓展其应用范围。例如,通过与键价理论相结合提出的 BV-Ewald 方法[245,246]可实现通过静电能刻画固态电解质中离子迁移能垒、迁移路径,并作为描述固态电解质离子输运性能的机器学习描述符;其还可计算固-固界面的静电能,并与晶格失配度一起作为判据,初步筛选符合实际情况的固-固界面。上述计算功能已集成于电化学储能材料计算与数据平台(详见第 10 章)。

3.4.2.5 基于晶格动力学的离子输运行为研究

声子是用来描述晶格振动的能量量子,与材料晶格振动相关的信息,包括声子振幅、声子频率和声子模式等可统称为声子信息。早在 1954 年,Born 和 Huang[247]在合著的《晶格动力学理论》中便已明确提出并证实可以利用声子信息来揭示固态晶体材料的力学及热力学等多方面物理性质。这不仅指明了晶格动力学的应用前景,也为后续开拓基于晶格动力学研究离子输运行为奠定了理论基础。20 世纪末,Wakamura 等[248]在研究二元氧族元素金属化合物和二元卤素金属化合物用作快离子导体时,定义了阴/阳离子半径(r_B/r_A)、质量(m_B/m_A)与声子振幅(R_g)的关系,详见图 3-47(b)。结合上述二元化合物离子电导率的实验数据,其进一步总结出快离子导体的判别准则,即快离子导体的 R_g 为正,非快离子导体的 R_g 为负。

近年来,Muy 等[249]在基于晶格动力学理解离子输运行为方面取得了一系列进展。其首次定义了迁移离子的平均声子频率[ω_{mean},计算方法详见图 3-47(c)],据此对 20 余种 LISICON(Li^+ superionic conductor)和橄榄石相锂离子导体的离子电导性和电化学稳定性进行了初步探索,发现"化合物 ω_{mean} 越低,离子迁移激活能越低,但电化学稳定性越差"。此后,其对 1200 余种含锂化合物的 ω_{mean} 进行高通量计算,证实了上述定性关系,据此成功筛选出 17 种之前未被报道且可能具有优异电化学稳定性的快锂离子导体[250]。近期,其进一步详细讨论了快锂离子导体中晶格动力学对离子输运和电化学稳定性的影响,并总结了该领域中尚存的开放性问题,为基于晶格动力学的离子输运行为研究指明了方向[251]。

快速发展的实验手段和晶格动力学理论研究相结合,可帮助更全面地探索电极和固态电解质材料及其界面处的离子输运行为。如超声声速测量可以精确地测定材料中的横波和纵波声学支声速(v_{trans} 和 v_{long}),以此获得材料的平均声速[v_{mean},详见图 3-47(a)]。一般来说,v_{mean} 越小的材料越易发生晶格软化,这有助于从晶格动力学角度理解其对离子电导率的影响机制[252]。拉曼和红外光谱也是帮助理解声子频率与离子输运之间关联的重要手段。例如，基于其获得的离子导体中电子云极性和偶极矩特征可以用来映射声子频率，进而有助于揭示体系的离子输运行为[253]。

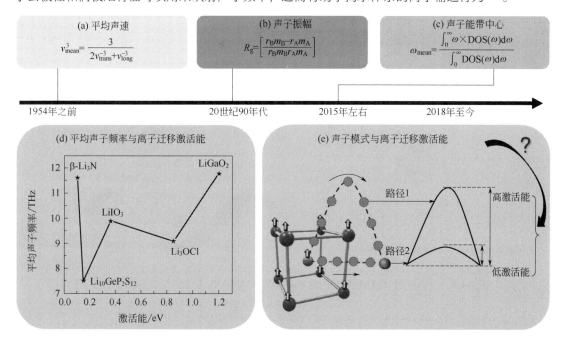

图 3-47　从晶格动力学的角度理解快离子导体中离子输运行为的历史进展图

(a) 超声声速测量到材料中的横波声速（v_{trans}）和纵波声速（v_{long}），并计算得到材料中的平均声速（v_{mean}）[254]。(b) 二元金属化合物中声子振幅（R_g）的计算公式。式中下标 A、B 分别表示二元金属化合物的金属阳离子和阴离子，其离子半径和质量则分别用 r_A/r_B 和 m_A/m_B 表示。(c) 平均声子频率（ω_{mean}）又称声子能带中心，是声子频率 ω 和声子态密度 DOS(ω) 乘积的积分与声子态密度 DOS(ω) 积分的比值[250]。(d) 5 种典型固态电解质化合物的离子迁移激活能 E_a 和其平均声子频率 ω_{mean} 的关系。可以看到"ω_{mean} 越低，则离子迁移激活能越低"的观点并不总是正确，如 β-Li$_3$N 和 LiGaO$_2$ 的平均声子频率相近，但两者的离子迁移激活能差值却高达 1eV，原始数据来自参考文献[255]。(e) 迁移离子声子模式、其扩散路径及其迁移激活能的关系原理图。迁移离子不同的声子模式可能对应着不同的扩散路径，进而引起离子迁移激活能的差异

目前，基于晶格动力学的离子输运行为研究仍然面临着一系列挑战。例如，某些 ω_{mean} 相近的快离子导体离子迁移激活能差异极大，但其背后的基本物理图像仍不清晰。如图 3-47 (d) 中，β-Li$_3$N 和 LiGaO$_2$ 的 ω_{mean} 均接近 11.7THz，但两者的离子迁移激活能差值高达 1eV[255]。此外，晶格内迁移离子声子模式与其迁移激活能的对应关系仍不确定，导致尚无法根据晶格内迁移离子的声子模式判断其扩散路径。具体来讲，晶格内具有不同声子模式的迁移离子的扩散路径不同，使得离子迁移激活能不同［如图 3-47（e）中高/低激活能差异］。导致上述挑战的根本原因是快离子导体中晶格动力学因素与离子输运行为中的迁移能垒、扩散路径等因素的关系尚不明确。此外，影响离子输运行为的各个晶格动力学因素联系紧密且相互制约，如图 3-48 所示。除上述提到的声子振幅、声子频率等晶格动力学因素外，声子模式中的迁移离子振动[256]和骨架离子转动[257,258]对离子输运行为的影响亦不可忽略。因此，亟须厘清上述晶格动力学因素与离子输运影响因素［如式(2-15)与图 3-48 中的前置因子 σ_0 和离子迁移激活能 E_a］的定量关系，探明激活离子输运的关键声子模式，揭示快离子导体中影响离子输运

性质的决定性因素，并建立晶体结构、晶格振动与离子输运行为的关联图谱。

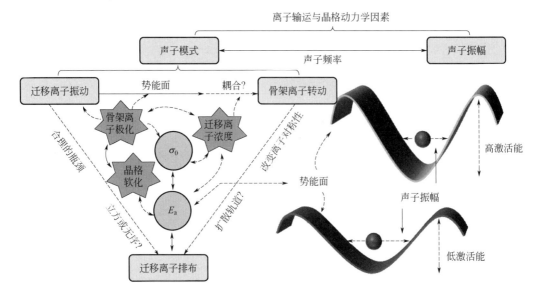

图 3-48　快离子导体离子输运行为和晶格动力学因素（声子频率、声子模式和声子振幅）间的影响关系

声子模式和声子振幅可通过声子频率进行关联。声子模式主要包括迁移离子振动和骨架离子转动两种，图中整理了其与迁移离子排布的三角关系。其中紫色箭头分别表示三者间的调控策略，其对应的调控因素也用红色字体进行标注，包括势能面、合理瓶颈、扩散通道等。图中蓝色星号为基于晶格动力学因素调控离子输运的策略，包括迁移离子浓度[259]、晶格软化和骨架离子极化[260]，可利用这些策略对式（2-15）中的前置因子 σ_0 及迁移离子激活能 E_a 进行调控，如三角形内黑色箭头所示。不同等势面上的迁移离子声子振幅不同，导致其 E_a 值不同。图中实线和虚线的箭头对应已经明确的和潜在的调控策略

3.5　展望

经过了研究者们的努力以及长时间的发展，第一性原理计算应用于电化学储能领域中正向预测材料性能与反向设计新材料等方面已经取得大量突破性进展，但目前仍存在许多亟待解决的问题。为此，我们期望通过阐述第一性原理计算在面向电化学储能材料研究时存在的以下问题与痛点，抛砖引玉式地激发读者的思考与兴趣，为未来第一性原理计算更广泛地推广至更多电化学储能体系的研究中提供思路：

① 当前第一性原理计算结合其他辅助手段刻画决定储能材料关键电子/离子相关性能的物理图像仍存在局限性。例如，可基于第一性原理计算结合 NEB 首先获得固态电解质的离子迁移能垒，并根据阿伦尼乌斯方程计算出体系离子电导率，但上述方法中由于仅将离子迁移方式描述为布朗运动，忽略了迁移离子和晶格之间的相互作用，从而普遍低估了材料离子电导率。因此，在第一性原理计算中还需进一步考虑晶格自身的不同模式的振动对迁移离子的阻碍作用，构建出包含振动模式项和移动质量项的系统哈密顿量（详见参考文献[261]），借此推导出半经典运动方程以描述离子迁移路径及能垒，以及获得更精确的离子导电率表达式。

② 第一性原理计算加速了储能材料的搜索进程，然而在繁杂的化学空间中搜索具有目标

性能优异的储能材料的进程仍旧缓慢。为此，将第一性原理计算结合结构搜索软件（例如，CALYPSO、USPEX、XtalOpt 等）可为不同材料相图的绘制提供热力学数据，进而降低了相图绘制的难度。然而，工作条件下的电化学储能材料及器件往往处在非平衡热力学状态，且普遍受到多物理场的影响。此外，电化学储能材料目前愈发趋向于朝多元组分的方向发展。为此，如何结合第一性原理计算与结构搜索软件构建出多元成分材料的非平衡相图成为当前电化学储能新材料设计面临的关键难点。

③ 按能源质量划分，电能可存储为势能、电磁能、化学能三大能量类型。具体来说，将电能储存为势能的方式包括抽水蓄能、压缩空气储能、飞轮储能；储存为电磁能的方式包括超导储能、超级电容储能；储存为化学能的形式包括化石燃料储能、电化学储能等。化学储能材料中是否还存在上述能量存储形式的耦合形态且是否能进一步提升材料的能量密度仍需进一步探索。

④ 目前基于缺陷化学理论的研究普遍仅考虑了单一缺陷（如点缺陷、晶界等）的形成、电荷补偿及其对储能材料关键性能（如热力学稳定性、离子电导率等）的影响，还需进一步考虑缺陷的耦合（如点缺陷耦合界面等）对自身热力学、动力学及电化学特征的影响及其机制（例如，点缺陷向晶界处的偏析机制及对晶界热力学稳定性的影响），并建立缺陷耦合的普适化物化理论，以帮助设计更高目标性能的材料。

⑤ 当前第一性原理计算仅给出电极材料中离子脱嵌导致体系自由能变化的整体图像，无法解释不同离子嵌入行为的差别（如实验中普遍证实的典型的石墨负极中可嵌入 Li^+ 和 K^+，但无法嵌入 Na^+ 这一现象）。由此，需在第一性原理计算获得总自由能的基础上进一步剖析基体材料的结构/电子特性及离子本身属性（电负性、电离能/电子亲和能等）的差异，提出上述性质改变离子嵌入总自由能的定量描述模型，以帮助设计除锂离子电池以外更多其他离子种类（Na^+、K^+、Ca^{2+}、Mg^{2+}、Zn^{2+}、Al^{3+} 等）二次电池体系及材料。

⑥ 除上述研究电极中离子嵌入行为实现更高能量密度及功率密度电极体系设计以外，开发高性能（如功率密度、能量密度、循环性能与安全性）或特定工况（如低温）的电解液体系将是一个长久的主题。但还存在界面副反应严重、枝晶生长、锂离子电导率不足、去溶剂化能较高等挑战，也是未来研究的重点方向。应对上述挑战的关键在于通过考虑锂盐与溶剂/共溶剂的相互作用来设计新型电解液或直接改性电解液，基于此我们给出以下思考及对策：需开发出低黏度共溶剂以取代高黏度的碳酸乙烯酯，从而改善电解液中的锂离子传导；提出添加剂改性策略（如氟化等）以改变 Li^+ 的溶剂化结构并降低去溶剂化能，从而形成高离子电导率的 SEI 或抑制有害 SEI 生长；进一步发展原位电解液及电极表征技术；考虑电解液的微观结构，即 Li^+ 的溶剂化结构（配位数、Li^+-溶剂相互作用）和 Li^+ 的去溶剂化过程（Li^+-溶剂-阴离子配合物的热力学性质、动力学过程和电化学稳定性），从而建立溶剂化结构、去溶剂化行为和电化学性能之间的构效关系；考虑设计高浓度电解液或局部高浓电解液来改善低温造成的电池性能衰减问题。

参考文献

[1] Born M, Oppenheimer R. Zur quantentheorie der molekeln [J]. Ann Phys, 1927, 389: 457-484.

[2] Hartree D R. The wave mechanics of an atom with a non-coulomb central field. Part I. theory and methods [J]. Math Proc Cambridge Philos Soc, 1928, 24 (1): 89-110.

[3] Slater J C. Wave functions in a periodic potential [J]. Phys Rev, 1937, 51 (10): 846-851.

[4] Fock V. Näherungsmethode zur lösung des quantenmechanischen mehrkörperproblems [J]. Zeitschrift für Physik, 1930, 61 (1-2): 126-148.

[5] Hohenberg P, Kohn W. Inhomogeneous electron gas [J]. Phys Rev, 1964, 136 (3): B864-B871.

[6] Wei Y, Zheng J X, Cui S H, et al. Kinetics tuning of Li-ion diffusion in layered $Li(Ni_xMn_yCo_z)O_2$ [J]. J Am Chem Soc, 2015, 137 (26): 8364-8367.

[7] Orgel L E. The effects of crystal fields on the properties of transition-metal ions [J]. J Chem Soc, 1952, 4756-4761.

[8] Bethe H A. Termaufspaltung in kristallen [J]. Ann Phys, 1929, 395: 133-208.

[9] van Vleck J H. Valence strength and the magnetism of complex salts [J]. J Chem Phys, 1935, 3 (12): 807-813.

[10] Orgel L. Ligand-field theory [J]. Endeavour, 1963, 22, 42-47.

[11] 王达, 周航, 焦遥, 等. 离子嵌入电化学反应机理的理解及性能预测: 从晶体场理论到配位场理论 [J]. 储能科学与技术, 2022, 11 (2): 409-433.

[12] Krishnamurthy R, Schaap W B. Computing ligand field potentials and relative energies of d orbitals: theory [J]. J Chem Educ, 1970, 47 (6): 433-446.

[13] Seo D H, Lee J, Urban A, et al. The structural and chemical origin of the oxygen redox activity in layered and cation-disordered Li-excess cathode materials [J]. Nat Chem, 2016, 8 (7): 692-697.

[14] Cheng F Y, Tang W, Li C S, et al. Conducting poly (aniline) nanotubes and nanofibers: controlled synthesis and application in lithium/poly (aniline) rechargeable batteries [J]. Chem Eur J, 2006, 12 (11): 3082-3088.

[15] Kim J, Kim Y, Yoo J, et al. Organic batteries for a greener rechargeable world [J]. Nat Rev Mater, 2022. DOI: 10.1038/s41578-022-00478-1.

[16] Liang Y L, Tao Z L, Chen J. Organic Electrode Materials for Rechargeable Lithium Batteries [J]. Adv Energy Mater, 2012, 2 (7): 742-769.

[17] Miao L C, Liu L J, Shang Z F, et al. The structure-electrochemical property relationship of quinone electrodes for lithium-ion batteries [J]. Phys Chem Chem Phys, 2018, 20 (19): 13478-13484.

[18] Liang Y L, Zhang P, Yang S Q, et al. Fused heteroaromatic organic compounds for high-power electrodes of rechargeable lithium batteries [J]. Adv Energy Mater, 2013, 3 (5): 600-605.

[19] Kim K C, Liu T Y, Lee S W, et al. First-principles density functional theory modeling of Li binding: thermodynamics and redox properties of quinone derivatives for lithium-ion batteries [J]. J Am Chem Soc, 2016, 138 (7): 2374-2382.

[20] Kohn W, Sham L J. Self-consistent equations including exchange and correlation effects [J]. Phys Rev, 1965, 140 (4): A1133-A1138.

[21] Perdew J P, Wang Y. Accurate and simple analytic representation of the electron-gas correlation energy [J]. Phys Rev B, 1992, 45 (23): 13244-13249.

[22] Vosko S H, Wilk L, Nusair M. Accurate spin-dependent electron liquid correlation energies for local spin density calculations: a critical analysis [J]. Can J Phys, 1980, 58 (8): 1200-1211.

[23] Adamo C, Barone V. Toward chemical accuracy in the computation of NMR shieldings: the PBE0 model [J]. Chem

Phys Lett, 1998, 298 (1-3): 113-119.

[24] Perdew J P, Chevary J A, Vosko S H, et al. Atoms, molecules, solids, and surfaces: applications of the generalized gradient approximation for exchange and correlation [J]. Phys Rev B, 1992, 46 (11): 6671-6687.

[25] Lamoreaux S K. Demonstration of the casimir force in the 0.6 to 6μm range [J]. Phys Rev Lett, 1998, 81 (24): 5475-5476.

[26] Staroverov V N, Scuseria G E, Tao J M, et al. Comparative assessment of a new nonempirical density functional: molecules and hydrogen-bonded complexes [J]. J Chem Phys, 2003, 119 (23): 12129-12137.

[27] Becke A D, Roussel M R. Exchange holes in inhomogeneous systems: a coordinate-space model [J]. Phys Rev A, 1989, 39 (8): 3761-3767.

[28] Ernzerhof M, Scuseria G E. Kinetic energy density dependent approximations to the exchange energy [J]. J Chem Phys, 1999, 111 (3): 911-915.

[29] Perdew J P, Burke K, Ernzerhof M. Generalized gradient approximation made simple [J]. Phys Rev Lett, 1996, 77 (18): 3865-3868.

[30] Becke A D. Density - functional thermochemistry. III. The role of exact exchange [J]. J Chem Phys, 1993, 98 (7): 5648-5652.

[31] Stephens P J, Devlin F J, Chabalowski C F, et al. Ab initio calculation of vibrational absorption and circular dichroism spectra using density functional force fields [J]. J Phys Chem, 1994, 98 (45): 11623-11627.

[32] Perdew J P, Schmidt K. Jacob's ladder of density functional approximations for the exchange-correlation energy [J]. AIP Conf Proc, 2001, 577 (1): 1-20.

[33] Hamann D R, Schlüter M, Chiang C. Norm-conserving pseudopotentials [J]. Phys Rev Lett, 1979, 43 (20): 1494-1497.

[34] Vanderbilt D. Soft self-consistent pseudopotentials in a generalized eigenvalue formalism [J]. Phys Rev B, 1990, 41 (11): 7892-7895.

[35] Blöchl P E. Projector augmented-wave method [J]. Phys Rev B, 1994, 50 (24): 17953-17979.

[36] McWeeny R, Sutcliffe B T. Methods of molecular quantum mechanics [M]. London: Academic Press, 1969.

[37] Kohn W, Meir Y, Makarov D E. van der Waals energies in density functional theory [J]. Phys Rev Lett, 1998, 80 (19): 4153-4156.

[38] Lein M, Dobson J F, Gross E K U. Toward the description of van der Waals interactions within density functional theory [J]. J Comput Chem, 1999, 20 (1): 12-22.

[39] Zhou F, Maxisch T, Ceder G. Configurational electronic entropy and the phase diagram of mixed-valence oxides: the case of Li_xFePO_4 [J]. Phys Rev Lett, 2006, 97 (15): 155704.

[40] Zhou L D, Assoud A, Shyamsunder A, et al. An entropically stabilized fast-ion conductor: $Li_{3.25}[Si_{0.25}P_{0.75}]S_4$ [J]. Chem Mater, 2019, 31 (19): 7801-7811.

[41] Eriksson O, Wills J M, Wallace D. Electronic, quasiharmonic, and anharmonic entropies of transition metals [J]. Phys Rev B, 1992, 46 (9): 5221-5228.

[42] Reynier Y, Graetz J, Swan-Wood T, et al. Entropy of Li intercalation in Li_xCoO_2 [J]. Phys Rev B, 2004, 70 (17): 174304.

[43] Urban A, Seo D H, Ceder G. Computational understanding of Li-ion batteries [J]. Comput Mater, 2016, 2: 1-13.

[44] Gao J, Shi S Q, Li H. Brief overview of electrochemical potential in lithium ion batteries [J]. Chin Phys B, 2016, 25 (1): 115-138.

[45] Aydinol M K, Kohan A F, Ceder G. Ab initio calculation of the intercalation voltage of lithium-transition-metal oxide electrodes for rechargeable batteries [J]. J Power Sources, 1997, 68 (2): 664-668.

[46] Zu C X, Li H. Thermodynamic analysis on energy densities of batteries [J]. Energy Environ Sci, 2011, 4 (8): 2614-2624.

[47] Cao D Q, Shen X X, Wang A P, et al. Threshold potentials for fast kinetics during mediated redox catalysis of insulators in Li-O_2 and Li-S batteries [J]. Nat Catal, 2022, 5: 193-201.

[48] Liu Y Y, Merinov B V, Goddard W A. Origin of low sodium capacity in graphite and generally weak substrate binding of Na and Mg among alkali and alkaline earth metals [J]. Proc Natl Acad Sci, 2016, 113 (14): 3735-3739.

[49] 林申. 无机固态电解质电化学稳定窗口计算研究及算法实现 [D]. 上海: 上海大学, 2022.

[50] Nolan A M, Zhu Y Z, He X F, et al. Computation-accelerated design of materials and interfaces for all-solid-state lithium-ion batteries [J]. Joule, 2018, 2 (10): 2016-2046.

[51] Hautier G, Ong S P, Jain A, et al. Accuracy of density functional theory in predicting formation energies of ternary oxides from binary oxides and its implication on phase stability [J]. Phys Rev B, 2012, 85 (15): 155208.

[52] Wang Z Q, Wang D, Zou Z Y, et al. Efficient potential-tuning strategy through p-type doping for designing cathodes with ultrahigh energy density [J]. Natl Sci Rev, 2020, 7 (11): 1768-1775.

[53] Ong S P, Wang L, Kang B, et al. Li-Fe-P-O_2 phase diagram from first principles calculations [J]. Chem Mater, 2008, 20 (5): 1798-1807.

[54] Mo Y F, Ong S P, Ceder G. First principles study of the $Li_{10}GeP_2S_{12}$ lithium super ionic conductor material [J]. Chem Mater, 2012, 24 (1): 15-17.

[55] Schwietert T K, Arszelewska V A, Wang C, et al. Clarifying the relationship between redox activity and electrochemical stability in solid electrolytes [J]. Nat Mater, 2020, 19 (4): 428-435.

[56] Miara L J, Richards W D, Wang Y E, et al. First-principles studies on cation dopants and electrolyte|cathode interphases for lithium garnets [J]. Chem Mater, 2015, 27 (11): 4040-4047.

[57] Liu B, Wang D, Avdeev M, et al. High-throughput computational screening of Li-containing fluorides for battery cathode coatings [J]. ACS Sustainable Chem Eng, 2020, 8 (2): 948-957.

[58] Wang A P, Kadam S, Li H, et al. Review on modeling of the anode solid electrolyte interphase (SEI) for lithium-ion batteries [J]. Comput Mater, 2018, 4: 15.

[59] 王爱平. Li-O_2电池正极/电解液界面计算研究 [D]. 上海: 上海大学, 2020.

[60] Dey A N, Sullivan B P. The electrochemical decomposition of propylene carbonate on graphite [J]. J Electrochem Soc, 1970, 117: 222-224.

[61] Fong R, von Sacken U, Dahn J R. Studies of lithium intercalation into carbons using nonaqueous electrochemical cells [J]. J Electrochem Soc, 1990, 137 (7): 2009-2013.

[62] Peled E. The electrochemical behavior of alkali and alkaline earth metals in nonaqueous battery systems—The solid electrolyte interphase model [J]. J Electrochem Soc, 1979, 126 (12): 2047-2051.

[63] Nazri G, Muller R H. Composition of surface layers on Li electrodes in PC, $LiClO_4$ of very low water content [J]. J Electrochem Soc, 1985, 132 (9): 2050-2054.

[64] Aurbach D, Daroux M L, Faguy P W, et al. Identification of surface films formed on lithium in propylene carbonate solutions [J]. J Electrochem Soc, 1987, 134 (7): 1611-1620.

[65] Peled E, Golodnitsky D, Ardel G. Advanced model for solid electrolyte interphase electrodes in liquid and polymer electrolytes [J]. J Electrochem Soc, 1997, 144 (8): L208-L210.

[66] Aurbach D, Markovsky B, Levi M D, et al. New insights into the interactions between electrode materials and electrolyte solutions for advanced nonaqueous batteries [J]. J Power Sources, 1999, 81: 95-111.

[67] Cresce A, Russell S M, Baker D R, et al. In situ and quantitative characterization of solid electrolyte interphases [J]. Nano Lett, 2014, 14 (3): 1405-1412.

[68] Li T, Balbuena P B. Theoretical studies of the reduction of ethylene carbonate [J]. Chem Phys Lett, 2000, 317 (3): 421-429.

[69] Wang Y X, Nakamura S, Tasaki K, et al. Theoretical studies to understand surface chemistry on carbon anodes for lithium-ion batteries: how does vinylene carbonate play its role as an electrolyte additive? [J]. J Am Chem Soc, 2002, 124 (16): 4408-4421.

[70] Zhang X R, Pugh J K, Ross P N. Computation of thermodynamic oxidation potentials of organic solvents using density functional theory [J]. J Electrochem Soc, 2001, 148 (5): E183-E188.

[71] Christensen J, Newman J. A mathematical model for the lithium-ion negative electrode solid electrolyte interphase [J]. J Electrochem Soc, 2004, 151 (11): A1977-A1988.

[72] Xu K, van Cresce A, Lee U. Differentiating contributions to ion transfer barrier from interphasial resistance and li desolvation at electrolyte/graphite interface [J]. Langmuir, 2010, 26 (13): 11538-11543.

[73] Shi S Q, Lu P, Liu Z Y, et al. Direct calculation of Li-ion transport in the solid electrolyte interphase [J]. J Am Chem Soc, 2012, 134 (37): 15476-15487.

[74] Zheng J Y, Zheng H, Wang R, et al. 3D visualization of inhomogeneous multi-layered structure and Young's modulus of the solid electrolyte interphase (SEI) on silicon anodes for lithium ion batteries [J]. Phys Chem Chem Phys, 2014, 16 (26): 13229-13238.

[75] Jung Y S, Cavanagh A, Riley L A, et al. Ultrathin direct atomic layer deposition on composite electrodes for highly durable and safe Li-ion batteries [J]. Adv Mater, 2010, 22 (19): 2172-2176.

[76] Kozen A C, Lin C F, Pearse A J, et al. Next-generation lithium metal anode engineering via atomic layer deposition [J]. ACS Nano, 2015, 9 (6): 5884-5892.

[77] Xu Y B, He Y, Wu H P, et al. Atomic structure of electrochemically deposited lithium metal and its solid electrolyteinterphases revealed by cryo-electron microscopy [J]. Microsc Microanal, 2019, 25 (S2): 2220-2221.

[78] Zhu J G, Li P K, Chen X, et al. Rational design of graphitic-inorganic Bi-layer artificial SEI for stable lithium metal anode [J]. Energy Storage Mater, 2019, 16: 426-433.

[79] Ohta N, Takada K, Zhang L Q, et al. Enhancement of the high-rate capability of solid-state lithium batteries by nanoscale interfacial modification [J]. Adv Mater, 2006, 18 (17): 2226-2229.

[80] Haruyama J, Sodeyama K, Han L Y, et al. Space-charge layer effect at interface between oxide cathode and sulfide electrolyte in all-solid-state lithium-ion battery [J]. Chem Mater, 2014, 26 (14): 4248-4255.

[81] Gao B, Jalem R, Ma Y M, et al. Li$^+$ transport mechanism at the heterogeneous cathode/solid electrolyte interface in an all-solid-state battery via the first-principles structure prediction scheme [J]. Chem Mater, 2019, 32 (1):

85-96.

[82] Tian H K, Qi Y. Simulation of the effect of contact area loss in all-solid-state Li-ion batteries [J]. J Electrochem Soc, 2017, 164 (11): E3512-E3521.

[83] 李亚捷, 张更, 沙立婷, 等. 可充电电池中枝晶问题的相场模拟 [J]. 储能科学与技术, 2022, 11 (3): 929-938.

[84] Zhong Y R, Shi Q W, Zhu C Q, et al. Mechanistic insights into fast charging and discharging of the sodium metal battery anode: a comparison with lithium [J]. J Am Chem Soc, 2021, 143 (34): 13929-13936.

[85] Jäckle M, Helmbrecht K, Smits M, et al. Self-diffusion barriers: possible descriptors for dendrite growth in batteries? [J]. Energy Environ Sci, 2018, 11 (12): 3400-3407.

[86] Chi S S, Wang Q R, Han B, et al. Lithiophilic Zn sites in porous CuZn alloy induced uniform Li nucleation and dendrite-free Li metal deposition [J]. Nano Lett, 2020, 20 (4): 2724-2732.

[87] Chen X, Chen X R, Hou T Z, et al. Lithiophilicity chemistry of heteroatom-doped carbon to guide uniform lithium nucleation in lithium metal anodes [J]. Sci Adv, 2019, 5 (2): eaau7728.

[88] Yang Z L, Yan D, Zhai P B, et al. Single-atom reversible lithiophilic sites toward stable lithium anodes [J]. Adv Energy Mater, 2022, 12 (8): 2103368.

[89] Wang Z, Yu Z, Wang B L, et al. Nano-Cu-embedded carbon for dendrite-free lithium metal anodes [J]. J Mater Chem A, 2019, 7 (40): 22930-22938.

[90] Cui J Y, Yin P, Xu A N, et al. Fluorine enhanced nucleophilicity of TiO_2 nanorod arrays: A general approach for dendrite-free anodes towards high-performance metal batteries [J]. Nano Energy, 2022, 93: 106837.

[91] Qin X P, Shao M H, Balbuena P B. Elucidating mechanisms of Li plating on Li anodes of lithium-based batteries [J]. Electrochim Acta, 2018, 284: 485-494.

[92] Tian H K, Liu Z, Ji Y, et al. Interfacial electronic properties dictate Li dendrite growth in solid electrolytes [J]. Chem Mater, 2019, 31 (18): 7351-7359.

[93] Richards W D, Miara L J, Wang Y, et al. Interface stability in solid-state batteries [J]. Chem Mater, 2016, 28: 266-273.

[94] Persson K A, Waldwick B, Lazic P, et al. Prediction of solid-aqueous equilibria: scheme to combine first-principles calculations of solids with experimental aqueous states [J]. Phys Rev B, 2012, 85 (23): 235438.

[95] Hoster H E. Catalysing surface film formation [J]. Nat Catal, 2018, 1 (4): 236-237.

[96] Zhou G M, Wang S Y, Wang T S, et al. Theoretical calculation guided design of single-atom catalysts toward fast kinetic and long-life Li-S batteries [J]. Nano Lett, 2020, 20 (2): 1252-1261.

[97] Poizot P, Laruelle S, Grugeon S, et al. Nano-sized transition-metal oxides as negative-electrode materials for lithium-ion batteries [J]. Nature, 2000, 407: 496-499.

[98] Jamnik J, Maier J. Nanocrystallinity effects in lithium battery materials [J]. Phys Chem Chem Phys, 2003, 5 (23): 5215-5220.

[99] Jain R, Lakhnot A S, Bhimani K, et al. Nanostructuring versus microstructuring in battery electrodes [J]. Nat Rev Mater, 2022, 7 (9): 736-746.

[100] Yamada Y, Wang J H, Ko S, et al. Advances and issues in developing salt-concentrated battery electrolytes [J]. Nat Energy, 2019, 4 (4): 269-280.

[101] Deng L, Goh K, Yu F D, et al. Self-optimizing weak solvation effects achieving faster low-temperature charge

transfer kinetics for high-voltage $Na_3V_2(PO_4)_2F_3$ cathode [J]. Energy Storage Mater, 2022, 44: 82-92.

[102] Zhuang G V, Yang H, Blizanac B, et al. A study of electrochemical reduction of ethylene and propylene carbonate electrolytes on graphite using atr-ftir spectroscopy [J]. Electrochem Solid-State Lett, 2005, 8: A441-A445.

[103] Cramer C J, Truhlar D G. Implicit solvation models: equilibria, structure, spectra, and dynamics [J]. Chem Rev, 1999, 99 (8): 2161-2200.

[104] Orozco M, Luque F J. Theoretical methods for the description of the solvent effect in biomolecular systems [J]. Chem Rev, 2000, 100 (11): 4187-4226.

[105] Hush N S, Reimers J R. Solvent effects on the electronic spectra of transition metal complexes [J]. Chem Rev, 2000, 100 (2): 775-786.

[106] Tomasi J, Mennucci B, Cammi R. Quantum mechanical continuum solvation models [J]. Chem Rev, 2005, 105 (8): 2999-3093.

[107] Onsager L. Electric moments of molecules in liquids [J]. J Am Chem Soc, 1936, 58: 1486-1493.

[108] Tomasi J, Persico M. Molecular interactions in solution: an overview of methods based on continuous distributions of the solvent [J]. Chem Rev, 1994, 94 (7): 2027-2094.

[109] Cossi M, Scalmani G, Rega N, et al. New developments in the polarizable continuum model for quantum mechanical and classical calculations on molecules in solution [J]. J Chem Phys, 2002, 117 (1): 43-54.

[110] Miertuš S, Tomasi J. Approximate evaluations of the electrostatic free energy and internal energy changes in solution processes [J]. Chem Phys, 1982, 65 (2): 239-245.

[111] Miertuš S, Scrocco E, Tomasi J. Electrostatic interaction of a solute with a continuum. A direct utilizaion of Ab initio molecular potentials for the prevision of solvent effects [J]. Chem Phys, 1981, 55 (1): 117-129.

[112] Alemán C, Galembeck S E. Solvation of chromone using combined Discrete/SCRF models [J]. Chem Phys, 1998, 232 (1-2): 151-159.

[113] Alemán C. Hydration of cytosine using combined discrete/SCRF models: influence of the number of discrete solvent molecules [J]. Chem Phys, 1999, 244 (2-3): 151-162.

[114] Ekanayake K S, LeBreton P R. Activation barriers for DNA alkylation by carcinogenic methane diazonium ions [J]. J Comput Chem, 2006, 27 (3): 277-286.

[115] Pullman A. The Solvent Effect: Recent Developments [M]. Dordrecht: Springer, 1976.

[116] Meneses L, Fuentealba P, Contreras R. On the variations of electronic chemical potential and chemical hardness induced by solvent effects [J]. Chem Phys Lett, 2006, 433 (1-3): 54-57.

[117] Kitaura K, Morokuma K. A new energy decomposition scheme for molecular interactions within the Hartree‐Fock approximation [J]. Int J Quantum Chem, 1976, 10 (2): 325-340.

[118] Bandyopadhyay P, Gordon M S. A combined discrete/continuum solvation model: application to glycine [J]. J Chem Phys, 2000, 113 (3): 1104-1109.

[119] Ramakrishnan S K, Zhu J, Gergely C. Organic-inorganic interface simulation for new material discoveries [J]. Wiley Interdiscip Rev: Comput Mol Sci, 2017, 7 (1): e1277.

[120] Hofmann O T, Zojer E, Hormann L, et al. First-principles calculations of hybrid inorganic-organic interfaces: from state-of-the-art to best practice [J]. Phys Chem Chem Phys, 2021, 23 (14): 8132-8180.

[121] Otero R, de Parga A L V, Gallego J M. Electronic, structural and chemical effects of charge-transfer at

organic/inorganic interfaces [J]. Surf Sci Rep, 2017, 72（3）: 105-145.

[122] Tkatchenko A, Romaner L, Hofmann O, et al. van der Waals interactions between organic adsorbates and at organic/inorganic interfaces [J]. MRS Bull, 2010, 35: 435-442.

[123] Lejaeghere K, Bihlmayer G, Björkman T, et al. Reproducibility in density functional theory calculations of solids [J]. Science, 2016, 351（6280）: 1415-1424.

[124] Walsh F, Asta M, Ritchie R O. Magnetically driven short-range order can explain anomalous measurements in CrCoNi [J]. Proc Natl Acad Sci, 2021, 118（13）: E2020540118.

[125] Wu Q, He B, Song T, et al. Cluster expansion method and its application in computational materials science [J]. Comput Mater Sci, 2016, 125: 243-254.

[126] Sendek A D, Yang Q, Cubuk E D, et al. Holistic computational structure screening of more than 12 000 candidates for solid lithium-ion conductor materials [J]. Energy Environ Sci, 2017, 10（1）: 306-320.

[127] Lu Z H, Zhu B N, Shires B W B, et al. Ab initio random structure searching for battery cathode materials [J]. J Chem Phys, 2021, 154（17）: 174111-174120.

[128] Sanchez J M, Ducastelle F, Gratias D. Generalized cluster description of multicomponent systems [J]. Phys A, 1984, 128（1）: 334-350.

[129] Yang J H, Chen T N, Barroso-Luque L, et al. Approaches for handling high-dimensional cluster expansions of ionic systems [J]. Comput Mater, 2022, 8（1）: 133.

[130] Ran Y B, Zou Z Y, Liu B, et al. Towards prediction of ordered phases in rechargeable battery chemistry via group-subgroup transformation [J]. Comput Mater, 2021, 7: 184.

[131] 冉运兵. 群论分析方法探索电化学储能电池材料的构效关系 [D]. 上海: 上海大学, 2021.

[132] 施思齐. 锂离子电池正极材料的第一性原理研究 [D]. 北京: 中国科学院研究生院, 2004.

[133] Abakumov A M, Fedotov S S, Antipov E V, et al. Solid state chemistry for developing better metal-ion batteries [J]. Nat Commun, 2020, 11（1）: 4976.

[134] Du K, Zhu J Y, Hu G R, et al. Exploring reversible oxidation of oxygen in a manganese oxide [J]. Energy Environ Sci, 2016, 9（8）: 2575-2577.

[135] Shadike Z, Zhou Y N, Chen L L, et al. Antisite occupation induced single anionic redox chemistry and structural stabilization of layered sodium chromium sulfide [J]. Nat Commun, 2017, 8（1）: 1-9.

[136] Khomskii D I. Transition metal compounds [M]. Cambridge: Cambridge University Press, 2014.

[137] 王达. 锂离子电池电极材料储锂机制与充放电性能调控的理论研究 [D]. 上海: 上海大学, 2015.

[138] Goodenough J B, Kim Y. Challenges for rechargeable Li batteries [J]. Chem Mater, 2010, 22（3）: 587-603.

[139] Goodenough J B, Manthiram A, James A C W P, et al. Lithium insertion compounds [M]. MRS Online Proceedings, 1988.

[140] Borodin O. Challenges with prediction of battery electrolyte electrochemical stability window and guiding the electrode-electrolyte stabilization [J]. Curr Opin Electrochem, 2019, 13: 86-93.

[141] Ong S P, Andreussi O, Wu Y. Electrochemical windows of room-temperature ionic liquids from molecular dynamics and density functional theory calculations [J]. Chem Mater, 2011, 23（11）: 2979-2986.

[142] Peljo P, Girault H H. Electrochemical potential window of battery electrolytes: the HOMO-LUMO misconception [J]. Energy Environ Sci, 2018, 11: 2306-2309.

[143] Yahia M B, Vergnet J, Saubanère M, et al. Unified picture of anionic redox in Li/Na-ion batteries [J]. Nat Mater, 2019, 18 (5): 496-502.

[144] Hong J, Gent W E, Xiao P, et al. Metal-oxygen decoordination stabilizes anion redox in Li-rich oxides [J]. Nat Mater, 2019, 18 (3): 256-265.

[145] Rouxel J. Anion-cation redox competition and the formation of new compounds in highly covalent systems [J]. Chem Eur J, 1996, 2: 1053-1059.

[146] Pearce P E, Perez A J, Rousse G, et al. Evidence for anionic redox activity in a tridimensional-ordered li-rich positive electrode β-Li_2IrO_3 [J]. Nat Mater, 2017, 16 (5): 580-586.

[147] McCalla E, Abakumov A M, Saubanere M, et al. Visualization of O-O Peroxo-like dimers in high-capacity layered oxides for Li-ion batteries [J]. Science, 2015, 350: 1516-1521.

[148] Xiao R J, Li H, Chen L Q. Density functional investigation on Li_2MnO_3 [J]. Chem Mater, 2012, 24 (21): 4242-4251.

[149] Xiong L X, Hu J P, Yu S C, et al. Density functional theory prediction of Mg_3N_2 as a high-performance anode material for Li-ion batteries [J]. Phys Chem Chem Phys, 2019, 21 (13): 7053-7060.

[150] Zhao X, Zhao Y D, Liu Z Q, et al. Synergistic coupling of lamellar $MoSe_2$ and SnO_2 nanoparticles via chemical bonding at interface for stable and high-power sodium-ion capacitors [J]. Chem Eng J, 2018, 354: 1164-1173.

[151] Lee I H, Cho J, Chae K H, et al. Polymeric graphitic carbon nitride nanosheet-coated amorphous carbon supports for enhanced fuel cell electrode performance and stability [J]. Appl Catal B, 2018, 237: 318-326.

[152] Breuer O, Chakraborty A, Liu J, et al. Understanding the role of minor molybdenum doping in $LiNi_{0.5}Co_{0.2}Mn_{0.3}O_2$ Electrodes: From structural and surface analyses and theoretical modeling to practical electrochemical cells [J]. ACS Appl Mater Interfaces, 2018, 10 (35): 29608-29621.

[153] Pekar S I. Theory of electromagnetic waves in a crystal with excitons [J]. J Phys Chem Solids, 1958, 5 (1): 11-22.

[154] Fröhlich H. Electrons in lattice fields [J]. Adv Phys, 1954, 3: 325-361.

[155] Holstein T. Studies of polaron motion: Part II. The "small" polaron [J]. Ann Phys, 1959, 8 (3): 343-389.

[156] Maxisch T, Zhou F, Ceder G. *Ab initio* study of the migration of small polarons in olivine Li_xFePO_4 and their association with lithium ions and vacancies [J]. Phys Rev B, 2006, 73 (10): 223-225.

[157] Guzelturk B, Winkler T, Van der Goor T W J, et al. Visualization of dynamic polaronic strain fields in hybrid lead halide perovskites [J]. Nat Mater, 2021, 20 (5): 618-623.

[158] Herrera J O, Camacho-Montes H, Fuentes L E, et al. $LiMnPO_4$: review on synthesis and electrochemical properties [J]. J Mater Sci Chem Eng, 2015, 3: 54-64.

[159] Sharma M, Murugavel S, Kaghazchi P. Polaron Transport mechanism in maricite $NaFePO_4$: a combined experimental and simulation study [J]. J Power Sources, 2020, 469: 228348.

[160] Kroger F A. Defect chemistry in crystalline solids [J]. Ann Rev Mater Sci, 1977, 7: 449-475.

[161] Zhang Y Q, Tao L, Xie C, et al. Defect engineering on electrode materials for rechargeable batteries [J]. Adv Mater, 2020, 32 (7): 1905923.

[162] van de Walle C G, Neugebauer J. First-principles calculations for defects and impurities: applications to Ⅲ-nitrides [J]. J Appl Phys, 2004, 95 (8): 3851-3879.

[163] Yeh H L, Tai S H, Hsieh C M, et al. First-principles study of lithium intercalation and diffusion in oxygen-defective

titanium dioxide [J]. J Phys Chem C, 2018, 122 (34): 19447-19454.

[164] Lu I T, Bernardi M. Using defects to store energy in materials-a computational study [J]. Sci Rep, 2017, 7: 3403.

[165] Zhou G M, Tian H Z, Jin Y, et al. Catalytic oxidation of Li_2S on the surface of metal sulfides for Li-S batteries [J]. Proc Natl Acad Sci, 2017, 114 (5): 840-845.

[166] Kim H S, Cook J B, Lin H, et al. Oxygen vacancies enhance pseudocapacitive charge storage properties of MoO_{3-x} [J]. Nat Mater, 2017, 16 (4): 454-460.

[167] Wu G, Wu S N, Wu P. Doping-Enhanced lithium diffusion in lithium-ion batteries [J]. Phys Rev Lett, 2011, 107 (11): 118302.

[168] Jiang H R, Tan P, Liu M, et al. Unraveling the positive roles of point defects on carbon surfaces in non-aqueous lithium-oxygen batteries [J]. J Phys Chem C, 2016, 120 (33): 18394-18402.

[169] 任元, 邹喆乂, 赵倩, 等. 浅析电解质中离子输运微观物理图像 [J]. 物理学报, 2020, 69 (22): 226601.

[170] Alder B, Wainwright T. Phase transition for a hard sphere system [J]. J Chem Phys, 1957, 27: 1208-1209.

[171] Adam G, Gibbs J H. On the Temperature dependence of cooperative relaxation properties in glass-forming liquids [J]. J Chem Phys, 1965, 43: 139-146.

[172] Cohen M H, Turnbull D. Molecular transport in liquids and glasses [J]. J Chem Phys, 1959, 31: 1164-1169.

[173] 高健. 若干锂离子固体电解质中的离子输运问题研究 [D]. 北京: 中国科学院大学, 2015.

[174] Ming J, Cao Z, Wahyudi W, et al. New insights on graphite anode stability in rechargeable batteries: Li ion coordination structures prevail over solid electrolyte interphases [J]. ACS Energy Lett, 2018, 3 (2): 335-340.

[175] Rolland J, Poggi E, Vlad A, et al. Single-ion diblock copolymers for solid-state polymer electrolytes [J]. Polymer 2015, 68: 344-352.

[176] Shi S Q, Gao J, Liu Y, et al. Multi-scale computation methods: their applications in lithium-ion battery research and development [J]. Chin Phys B, 2016, 25 (1): 18212.

[177] Kragh H. Quantum Generations: a history of physics in the twentieth century [M]. Princeton: Princeton University Press, 1999.

[178] Xue Z G, He D, Xie X L. Poly (ethylene oxide) -based electrolytes for lithium-ion batteries [J]. J Mater Chem A, 2015, 3 (38): 19218-19253

[179] 陈立坤, 胡懿, 马家宾, 等. Li^+电池固态聚合物电解质研究进展 [J]. 化学工业与工程, 2020, 37 (1): 1-16.

[180] MacGlashan G S, Andreev Y G, Bruce P G. Structure of the polymer electrolyte poly (ethylene oxide) $_6$: $LiAsF_6$ [J]. Nature 1999, 398 (6730): 792-794.

[181] Chen H M, Adams S. Bond softness sensitive bond-valence parameters for crystal structure plausibility tests [J]. IUCrJ, 2017, 4 (5): 614-625.

[182] Ceder G, Aydinol M K, Kohan A F. application of first-principles calculations to the design of rechargeable Li-batteries [J]. Comput Mater Sci, 1997, 8 (1): 161-169.

[183] Morgan D, Ceder G, Saidi M Y, et al. Experimental and computational study of the structure and electrochemical properties of $Li_xM_2(PO_4)_3$ compounds with the monoclinic and rhombohedral structure [J]. J Power Sources, 2002, 14 (11): 4684-4693.

[184] Chevrier V L, Ong S P, Armiento R, et al. Hybrid density functional calculations of redox potentials of transition metal compounds [J]. Phys Rev B, 2010, 82: 075122.

[185] Perdew J P, Ruzsinszky A, Tao J M, et al. Prescription for the design and selection of density functional approximations: more constraint satisfaction with fewer fits [J]. J Chem Phys, 2005, 123 (6): 062201.

[186] He X F, Zhu Y Z, Mo Y F. Origin of fast ion diffusion in super-ionic conductors [J]. Nat Commun, 2017, 8 (1): 15893.

[187] de Klerk N J J, van der Maas E, Wagemaker M. Analysis of diffusion in solid-state electrolytes through MD Simulations, improvement of the Li-ion conductivity in β-Li_3PS_4 as an example [J]. ACS Appl Energy Mater, 2018, 1 (7): 3230-3242.

[188] Zhang B K, Yang L Y, Wang L W, et al. Cooperative transport enabling fast Li-ion diffusion in Thio-LISICON $Li_{10}SiP_2S_{12}$ solid electrolyte [J]. Nano Energy, 2019, 62: 844-852.

[189] Zhang Z Z, Zou Z Y, Kaup K, et al. Correlated migration invokes higher Na^+ - ion conductivity in NaSICON - type solid electrolytes [J]. Adv Energy Mater, 2019, 9 (42): 1902373.

[190] Zou Z Y, Ma N, Wang A P, et al. Relationships between Na^+ distribution, concerted migration, and diffusion properties in rhombohedral NASICON [J]. Adv Energy Mater, 2020, 10 (30): 2001486.

[191] Zhu Z Y, Chu I H, Deng Z, et al. Role of Na^+ interstitials and dopants in enhancing the Na^+ conductivity of the cubic Na_3PS_4 superionic conductor [J]. Chem Mater, 2015, 27 (24): 8318-8325.

[192] Agmon N. The grotthuss mechanism [J]. Chem Phys Lett, 1995, 244 (5): 456-462.

[193] Takata M, Nishibori E, Shinmura M, et al. Charge density study of C_{60} superconductors by MEM/Rietveld analysis [J]. Mater Sci Eng A, 2001, 312 (1): 66-71.

[194] Yashima M, Itoh M, Inaguma Y, et al. Crystal structure and diffusion path in the fast lithium-ion conductor $La_{0.62}Li_{0.16}TiO_3$ [J]. J Am Chem Soc, 2005, 127 (10): 3491-3495.

[195] Han J T, Zhu J L, Li Y T, et al. Experimental visualization of lithium conduction pathways in garnet-type $Li_7La_3Zr_2O_{12}$ [J]. Chem Commun, 2012, 48 (79): 9840-9842.

[196] Blatov V A, Shevchenko A P, Proserpio D M. Applied topological analysis of crystal structures with the program package ToposPro [J]. Cryst Growth Des, 2014, 14 (7): 3576-3586.

[197] Pan L, Zhang L W, Ye A J, et al. Revisiting the ionic diffusion mechanism in Li_3PS_4 via the joint usage of geometrical analysis and bond valence method [J]. J Materiomics, 2019, 5 (4): 688-695.

[198] Willems T F, Rycroft C H, Kazi M, et al. Algorithms and tools for high-throughput geometry-based analysis of crystalline porous materials [J]. Microporous Mesoporous Mater, 2012, 149 (1): 134-141.

[199] Blatov V A, Shevchenko A P. Analysis of voids in crystal structures: the methods of "dual" crystal chemistry [J]. Acta Cryst, 2003, 59: 34-44.

[200] Adams S. Modelling ion conduction pathways by bond valence pseudopotential maps [J]. Solid State Ionics 2000, 136-137: 1351-1361.

[201] Janek J, Martin M, Becker K D. Physical chemistry of solids-the science behind materials engineering [J]. Phys Chem Chem Phys, 2009, 11 (17): 3010.

[202] Henkelman G, Uberuaga B P, Jonsson H. A climbing image nudged elastic band method for finding saddle points and minimum energy paths [J]. J Chem Phys, 2000, 113: 9901-9904.

[203] Sale M, Avdeev M. 3DBVSMAPPER: a program for automatically generating bond-valence sum landscapes [J]. J Appl Crystallogr, 2012, 45 (5): 1054-1056.

[204] Senyshyn A, Kraus H, Mikhailik V B, et al. Lattice dynamics and thermal properties of CaWO$_4$ [J]. Phys Rev B, 2004, 70 (21): 155-163.

[205] Catlow C R A. Computer simulation studies of transport in solids [J]. Ann Rev Mater Sci, 1986, 16: 517-548.

[206] He X F, Zhu Y Z, Epstein A, et al. Statistical variances of diffusional properties from *ab initio* molecular dynamics simulations [J]. npj Comput Mater, 2018, 3 (4): 65-73.

[207] Nuspl G, Takeuchi T, Weiß A, et al. Lithium ion migration pathways in LiTi$_2$(PO$_4$)$_3$ and related materials [J]. J Appl Phys, 1999, 86: 5484-5491.

[208] Filsø M O, Turner M J, Gibbs G V, et al. Visualizing lithium-ion migration pathways in battery materials [J]. Chem Eur J, 2013, 19 (46): 15535-15544.

[209] Xue D Z, Xue D Q, Yuan R H, et al. An informatics approach to transformation temperatures of NiTi-based shape memory alloys [J]. Acta Mater, 2017, 125: 532-541.

[210] Brostow W, Chybicki M, Laskowski R, et al. Voronoi polyhedra and delaunay simplexes in the structural analysis of molecular-dynamics-simulated materials [J]. Phys Rev B, 1998, 57: 13448-13458.

[211] Marck S C. Network approach to void percolation in a pack of unequal Spheres [J]. Phys Rev Lett, 1996, 77 (9): 1785-1788.

[212] Blatov V A. Voronoi-dirichlet polyhedra in crystal chemistry: theory and applications [J]. Crystallogr Rev, 2004, 10: 249-318.

[213] Kerstein A R. Equivalence of the void percolation problem for overlapping spheres and a network problem [J]. J Phys A: Math Gen, 1983, 16 (13): 3071-3075.

[214] Meutzner F, Nestler T, Zschornak M, et al. Computational analysis and identification of battery materials [J]. Phys Sci Rev, 2018, 4 (1): 1-32.

[215] Pinheiro M, Martin R L, Rycroft C H, et al. High accuracy geometric analysis of crystalline porous materials [J]. CrystEngComm, 2013, 15 (37): 7531-7538.

[216] Gellatly B J, Finney J L. Characterisation of models of multicomponent amorphous metals: the radical alternative to the Voronoi polyhedron [J]. J Non-Cryst Solids, 1982, 50 (3): 313-329.

[217] Dowty E. Crystal-chemical factors affecting the mobility of ions in minerals [J]. Am Mineral, 1980, 65: 174-182.

[218] He B, Ye A J, Chi S T, et al. CAVD, towards better characterization of Void space for ionic transport analysis [J]. Sci Data 2020, 7 (1): 153.

[219] Zhu H X, Zhang P, Balint D, et al. The effects of regularity on the geometrical properties of Voronoi tessellations [J]. Physica A, 2014, 406: 42-58.

[220] 叶安江. 基于Voronoi分解算法的离子晶体几何构型分析研究 [D]. 上海: 上海大学, 2020.

[221] Pauling L. The principles determining the structure of complex ionic crystals [J]. J Am Chem Soc, 1929, 51 (4): 1010-1026.

[222] Brown I D. Bond Valence Theory [M]. Heidelberg: Springer, 2013.

[223] Waltersson K. A Method, based upon 'bond-Strength' calculations, for finding probable lithium sites in crystal structures [J]. Acta Crystallogr Section A, 1978, 34 (6): 901-905.

[224] Brown I D. Recent developments in the Bond Valence model of inorganic bonding [J]. Phys Chem Miner, 1987, 15: 30-34.

[225] Adams S, Rao R P. High power lithium ion battery materials by computational design [J]. Phys Status Solidi A, 2011, 208 (8): 1746-1753.

[226] Adams S, Swenson J. Determining ionic conductivity from structural models of fast ionic conductors [J]. Phys Rev Lett, 2000, 84 (18): 4144-4147.

[227] González-Platas J, González-Silgo C, Ruiz-Pérez C. VALMAP2. 0: Contour maps using the Bond-Valence-Sum method [J]. J Appl Crystallogr, 1999, 32 (2): 341-344.

[228] Nishitani Y, Adams S, Ichikawa K, et al. Evaluation of magnesium ion migration in inorganic oxides by the Bond Valence site energy method [J]. Solid State Ionics, 2018, 315: 111-115.

[229] Chen H M, Wong L L, Adams S. SoftBV-a software tool for screening the materials genome of inorganic fast ion conductors [J]. Acta Crystallogr B: Struct Sci Cryst Eng Mater, 2019, 75 (1): 18-33.

[230] Xiao R J, Li H, Chen L Q. Candidate structures for inorganic lithium solid-state electrolytes identified by high-throughput Bond-Valence calculations [J]. J Materiomics, 2015, 1 (4): 325-332.

[231] Adams S, Rao R P. Transport pathways for mobile ions in disordered solids from the analysis of energy-scaled Bond-Valence mismatch landscapes [J]. Phys Chem Chem Phys, 2009, 11 (17): 3210-3216.

[232] Altermatt D, Brown I D. The automatic searching for chemical bonds in inorganic crystal structures [J]. Acta Cryst, 1985, 41 (4): 240-244.

[233] He B, Mi P H, Ye A J, et al. A highly efficient and informative method to identify ion transport networks in fast ion conductors [J]. Acta Mater, 2021, 203: 116490.

[234] Rong Z Q, Kitchaev D, Canepa P, et al. An efficient algorithm for finding the minimum energy path for cation migration in ionic materials [J]. J Chem Phys, 2016, 145 (7): 074112.

[235] Zhang L W, He B, Zhao Q, et al. A database of ionic transport characteristics for over 29 000 inorganic compounds [J]. Adv Funct Mater, 2020, 30 (35): 2003087.

[236] He B, Chi S T, Ye A J, et al. High-throughput screening platform for solid electrolytes combining hierarchical ion-transport prediction algorithms [J]. Sci Data, 2020, 7 (1): 151.

[237] 米鹏辉. 固态离子导体输运通道算法研究及实现 [D]. 上海: 上海大学, 2021.

[238] E W N, Ren W Q, Vanden-Eijnden E. Simplified and improved string method for computing the minimum energy paths in barrier crossing events [J]. J Chem Phys, 2007, 126 (16): 164103.

[239] Henkelman G, Jónsson H. Improved tangent estimate in the nudged elastic band method for finding minimum energy paths and saddle points [J]. J Chem Phys, 2000, 113 (22): 9978-9985.

[240] Matsunaga T, Takagi S, Shimoda K, et al. Comprehensive elucidation of crystal structures of lithium-intercalated graphite [J]. Carbon, 2019, 142: 513-517.

[241] Kozinsky B, Akhade S A, Hirel P, et al. Effects of sublattice symmetry and frustration on ionic transport in garnet solid electrolytes [J]. Phys Rev Lett, 2016, 116: 055901.

[242] Kalikmanov V I, Koudriachova M V, de Leeuw S W. Lattice-Gas model for intercalation compounds [J]. Solid State Ionics, 2000, 136-137: 1373-1378.

[243] Ewald P P. Die berechnung optischer und elektrostatischer gitterpotentiale [J]. Ann Phys, 1921, 369: 253-287.

[244] 施维. Ewald 求和方法在电化学储能材料静电作用相关研究中的应用及计算软件实现 [D]. 上海：上海大学，2022.

[245] Shi W, He B, Pu B W, et al. Software for evaluating long-range electrostatic interactions based on the Ewald summation and its application to electrochemical energy storage materials [J]. J Phys Chem A, 2022, 126: 5222-5230.

[246] Chen D J, Jie J S, Weng M Y, et al. High throughput identification of Li ion diffusion pathways in typical solid state electrolytes and electrode materials by BV-Ewald method [J]. J Mater Chem A, 2019, 7: 1300-1306.

[247] Born M, Huang K. Dynamical theory of crystal lattices [M]. Oxford: Clarendon Press, 1954.

[248] Wakamura K. Roles of phonon amplitude and low-energy optical phonons on superionic conduction [J]. Phys Rev B, 1997, 56: 11593-11599.

[249] Muy S, Bachman J C, Giordano L, et al. Tuning mobility and stability of lithium ion conductors based on lattice dynamics [J]. Energy Environ Sci, 2018, 11: 850-859.

[250] Muy S, Voss J, Schlem R, et al. High-throughput screening of solid-state Li-ion conductors using lattice-dynamics descriptors [J]. Science, 2019, 16: 270-282.

[251] Muy S, Schlem R, Yang S H, et al. Phonon-ion interactions: designing ion mobility based on lattice dynamics [J]. Adv Energy Mater, 2021, 11: 2002787.

[252] Zeier W G, Zevalkink A, Gibbs Z M, et al. Thinking like a chemist: intuition in thermoelectric materials [J]. Angew Chem Int Ed, 2016, 55: 6826-6841.

[253] Chen Q L, Huang T W, Baldini M, et al. Effect of compressive strain on the Raman modes of the dry and hydrated $BaCe_{0.8}Y_{0.2}O_3$ proton conductor [J]. J Phys Chem C, 2011, 115: 24021-24027.

[254] Kraft M A, Culver S P, Calderon M, et al. Influence of lattice polarizability on the ionic conductivity in the lithium superionic argyrodites Li_6PS_5X (X = Cl, Br, I) [J]. J Am Chem Soc, 2017, 139: 10909-10918.

[255] Sagotra A K, Chu D, Cazorla C. Influence of lattice dynamics on lithium-ion conductivity: a first-principles study [J]. Phys Rev Mater, 2019, 3: 035405.

[256] Smith J G, Siegel D J. Low-temperature paddlewheel effect in glassy solid electrolytes [J]. Nat Commun, 2020, 11: 1483.

[257] Wu S Y, Xiao R J, Li H, et al. New Insights into the mechanism of cation migration induced by cation-anion dynamic coupling in superionic conductors [J]. J Mater Chem A, 2022, 10 (6): 3093-3101.

[258] Xu Z M, Chen X, Zhu H, et al. Anharmonic cation-anion coupling dynamics assisted lithium-ion diffusion in sulfide solid electrolytes [J]. Adv Mater, 2022: e2207411.

[259] Ngai K L. Meyer-Neldel rule and anti Meyer-Neldel rule of ionic conductivity-conclusions from the coupling model [J]. Solid State Ionics, 1998, 105 (1-4): 231-235.

[260] Dyre J C, Maass P, Roling B, et al. Fundamental questions relating to ion conduction in disordered solids [J]. Rep Prog Phys, 2009, 72 (4): 046501.

[261] Rodin A, Noori K, Carvalho A, et al. Microscopic theory of ionic motion in solids [J]. Phys Rev B, 2022, 105: 224310.

第4章 电化学储能中的分子动力学模拟

现代计算机技术的发展和普及极大地推动了分子动力学模拟在物理、材料、化学、生物和力学等领域的应用，使其成为当前从原子层面解析宏观现象背后所蕴含的微观机理的重要研究手段之一。本章重点介绍了分子动力学模拟的基本思想、原理、分类及其在电化学能量储存领域的应用，其中包含的更多关于分子动力学模拟的统计力学基础、势函数表达式以及运动方程的数值求解方法等基础内容则可详细参考已有经典著作[1-4]。

4.1 分子动力学模拟概述

从统计力学角度来看，体系的宏观性质是由大量粒子的综合行为所决定。分子动力学模拟解决的根本问题是描述相互作用的粒子在一定时间与空间中的演化规律。其本质是通过求解多体系统内所有粒子所遵循的经典动力学运动方程，得出这些粒子在每个时刻的坐标和动量（即由坐标和动量组成的相空间中的轨迹，如图4-1所示），然后利用统计方法获取能够直接反映多体系统宏观性质的静态和动态特性。实现上述目标的关键在于建立多体系统的数值模型（即多粒子运动方程组）并对其进行数值求解。上述数值模型中的每个粒子都服从经典牛顿力学，其内禀动力学可用拉格朗日量或哈密顿量描述，也可直接用牛顿运动方程来描述。

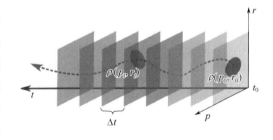

图4-1 分子动力学模拟过程中一定的时间步长（Δt）内粒子在坐标r和动量p组成的相空间中的运动轨迹（虚线）[5]

1957年，Alder和Wainwright[6,7]首次将分子动力学模拟应用于理想"刚性球"液体模型体系。1964年，Rahman[8]将分子动力学模拟应用于一种更接近真实液体的模型，获得的液氩扩散系数与实验值吻合较好。上述工作拉开了分子动力学模拟的序幕。20世纪70年代以来，计算机性能的提升和分子动力学模拟算法的改进助力了多原子/分子体系分子动力学模拟的发展，但模拟依赖的势函数（或称力场）往往较为简单，难以考虑电子对体系的影响，因而无法用于研究复杂反应。此阶段的分子动力学模拟被称为经典分子动力学模拟（classical molecular dynamics，CMD）。为了克服上述缺陷，研究者将 CMD 与量子力学理论相结合，从而发展出了更高精度的第一性原理分子动力学模拟（ab initio molecular dynamics，AIMD）。AIMD 最初的思想是在求解薛定谔方程时利用 Born-Oppenheimer 近似将电子与原子核的运动分开考虑，同时原子核的运动依然遵循牛顿运动方程。基于上述思想的分子动力学模拟被称之为 Born-Oppenheimer 第一性原理分子动力学模拟（BO-AIMD）。但 BO-AIMD 计算量巨大，超出当时的实际计算能力导致无法实现其应用。直到 1985 年，Car 和 Parrinello[9]通过将分子动力学与密度泛函理论（DFT）方法结合首次成功实现了 AIMD 模拟，该方法被称为 Car-Parrinello 第一性原理分子动力学（CP-AIMD）方法。自 20 世纪 90 年代以来，AIMD 模拟随着计算机性能的进一步提高而发展迅速，但巨大的计算量依旧严重限制了其应用范围。此时反应分子动力学（reactive molecular dynamics，RMD）应运而生。2001 年，van Duin 与 Goddard 等[10]提出了基于反应力场（reactive force field，ReaxFF）的反应分子动力学模拟方法，为探索复杂分子体系的化学反应机理开辟了新的方向。在 2001 年之后，ReaxFF 的函数形式经过了几次调整。在 2008 年，Chenoweth 等[11]开发了用于 C/H/O 的 ReaxFF 函数形式和力场参数，至今仍被广泛使用。近年来，新的函数形式和方法还在不断引入 ReaxFF，用以丰富其功能、扩大其使用场景以及提高其模拟精度[12,13]。此外，基于机器学习等新兴方法来构造原子间势函数（machine learning interatomic potentials，ML-IAPs）以实现高精度大体系的分子动力学模拟也成为重要研究方向[14]。目前，分子动力学模拟技术趋于成熟，已经可以模拟单原子分子体系、多原子分子体系以及蛋白质和 DNA 等生物大分子体系。

4.2 分子动力学模拟的基本原理

总体而言，分子动力学模拟方法是基于求解牛顿运动方程来确定粒子运动状态。若已知系统中每个粒子的初始位置、速度及其质量和受力，就可以通过分子动力学模拟获得整个运行过程中粒子的坐标和速度（即运动轨迹），并得到任意时刻该系统的状态。根据牛顿运动方程，可将系统势函数 V 与粒子位置随时间的变化联系起来：

$$\frac{dV}{dr_i}=m_i\frac{d^2 r_i}{dt^2} \tag{4-1}$$

式中，r_i 和 m_i 分别是粒子 i 的坐标以及质量。

一般来说，V 是系统中所有原子位置的函数，描述了体系中所有粒子的相互作用。对于复杂体系，由于粒子之间相互作用十分复杂，难以用解析法求解上述运动方程。因此通常采用有限差分法等数值方法近似求解。

分子动力学模拟存在两个基本限制条件：①有限观测时间；②有限系统大小。观测时间有限是因为不可能进行无限长时间的计算机模拟。由统计力学可知，计算物理系统中的宏观物理量是系统状态的函数，是系综的平均，而计算机模拟得到的量不是系综平均。具体来讲，这类模拟中的物理量是沿着相空间的轨迹来计算，而轨迹只限于有限长度，因此计算所得的是时间的平均。为了使有限相空间轨迹长度下的时间平均近似为系综平均，或者说允许把系综平均换成时间平均，必须依赖于统计力学中的"状态遍历性"假设（即一个处于任意初始状态的热力学体系，经过足够长的时间后，其代表点将经过等能面上的任意一个点）。当热力学体系符合上述假设时，上述两种方法计算得到的平均值完全一致。因此在进行分子动力学模拟时，体系演化时间必须足够长才可达到其时间平均等于系综平均。

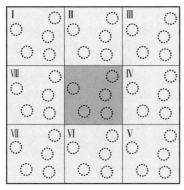
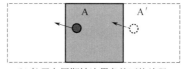

(a) 周期性边界条件　　(b) 粒子在周期性边界条件下的处理

图 4-2　周期性边界条件及粒子运动在周期性边界条件下的处理

系统大小存在限制是因为计算机模拟允许的体系不可能像实际体系那样大，即计算机模拟允许的体系大小比真实体系要小得多。某些情况下，较小体系的模拟会出现有限尺寸效应进而不能完全反映真实体系的性质和行为。为了克服这一限制，可以在模拟中引入周期性边界条件。图 4-2 是周期性边界条件示意图。中间的二维箱子被周围的八个镜像箱子包围。当粒子运动出（进）一个边界时，将同时运动进（出）另一个相对的边界［图 4-2（b）］。在选取引入周期性边界条件的模拟箱时需注意：①为了减少计算量，模拟箱的尺寸应该尽量小；②模拟箱的尺寸应保证可排除其中粒子与其镜像粒子之间的相互作用。

4.3　分子动力学模拟的基本设置

4.3.1　分子动力学模拟运行流程以及输入、输出信息

尽管分子动力学的基本思想较为简单，但在实际模拟过程中却会遇到如初始条件设定、边界条件处理、模拟方案选择、势函数以及数值积分方法选择等各方面的挑战。分子动力学模拟的运行流程如图 4-3 所示，首先需建立计算模型并设定初始坐标和初始速度，选定合适的时间步长、边界条件、物理环境条件、原子间相互作用势函数以及算法等参数，然后进行模拟计算，并最终对所得数据进行统计处理。

在分子动力学模拟过程中，给定 t 时刻的坐标和速度以及其他动力学信息，就可计算出 $t + \Delta t$ 时刻的坐标和速度。图 4-4 为分子动力学模拟中输入信息和输出信息框图。输入信息主要包含体系粒子的初始位置和速度、表示粒子间相互作用的势函数，以及温度/压力等物理环境条

件。在此条件下，可求解多粒子体系的运动方程，并开始进行分子动力学模拟。为了使系统达到平衡，模拟中需要一个趋衡过程，使得系统近似达到平衡。经过较长时间演化后，可以认为系统实现了接近于热平衡状态下的分布。此时若对各时刻粒子位置坐标和速度进行统计，则可得到相关的热力学性质（如热力学内能等）以及动力学性质（如扩散系数等）。

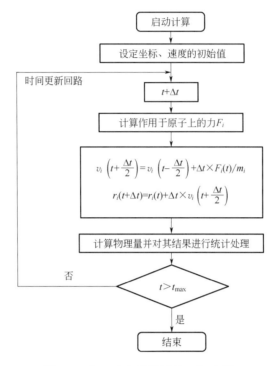

图 4-3 分子动力学模拟的运行流程

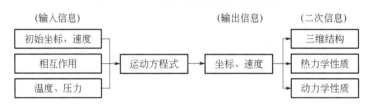

图 4-4 分子动力学模拟中输入信息和输出信息框图

4.3.2 初始构型、速度及边界条件

基于统计力学概念，模拟体系初始构型和初始速度对应相轨迹在相空间中的起始点。分子动力学模拟就是计算由相空间中起始点出发的一段相轨迹。为了保证这一段相轨迹在相空间具有代表性，模拟体系的初始构型必须接近平衡状态，其一般由实验或第一性原理计算得到，也可以根据一定经验搭建一个结构。例如，无机晶态固态电解质的实验和计算的晶体结构可以分别通过查询无机晶体结构数据库（inorganic crystal structure database，ICSD）[15]或者 Materials Project 数据库[16]得到。

具体来讲，确定初始构型和初始速度的一般要求包括：

① 对于小分子体系，由于其一般较容易达到平衡状态，因此可以随机地设定体系的初始

构型，但需保证分子形状不能过于偏离平衡构型，分子间距离也不能太近，以免过大的分子内应力和分子间排斥力使得运动状态不稳定，并导致分子动力学模拟失败。

② 对于晶体和玻璃态物质，初始构型必须处在平衡构型附近，否则无法通过模拟达到平衡。

③ 通常可以根据麦克斯韦速度分布随机地设定体系中各原子的初始速度。

针对不同的具体问题进行分子动力学模拟时，粒子系统的边界条件大致可分为四种：自由表面边界、固定边界、柔性边界、周期性边界条件。需根据模拟对象和目的来选定合适的边界条件，基本原则包括：

① 自由表面边界常用于大型的自由分子的模拟。

② 固定边界常用于点缺陷的模拟，需通过在所有要计算的粒子晶胞之外包上几层结构相同、位置固定不变的粒子实现，且包层厚度必须大于粒子间相互作用的力程范围。

③ 柔性边界条件常用于模拟位错运动，其允许边界上的粒子有微小的移动，以反映内层粒子作用力施加于边界粒子时的情况。

④ 周期性边界条件使晶胞中左右、上下以及前后边界的粒子之间有相互作用，周期性边界条件使含有较少粒子体系的模拟成为可能，此外在模拟较大的体系时也可用其消除表面效应或边界效应。

4.3.3 时间步长

分子动力学模拟过程中时间步长 Δt 的选择也尤为关键。通常应注意如下两个方面：

① 要保证在该时间步长内有足够多且密集的采样以精确描述目标物理现象。

② 原子的每一步运动应该确保其所处势场变化不大，这要求原子运动的位移不宜过大（尤其是在力场的梯度变化比较大的情况下）。

4.3.4 系综、温度与压强

系综（ensemble）是统计力学的一个概念，是由组成、性质、尺寸和形式完全一样的体系所构成的极多数目系统的集合。每个系综的微观运动状态不定，但其处于平衡状态时系综平均值是确定的。对于多粒子体系的分子动力学模拟，常用的系综有微正则系综（又称 NVE 系综）、正则系综（又称 NVT 系综）、等温等压系综（又称 NPT 系综）等。NVE 系综中，粒子数 N 和体积 V 保持不变，且和外界没有能量 E 的交换，只有动能和势能之间的转换。NVT 系综中，粒子数 N、体积 V 和温度 T 均保持不变，并且总动量为零。该系综通过与外界交换能量以控制温度，常用于带有恒温热源的体系的分子动力学模拟。NPT 系综中，体系的粒子数 N、压力 P 和温度 T 保持不变，其通常用以优化模拟系统的体积。在固态电解质及电极材料离子输运性质的分子动力学模拟过程中，通常采用 NVT 系综或 NPT 系综[17,18]。

选定了分子动力学模拟过程中的系综后，通常需要保证所模拟系统的温度恒定或者按指定规律变化，因此需要对系统进行温度控制。常用控温方法主要为外部热浴法，包括 Berendsen 热浴法[19]和 Nosé-Hoover 热浴法[20,21]。目前应用最为广泛的是 Nosé-Hoover 热浴法，其将交换热源当成体系的一部分进行积分，是严格的温度调控算法。同样，原子由于热振动和自由运动而发生互相碰撞等将会引起系统压力发生改变。但在通常的实验条件下，压强是保持恒定的，因此模拟过程中也需对模拟系统的压力不断进行调整，以实现恒压条件。在分子动力学模拟中一般通过调节晶胞的体积来实现系统压力的控制。应用最为广泛的压力控制方法有 Andersen 控制法[22]以及 Parrinello-Rahman 控制法[23,24]。

4.3.5 势函数以及力的计算方法

势函数是描述原子（分子）间相互作用的函数。原子间相互作用控制着原子间的相互作用行为，从根本上决定材料的所有性质。在分子动力学模拟中，势函数的选取对分子动力学模拟的结果起决定性作用。根据原子（分子）间相互作用的来源，可将其分为经典势和第一性原理势，其中，经典势又可分为原子间相互作用势和分子间相互作用势。根据势函数的形式，又可将其分为对势和多体势。对势（即两体势）是仅由两个原子的坐标决定的相互作用，常见的对势有 Lennard-Jones 势、Morse 势、Buckingham 势、Born-Huggins-Mayer 势等。随着研究的深入，研究者们发现在具有较强相互作用的多粒子体系中，粒子之间不是简单的两两作用，而是多体相互作用，于是多体势开始出现。常见的多体势有嵌入原子势（embedded atom method，EAM）和 Stillinger-Weber 势等。应根据应用体系的具体种类选择特定类型的势函数进行模拟。例如，常用于金属体系的势函数有 EAM 势、Finnis-Sinclair 势等；描述共价晶体的势函数有 Stillinger-Weber 势和 Abell-Tersoff 势等；描述分子体系之间的势函数通常被称为力场（force field，FF）。分子力场的种类繁多，而且新的力场仍在不断涌现。常见的分子力场有 MM 力场、OPLS 力场、AMBER 力场、CHARMM 力场、COMPASS 力场、MMFF94 力场、DREIDING 力场、UFF 力场等，此外还有极化力场（polarizable FF）、联合原子力场（united-atom FF）、粗粒度力场（coarse-grained FF）以及反应力场（reactive FF）等。

势函数的选择是经典分子动力学模拟过程中的主要难点。势函数参数往往需要基于实验结果或第一性原理计算结果拟合得到，因此要求对势函数的各个系数进行严格的测试和调节。选取势函数时要认真考察其合理性，例如通过文献调研，查明它的出处、应用范围，然后通过模拟材料一些已知的性质来做出验证，最后再进行使用。目前，随着机器学习算法的发展，人们开始尝试通过机器学习构造原子间势函数（machine learning interatomic potentials，ML-IAPs）[14]。

考虑到势函数是系统中所有原子位置的函数，描述了体系中所有粒子的相互作用，具有高度复杂性，因此为加快计算速度并提升计算的收敛性，只能采用数值方法进行求解。常用的数值方法有 Verlet 法、蛙跳法（leap-frog method）、速度 Verlet 法以及 Gear 校正-预测法（predictor-corrector method）等。其中，Verlet 法简单易行，但是存在精度损失问题；蛙跳法是 Verlet 法的变种，其计算量相较于 Verlet 法稍小；速度 Verlet 法可以同时给出体系粒子的位置、速度、加速度，且不存在牺牲精度问题[25]。总而言之，选择算法时，必须满足能量和动量守恒准则，同时优先选择计算效率较高的算法。

4.4 分子动力学模拟的分类

分子动力学模拟可以根据所遵循的运动规律或者研究对象的区别进行分类。根据前者可以分为 CMD 模拟和 AIMD 模拟两大类；根据后者则可以分为平衡态分子动力学模拟和非平衡态分子动力学模拟。在 CMD 中，按照力场的不同又可以分为全/联合原子分子动力学模拟、粗粒度分子动力学模拟、极化分子动力学模拟、反应分子动力学模拟等。AIMD 模拟可以分为 BO-AIMD 模拟、CP-AIMD 模拟以及路径积分分子动力学（PI-AIMD）模拟。需要依据所研究体系的性质及研究目标选择合适的分子动力学模拟方法。本节主要介绍电化学储能领域研究中常用到的粗粒度分子动力学模拟、极化分子动力学模拟、反应分子动力学模拟、BO-AIMD 模拟和 CP-AIMD 模拟，此外也会简要介绍目前最受关注的基于机器学习构造的原子间势函数的分子动力学模拟。

4.4.1 粗粒度分子动力学模拟

在传统的全原子力场（all-atom FF）中，体系的受力点（又称力点）与分子中的全部原子一一对应，质量集中在原子核上，即力点与原子核的位置重合。在描述有机分子时，H 原子的数量往往超过其他所有原子数量的总和。同时，H 原子的质量不到 C 原子的十分之一。因此，在一定温度下（动能相同）H 原子的运动速度最大，可在相同的时间内移动较大的距离，进而限制了分子动力学模拟的时间步长，影响了模拟效率。此时，如果将与 C 原子直接键连的 H 原子的原子量叠加到该 C 原子上，近似形成一个联合原子，并将其他原子对 H 原子的相互作用也叠加到联合原子之上，那么力场的复杂性将大大降低，势参数也将变少。此种思想称为粗粒化，相应的力场被称为联合原子力场（united-atom FF）。

为利用有限的计算资源模拟更大、更复杂的体系，可进一步将多个原子作为一个整体力点，建立更加抽象的力场，即粗粒度力场（coarse-grained FF）。图 4-5 显示了对聚乙烯链进行粗粒化操作，构建联合原子力场以及粗粒度力场的过程。应该注意的是，从全原子力场到联合原子力场，再到粗粒度力场，模型抽象程度依次增加，复杂程度与计算难度逐步降低，有利于更有效地模拟大分子体系。但模型抽象程度的提高不可避免地会导致更多细节被忽略，从而降低模拟结果的精确程度。因此，对于如何在粗粒度级别上开发更接近真实情况的力场仍存在巨大挑战[26]。

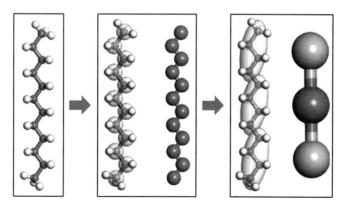

图 4-5　聚乙烯链粗粒化为联合原子力场以及粗粒度力场的过程[27]

基于粗粒度力场进行的分子动力学模拟已被成功应用于聚合物电解质的研究中[28,29]。例如，Lu 等[28]通过粗粒度分子动力学模拟研究了利用 Na^+ 电荷平衡的 PEO 基离子交联聚合物中的离子输运行为，该离子交联聚合物的粗粒化过程如图 4-6 所示。

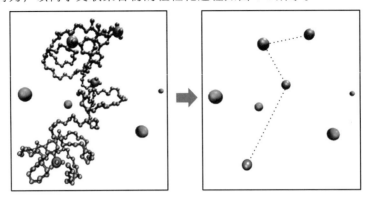

图 4-6　PEO 基离子交联聚合物的粗粒化过程[28]
聚合物主链（灰色小球）通过粗粒化被完全除去，剩下靠弱简谐弹簧力结合在一起的阴离子
（粉红色小球），阴离子依靠钠离子（蓝绿色小球）保持电荷平衡

4.4.2　极化分子动力学模拟

在早期的分子力场中，电荷点通常被赋予了固定的位置以及电荷数。这种力场又被称为不可极化力场，其缺点是不允许分子中的电荷重新分布，因此不能描述分子的极化现象。例如，虽然不可极化力场在描述液氩等单质体系方面已经取得了一定成功，但其无法描述以 H_2O 为代表的含极化作用体系的很多实验现象。这是因为当两个 H_2O 分子互相靠近时将产生极化效应，进而引起 H_2O 分子中电荷的重新分布。因此，研究相应的力场时需考虑极化效应。这种考虑了极化效应的力场被称为极化力场（polarizable FF），利用极化力场进行的分子动力学模拟被称为极化分子动力学模拟。极化分子力场相较于不可极化分子力场更加复杂，计算量也更为庞大。在模拟过程中处理极化效应的方式有波动电荷（fluctuating charge）模型、经典 Drude 振子（classical Drude oscillator）模型以及诱导点偶极子（induced point dipoles）模型等[30]。1979 年，Barnes 等[31]首次利用极化电荷点（polarizable electropole，PE）力场对 H_2O 体系进行了极化分子动力学模拟。目前，极化分子动力学模拟也已被广泛用于聚合物/锂盐电解质体系的研究中[32-34]。

4.4.3　反应分子动力学模拟

在全原子力场、联合原子力场和粗粒度力场中，成键相互作用采用谐振子形式或添加了非谐项的谐振子形式，并与成键原子间距离直接相关。一方面，当两个成键原子距离无限增大时，理论上相互作用势也无限增大。但事实上，两个成键原子从平衡位置移动到无限远时的相互作用势应该为零而不是无穷大。另一方面，键长-键能曲线应该连续并需要一定的物理或化学理论解释。键级（bond order，BO）概念能很好地满足上述两点要求。键级源自于价键理论，也称为键序，与原子间距离以及配位数有关，是描述分子中相邻原子间成键强度的物理量。反应力场（reactive FF）引入了键级的概念，相较于全原子力场、联合原子力场和粗粒度力场，其允许化学键的断裂和生成，因此可用来研究化学反应。目前最为常用的反应力场是由 van Duin 等和 Goddard 等[10-13]提出的 ReaxFF 反应力场。ReaxFF 反应力场总能量由非键作用能、成键作用能以及一些系统特殊势能项组成，如图 4-7 所示。其中，非键作用包含库仑作用 E_C 和范德瓦尔斯作用 E_v 两种；成键作用主要分为四类，即键级键能项 E_B、过配位项 E_O、键角项 E_A、扭转角项 E_T；特殊势能项则一般需根据研究体系的特性进行设置[12]。

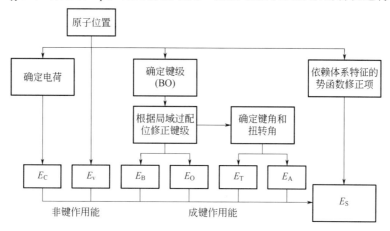

图 4-7　ReaxFF 反应力场总能量组成[12]

反应力场相较经典分子力场更加复杂，因此计算量较大。在聚合物电解质/电极界面或固态电解质中间相的研究中经常用到 ReaxFF 反应力场分子动力学模拟[35]。此外，反应力场分子动力学模拟也能用于研究聚合物电解质中的聚合物热-化学降解过程[36,37]和质子输运过程[38]等。

4.4.4　第一性原理分子动力学模拟

CMD 模拟在研究原子、分子体系的行为和性质方面发挥重要作用。但在模拟之前必须预先构建体系的势函数，且该势函数往往只适用于某种特定体系，可移植性差，因此限制了 CMD 模拟的应用范围。此外，如果势函数不够准确，CMD 模拟结果也不能反映模拟体系的实际性质。

为克服上述 CMD 模拟的局限性，可以把量子力学理论和分子动力学模拟结合起来进行 AIMD 模拟。前已述及，除 PI-AIMD 模拟外，AIMD 模拟主要有两种类型：BO-AIMD 模拟以及 CP-AIMD 模拟。BO-AIMD 模拟基于 Born-Oppenheimer 近似，分开考虑原子核和电子的运动。经过一系列简化和近似的电子结构计算可以得到原子核的受力情况，原子核的运动可进一步通过该原子核的受力情况依据经典力学描述。相比之下，CP-AIMD 充分利用了每步计算前后电子结构变化较小这一特点，通过在拉格朗日函数中引入扩展项使体系的电子结构按照一定的规律随时间演化，避免直接计算电子的波函数，大大提高了模拟效率。CP-AIMD 模拟过程中在每一个时间步长不需要进行电子能量最小化，但是为了保证绝热性，需要假设电子具有十分小的质量。由于每一个时间步长需要对运动方程进行积分，因此 CP-AIMD 的时间步长需要远小于 BO-AIMD 的时间步长[2,39]。

AIMD 模拟描述原子之间相互作用的精度仅依赖于求解薛定谔方程时所用的近似方法，因而能更精确地模拟系统随时间的演化过程。AIMD 模拟一般结合赝势法求解 Kohn-Sham 方程。目前的赝势（如投影缀加平面波赝势PAW等）涵盖了元素周期表中的大多数元素，因此

AIMD 模拟可以研究化学组分较多的体系。一般来说，当研究对象为团簇模型，可选取 B3LYP 交换关联泛函；当研究对象为周期性模型，可选取 PBE 交换关联泛函；当体系中存在范德瓦尔斯（van der Waals）作用时，需要加入特殊的修正项[40]。目前，AIMD 模拟在电化学储能领域的应用十分广泛，研究对象包含了电极体系、众多的电解质体系（有机液态电解质、离子液体、聚合物固态电解质、无机固态电解质等）以及电极/电解质界面体系等[41]。研究内容主要包含对体系结构（如晶态-非晶态转变等）及动力学过程（如反应过程、离子输运等）进行分析。虽然 AIMD 模拟精度较高，但由于计算量巨大，因此所模拟的体系一般不超过几百个原子，模拟时长一般不超过几百皮秒。

4.4.5 基于机器学习势函数的分子动力学模拟

CMD 模拟的势函数参数往往是通过实验或第一性原理计算结果拟合得到，所选势函数的形式以及实验或拟合结果的质量决定了其可靠性。一般来说，CMD 模拟精度低，但是计算效率高；相比之下 AIMD 模拟精度高，但是计算效率低。为了兼顾计算精度与效率，研究者开始尝试将机器学习（machine learning，ML）方法应用于构造原子间势函数（interatomic potentials，IAPs）。在经典分子动力学中，势能面是原子位置的函数。基于机器学习构造势函数的基本思想则是将其假设为局域环境描述因子（local environment descriptors）的函数，据此可以实验或第一性原理计算结果作为训练数据集（training data set），通过机器学习构造出一个机器学习原子间势函数（ML-IAPs），实现大体系的高精度分子动力学模拟[14]。常见的 ML-IAPs 有神经网络势（neural network potential，NNP）[42]、高斯近似势（Gaussian approximation potential，GAP）[43]、邻域分析电势（spectral neighbor analysis potential，SNAP）[44]以及深度势（deep potential，DP）[45]等。目前，基于 ML-IAPs 的分子动力学模拟已经初步用于固态电解质和电极材料的离子输运性质的研究中[46,47]。

4.5 分子动力学模拟在电化学储能中的应用

分子动力学模拟在电化学储能领域的应用十分广泛，其研究对象包含电极体系、电解质体系（包括有机液态电解质、离子液体、熔盐电解质、聚合物固态电解质、无机固态电解质等）以及电极与电解质之间界面等。前已述及，分子动力学模拟的直接输出结果是粒子的运动轨迹，通过对粒子运动轨迹的分析可以得到上述体系的结构特征、热力学性质以及动力学性质。目前，分子动力学已被成功应用于相转变[48]、电极反应过程[49]、嵌锂过程[50]以及离子输运[51]等性质的研究中。

4.5.1 晶态-非晶态转变

固态材料通常以晶态或非晶态等形式存在，其中，晶体的原子排列具有长程有序的特征，而非晶态原子排列具有短程有序、长程无序的特点，两者性质具有显著的差异。通过分子动力学模拟出体系的结构特征可由结构快照（snapshot）以及径向分布函数（radial distribution function）等方法表示。分子动力学模拟过程中每一时刻的结构可通过可视化软件（例如 VMD、OVITO、VESTA 等）输出为一系列的结构快照，将这些结构快照制成动画，即可直观地显示整个模拟过程中粒子的运动状态。例如，图 4-8（a）直观地显示了不同时刻晶态硅以及非晶硅锂化过程的结构快照，可以发现，晶态硅随着锂的嵌入逐渐转变为非晶态（蓝色小球混乱排列）[52]。

除结构快照以外，径向分布函数 $g_{AB}(r)$ 也可以有效地描述系统结构特征，其可表示为与 A 类中心原子相距为 r、厚度为 Δr 的球壳中发现 B 类原子的概率与 B 类原子在整个模拟体系中均匀分布时的概率之比。晶体与非晶体的径向分布函数有明显差异：晶体的径向分布函数在近、远距离均保持尖锐的峰形，体现出其长程有序性；而液体或非晶体的径向分布函数在近距离时有少量的高低和尖锐程度不等的峰分布（峰的高度随着距离的增大而降低），而在远距离时径向分布函数趋向于平均分布［即 $g_{AB}(r)$ 等于 1］，由此也体现了非晶体具有短程有序、长程无序结构。因此径向分布函是描述晶体和非晶体材料微观结构最常用的数学语言。图 4-8（b）显示了晶态硅 $g_{Si-Si}(r)$ 在 150fs 时刻呈现晶体的径向分布函数峰形。可以看到，随着锂原子的嵌入，在 15000fs 时刻呈现非晶体的径向分布函数峰形，这也验证了上述结构快照观察到随着锂的嵌入晶态硅逐渐转变为非晶态这一特征[52]。

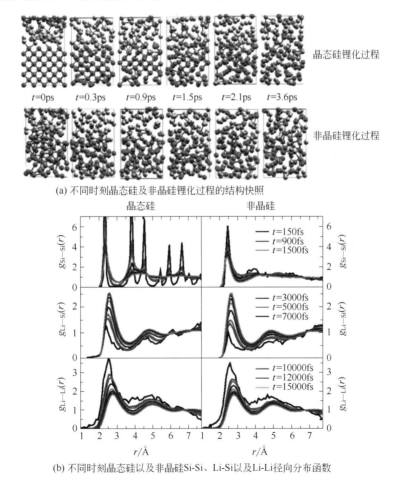

(a) 不同时刻晶态硅及非晶硅锂化过程的结构快照

(b) 不同时刻晶态硅以及非晶硅Si-Si、Li-Si以及Li-Li径向分布函数

图 4-8　不同时刻晶态硅及非晶硅锂化过程的结构快照及 Si—Si、Li—Si、Li—Li 径向分布函数[52]

蓝色、灰色小球分别为硅原子、锂原子

4.5.2 液态电解质中微结构表征

在有机液态电解质、离子液体以及熔盐等电解质中往往会存在一些微结构。通过对模拟体系结构进行配位分析或结构比较可有效定量标定出体系中的各类微结构。例如，Pang 等[53]通过 AIMD 模拟系统分析了无机熔盐 NaCl-AlCl$_3$ 和离子液体 EMIC-AlCl$_3$ 中的团簇构型（如图 4-9 所示），为揭示无机熔盐电解质超快动力学化学结构本质提供了理论支撑[53]。

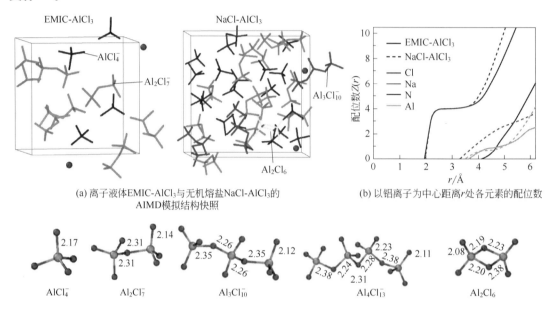

图 4-9 离子液体 NaCl-AlCl$_3$ 和无机熔盐 EMIC-AlCl$_3$ 中的团簇构型[53]

4.5.3 电极/电解质界面反应

电极与电解质的界面对于电池性能起着举足轻重的作用。以传统锂离子电池为例，当负极电位超出电解液的稳定电化学窗口时，电解液将发生分解，并在负极与电解液界面处生成一层固态电解质中间相，即 SEI（solid electrolyte interphase）。目前分子动力学模拟已经被广泛用于研究负极表面电解质的分解以及 SEI 的形成过程，如石墨、硅、锂、锡等负极表面有机碳酸酯溶剂的分解[41]。例如，Balbuena 等[49]利用 AIMD 模拟结合 Bader 电荷分析研究了碳酸乙烯酯（ethylene carbonate，EC，分子式为 $C_3H_4O_3$）在硅负极表面的还原机制。图 4-10 显示了 EC 分子的分解过程，即从第一个电子从硅电极表面转移到 EC 上，到第一个 C—O 键断裂，再到第二个电子转移到 EC$^-$ 上，最终第二个 C—O 键发生断裂并生成 C_2H_4 以及 CO_3^{2-}。Chen 与 Goddard 等[54-56]利用混合 AIMD-ReaxFF（hybrid AIMD-ReaxFF，HAIR）方法研究了金属锂负极与 LiTFSI/DOL、LiDFOB/DME、LiDFOB+LiTFSI/DME 以及 LiTFSI/FDMA/FEC 等电解质体系的反应过程。其指出 HAIR 方法中一方面利用了 AIMD 模拟刻画短程局域反应，另一方面利用了 ReaxFF 反应力场分子动力学模拟刻画长程反应以及电解质中的传质过程。

由此可见，该方法通过交替使用 AIMD 模拟与 ReaxFF 反应力场分子动力学模拟，既减小了计算量又保证了模拟精度。

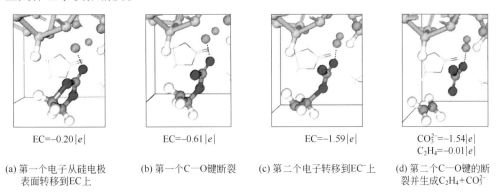

(a) 第一个电子从硅电极　　(b) 第一个C—O键断裂　　(c) 第二个电子转移到EC⁻上　　(d) 第二个C—O键的断
表面转移到EC上　　　　　　　　　　　　　　　　　　　　　　　　　　　　　　　　　　　　裂并生成C_2H_4+CO_3^{2-}

图 4-10　EC 分子的分解过程[49]
图中显示了 EC 分子以及 C_2H_4、CO_3^{2-} 的净电荷

4.5.4　离子输运性质

离子输运性能是电极与电解质体系的关键性能之一。利用分子动力学模拟对于离子输运性质的研究主要集中在以下几方面：①识别迁移离子输运通道（运动轨迹）；②衡量迁移离子的扩散能力；③揭示迁移离子输运机制。

4.5.4.1　离子输运通道

如果将分子动力学模拟过程中每一时刻迁移离子的位置记录下来并添加到初始结构中，即可得到该体系中迁移离子的运动轨迹。通过分析该运动轨迹即可得到迁移离子的输运通道及其维度。例如，Yang 和 Tse[57]首次通过自旋极化 AIMD 模拟研究了橄榄石结构 $LiFePO_4$ 电极体系的离子输运性能，发现锂离子倾向于沿 b 方向的之字形通道进行输运。Mo 等[58]通过对 $Li_{10}GeP_2S_{12}$ 固态电解质进行 AIMD 模拟得到了该体系中锂离子的运动轨迹。图 4-11（a）和图 4-11（b）、(c) 分别显示了 $Li_{10}GeP_2S_{12}$ 中锂离子沿 c 方向和在 ab 平面内的运动轨迹。可以发现，在 $Li_{10}GeP_2S_{12}$ 中锂离子更倾向于沿 c 方向导通（即一维导通）[58]。

迁移离子的核概率密度也是一种研究离子输运通道的方法。首先，可将模拟胞划分为若干个小网格；其次，统计一定时间内迁移离子在各网格内出现的数量，并对时间取平均，得到在该网格区域迁移离子的核概率密度；最后，对整个模拟胞中迁移离子的核概率密度做归一化处理，便可以得到归一化的核概率密度。由此，如果某区域具有高的核概率密度，则意味着迁移离子倾向于占据该区域，即该区域对应于低能位；如果以较低的核概率密度值在模拟胞中画出三维核概率密度等值面，则可以显示出低能位之间的离子输运通道。据此，Zhu 等[59]通过对 $Na_{3+x}Si_xP_{1-x}S_4$（$x = 0.0625$）固态电解质进行 AIMD 模拟得到了该体系中钠离子的核概率密度。图 4-11（d）显示了钠离子核概率密度为 $P_{max}/8$ 时的等值面，等值面显示的区域对应于实验标定的 Na1 位（即 Na1 位为低能位），Na1 位之间的空白区域对应于实验标定的 Na2 位（即 Na2 位为低能位）；图 4-11（e）显示了钠离子核概率密度为 $P_{max}/64$ 时的等值面，此时 Na1 位通过 Na2 位与另一个 Na1 位连通，由此，等值面区域显示出模拟胞中的钠离子输运通道[59]。值得注意的是，通过迁移离子核概率密度还可以得到模拟胞内各位置的相对自由能。例如，Sau 等[60]通过对 $Li_2B_{12}H_{12}$ 以及 $LiCB_{11}H_{12}$ 体系进行 MD 模拟得到了各体系不同 Li 位锂离子核概率密度，并通过其与最大核概率密度之比得到了这些 Li 位的相对自由能。

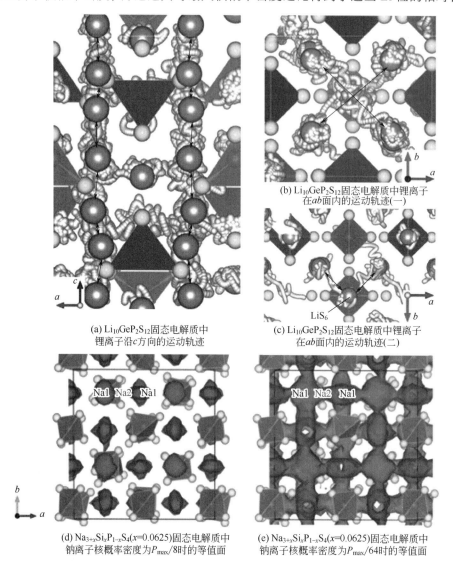

(a) $Li_{10}GeP_2S_{12}$ 固态电解质中锂离子沿 c 方向的运动轨迹

(b) $Li_{10}GeP_2S_{12}$ 固态电解质中锂离子在 ab 面内的运动轨迹（一）

(c) $Li_{10}GeP_2S_{12}$ 固态电解质中锂离子在 ab 面内的运动轨迹（二）

(d) $Na_{3+x}Si_xP_{1-x}S_4$ (x=0.0625) 固态电解质中钠离子核概率密度为 $P_{max}/8$ 时的等值面

(e) $Na_{3+x}Si_xP_{1-x}S_4$ (x=0.0625) 固态电解质中钠离子核概率密度为 $P_{max}/64$ 时的等值面

图 4-11 $Li_{10}GeP_2S_{12}$ 固态电解质中锂离子沿 c 方向和在 ab 平面内的运动轨迹[58]及 $Na_{3+x}Si_xP_{1-x}S_4$ (x = 0.0625) 固态电解质中钠离子核概率密度为 $P_{max}/8$ 与 $P_{max}/64$ 时的等值面[59]

P_{max} 为体系中最大钠离子核概率密度值

4.5.4.2 离子输运性能

目前，分子动力学模拟已经广泛应用于各类电极以及电解质的离子输运性能研究中。离子输运性能可以通过扩散系数、电导率以及激活能等参数来衡量。一般分子动力学模拟过程中未考虑其他驱动力（如电场）的影响，此时模拟的是迁移离子自扩散情况。通过速度自相关函数（velocity autocorrelation function，VACF）及 Green-Kubo 公式计算得到自扩散系数；

同样，通过均方位移（mean square displacement，MSD）及 Einstein 公式（或称 Einstein-Smoluchowski 公式）计算得到自扩散系数。VACF 被定义为模拟体系中特定粒子的当前速度与早先某一时间的速度的相关程度，即：

$$\text{VACF}(t) = \frac{1}{N} \sum_{i=1}^{N} \langle v_i(t_0) \times v_i(t_0 + t) \rangle \tag{4-2}$$

式中，N 表示体系中迁移离子的个数；$v_i(t_0)$ 表示 t_0 时刻第 i 个迁移离子的速度；t 表示时间间隔；$v_i(t_0+t)$ 表示 t_0+t 时刻第 i 个迁移离子的速度；角括号表示时间的平均。

自扩散系数 D^* 可以通过 Green-Kubo 公式表示为：

$$D^* = \frac{1}{3} \int_0^\infty \text{VACF}(t) \mathrm{d}t \tag{4-3}$$

MSD 定义为：

$$\text{MSD} = \frac{1}{N} \sum_{i=1}^{N} \langle [r_i(t_0 + t) - r_i(t_0)]^2 \rangle \tag{4-4}$$

式中，N 表示体系中迁移离子的个数；$r_i(t_0)$ 表示 t_0 时刻第 i 个迁移离子的位移；t 表示时间间隔；$r_i(t_0+t)$ 表示 t_0+t 时刻第 i 个迁移离子的位移；角括号表示时间的平均。

自扩散系数 D^* 可以表示为：

$$D^* = \frac{\text{MSD}}{2d\Delta t} \tag{4-5}$$

式中，d 表示扩散系统的维度（若扩散系统的维度是三维，则 $d=3$）。此时自扩散系数 D^* 是通过追踪体系内迁移离子位移得到的，因此也被称为迁移离子的示踪扩散系数。

通过分子动力学模拟可以得到若干不同温度下的自扩散系数。激活能 E_a 可以通过线性拟合阿伦尼乌斯关系式得到，阿伦尼乌斯关系式为：

$$D = D_0 \exp\left(-\frac{E_a}{k_B T}\right) \tag{4-6}$$

式中，D 为扩散系数；D_0 为扩散系数的指前因子；T 为热力学温度；k_B 为玻尔兹曼常数；E_a 为激活能。

第 2 章已述及，电荷扩散系数 D_σ 与其直流电导率 σ_{dc} 的关系可以通过 Nernst-Einstein 方程表示。然而不同文献对于在分子动力学模拟过程中电荷扩散系数 D_σ 以及 Haven ratio 相关因子的近似求法还存在差异[61,62]。目前，分子动力学模拟已经广泛应用于几乎所有无机固态电解质体系（Li_3N、LiPON、LISICON、NASICON、石榴石体系、钙钛矿和反钙钛矿体系、晶态及非晶态硫化物体系、卤化物体系等）的离子输运性能研究中。例如，Zhang 等[63]利用 AIMD 模拟研究了 $Li_{1+x}Al_xTi_{2-x}(PO_4)_3$ ($x \leq 0.5$) NASICON 结构固态电解质的离子输运性能，发现随着锂离子浓度增大体系激活能降低，当 x 取 0.5 时 $Li_{1.5}Al_{0.5}Ti_{1.5}(PO_4)_3$ 体系具有最高的扩散系数以及最低的激活能。此外，分子动力学模拟也被进一步应用于复合固态电解质的研究中。例如，Kasemagi 等[64]利用经典分子动力学模拟研究了在 PEO-LiCl/LiBr/LiI 体系中添加 Al_2O_3 纳米颗粒的影响，发现 Al_2O_3 纳米颗粒的引入将会降低 PEO 中 Li^+ 的输运能力。Mogurampelly 与 Ganesan[65]利用经典分子动力学模拟研究了 Al_2O_3 纳米颗粒对于 PEO-LiBF$_4$

体系的影响，他们同样发现 Al_2O_3 纳米颗粒的引入将会降低 Li^+ 的迁移能力。但由于复合固态电解质体系不同组分之间化学性质差异较大、组分与组分之间形成的界面结构复杂，较难获得准确的势函数，因而分子动力学模拟在复合固态电解质体系中的应用目前仍面临较大的挑战[66]。

4.5.4.3 离子输运性能影响因素

影响离子输运性能的因素有很多，包括体系结构特点、阴离子堆垛顺序、输运通道瓶颈尺寸、迁移离子浓度、迁移离子有序/无序分布、迁移离子与晶格阴离子的相互作用、迁移离子输运机制、晶格振动等。往往各种因素之间彼此联系、相互作用，共同影响着离子输运行为。通过分子动力学模拟可以研究各因素对离子输运性能的影响。例如，Gupta 等[67]利用机器学习分子动力学模拟（MLMD）发现 Na_3FY（Y=S, Se, Te）反钙钛矿型固态电解质中软声子、晶格离子动力学、空位等因素对钠离子输运性能有重要影响，如图 4-12 所示。

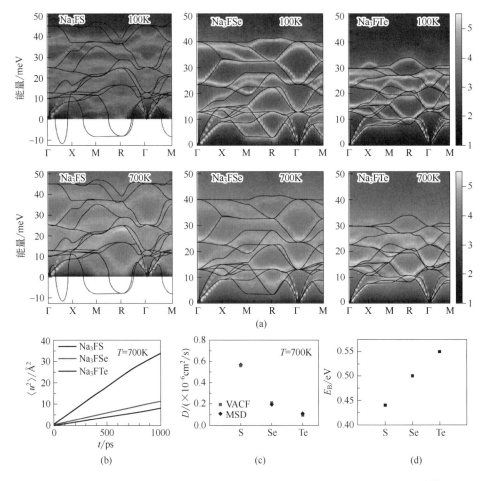

图 4-12　Na_3FY（Y=S, Se, Te）反钙钛矿型固态电解质钠离子输运性能[67]

（a）通过第一性原理晶格动力学计算得到的 0K 下 Na_3FY（Y=S, Se, Te）体系声子色散关系（黑实线）以及 MLMD 模拟得到的 100K 和 700K 下各体系声子能量密度图。可以发现 700K 下低能模式变得稳定且具有一定线宽，这意味着强的声子非简谐效应。（b）MLMD 模拟得到的 700K 下引入了 2%钠空位的 Na_3FY（Y=S, Se, Te）体系的 MSD 曲线。（c）通过 VACF 以及 MSD 得到的钠离子扩散系数。（d）通过钠离子核概率密度得到的各体系激活能

4.5.4.4 离子输运机制

深入理解离子输运机制有利于进一步针对性地对体系离子输运性能进行调控。分子动力学模拟在电极以及电解质中的离子输运机制的研究中起着十分重要的作用。通过对体系中迁移离子和骨架离子的运动轨迹进行分析,有助于发掘实验中难以观察到的新效应,例如电极材料中异种离子协同输运效应[68]、固态电解质中多个锂离子协同输运效应[51]以及聚阴离子多面体旋转效应[69]。

除了分析离子运动轨迹,还可以通过分析分子动力学模拟结果得到 van Hove 关联函数、Haven ratio 相关因子以及协同跳跃率等参量刻画迁移离子的协同输运现象。Xu 等[70]利用 AIMD 模拟对 $Li_{10}GeP_2S_{12}$ 中锂离子输运行为进行了研究,通过离子运动轨迹以及 van Hove 关联函数对其中的 Li^+ 协同输运进行了定性描述(即描述了在短时间内一个 Li^+ 跳跃到另一个 Li^+ 位置的行为)。Mo 等[61]利用 AIMD 模拟结果得到的离子运动轨迹、van Hove 关联函数、Haven ratio 相关因子(自扩散系数 D^* 与电荷扩散系数 D_σ 之比)等参量。通过进一步结合第一性原理轻推弹性带(FP-NEB)计算,其阐明了在电解质中迁移离子间的强库仑相互作用以及特殊的离子占位是产生迁移离子协同输运并降低输运能垒的原因。de Klerk 等[71]依据一定时间判据(迁移离子振动周期)及空间判据(相邻迁移离子位置之间的距离)判断 AIMD 模拟过程中不同迁移离子的跳跃事件之间是否协同,并通过协同跳跃数除以总跳跃数得到协同跳跃率(协同跳跃率越高,意味着迁移离子协同输运程度越强),为定量描述迁移离子协同输运程度提供了一个全新思路。需要注意的是,这种利用协同跳跃率定量刻画协同输运程度方法的精度依赖于所定义跳跃事件的准确度。

de Klerk 等[71]将晶体结构的间隙空间用许多一定半径的小球表示,即一个小球表示一个 Wyckoff 位置。在 AIMD 模拟过程中迁移离子如果从一个小球运动到另一个小球则定义为一次跳跃事件。由于小球与小球之间仍旧存在很多空隙,在某一时刻迁移离子运动到这个未被定义的空隙中,则会造成占位信息缺失[如图 4-13(a)所示]。本书作者团队[72-74]通过将晶体结构划分为若干无相互交叠的氧配位多面体以表示相应的迁移离子 Wyckoff 位置[即配位多面体模型,如图 4-13(b)所示],获得了 AIMD 模拟过程中迁移离子占位信息随时间演化的轨迹,进而准确统计出迁移离子跳跃事件,使得利用协同跳跃率定量迁

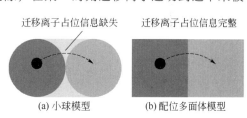

图 4-13 小球模型与配位多面体模型对比

移离子协同输运程度成为可能。基于此,通过 AIMD 模拟,发现 $Zn_{0.125}NaV_2(PO_4)_3$ 中存在两类典型的 Na^+/Zn^{2+} 协同输运机制:①相邻 M2 位 Na^+ 和 M1 位 Zn^{2+} 沿同一方向协同运动;②相邻 M1 位 Na^+ 和 M2 位 Zn^{2+} 分别沿不同方向协同运动。并结合实验阐明了 $Zn_xNaV_2(PO_4)_3$ 作为水系锌离子电池电极时可通过异种异价 Na^+/Zn^{2+} 协同输运激活 M1 位置,从而提升电池循环性能的根本机理,如图 4-14 所示[68]。

此外,本书作者团队进一步通过 AIMD 模拟研究了 NASICON 结构化合物 $NaZr_2(PO_4)_3$ 的离子输运机制,发现该体系存在多个钠离子协同输运的现象,且多个钠离子协同跳跃的能垒低于单个钠离子直接跳跃。此外,协同跳跃率随钠离子浓度增大而增大,因此体系中更多

的钠离子将会诱导能垒较低的协同运动从而降低激活能，如图4-15所示[51]。

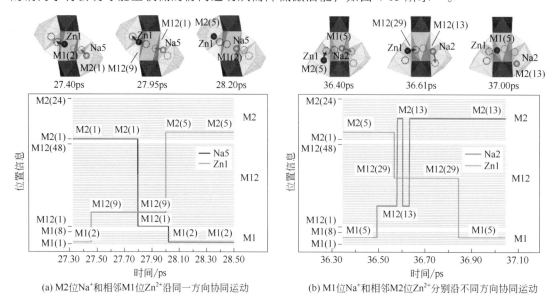

(a) M2位Na$^+$和相邻M1位Zn^{2+}沿同一方向协同运动

(b) M1位Na$^+$和相邻M2位Zn^{2+}分别沿不同方向协同运动

图4-14 模拟温度为1200K时，Zn$_{0.125}$NaV$_2$(PO$_4$)$_3$体系中的两类典型的Na$^+$与Zn^{2+}协同输运机制[68]
（a）与（b）上图显示了Na$^+$和Zn^{2+}空间位置的快照；下图显示了对应Na$^+$和Zn^{2+}占位随时间的演化轨迹。
其中，红色多面体为VO$_6$八面体；为了清晰地展示Na$^+$和Zn^{2+}空间位置，未显示出PO$_4$四面体。图中
每一条细线代表独特的多面体位置，如M1（1）代表1号M1位。细线的颜色区分多面体位置，其中
红色代表M1位，蓝色代表M12位，绿色代表M2位；每一条粗线代表一个特定Na$^+$或Zn^{2+}的
运动轨迹，例如，Zn1代表1号Zn^{2+}；轨迹是水平线时代表Na$^+$或Zn^{2+}占据某个多面体位置；
轨迹是竖直线时代表Na$^+$或Zn^{2+}从一个多面体位置跳跃到另一个多面体位置

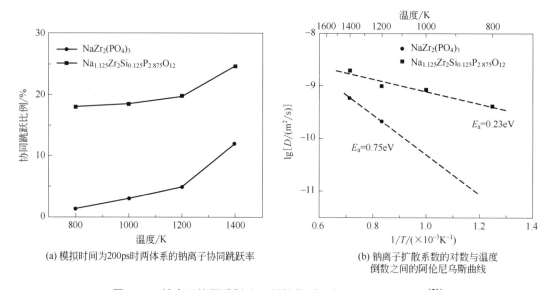

(a) 模拟时间为200ps时两体系的钠离子协同跳跃率

(b) 钠离子扩散系数的对数与温度倒数之间的阿伦尼乌斯曲线

图4-15 钠离子协同跳跃率及其扩散系数与温度之间的关系[51]

除了多个迁移离子协同输运，在一些电解质中，迁移离子在运动时往往伴随着周围聚阴离子多面体的旋转。在聚阴离子多面体的旋转过程中，迁移离子的输运通道将会被打开进而

促进输运，这种机制被称为"齿轮"（cog-wheel）机制或者"明轮"（paddlewheel）机制。最近，Smith 与 Siegel[69] 通过 AIMD 模拟发现 75Li$_2$S-25P$_2$S$_5$ 非晶结构中存在 Li$^+$ 之间的协同作用；同时通过定量 PS$_4$ 四面体偏转角随模拟时间的变化关系，发现 Li$^+$ 运动与 PS$_4$ 四面体的旋转之间存在耦合效应。

4.5.5 枝晶生长影响因素

金属负极的枝晶生长行为与金属阳离子扩散能力高度相关。因此，可利用分子动力学模拟分析电解液中由金属阳离子和溶剂分子或阴离子组成的溶剂化结构及其输运性质，进而刻画负极表面的枝晶生长过程。Holoubek 等[75]利用 CMD 研究了 1,2-二乙氧基乙烷（DEE）和 1,3-二氧戊烷/1,2-二甲氧基乙烷（DOL/DME）溶剂中 Li$^+$ 的溶剂化结构及动力学性质。他们发现 1mol/L LiFSI 溶于 DOL/DME 中后，Li$^+$ 周围以 DME 分子为主，Li$^+$ 与溶剂分子键合较强；而在 DEE 溶剂中 Li$^+$ 周围以 FSI$^-$ 和 DEE 分子为主，Li$^+$ 与溶剂分子键合较弱。需要注意的是，Li$^+$ 与溶剂分子较弱的键合能，促进了 Li$^+$ 的去溶剂化，能有效增加离子扩散通量，降低界面电阻，从而改善电沉积行为。此外，离子的溶剂化结构还会影响电极/电解质界面的反应行为，利用 MD 模拟可分析 SEI 的组分、结构及稳定性对电沉积形貌的影响。随着锂盐浓度的增加，离子溶剂化结构中的溶剂分子将相应减少，且此时阴离子含量将随之增加，进而形成富含无机物的致密 SEI，有利于增强电池充放电稳定性。例如，He 等[76]通过调节钠硫电池中的电解液组分得到局部高浓度的电解质，通过 AIMD 分析发现，离子溶剂化结构中溶剂分子含量的减少可有效抑制 NaPS 的产生并形成富含 NaF 与 Na$_3$N 的稳定 SEI，使得枝晶生长得到有效抑制。类似地，Wang 等[77]通过构建高盐浓度水系锌离子电池，使得负极沉积更加均匀。其进一步结合分子动力学模拟和光谱学研究发现，Zn^{2+} 与高浓度 TFSI$^-$ 形成的致密 (Zn-TFSI)$^+$ 离子对可以显著抑制 [Zn-(H$_2$O)$_6$]$^{2+}$ 的形成，进而稳定负极界面，抑制析氢反应。综上所述，分子动力学模拟能够对电解液中离子的溶剂化环境进行深入的分析，从而为开发出具有抑制枝晶效果的新型电解液提供理论指导。

4.6 分子动力学模拟软件

目前常用的 CMD 模拟软件有 LAMMPS、GULP、GROMACS、AMBER、NAMD、CHARMM 等；常用的 AIMD 模拟软件有 VASP、CASTAP、CP2K、ABACUS 等。其中，LAMMPS（large-scale atomic/molecular massively parallel simulator）[78,79]是一个经典分子动力学模拟软件，可模拟对象包括固态（如金属、非金属、半导体等）、液态（如水、熔盐等）、软物质（如高分子、蛋白质等）体系以及粗粒度体系和介观体系。GULP（the general utility lattice program）[80,81]同样为经典的分子动力学模拟软件，它主要用来模拟固态材料的性质。GULP 有许多功能，如晶体力学性质及扩散性质的计算、拟合势函数、缺陷计算、表面计算等。VASP（vienna ab initio simulation package）[82]是一个进行电子结构计算和 AIMD 模拟的软件包，是目前材料模拟和计算物质科学研究中最流行的软件之一。CP2K[83]是一个开源的第一性原理计算和分子动力学模拟软件，其可模拟上千个原子的大体系，被广泛用于固态、液态以及分子系统研究中。

4.7 展望

分子动力学模拟是一种研究物质结构与性质的重要方法,其目前已被广泛应用于电化学储能领域中研究电极体系、电解质体系以及两者界面体系的结构特征。利用分子动力学模拟还可以得到这些体系的热力学性质以及动力学性质,以及刻画化学键的断裂与生成等与化学反应有关的性质。虽然分子动力学模拟在上述体系某些方面已经取得较大的研究成果,但是对于复杂界面问题(包括枝晶生长过程、真实体系 SEI 的形成过程、复合固态电解质的离子传输机制等)、电场条件下离子输运问题、电池尺度下模拟问题的研究还存在挑战。

突破上述分子动力学应用瓶颈的关键在于实现量子力学精度、大规模、实验室时间尺度的原子模拟。具体的实现途径有:通过量子计算机实现大规模长时间的第一性原理分子动力学模拟;建立可精确描述任意化学元素组合的机器学习势函数,实现化学组分可调和量子精度的分子动力学模拟;通过一些加速分子动力学技术将模拟时间扩展到秒量级。加速分子动力学方法有:最小能量路径搜索、元动力学(metadynamics)、自适应加速分子动力学(adaptive-boost molecular dynamics)以及扩展系综分子动力学等[84]。

分子动力学模拟有助于捕获诸如输运路径、振动幅度、跳跃率在内的离子输运数据。然而,提取数据通常需要首先通过晶体学知识,人为定义输运离子的空间位点信息,因此也称为先验信息。例如,通过基于距离[71,85,86]、基于拓扑[87,88]或基于核概率密度[89]的方法,将粒子分配给网格化的输运介质。然而,不同输运介质所需先验信息的相异性导致其获取过程困难。为此,Kahle 等[90]提出了一种"无先验信息"的离子输运问题分析方法。该方法首先通过几何方法(于第 3.4.2 小节提到)将原子坐标投影到地标空间,用以识别输运离子环境特征。再通过基于密度的轨迹聚类(DCT)方法,根据分子动力学模拟轨迹计算核概率密度,并从中学习站点信息,将输运离子的轨迹离散化为不同的状态。之后再通过检测输运离子所处状态的改变来判断是否发生离子跳跃。然而,此方法在面对骨架原子振动和离子快速交换这两种情况时效果不佳,亟待进一步的研究。

参考文献

[1] Frenkel D, Smit B. Understanding molecular simulation: from algorithms to applications [M]. New York: Academic Press, 2001.

[2] Marx D, Hutter J. Ab initio molecular dynamics: basic theory and advanced methods [M]. Cambridge: Cambridge University Press, 2009.

[3] 陈正隆,徐为人,汤立达. 分子模拟的理论与实践 [M]. 北京:化学工业出版社,2007.

[4] 严六明,朱素华. 分子动力学模拟的理论与实践 [M]. 北京:科学出版社,2013.

[5] Meutzner F, Nestler T, Zschornak M, et al. Computational analysis and identification of battery materials [J]. Phys Sci Rev, 2019, 4: 1-32.

[6] Alder B J, Wainwright T E. Phase transition for a hard sphere system [J]. J Chem Phys, 1957, 27 (5): 1208-1209.

[7] Alder B J, Wainwright T E. Studies in molecular dynamics. I. general method [J]. J Chem Phys, 1959, 31 (2):

459-466.

[8] Rahman A. Correlations in the motion of atoms in liquid argon [J]. Phys Rev, 1964, 136: A405.

[9] Car R, Parrinello M. Unified approach for molecular dynamics and density-functional theory [J]. Phys Rev Lett, 1985, 55: 2471.

[10] van Duin A C T, Dasgupta S, Lorant F, et al. ReaxFF: a reactive force field for hydrocarbons [J]. J Phys Chem A, 2001, 105: 9396-9409.

[11] Chenoweth K, van Duin A C T, Goddard W A. ReaxFF reactive force field for molecular dynamics simulations of hydrocarbon oxidation [J]. J Phys Chem A, 2008, 112 (5): 1040-1053.

[12] Senftle T P, Hong S, Islam M M, et al. The ReaxFF reactive force-field: development, applications and future directions [J]. npj Comput Mater, 2016, 2: 15011.

[13] Goddard W A. Force fields for reactive dynamics (ReaxFF, RexPoN) [M]. Cham: Springer, 2021.

[14] Zuo Y X, Chen C, Li X G, et al. Performance and cost assessment of machine learning interatomic potentials [J]. J Phys Chem A, 2020, 124: 731-745.

[15] Hellenbrandt M. The inorganic crystal structure database (ICSD)—present and future [J]. Crsytallogr Rev, 2004, 10: 17-22.

[16] Jain A, Ong S P, Hautier G, et al. Commentary: the Materials Project: a materials genome approach to accelerating materials innovation [J]. APL Mater, 2013, 1 (1): 011002.

[17] Ong S P, Mo Y F, Richards W D, et al. Phase stability, electrochemical stability and ionic conductivity of the $Li_{10\pm1}MP_2X_{12}$ (M = Ge, Si, Sn, Al or P, and X = O, S or Se) family of superionic conductors [J]. Energy Environ Sci, 2013, 6 (1): 148-156.

[18] Kutteh R, Avdeev M. Initial assessment of an empirical potential as a portable tool for rapid investigation of Li^+ diffusion in Li^+-battery cathode materials [J]. J Phys Chem C, 2014, 118 (21): 11203-11214.

[19] Berendsen H J C, Postma J P M, van Gunsteren W F, et al. Molecular dynamics with coupling to an external bath [J]. J Chem Phys, 1984, 81: 3684.

[20] Nosé S. A molecular dynamics method for simulations in the canonical ensemble [J]. Mol Phys, 1984, 52 (2): 255-268.

[21] Hoover W G. Canonical dynamics: Equilibrium phase-space distributions [J]. Phys Rev A, 1985, 31: 1695.

[22] Andersen H C. Molecular dynamics simulations at constant pressure and/or temperature [J]. J Chem Phys, 1980, 72: 2384.

[23] Parrinello M, Rahman A. Crystal structure and pair potentials: A molecular-dynamics study [J]. Phys Rev Lett, 1980, 45: 1196.

[24] Parrinello M, Rahman A. Polymorphic transitions in single crystals: A new molecular dynamics method [J]. J Appl Phys, 1981, 52: 7182.

[25] 张跃, 谷景华, 尚家香, 等. 计算材料学基础 [M]. 北京: 北京航空航天大学出版社, 2007.

[26] Kempfer K, Devémy J, Dequidt A, et al. Development of coarse-grained models for polymers by trajectory matching [J]. ACS Omega, 2019, 4: 5955-5967.

[27] Fitzgerald G, DeJoannis J, Meunier M. Multiscale modeling of nanomaterials: recent developments and future prospects [M]. Cambridge: Woodhead Publishing, 2015.

[28] Lu K R, Maranas J K, Milner S T. Ion-mediated charge transport in ionomeric electrolytes [J]. Soft Matter, 2016, 12: 3943-3954.

[29] Qin J, de Pablo J J. Ordering transition in salt-doped diblock copolymers [J]. Macromolecules, 2016, 49: 3630-3638.

[30] Bedrov D, Piquemal J P, Borodin O, et al. Molecular dynamics simulations of ionic liquids and electrolytes using polarizable force fields [J]. Chem Rev, 2019, 119 (13): 7940-7995.

[31] Barnes P, Finney J L, Nicholas J D, et al. Cooperative effects in simulated water [J]. Nature, 1979, 282: 459-464.

[32] Londono J D, Annis B K, Habenschuss A, et al. Cation environment in molten lithium iodide doped poly (ethylene oxide) [J]. Macromolecules, 1997, 30 (23): 7151-7157.

[33] Smith G D, Jaffe R L, Partridge H. Quantum chemistry study of the interactions of Li^+, Cl^-, and I^- ions with model ethers [J]. J Phys Chem A, 1997, 101 (9): 1705-1715.

[34] Borodin O, Smith G D. Development of quantum chemistry-based force fields for poly (ethylene oxide) with many-body polarization interactions [J]. J Phys Chem B, 2003, 107 (28): 6801-6812.

[35] Yun K S, Pai S J, Yeo B C, et al. Simulation protocol for prediction of a solid-electrolyte interphase on the silicon-based anodes of a lithium-ion battery: Reaxff reactive force field [J]. J Phys Chem Lett, 2017, 8 (13): 2812-2818.

[36] Nyden M R, Stoliarov S I, Westmoreland P R, et al. Applications of reactive molecular dynamics to the study of the thermal decomposition of polymers and nanoscale structures [J]. Mater Sci Eng A, 2004, 365: 114-121.

[37] Chenoweth K, Cheung S, van Duin A C T, et al. Simulations on the thermal decomposition of a poly (dimethylsiloxane) polymer using the ReaxFF reactive force field [J]. J Am Chem Soc, 2005, 127: 7192-7202.

[38] Petersen M K, Voth G A. Characterization of the solvation and transport of the hydrated proton in the perfluorosulfonic acid membrane nafion [J]. J Phys Chem B, 2006, 110 (37): 18594-18600.

[39] Zhu Z Y, Deng Z, Chu I H, et al. Ab initio molecular dynamics studies of fast ion conductors [M]. In: Shin D, Saal J (eds) Computational materials system design, Cham: Springer, 2018.

[40] Zhang H, Chen F F, Carrasco J. Nanoscale modelling of polymer electrolytes for rechargeable batteries [J]. Energy Stor Mater, 2021, 36: 77-90.

[41] Franco A A, Rucci A, Brandell D, et al. Boosting rechargeable batteries R&D by multiscale modeling: myth or reality? [J]. Chem Rev, 2019, 119 (7): 4569-4627.

[42] Behler J, Parrinello M. Generalized neural-network representation of high-dimensional potential-energy surfaces [J]. Phys Rev Lett, 2007, 98: 146401.

[43] Szlachta W J, Bartók A P, Csányi G. Accuracy and transferability of gaussian approximation potential models for tungsten [J]. Phys Rev B, 2014, 90: 104108.

[44] Thompson A P, Swiler L P, Trott C R, et al. Spectral neighbor analysis method for automated generation of quantum-accurate interatomic potentials [J]. J Comput Phys, 2015, 285: 316-330.

[45] Zhang L F, Han J Q, Wang H, et al. Deep potential molecular dynamics: a scalable model with the accuracy of quantum mechanics [J]. Phys Rev Lett, 2018, 120: 143001.

[46] Deng Z, Chen C, Li X G, et al. An electrostatic spectral neighbor analysis potential for lithium nitride [J]. npj Comput Mater, 2019, 5: 75.

[47] Lin M, Liu X S, Xiang Y X, et al. Unravelling the fast alkali-ion dynamics in paramagnetic battery materials

combined with NMR and deep-potential molecular dynamics simulation [J]. Angew Chem Int Ed, 2021, 60: 12547-12553.

[48] Lee T H, Elliott S R. Ab initio computer simulation of the early stages of crystallization: application to $Ge_2Sb_2Te_5$ phase-change materials [J]. Phys Rev Lett, 2011, 107 (14): 145702.

[49] Martinez de la Hoz J M, Leung K, Balbuena P B. Reduction mechanisms of ethylene carbonate on Si anodes of lithium-ion batteries: effects of degree of lithiation and nature of exposed surface [J]. ACS Appl Mater Interfaces, 2013, 5: 13457-13465.

[50] He K, Lin F, Zhu Y Z, et al. Sodiation kinetics of metal oxide conversion electrodes: A comparative study with lithiation [J]. Nano Lett, 2015, 15 (9): 5755-5763.

[51] Zou Z Y, Ma N, Wang A P, et al. Relationships between Na^+ distribution, concerted migration, and diffusion properties in rhombohedral NASICON [J]. Adv Energy Mater, 2020, 10: 2001486.

[52] Johari P, Qi Y, Shenoy V B. The mixing mechanism during lithiation of Si negative electrode in Li-ion batteries: an ab initio molecular dynamics study [J]. Nano Lett, 2011, 11 (12): 5494-5500.

[53] Pang Q Q, Meng J S, Gupta S, et al. Fast-charging aluminium-chalcogen batteries resistant to dendritic shorting [J]. Nature, 2022, 608: 704-711.

[54] Liu Y, Yu P P, Wu Y, et al. The DFT-ReaxFF hybrid reactive dynamics method with application to the reductive decomposition reaction of the TFSI and DOL electrolyte at a lithium-metal anode surface [J]. J Phys Chem Lett, 2021, 12: 1300-1306.

[55] Liu Y, Yu P P, Sun Q T, et al. Predicted operando polymerization at lithium anode via boron insertion [J]. ACS Energy Lett, 2021, 6: 2320-2327.

[56] Wu Y, Sun Q T, Liu Y, et al. Reduction mechanism of solid electrolyte interphase formation on lithium metal anode: fluorine-rich electrolyte [J]. J Electrochem Soc, 2022, 169 (1): 010503.

[57] Yang J J, Tse J S. Li ion diffusion mechanisms in $LiFePO_4$: An ab initio molecular dynamics study [J]. J Phys Chem A, 2011, 115: 13045-13049.

[58] Mo Y F, Ong S P, Ceder G. First principles study of the $Li_{10}GeP_2S_{12}$ lithium super ionic conductor material [J]. Chem Mater, 2012, 24 (1): 15-17.

[59] Zhu Z Y, Chu I H, Deng Z, et al. Role of Na^+ interstitials and dopants in enhancing the Na^+ conductivity of the cubic Na_3PS_4 superionic conductor [J]. Chem Mater, 2015, 27 (24): 8318-8325.

[60] Sau K, Ikeshoji T, Kim S, et al. Comparative molecular dynamics study of the roles of anion-cation and cation-cation correlation in cation diffusion in $Li_2B_{12}H_{12}$ and $LiCB_{11}H_{12}$ [J]. Chem Mater, 2021, 33: 2357-2369.

[61] He X F, Zhu Y Z, Mo Y F. Origin of fast ion diffusion in super-ionic conductors [J]. Nat Commun, 2017, 8: 15893.

[62] Marcolongo A, Marzari N. Ionic correlations and failure of Nernst-Einstein relation in solid-state electrolytes [J]. Phys Rev Mater, 2017, 1: 025402.

[63] Zhang B K, Lin Z, Dong H F, et al. Revealing cooperative Li-ion migration in $Li_{1+x}Al_xTi_{2-x}(PO_4)_3$ solid state electrolytes with high Al doping [J]. J Mater Chem A, 2020, 8: 342-348.

[64] Kasemagi H, Klintenberg M, Aabloo A, et al. Molecular dynamics simulation of the effect of adding an Al_2O_3 nanoparticle to PEO-LiCl/LiBr/LiI systems [J]. J Mater Chem, 2001, 11: 3191-3196.

[65] Mogurampelly S, Ganesan V. Effect of nanoparticles on ion transport in polymer electrolytes [J]. Macromolecules, 2015, 48: 2773-2786.

[66] Zou Z Y, Li Y J, Lu Z H, et al. Mobile ions in composite solids [J]. Chem Rev, 2020. 120 (9): 4169-4221.

[67] Gupta M K, Kumar S, Mittal R, et al. Soft-phonon anharmonicity, floppy modes, and Na diffusion in Na_3FY (Y=S, Se, Te): *ab initio* and machine-learned molecular dynamics simulations [J]. Phys Rev B, 2022, 106: 014311.

[68] Hu P, Zou Z Y, Sun X W, et al. Uncovering the potential of M1-site-activated NASICON cathodes for Zn-ion batteries [J]. Adv Mater, 2020, 32: 1907526.

[69] Smith J G, Siegel D J. Low-temperature paddlewheel effect in glassy solid electrolytes [J]. Nat Commun, 2020, 11 (1): 1483.

[70] Xu M, Ding J, Ma E. One-dimensional stringlike cooperative migration of lithium ions in an ultrafast ionic conductor [J]. Appl Phys Lett, 2012, 101 (3): 031901.

[71] de Klerk N J J, van der Maas E, Wagemaker M. Analysis of diffusion in solid-state electrolytes through MD simulations, improvement of the Li-ion conductivity in β-Li_3PS_4 as an example [J]. ACS Appl Energy Mater, 2018, 1: 3230.

[72] 邹喆乂, 施思齐, 何冰. 基于具有框架结构的离子导体的 AIMD 计算结果进行离子协同跳跃分析程序. 2019SR0695712, 2019.

[73] Zhang Z Z, Zou Z Y, Kaup K, et al. Correlated migration invokes higher Na^+-ion conductivity in NASICON-type solid electrolytes [J]. Adv Energy Mater, 2019, 9 (42): 1902373.

[74] 邹喆乂. NASICON 型化合物离子输运机制研究 [D]. 上海: 上海大学, 2020.

[75] Holoubek J, Liu H D, Wu Z H, et al. Tailoring electrolyte solvation for Li metal batteries cycled at ultra-low temperature [J]. Nat Energy, 2021, 6: 303-313.

[76] He J R, Bhargav A, Shin W, et al. Stable dendrite-free sodium-sulfur batteries enabled by a localized high-concentration electrolyte [J]. J Am Chem Soc, 2021, 143: 20241-20248.

[77] Wang F, Borodin O, Gao T, et al. Highly reversible zinc metal anode for aqueous batteries [J]. Nat Mater, 2018, 17: 543-549.

[78] Plimpton S. Fast parallel algorithms for short-range molecular dynamics [J]. J Comput Phys, 1995, 117 (1): 1-19.

[79] Thompson A P, Aktulga H M, Berger R, et al. LAMMPS—a flexible simulation tool for particle-based materials modeling at the atomic, meso, and continuum scales [J]. Comput Phys Commun, 2022, 271: 10817.

[80] Gale J D. GULP: a computer program for the symmetry-adapted simulation of solids [J]. J Chem Soc Faraday Trans, 1997, 93 (4): 629-637.

[81] Gale J D, Rohl A L. The general utility lattice program (GULP) [J]. Mol Simul, 2003, 29 (5): 291-341.

[82] Kresse G, Furthmüller J. Efficient iterative schemes for ab initio total-energy calculations using a plane-wave basis set [J]. Phys Rev B, 1996, 54 (16): 11169-11186.

[83] Kühne T D, Iannuzzi M, Del Ben M, et al. CP2K: An electronic structure and molecular dynamics software package-Quickstep: efficient and accurate electronic structure calculations [J]. J Chem Phys, 2020, 152: 194103.

[84] 王云江. 固体塑性实验室时间尺度的分子动力学模拟概述 [J]. 计算力学学报, 2021, 38 (3): 280-289.

[85] Kweon K E, Varley J B, Shea P, et al. Structural, chemical, and dynamical frustration: origins of superionic

conductivity in closo-borate solid electrolytes [J]. Chem Mater, 2017, 29: 9142-9153.
[86] Varley J B, Kweon K, Mehta P, et al. Understanding ionic conductivity trends in polyborane solid electrolytes from ab initio molecular dynamics [J]. ACS Energy Lett, 2017, 2: 250-255.
[87] Kozinsky B, Akhade S A, Hirel P, et al. Effects of sublattice symmetry and frustration on ionic transport in garnet solid electrolytes [J]. Phys Rev Lett, 2016, 116: 055901.
[88] Kozinsky B. Transport in frustrated and disordered solid electrolytes [M]. In: Andreoni W, Yip S(eds). Handbook of materials modeling, Cham: Springer, 2018.
[89] Chen C, Lu Z H, Ciucci F. Data mining of molecular dynamics data reveals Li diffusion characteristics in garnet $Li_7La_3Zr_2O_{12}$ [J]. Sci Rep, 2017, 7: 40769.
[90] Kahle L, Musaelian A, Marzari N, et al. Unsupervised landmark analysis for jump detection in molecular dynamics simulations [J]. Phys Rev Mater, 2019, 3: 055404.

第5章 电化学储能中的蒙特卡罗和渗流模拟

5.1 蒙特卡罗模拟

5.1.1 蒙特卡罗模拟概述

蒙特卡罗（Monte Carlo，MC）模拟，又称随机抽样或统计试验方法[1]，是由美国数学家Neumann等[2]于20世纪40年代在"曼哈顿计划"中首次明确提出，并将其用于研究中子扩散行为。到了50年代，Metropolis等[3]提出了可适用于大多数物理平衡系统的Metropolis算法，其可高效处理数学、物理中的微分积分方程，并能有效区分不同系统中的局域和全局最优解，而利用此算法的MC模拟称为MTMC（Metropolis Monte Carlo）。MC模拟最初可用来解决大多数热力学问题，但其无法解决与时间关联的动力学问题。直到60年代，一种用于模拟系统组态随时间演化的动力学蒙特卡罗（kinetic Monte Carlo，KMC）方法应运而生。该方法理论上可以模拟出无限趋近于真实粒子（如离子等）的运动状态，并计算出其扩散等特性。然而，随着模拟体系的增大，KMC模拟成本急剧增加，由此，催生出混合蒙特卡罗（hybrid Monte Carlo，HMC）采样算法等加速模拟算法应用于模拟较大体系的离子输运问题。鉴于传统的MC模拟算法会重复地处理不同状态及其转移过程，且难以精确处理更高维问题[4]，在进入21世纪之后孵化出蒙特卡罗树搜索（MCTS）等更先进实用的算法[5-9]以更真实地模拟实际物理过程，并克服了研究对象探索空间巨大的问题（如图5-1所示）。

从本质上看，上述MC方法求解问题的基本思想均为：对于某种事件出现的概率或者是某个随机变量的期望值，可通过某种"试验"方法来获得其平均值解。具体来说，在MC模拟过程中，可通过不断产生具有某种分布的随机序列来模拟物理过程的发生顺序。因此，只要能准确计算出每种物理过程出现的概率，便可以对其进行直观的模拟。需要注意的是，MC与本书第4章介绍的MD模拟均可用于材料动力学特性研究。其中，MD模拟方法在分析离子扩散模式及模拟界面相互作用等方面应用广泛，其计算精度虽高，但计算过程耗时长且难以模拟较大规模体系。与之相比，MC 模拟的计算速度更快，可有效解决上述难题，且其扩展性更强。表 5-1 详细比较了这两种方法的异同。

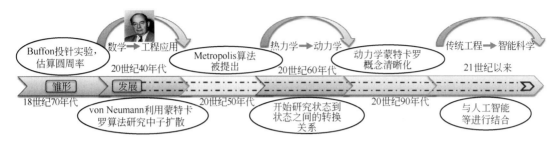

图 5-1 蒙特卡罗模拟的发展历程

表 5-1 MC 模拟与 MD 模拟的对比[2,10-13]

对比内容	MD 模拟	MC 模拟
目的	模拟系统/结构的演变	
初衷	为了计算统计力学里的系综平均	
统计原理	时间平均	系综平均
实施方法	精确地计算出下一时刻离子的分布	"试"出每个 MC 步后相对合理的离子分布，或者计算出每种构型出现的概率
具体操作	计算出某个时刻离子的运动状态。选定最小时间单元统计，得到样本数据	通过计算体系的转变概率或者离子的迁移概率，更新体系的状态，同时根据转换概率值对应到真实时间的变化
模拟时间尺度	飞秒~纳秒	皮秒~小时
模拟对象尺度	微观~介观	微观~宏观
模拟关注点	原子运动轨迹	体系组态迁移
应用范围	离子迁移、晶体生长、缺陷生成、材料老化等	

5.1.1.1 热力学蒙特卡罗模拟

热力学 MC 模拟最初主要应用于可忽略组态之间时间关联性的热力学系统。如在研究碱金属电解质时，温度及迁移离子浓度恒定条件下的热力学系统配分函数 Z 可以表示为：

$$Z = \sum_s \exp\left(\frac{-E_s}{k_B T}\right) \tag{5-1}$$

式中，E_s 对应于所有电子处于激发态 s 时体系的能量；k_B 为玻尔兹曼常数；T 为热力学温度。

当系统中粒子间存在相互作用时，通过上述简单将系统微观状态进行求和并不能得到配分函数，需要进一步通过 MC 模拟来近似描述。

以 Li$^+$ 插层化合物为例,当设置恒定的锂化学势 (μ_{Li}) 作为系统热力学边界条件(同时保持主体原子浓度不变)时,Li$^+$ 的数量会随着微观状态变化而发生改变。此时若热力学温度 T、锂化学势 μ_{Li} 及框架结构的原子数 N_{Li} 恒定,则只需要考虑构型的自由度。最终化合物配分函数可表示为:

$$Z = \sum_{\sigma} \exp\left(-\frac{E(\sigma) - \mu_{Li} N_{Li}(\sigma)}{k_B T}\right) \tag{5-2}$$

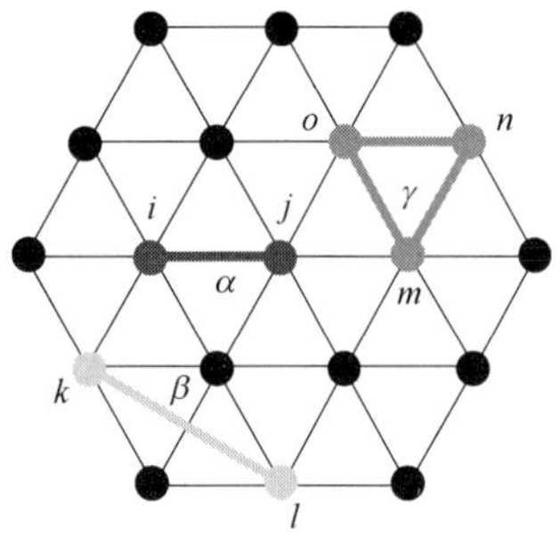

式中, $E(\sigma)$, $N_{Li}(\sigma)$ 分别表示体系在 σ 占据状态下的能量和 Li$^+$ 数量;σ 表示体系中间隙位点的 Li$^+$-空位构型对应的占据变量,即 $\boldsymbol{\sigma} = (\sigma_1, \cdots, \sigma_i, \cdots, \sigma_j, \cdots, \sigma_M)$($M$ 表示体系中的间隙位点数),如图 5-2 所示。

当利用 MC 模拟一个具有有限尺寸 $L_1 \times L_2 \times L_3$ 的周期性晶胞时,可在巨正则系综中通过 Metropolis 算法对其显式占据变量 σ 矩阵进行采样,采样频率为:

$$P(\boldsymbol{\sigma}) = \frac{1}{Z} \exp\left[-\frac{E(\sigma) - \mu_{Li} N_{Li}(\sigma)}{k_B T}\right] \tag{5-3}$$

图 5-2 用不同位点簇占据变量的乘积来表示基函数[14]

如最近邻簇标记为 α,其基函数为 $\Phi_\alpha = \sigma_i \sigma_j$

式中,Z 为 Li$^+$ 插层化合物的配分函数。

该方法可以对 Li$^+$ 的平均数量 $\langle N_{Li} \rangle$ 进行评估:

$$\langle N_{Li} \rangle = \sum_{\sigma} P(\boldsymbol{\sigma}) N_{Li}(\sigma) \tag{5-4}$$

基于恒定的锂化学势 μ_{Li} 和恒定热力学温度 T,平均巨正则能可表示为(定义为 $\Lambda = E - \mu_{Li} N_{Li}$):

$$\langle \Lambda \rangle = \sum_{\sigma} P(\boldsymbol{\sigma}) \Omega(\sigma) \tag{5-5}$$

式中,$\Omega(\sigma)$ 表示体系在 σ 占据状态下每个间隙位点的体积。

由于 Metropolis 算法以概率分布 $P(\sigma)$ 对微观状态进行采样,因此在模拟过程中常采用直接平均的方法:

$$\langle A \rangle = \frac{1}{N_s} \sum_{\sigma} A(\sigma) \tag{5-6}$$

式中,A 为 N_{Li} 或 Ω 等变量;N_s 为采样微观状态数。其他 MC 模拟算法详细参数信息可参考文献[15]。

此外,MC 模拟还可用于计算热力学量之间的平衡关系。例如,通过 GCMC(grand canonical Monte Carlo)模拟[16,17]计算出不同 μ_{Li} 下的 $\langle N_{Li} \rangle$,从而得到插层化合物在特定温度下 μ_{Li} 与 Li$^+$ 浓度的关系,将产生的关系代入式(5-7):

$$V = -\frac{\mu_{Li}^C - \mu_{Li}^A}{e} \tag{5-7}$$

式中,μ_{Li}^C 和 μ_{Li}^A 分别表示正极和负极的锂化学势;e 为单位电荷量;V 为开路电压。由此可得到特定温度下的电压曲线。

此外，MC 模拟也可以用于计算吉布斯自由能[11-13]：

$$G(\langle N_{Li}\rangle,T) = G(\langle N_{Li}^0\rangle,T) + \int_{N_{Li}^0}^{N_{Li}} \mu_{Li} d\langle N_{Li}\rangle \tag{5-8}$$

式中，N_{Li}^0 和 $G(\langle N_{Li}^0\rangle,T)$ 分别为特定参考状态下 Li$^+$ 数目和对应系统的自由能。

在极稀浓度状态下，构型熵可忽略不计，因此可将该状态作为参考状态。例如，Li$^+$ 完全脱嵌后的化合物吉布斯自由能 $G(\langle N_{Li}^0\rangle,T)$ 均可通过其平均自由能来近似。

综上所述，计算插层化合物在有限温度下热力学性质的方法主要分为三个步骤：

① 通过第一性原理（FP）计算获得局域 Li$^+$-空位排列的能量；

② 将该能量对应到团簇展开中（团簇展开方法见第 5.3.2 小节中详细介绍），进而求解出较大体积体系中所有构型的能量；

③ 通过 MC 模拟团簇展开后的体系，得到其不同的热力学量。

需说明的是，虽然 FP 计算精度高，但模拟尺度有限，而采用 FP 计算与团簇展开耦合的方式则可以实现在特定的模拟规模下对体系所有可能形成构型的能量进行精确预测，并为进一步采用 MC 模拟体系热力学性质提供基础结构/能量数据。

5.1.1.2 动力学蒙特卡罗模拟

为了研究体系的动态演化过程（如体系中粒子的迁移过程），KMC 模拟被提出并广泛应用于 KMC 模拟，由于体系中新组态出现的时间顺序与其出现的概率有关，因此可寻找出它们之间的关系是其区别于传统热力学 MC 模拟的一个重要特征。此外，KMC 模拟考虑到了中间态（过渡态）对离子输运的影响[18]，因此其计算组态出现概率的过程更为复杂，需要依据实际问题在模拟精度和复杂度之间进行取舍。根据过渡态理论，体系中离子随机跃迁事件的发生频率为：

$$\Gamma = \nu^* e^{-\Delta E_B/(k_B T)} \tag{5-9}$$

式中，ν^* 是单位为 s^{-1} 的振动前置因子；ΔE_B 表示离子的迁移能垒；T 为热力学温度。

插层化合物中 Li$^+$ 通常是非稀浓度，且存在离子间的相互作用，并由此表现出不同程度的短程或长程有序。ΔE_B 和振动前置因子 ν^* 都是和离子/空位排布相关的局部有序度函数，这也导致了扩散系数计算的复杂性。图 5-3（a）为层状插层化合物八面体位置上的局部 Li$^+$-空位构型的典型快照，标记 1 和 2 分别表示 Li$^+$ 被一个和四个空位包围，标记 3 的 Li$^+$ 完全被空位包围。这三个被标记的 Li$^+$ 按照图示方向跃迁时，由于局部配位环境的差异，迁移能垒和振动前置因子都有所不同。此外，体系局部有序度的不同也导致 Li$^+$ 沿不同方向（非对称）的迁移能垒有所不同 [如图 5-3（b）、（c）所示]。

如果严格按照上述分析进行 KMC 模拟，需要极大的计算量，因此还需对模型做进一步的简化。首先，可将 Li$^+$ 向前后两个方向跳跃的迁移能垒进行平均，得到动力学解析激活能垒（ΔE_{KRA}）[19] 以度量特定环境下 Li$^+$ 迁移的难易程度。如图 5-3（d）所示，其值取决于局部排序变量 σ_H（H 表示所有可能发生的跳变事件的次数），并可由激活态能量 $E_{act}(\sigma_H)$ 和始末态能量 [$E(\sigma_i)$、$E(\sigma_f)$] 计算得到[19,20]：

$$\Delta E_{KRA}(\sigma_H) = E_{act}(\sigma_H) - \frac{1}{2}[E(\sigma_i) + E(\sigma_f)] \tag{5-10}$$

式中，$E(\boldsymbol{\sigma}_i)$ 和 $E(\boldsymbol{\sigma}_f)$ 对 Li^+-空位排列的依赖关系可以用团簇展开来描述。同样，团簇展开也可以用来描述 ΔE_{KRA} 与跳跃点 $\boldsymbol{\sigma}_H$ 附近 Li^+-空位排序的依赖关系[19,20]：

$$\Delta E_{KRA}(\boldsymbol{\sigma}_H) = K_0 + \sum_\alpha K_\alpha \Phi_\alpha(\boldsymbol{\sigma}_H) \tag{5-11}$$

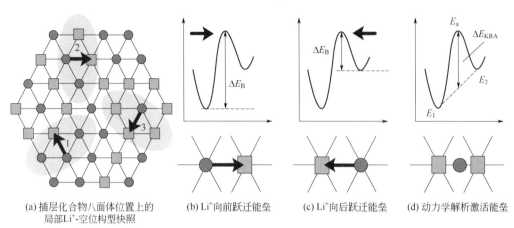

(a) 插层化合物八面体位置上的局部Li^+-空位构型快照 (b) Li^+向前跃迁能垒 (c) Li^+向后跃迁能垒 (d) 动力学解析激活能垒

图 5-3 插层化合物八面位置上局部 Li^+-空位构型快照及 Li^+向前、向后跃迁能垒与动力学解析激活能垒[15]

绿色方块表示空位，橘色圆圈表示 Li^+

如图 5-2 所示，基函数为最近邻位点占据变量的乘积，即 $\Phi_\alpha = \sigma_i \sigma_j$。其中 σ_i、σ_j 表示位点的占据情况，Li 占据设为 1，空位占据设为 0。K_0 为特定参考状态下的膨胀系数；K_α 则是可调节的参数，可利用 FP 计算获得一个针对不同局域环境下 K_α 的数据库。若已知 $E(\boldsymbol{\sigma}_i)$、$E(\boldsymbol{\sigma}_f)$ 和 $\Delta E_{KRA}(\boldsymbol{\sigma}_H)$，则可得到离子的迁移能垒：

$$\Delta E_B = \Delta E_{KRA}(\boldsymbol{\sigma}_H) + \frac{1}{2}\left[E(\boldsymbol{\sigma}_f) - E(\boldsymbol{\sigma}_i)\right] \tag{5-12}$$

在插层化合物的 KMC 模拟中，通常需要重复执行下面两个步骤以演化出体系的微观状态 $\boldsymbol{\sigma}$。第一步，需得到所有可能跳跃事件的频率 $\varGamma_h$（跳跃事件 $h = 1, \cdots, N_h$，其对应的跳跃频率为 $\varGamma_h$），然后选择一个随机数 $\zeta \in (0,1)$，再根据下式选择某一个跳跃事件：

$$\sum_{h=1}^{H-1} \varGamma_h < W\zeta \leqslant \sum_{h=1}^{H} \varGamma_h \tag{5-13}$$

式中，$W = \sum_{h=1}^{N_h} \varGamma_h$ 是微观状态 $\boldsymbol{\sigma}$ 下所有可能跳跃事件的频率之和，频率越大则选择该跳跃事件 h 可能性越大，Li^+一旦跳跃成功，微观状态 $\boldsymbol{\sigma}$ 下的 Li^+和跳跃事件 h 的空位将进行交换并生成新的 Li^+-空位配置 $\boldsymbol{\sigma}'$；在 Li^+跳跃成功的基础上，第二步将更新物理时间，选择一个随机数 $\lambda \in (0,1)$，估计跳跃发生经历的时间：

$$\Delta t = -\frac{1}{W}\ln(\lambda) \tag{5-14}$$

重复执行上述两个步骤，直到获取足够长的 Li^+跳跃轨迹，并用于计算各种动力学特性。

5.1.2 蒙特卡罗模拟基本步骤

采用 MC 模拟求解问题的基本步骤可概述为：

① 构造概率统计模型，使所求的解为该问题的概率分布或数学期望；
② 给出模型中各种不同分布随机变量的抽样方法；
③ 统计处理模拟结果，建立各种估计量，并求得问题的解。

下面我们将对上述三个步骤进行详细讨论。

5.1.2.1 常用概率统计模型

MC 中常用的概率统计模型有以下几种：

（1）Lattice Gas 模型

在电化学储能材料 MC 模拟研究中，主要是基于格子气（Lattice Gas）模型研究离子在材料主晶格中的迁移，即通过考虑迁移离子之间以及迁移/骨架离子之间的相互作用来计算其合理排布，并根据其扩散网络的连接关系以及每个跃迁方向的概率值来模拟迁移离子在网络中的运动。其中，格子气模型是基于离散化思维建立的一种模型。1973 年，Hardy 等[13]提出第一个完全离散的格子气模型（HPP 模型）。该模型中，晶体结构空间被划分为一个正方形格子，离子则可以在格点上跃迁。1986 年，Frisch 等[21]提出了一个具有更高对称性的正六边形格子模型（即 FHP 模型）用以模拟更为复杂的粒子运动。值得注意的是，一般是通过单占据的方式在格子气模型中引入多粒子的作用。当晶格位离子排序有序时，假设在 t 时刻 l 位占据的概率为 $P(l,t)$，而 $P(l',\bar{l},t)$ 为 t 时刻 l 位非占据和 l' 位占据的联合概率，可引出考虑单占据且载流子无相互作用模型（site-exclusion model）：

$$\frac{\mathrm{d}}{\mathrm{d}t}P(l,t) = \Gamma \sum_{\langle l,l' \rangle}[P(l',\bar{l},t) - P(l,\bar{l'},t)] \tag{5-15}$$

考虑到：

$$P(l',\bar{l},t) + P(l',l,t) = P(l',t) \tag{5-16}$$

$$P(l,\bar{l'},t) + P(l,l',t) = P(l,t) \tag{5-17}$$

可将上述主方程改写为：

$$\frac{\mathrm{d}}{\mathrm{d}t}P(l,t) = \Gamma \sum_{\langle l,l' \rangle}[P(l',t) - P(l,t)] \tag{5-18}$$

式中，Γ 为离子的热平均速率。

若晶格是无序的，则其存在空间关联，此时即使是 site-exclusion 模型也是很复杂的，其特例解参见文献[22]。根据能垒分布，比较常见的三种模型：

① 渗流无序：

$$\varepsilon_i = \begin{cases} 0 & 概率 \quad p \\ \infty & 概率 \quad 1-p \end{cases} \tag{5-19}$$

② 高斯无序：

$$P(\varepsilon) = (2\pi\sigma_\varepsilon^2)^{-1/2} \exp[-\varepsilon/(2\sigma_\varepsilon^2)] \tag{5-20}$$

式中，σ_ε 表示体系离子电导率；ε 表示离子分布的状态量。

③ 随机对离子分布：

$$\varepsilon_i = -\sum_R \frac{n_R e^2}{|r_i - R|} \tag{5-21}$$

式中，e 为粒子电荷量；n_R 表示粒子个数；r_i 为相对平衡位置的位移；R 为粒子跃迁后的净位移。

若考虑 N 个粒子组成的体系，粒子电荷为 e_n、e_m，质量为 m_n、m_m ($m, n=1, 2, \cdots, N$)。周期性晶格中粒子的位矢为 $\boldsymbol{q}_{n\alpha}^0$，$\boldsymbol{q}_{m\beta}^0$。引入格子气表象，$a=(n_1,n_2,\cdots,n_N)$。体系势能则可基于简谐近似表达：

$$V = V(\boldsymbol{q}_0) + \frac{1}{2}\sum_{\substack{n,\alpha \\ m,\beta}}(\boldsymbol{q}_{n\alpha} - \boldsymbol{q}_{n\alpha}^0)m_n^{1/2}\phi_{\alpha\beta}^0(n,m)m_m^{1/2}(\boldsymbol{q}_{m\beta} - \boldsymbol{q}_{m\beta}^0) \tag{5-22}$$

式中，$\boldsymbol{q}_0$ 表示粒子初始位矢；$\phi_{\alpha\beta}^0$ 包含所有粒子之间的相互作用。

Kubo 公式：

$$\sigma_{\alpha\beta}(\omega) = \frac{1}{\Omega}\text{tr}\{QS_{\alpha\beta}(\omega)\} \tag{5-23}$$

振子强度矩阵 Q：

$$Q(n,m) = \frac{e_n}{m_n^{1/2}} \times \frac{e_m}{m_m^{1/2}} \tag{5-24}$$

速度相关矩阵 $S_{\alpha\beta}(n,m)$：

$$S_{\alpha\beta}(n,m) = \frac{1}{k_B T}\langle m_n^{1/2} V_{n\alpha}(-i\omega - L)^{-1} V_{m\beta} m_m^{1/2}\rangle \tag{5-25}$$

刘维量 L：

$$L = V \times \frac{\partial}{\partial q} - \sum_{n,\alpha} m_n^{-1} \frac{\partial V}{\partial q_{n,\alpha}} \times \frac{\partial}{\partial V_{n,\alpha}} \tag{5-26}$$

式中，V 表示体系势能。由此，可以得到和频率相关的动态电导率 $\sigma_{\alpha\beta}(\omega)$：

$$\sigma_{\alpha\beta}(\omega) = \sum_{i=0}^{3} Q\text{tr}\{Q\Lambda_{\alpha\beta}^{(i)}(\omega)\} \tag{5-27}$$

式中，i 表示体系不同维度，可取 0, 1, 2, 3；$\Lambda_{\alpha\beta}^{(i)}(\omega)$ 可以利用准弹性穆斯堡尔谱和准弹性中子散射等方法得到；关于 $\sigma_{\alpha\beta}(\omega)$ 的低频近似解、高频极限以及孤子解等讨论，见参考文献[23]。

当考虑体系中存在相互作用时，若晶格为有序，则仅需引入平均场近似；若晶格为无序，则颗粒间有复杂的相互作用，可以从哈密顿量的角度讨论格子气模型，如文献[24]中详细推导。有序晶格中的自由离子模型，其实质为单粒子近似，可得到典型常斜率的阿伦尼乌斯曲线，且该模型所描述的现象与频率无关。若以该近似作为标准，则与频率相关的实验结果以及电导率阿伦尼乌斯曲线的非线性现象来源于两个方面：①晶格的无序；②库仑相互作用。

自由离子模型仅能够考虑晶格无序的作用，因而随后发展出一些唯象、半微观模型[25]。格子气模型将多体相互作用以"单粒子在复杂的能量地形图中的动态特征"的方式描绘出来。目前可以利用计算的方法比较方便地引入晶格无序以及库仑相互作用来数值模拟实验结果。此外通过格子气模型对非阿伦尼乌斯曲线的拟合可以推断：低温电导率受到晶格无序和库仑相互作用的共同影响，而高温时仅库仑相互作用影响电导率，导致离子迁移能降低[23]。

（2）Ising 模型

Ising 模型是一个最简单的预测连续相变模型。该模型一般假设体系中的格点只与其最近邻的格点存在相互作用 J，因此计算精度较低。此时系统哈密顿量可写为：

$$\hat{H} = -J\sum_{\langle i,j \rangle, i<j} \sigma_i \sigma_j - B\sum_i \sigma_i \tag{5-28}$$

式中，i、j 为相邻格点；σ_i 表示格点 i 的"状态"。以材料的铁磁性为例，其自旋向上或自旋向下的状态 σ_i 可分别取为 1 或 -1，此时 B 则表示外磁场强度，对于最简单的无外场且体系均匀的情况，$B=0$。此外，二元合金（如 Al-Li）的团簇扩展也可以看作是一个广义的 Ising 模型[26,27]，其中占位变量 σ_i 表示晶体位点 i 的原子占据情况，如假设有 Li（Al）原子位于该位点，则取值 1（-1）。最终晶体不同位点对应的所有占位变量 σ_i 唯一地表征了 Li 和 Al 原子在晶体结构上的构型[18]。

（3）XY 模型

XY 模型与一维情况下的 Ising 模型类似，此时所有格点处于一维链上。不同的是，Ising 模型中粒子在自旋空间内只有自旋向上或自旋向下两个方向，但在 XY 模型中可以指向 xy 平面内任一方向，且模型中格点的"状态"是一个在 O_{xy} 平面内连续变化的矢量，而非分立值。无外势场时，对于一个自旋 XY 链模型，其哈密顿量为：

$$\hat{H} = \sum_{i=1}^{2} 2\pi J_i (S_x^i S_x^{i+1} + S_y^i S_y^{i+1}) \tag{5-29}$$

式中，S_x^i 和 S_y^i 分别表示第 i 个自旋 x 和 y 方向的角动量分量；J_i 为第 i 个自旋与第 $i+1$ 个自旋的耦合参数。

XY 模型可用于解释铁磁物质的相变，即磁铁在加热到一定临界温度以上会出现磁性消失的现象，而降低到临界温度以下又会表现出磁性的连续相变现象（也称为二级相变）。

（4）Potts 模型

Potts 模型可看作是 Ising 模型的推广，它在描述晶格上的自旋时同样只考虑格点间的相互作用，但每个格点的"状态"可以取大于等于 1 的任意数值，并且假设最近邻的两个格点状态相同时才有相互作用。此时系统哈密顿量为：

$$\hat{H} = -J\sum_{\langle i,j \rangle, i<j} \delta_{\sigma_i, \sigma_j} + B\sum_i \delta_{\sigma_i 0} \tag{5-30}$$

式中，$\delta_{\sigma_i,\sigma_j}$ 为 Kronecker 符号，它在 $\sigma_i = \sigma_j$ 时取 1，否则取 0。关于 Potts 模型的详细讨

论，可进一步参阅文献[28]。

需要提及的是，Ising 模型、XY 模型以及 Potts 模型[29]都适用于模拟磁性物质（如铁、钴、镍）的磁结构，且目前都已被广泛用于预测上述物质在磁有序态（铁磁或反铁磁）和磁无序态（顺磁）之间的相变。

5.1.2.2 概率分布与抽样

概率模型的引入是为了保证计算的随机性。对于粒子输运等问题，需要正确描述和模拟其输运概率；而对于计算定积分等确定性问题，需先将其转化为随机性问题，再对其发生概率进行求解。MC 模拟的第一步是构造出已知概率分布的随机变量（或随机向量）。最简单、最基本、最重要的一个概率分布为 (0,1) 均匀分布（或称矩形分布）。由此涉及的随机数产生的问题即是从这个分布中抽样的问题。采用物理方法产生随机数价格昂贵、难以重复、不方便使用，因此，后续提出了数学递推方法产生序列，由此产生的序列虽与真正的随机数序列不同（被称为伪随机数或伪随机数序列），但多项统计检验结果表明它们具有相近的性质，因此可代替真实的随机数序列进行使用。

对于已知分布，常见的抽样方法有直接抽样法、舍选抽样法、复合抽样法、变换抽样法、近似抽样法、重要分布的随机抽样法等，但与物理学（特别是统计物理学）结合最紧密的是非归一化的 Metropolis 抽样方法，即在平衡统计热力学中，可将观察量 $A(\boldsymbol{x})$ 的热平均值 $\langle A(\boldsymbol{x}) \rangle_T$ 看作在相空间中的积分来计算：

$$\langle A(\boldsymbol{x}) \rangle_T = \frac{1}{Z} \int e^{-H(\boldsymbol{x})/(k_B T)} A(\boldsymbol{x}) d\boldsymbol{x} \tag{5-31}$$

式中，Z 为配分函数；$H(\boldsymbol{x})$ 为系统的哈密顿量；k_B 为玻尔兹曼常数；T 是热力学温度；$\boldsymbol{x}$ 表示相空间上一点：

$$Z = \int e^{-H(\boldsymbol{x})/k_B T} d\boldsymbol{x} \tag{5-32}$$

利用简单抽样法抽样时，积分是在所有态 $\{x_i\}$ 上按每个态权重 $e^{-H(\boldsymbol{x})/(k_B T)}$ 进行求积，当采样样本 $M \to \infty$ 时有：

$$\overline{A(\boldsymbol{x})} = \frac{\sum_{i=1}^{M} \exp\left[-\frac{H(\boldsymbol{x}_i)}{k_B T}\right] A(\boldsymbol{x}_i)}{\sum_{i=1}^{M} \exp\left[-\frac{H(\boldsymbol{x}_i)}{k_B T}\right]} \tag{5-33}$$

而利用重要抽样法抽样时，会将特定概率 $P(\boldsymbol{x}_i)$ 赋以相应的点 $\boldsymbol{x}_i$，具体如下式所示：

$$\overline{A(\boldsymbol{x})} = \frac{\sum_{i=1}^{M} \exp\left[-\frac{H(\boldsymbol{x}_i)}{k_B T}\right] A(\boldsymbol{x}_i) [P(\boldsymbol{x}_i)]^{-1}}{\sum_{i=1}^{M} \exp\left[-\frac{H(\boldsymbol{x}_i)}{k_B T}\right] [P(\boldsymbol{x}_i)]^{-1}} \tag{5-34}$$

通常优先选择比较重要的温度 T 区域进行抽样。显然，上式中分母是不可知的，因此导致这种方法在高维随机情况下不可行。

Metropolis抽样方法的具体实施步骤为：构造一个马尔可夫过程，每个状态点 $\boldsymbol{x}_{i+1}$($i=1,2,\cdots,m$) 由前一个状态点 $\boldsymbol{x}_i$ 通过特定概率跃迁得到。当 $m \to \infty$ 时，表明马尔可夫过程产生的所有状态趋于平衡分布，即：

$$P_{eq}(\boldsymbol{x}_i) = \frac{1}{Z}\exp\left[-\frac{H(\boldsymbol{x}_i)}{k_B T}\right] \tag{5-35}$$

一般情况下，必须加上平衡条件使上式达到平衡：

$$P_{eq}(\boldsymbol{x}_i)W(\boldsymbol{x}_i \to \boldsymbol{x}_i') = P_{eq}(\boldsymbol{x}_i')W(\boldsymbol{x}_i' \to \boldsymbol{x}_i) \tag{5-36}$$

即：

$$\frac{W(\boldsymbol{x}_i \to \boldsymbol{x}_i')}{W(\boldsymbol{x}_i' \to \boldsymbol{x}_i)} = \frac{P_{eq}(\boldsymbol{x}_i')}{P_{eq}(\boldsymbol{x}_i)} = \frac{\exp\left[-\dfrac{H(\boldsymbol{x}_i')}{k_B T}\right]}{\exp\left[-\dfrac{H(\boldsymbol{x}_i)}{k_B T}\right]} = \exp\left[-\frac{H(\boldsymbol{x}_i') - H(\boldsymbol{x}_i)}{k_B T}\right] \tag{5-37}$$

显然，上式无法确定跃迁概率 $W(\boldsymbol{x}_i' \to \boldsymbol{x}_i)$，因此，通常我们选择式（5-38）进一步计算粒子跃迁概率：

$$W(\boldsymbol{x}_i' \to \boldsymbol{x}_i) = \begin{cases} \dfrac{1}{\tau_s}\mathrm{e}^{-\frac{\Delta H}{k_B T}} & \Delta H > 0 \\ \dfrac{1}{\tau_s} & \text{其他} \end{cases} \tag{5-38}$$

式中，$\Delta H = H(\boldsymbol{x}_i') - H(\boldsymbol{x}_i)$，$\tau_s$ 为 Monte Carlo 模拟时间。

对于电化学储能材料中常用的正则系综，MC 模拟的基本步骤如图 5-4 所示。

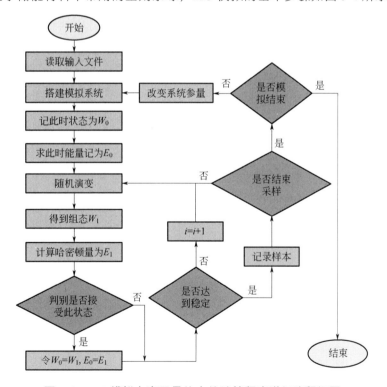

图 5-4　MC 模拟在离子导体中的计算程序详细流程框图

① 读取外部输入信息，如位点连接关系及位点坐标、迁移能垒、反转（迁移）模式等，根据设定的温度、迁移离子浓度等物理参量搭建初始模拟系统；

② 记录此时系统的状态为 W_0，并计算出此时系统的能量为 E_0；

③ 对系统进行随机演变，得到新的组态，记为 W_1，再计算此时系统的新能量，记为 E_1；

④ 对比演变前后组态能量的变化，依据概率 P 决定是否接受新的组态；

⑤ 重复③和④过程，直到体系能量维持不变，开始记录样本数据；

⑥ 改变温度、迁移离子浓度等系统参数，重复上述过程，记录多组样本数据，判断是否结束 MC 模拟。

当构造出概率模型并从中抽样后，需进一步确定一个随机变量作为问题的解，称为无偏估计。建立上述各种无偏估计量的过程，相当于对模拟实验的结果进行考察和记录，并从中得到问题的解的过程。

5.1.3 蒙特卡罗模拟在电化学储能研究中的应用

5.1.3.1 相变分析与电压平台计算

锂离子电池正极材料在电化学过程中相变的发生将直接影响电池的循环倍率性能[30]。例如，$LiFePO_4$ 作为一种被广泛商用的正极材料，其放电态呈现出贫锂（$FePO_4$）和富锂（$LiFePO_4$）两相状态[31]，因此如何快速模拟出上述两相的分离过程十分重要。Xiao 等[32]用团簇展开拟合 FP 计算结果作为 KMC 计算的基础，使得长时间尺度的模拟包含精确的原子相互作用。结果发现 [图 5-5（a）]，当团簇展开不考虑弹性能时，完全放电态 $LiFePO_4$ 和充电态 $FePO_4$ 之间形成了更尖锐的相边界（$Li_{0.5}FePO_4$ 相），$Li_{0.5}FePO_4$ 相缩小到一个有限的区域 [图 5-5（b）]，说明了弹性能会导致弥漫性 $LiFePO_4/FePO_4$ 界面的产生。此外，不同元素的掺杂也会对正极材料电压产生影响。例如，Zheng 等[33]采用 MC 方法对 $LiNi_xMn_{2-x}O_4$/Li 电池系统中的正极掺杂 Ni 时的电压变化情况进行了计算，得到电压分布与 x 值之间的依赖关系如图 5-5（c）所示。结果发现，随着 x 的增大，4.7V 电压平台逐渐占据主导，4.1V 电压平台则逐渐消失，此时总电池容量保持不变；当 $x = 0.5$ 时，则只可观察到 4.7V 的电压平台。上述电压分布图中的结构可以用 Li 原子之间的最近邻相互作用、次近邻相互作用以及体系中空位结合能的变化来定性解释。此外，Kar 等[34]通过对两个半电池（$LiMn_2O_4$ 正极和碳负极）进行建模，利用 GCMC 模拟给出了温度等参数变化对电池开路电压及电流等参数的影响。当温度 T、体积 V 和化学势 μ 恒定时，每个位置的能量为：

$$\varepsilon_i(T,V,\mu) = c_i \left(J_{NN} \sum_{NN} c_j + J_{NNN} \sum_{NNN} c_j - \mu \right) \quad (5-39)$$

式中，J 是 Li^+ 之间相互作用能，NN 和 NNN 分别表示最近邻离子和次近邻离子，如果位点 i（j）被占据，则占据变量 c_i（c_j）取值为 1，否则为 0。位点占据接受概率可通过式（5-40）进行描述：

$$P_i = \exp[-(\varepsilon_f - \varepsilon_i)e/(k_B T)] \quad (5-40)$$

式中，e 为单位电荷量；ε_f 表示初始占据位点发生翻转时的能量。计算得到电池开路电压的结果有效地解释了在测量开路电压剖面实验中观察到的电压迟滞现象，如图 5-5（d）所示。

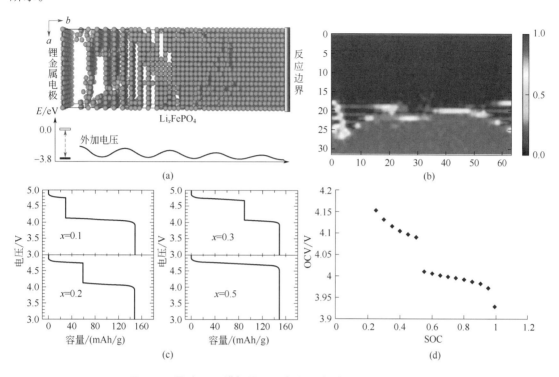

图 5-5　通过 MC 模拟揭示正极材料相变与开路电压特性

（a）MC 模拟得到 Li$_x$FePO$_4$ 中 Li$^+$ 的分布，下图为对应的能量图，绿色的球代表 Li$^+$；（b）充电时，Li 在无弹性能情况下的排列（沿 a 轴施加周期性边界条件）[32]；（c）通过 MC 模拟得到的 Li/LiNi$_x$Mn$_{2-x}$O$_4$ 电池电压分布，其中，x 分别为 0.1、0.2、0.3 和 0.5；（d）全电池（LiMn$_2$O$_4$ 正极和碳负极）开路电压（OCV）与电池的荷电状态（SOC）的关系[34]

除了模拟正极材料的相变与开路电压性质，KMC 同样适用于对碳基和硅基负极材料的相特征进行分析。Moon 等[35]利用 FP 和 KMC 模拟研究了 Li$^+$ 在 c-Si（晶态硅）和 a-Si（非晶硅）体系中的迁移动力学特征。首先通过 FP 计算优化构型后的形成能，揭示出两种体系在锂化过程中相分离机制的不同，随后利用上述形成能及阿伦尼乌斯方程得到 Li$^+$ 在 c-Si 中的宏观扩散系数。此外，对于 a-Si，由于其局域键合构型的随机性，无法用阿伦尼乌斯方程探讨其 Li$^+$ 迁移特性。但值得注意的是，a-Si 中局部键合结构为变形后的四面体，并具有相应变形的间隙形状，由此还可以得到 Li$^+$ 迁移能垒与 a-Si 中间隙体积的函数关系。最后通过 KMC 模拟，考察了体积效应对 Li$^+$ 迁移动力学的影响，并预测出 Li$^+$ 在 a-Si 中的扩散系数。如图 5-6（a）所示，Li 原子间排斥力的相互作用范围约为 4Å，相互作用强度随距离的增大而减小，这种排斥相互作用导致 Li$^+$ 迁移能垒从 0.6eV 降低到 0.4eV；此外，KMC 模拟证实了 Li$^+$ 在 c-Si 和 a-Si 中的迁移行为存在较大差异[图 5-6（b）]，其中，Li$^+$ 在具有较大体积的 a-Si 中的扩散系数比在 c-Si 中高一个数量级。由此可见，将 FP 和 KMC 方法进行融合可用于阐明典型硅等负极在锂化时的相分离过程，有助于在原子尺度理解电池材料的锂化机制。

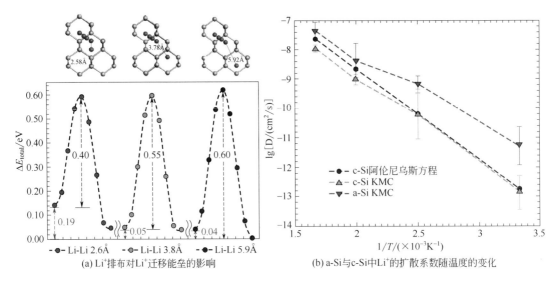

(a) Li⁺排布对Li⁺迁移能垒的影响

(b) a-Si与c-Si中Li⁺的扩散系数随温度的变化

图 5-6　Li 排布对 Li⁺迁移能垒的影响及 a-Si 与 c-Si 中 Li 扩散系数随温度的变化

5.1.3.2　离子输运特性分析

此外，还可通过 MC 模拟对电极材料中离子的输运特性，及其对电化学性能的影响进行分析。Ouyang 等[36,37]利用 FP 计算得到 Li 离子或 Cr 离子在纯相或掺 Cr 的 $LiFePO_4$ 中沿一维扩散路径迁移的能垒，结果表明，Cr 原子堵塞了材料的一维扩散通道，如图 5-7（a）所示。然后，采用蒙特卡罗方法模拟 Cr 离子的堵塞行为对 $LiFePO_4$ 电池正极材料电化学性能的影响。结果表明，掺杂量[图 5-7（b）]、模拟采用的超晶格大小（正极材料的颗粒尺寸）以及统计的蒙特卡罗步骤（充放电电流密度）对容量具有重要影响。

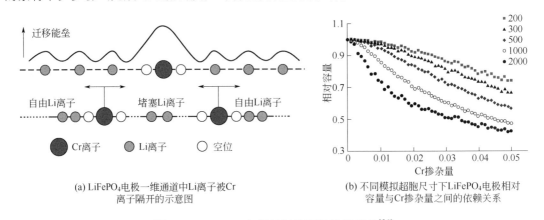

(a) $LiFePO_4$电极一维通道中Li离子被Cr离子隔开的示意图

(b) 不同模拟超胞尺寸下$LiFePO_4$电极相对容量与Cr掺杂量之间的依赖关系

图 5-7　$LiFePO_4$ 电极材料的离子输运特性[36]

200、300、500、1000 和 2000 代表超胞的大小

对于典型的固态电解质，其通常具有三大离子输运特征[38]：①离子较易在相邻位点间发生迁移；②体系中可供离子迁移位点的占比较大；③上述位点可组成连续通道。MC 则广泛应用于具有上述特征的固态电解质中离子输运等问题的研究。例如，Morgan 等[39]根据石榴石型 $Li_xLa_3Zr_2O_{12}$ 的结构特征[图 5-8（a）~（c）]，采用格子气 MC 模拟对该固态电解质离子输运性能进行预测，发现体系集体相关系数（f）和自相关系数（f_I）随着最近邻相互作用 E_{NN}

的增强而下降,且在中间 x_{Li} 值(约为 6)处呈现最小值,表明该固态电解质体系的最近邻相互作用与相关系数之间存在较强的关联效应[图 5-8(d)、(e)]。

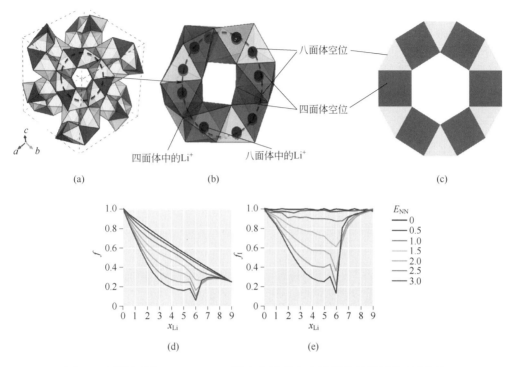

图 5-8 石榴石型 $Li_xLa_3Zr_2O_{12}$ 固态电解质中离子迁移扩散网络示意图与相关系数随迁移离子浓度的变化[39]

(a)石榴石型 $Li_xLa_3Zr_2O_{12}$ 结构中由 ZrO_6 八面体和 LaO_8 十二面体连接的离子输运通道的三维图。迁移离子随机分布在四面体和八面体间隙中。相互连通的四面体间隙和八面体间隙形成三维离子输运网络。(b)石榴石结构中环形结构示意图,其中四面体和八面体空位被部分 Li^+ 占据。(c)石榴石离子输运通道的二维几何连接。一个八面体间隙与两个四面体间隙相连,一个四面体间隙则与四个八面体间隙相连(即四个八面体空位与四面体的每个面相连,图中仅展示两个八面体做示例)。(d)、(e)不同最近邻相互作用 E_{NN} 下,集体相关系数(f)和自相关系数(f_I)随 Li^+ 浓度(x_{Li})的变化

KMC 模拟可以有效地预测和分析晶体材料的离子电导率。实际上,Grieshammer 等[40,41]利用已开发出的计算固态离子导体中离子输运性质的 KMC 软件 MOCASSIN 并对富镧橄榄石中氧间隙缺陷的迁移以及掺杂全水合锆酸钡中的质子迁移进行模拟,揭示出缺陷相互作用对其离子电导率的影响。此外,Hoffmann 等[42]开发出 KMOS 软件,其将系统中所有的反应空间都抽象为一系列离散的空间格点(即为前文的格子气模型),并通过代码生成新的可用事件进行不断演化,以进一步提升离子电导率模拟的效率。

5.1.3.3 晶体生长及固态电解质膜生成

MC 模拟在晶体生长以及固态电解质膜(SEI)生长等领域也有着重要的应用[21,43]。晶体的生长通常被视为一个随机的过程,并可通过考虑原子的沉积、表面扩散、吸附等因素进行 MC 模拟。因此,可使用生长模型来描述其中随机事件发生的概率,具体步骤如下:①建立微观模型;②对模型进行描述;③模型发生演变;④比较演变前后的结果确定演变概率。

图 5-9 展示了不同配位环境对晶体生长速度与方向的极大影响[44]。Barai 等[45]通过 KMC 建立了一个多尺度模型以捕捉晶体初生离子的形核和生长，以及它们聚集成二次过渡金属氢氧化物前驱体离子（二次颗粒）的过程，得出的相图如图 5-9（h）所示。结果表明，二次颗粒的尺寸将随着溶液 pH 值的增大和氨浓度的降低显著减小。该研究为实验上研究 SEI 提供有效指导。Chen 等[46]采用 KMC 模拟研究了生长条件对 4H-SiC 和 6H-SiC 竞争生长的影响。其利用二维格子气模型同时考虑了同类型原子之间（Si-Si）和不同类型原子之间（Si-C）的相互作用能。结果表明，相比于 4H-SiC 不受温度和成分影响，较高的温度和高 Si/C 比都将促进 6H-SiC 的生长，并促使其晶体表面原子的聚集生长。

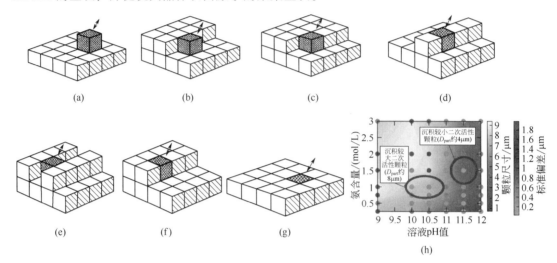

图 5-9　简单立方晶格的晶体生长过程及晶体尺寸与 pH 值和氨含量的关系[44,45]

（a）～（g）简单立方晶格表面在不同配位环境下的晶体生长过程；（h）晶体尺寸与溶液 pH 值和氨含量的关系相图。图中显示了在粒径分布为高斯分布的情况下，溶液的平均粒径及其对应的一阶标准差。这里显示的所有数据都是从计算模型中获取。绿色区域表示次级颗粒较小，黄色区域表示次级颗粒较大。浅蓝和紫色分别代表二次粒径分布标准差较小与较大的点。沉积较大（D_{part} 约 8μm）和较小（D_{part} 约 4μm，D_{part} 表示颗粒尺寸）的二次活性颗粒的最佳 pH 值和氨含量条件也在图中突出显示（用红色圆圈表示）

KMC 模拟 SEI 的生成过程可分为如下过程：吸附、解吸、表面扩散以及钝化（非活性）材料的形成 [如图 5-10（a）所示]。Hao 等[47]利用 KMC 研究了锂离子电池充电期间石墨电极上 SEI 的生长过程。如图 5-10（b）所示，在较低温度下，Li^+ 还原速率虽较高，但此时 SEI 的较高电阻同时限制了离子的扩散；在较高温度下，Li^+ 还原速率的降低则导致了总充电时间的增加。由此可见，Li^+ 的嵌入速率和充电时间都会受到其还原速率及其在 SEI 中传输速率的影响。

然而，目前 MC 模拟应用于晶体生长领域仍存在诸多问题。比如，Maazi 等[48]指出需在随机矩阵位点上重复数百万次才可得到晶体生长模拟结果，这对于较大的晶格系统而言需要花费的时间巨长。对此，研究人员进行了如下修正：①所有阵点都以相同的概率进行随机重定向，即每个 MC 步都不重复；②用位点能量除以表示离子存在时在晶界上有效作用的参数。上述修正方法极大地加速了大颗粒的生长，并削弱邻近小颗粒的生长，使得模拟结果更贴近实际情况。

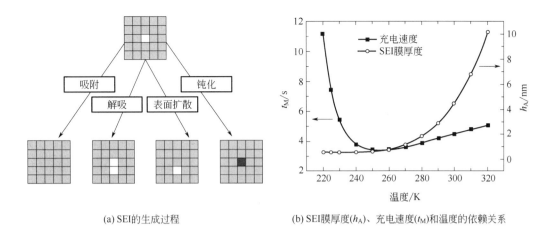

(a) SEI的生成过程　　　　　(b) SEI膜厚度(h_A)、充电速度(t_M)和温度的依赖关系

图 5-10　SEI 的生长过程及其厚度、充电速度与温度的关系[47]

5.1.3.4　枝晶生长蒙特卡罗模拟

MC 模拟还可用来研究电沉积反应这一离子随机还原过程中的竞争机制。在枝晶初始形核后,对其后期生长过程进行控制尤为重要。枝晶生长的最终形貌是电解质中离子扩散、电极/电解质界面上的电化学反应及电极上原子表面自扩散相互竞争的结果。Tewari 等[49]建立了二维粗粒化 KMC 模型,即将微观网格合并得到粗粒化的网格,并按粗粒化的反应速率执行 KMC[50],并用其研究插层石墨负极上 Li^+ 扩散通量与电化学反应速率之间的竞争关系对离子电沉积形貌的影响。发现当 Li^+ 到达电极表面的通量大于离子电化学反应速率时,Li^+ 将被还原并在电极表面沉积。Hao 等[51]利用 CG-KMC 研究了 Li、Na、Mg 和 Al 等金属电极上的电沉积行为,发现具有高表面迁移能垒的锂金属电极更易产生不均匀的电沉积形貌。且随着电化学反应速率的增大,这些金属电极上的沉积形貌也会发生转变,如对于锂金属电极而言,其沉积形貌随电化学反应速率的增大将逐步从均匀的薄膜状到苔藓状,最终到树枝状。

此外,MC 模拟还可以研究温度对金属离子/原子扩散及电化学反应的影响。Vishnugopi 等[52]在 CG-KMC 模型中引入与电场和温度场相关的离子扩散和反应速率来模拟锂枝晶的热愈合过程。结果表明,高温条件更能有效促进离子的输运,从而有效抑制枝晶的生长。然而,上述温度对枝晶影响的结论后续引发了一系列争议,如 Zhu 等[53]通过实验发现在 $LiPF_6$EC/DEC 电解液体系下,局部高温会促进锂枝晶生长,从而加速电池的短路。对此,Vishnugopi 等[54]采用 KMC 进一步分别模拟了均匀热场、非均匀热场和局部热场下的枝晶生长。发现均匀的热场可以增强离子输运,温度升高有利于锂枝晶均匀生长。在不均匀的热场中,尽管原子扩散速率加快,但在局部热点处电沉积速率较快,使得局部热点处枝晶优先成核和生长。另外,在电解液中添加适当的阳离子也可有效抑制枝晶生长[55]。Mukherjee 等[56]采用 CG-KMC 方法模拟了混合离子电解液中的负极电沉积,发现电解液中添加的阳离子易吸附在枝晶尖端并形成静电屏蔽层,从而抑制其尖端生长。此外,该抑制效果还与阳离子添加剂的浓度有关,浓度越高则抑制效果越明显。由此可见,MC 模拟目前已广泛用于分析不同环境因素下枝晶的生长机制。

5.2 渗流模拟

5.2.1 渗流理论概述

Broadbent 和 Hammersley[57]于 1957 年首次提出渗流理论统计模型用于研究无序多孔介质中流体的流动行为。该模型不仅可解释自然中的许多现象，比如果园里树木病害的感染[58]、森林火灾的蔓延[59]和信息的传播[60]等，还可为预测地质灾害及高效开采能源等工程项目提供科学依据。在物理学中，宏观尺度中复合导体的导电性、高温超导现象，以及微观尺度中磁特性、经典局域化、电子跳跃等现象都可借助渗流理论分析进行解释。在电化学储能领域中，渗流理论可用于研究固态导体的离子导电性能。例如，对于单相无机固态电解质（如 LLZO、LLTO 等），渗流理论可用来分析其离子输运通道尺寸，并对其中位点的连通性进行探讨[61,62]。对于复合固态导体，则可以通过搭建多相复合渗流模型，并结合 MC 模拟或者有效介质理论计算出其离子电导率[63]。

5.2.1.1 典型渗流模型简介

根据研究对象的几何特征，渗流模型可分为网格渗流（lattice percolation）[64]和连续渗流（continuum percolation）[65]，其中网格渗流又可细分为点渗流（site percolation）和键渗流（bond percolation）。

（1）网格渗流模型

在一个规则的网格体系中，点渗流的研究对象为网格中离散的占据位点，如图 5-11 所示。由此可分析网格中占据位点以及连续占据位点形成的结点簇在整个体系中的连通性 [图 5-11 (a)、(b)]；键渗流则是以网格体系中占据键为研究对象，可用于分析键与键之间的连通性以及对整个体系连通性的影响 [图 5-11 (c)、(d)]。除了这种简单的网格体系，更多复杂的网格分布体系，如 Archimedean 网格[66,67,69]、Square 网格[68]、Random 网格[70]、Martini 网格[71]等也被开发并用于研究多相体系的渗流行为。然而，现实中随机多相体系的组分往往具有不规则特性，所以上述基于规则网格的渗流模拟本质上难以体现出体系中组分的几何特征、尺寸大小或分布形式等因素对渗流行为的影响。

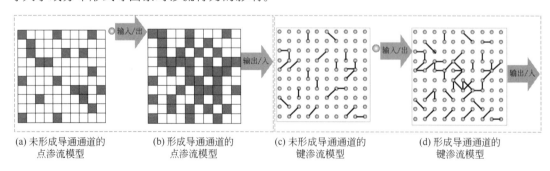

(a) 未形成导通通道的点渗流模型　(b) 形成导通通道的点渗流模型　(c) 未形成导通通道的键渗流模型　(d) 形成导通通道的键渗流模型

图 5-11　未形成与形成导通通道的点/键渗流模型

（2）连续渗流模型

与上述网格渗流模型相比，连续渗流模型中的单元体并不局限于给定网格中的点或键，模型中单元体的位置或几何形貌可以根据实际模拟体系的情况任意划分。该模型能够更真实地反映多相体系中任意组分的连通性及其对体系宏观性能的影响[72-74]，因此其常用于多孔材料或其他组分对复合材料宏观性能影响的研究中。另外，根据所模拟的粒子间是否可以重叠或交叉，可将连续渗流模型分为软粒子渗流和硬粒子渗流。软粒子渗流是指在粒子堆积体系的构造过程中所有生成的随机分布粒子之间可以发生重叠或交叉。比如多相复合材料或生物体内的可交叉相，如裂纹、孔隙、气泡等通常可用软粒子渗流方法来分析和研究[75]；而硬粒子渗流中随机分布粒子之间不可发生重叠或交叉，其是通过粒子之间界面层的相交性来判定渗流通道的形成与否[76-78]。

图 5-12 是两相复合材料的几种显微结构形貌示意图，可以看出在两相复合材料中，随着第二相（用圆圈表示）体积分数的增加，相几何分布会发生质的变化：从弥散到聚集，最后到渗流状团簇结构，并且连续团簇和两相界面都是不规则的[79]。由此可见，相比于传统的体视学，渗流理论更适合对不规则性转变现象进行定量描述。值得提及的是，采用 1982 年 Mandelbrot 提出的分形理论[80]，可将非线性复杂系统划分为与本体系统具有形态、功能、空间等相似性的子系统，并借此建立更符合实际的储能材料（结构更不规则）的渗流模型。

(a) 颗粒弥散结构

(b) 聚集颗粒结构

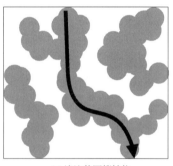
(c) 渗流状团簇结构

图 5-12 两相复合材料的几种显微结构形貌示意图

（3）渗流理论中的基本概念

渗流理论中涉及标度律（scaling laws）和普适性（universality）两个基本概念。为了简单起见，我们用最简单的规则点渗流来引入这两个概念。如图 5-11（a）、（b）所示，点阵中每个位点随机占据（和未占据）概率分别为 P（和 $1-P$）。对于键渗流模型，正方点阵中所有的位点都被占据，位点之间键的随机连接或断开的概率分别为 P 和 $1-P$。如图 5-11（c）、（d）所示，随着 P 增大，连接规模也增大，被占据的位点从分散状态变成一系列存在连接关系的有限团簇，当达到一个临界渗流阈值 P_c 时，点阵中的占据位点会发生几何相变，并形成一个贯通整个点阵（即连接边界）的渗流团簇。表 5-2 列出了不同点阵结构的 P_c。可以看到，当到达 P_c 附近时，点阵中被占据的位点所形成团簇的几何特征和宏观性质都会发生突变，并且可用以下一系列幂指数标度关系进行描述[81]：

① 同一团簇中，任意两位点之间的平均距离称为相关长度 ζ。当接近 P_c 时，ζ 为：

$$\zeta \propto |P - P_c|^{-\nu} \tag{5-41}$$

式中，ν 是相关长度临界指数。

② 与系统自由能有关的有限团簇总数量为：

$$\sum_s n_s \propto |P - P_c|^{2-\alpha} \tag{5-42}$$

式中，s 表示有限团簇的尺寸，n 为有限团簇的总数量。在 P_c 附近有限团簇的平均尺寸为：

$$S_{\text{av}} = \frac{\sum_s s n_s}{\sum_s n_s} \propto |P - P_c|^{-\gamma} \tag{5-43}$$

式中，γ 表示临界指数。

③ 渗流概率 P_∞，即渗流团簇中位点位置分数，它是渗流几何相变的"序参数"。当 $P < P_c$，$P_\infty = 0$；当 $P > P_c$，$P_\infty > 0$；当 $P_\infty = 1$ [图 5-13（a）所示]，可表示为：

$$P_\infty = 1 - \frac{1}{P} \sum_s s n_s \tag{5-44}$$

在 P_c 附近：

$$P_\infty \propto |P - P_c|^{-\beta} \tag{5-45}$$

式中，α、γ、β 均表示临界指数。

④ 同一团簇中，间距为 L 的两位点之间的密度相关函数为：

$$C_2(r) = \zeta^{-\frac{\beta}{\nu}} f\left(\frac{L}{\zeta}\right) \tag{5-46}$$

式中，$f\left(\frac{L}{\zeta}\right)$ 是一个标度函数：当 $\frac{L}{\zeta} \gg 1$，$f\left(\frac{L}{\zeta}\right) = 1$；当 $\frac{L}{\zeta} \ll 1$，$f\left(\frac{L}{\zeta}\right) \propto \left(\frac{L}{\zeta}\right)^{-\frac{\beta}{\nu}}$。与通常的二级连续热相变一样，渗流几何转变具有两个重要特性：标度律和普适性。标度律意味着所有这些临界指数（幂指数）之间存在着相互关系，如：

$$d\nu = 2 - \alpha = \gamma + 2\beta \tag{5-47}$$

式中，d 为空间维数。根据标度律，只要知道这些临界指数中任意两个数的值，其他指数均可由其求出；此外，普适性则代表这些临界指数只取决于系统的空间维数 [如图 5-13（b）所示]，而与系统局部结构无关。正是由于这两个特性，我们可把规则点阵渗流理论直接推广应用到实际的非均质材料中。

5.2.1.2　渗流模型几何特征对渗流阈值的影响

在渗流模型中，主相颗粒与次相颗粒的相对尺寸大小、形状及分布对渗流阈值存在一定影响。在三维点阵渗流模型中，若将直径相同的球体球心放置在被占据的位点上，则球的直径等于相邻位点的键长。当 $P = P_c$ 时，球体所占的体积分数 f_c 即为临界体积分数：

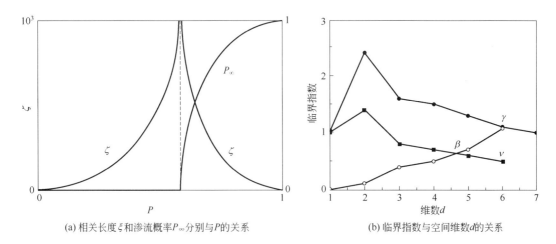

(a) 相关长度ζ和渗流概率P_∞分别与P的关系   (b) 临界指数与空间维数d的关系

图 5-13　相关长度 ζ 与 P_∞ 和 P 的关系及临界指数与 d 的关系[82,83]

表 5-2　不同维数点阵格子结构中的点渗流（$P_c^{点}$）和键渗流（$P_c^{键}$）阈值[84]

维数 d	点阵类型	$P_c^{键}$	$P_c^{点}$	配位数 z	充填因子 η	$zP_c^{键}$	$\eta P_c^{点}$
1	链	1	1	2	1	2	1
2	三角	0.3473	0.5	6	0.9069	2.08	0.45
2	正方	0.5	0.593	4	0.7854	2.00	0.47
2	六角	0.6527	0.698	3	0.6046	1.96	0.42
3	面心立方	0.119	0.198	12	0.7405	1.43	0.147
3	体心立方	0.179	0.245	8	0.6802	1.43	0.167
3	简单立方	0.247	0.311	6	0.5236	1.48	0.163
3	金刚石	0.388	0.428	4	0.3401	1.55	0.146

$$f_c = \eta P_c \tag{5-48}$$

式中，P_c 为表 5-2 中的值，同样 f_c 也具有普适性，二维点阵中，$f_c = 0.45 \pm 0.03$，三维点阵中，$f_c = 0.16 \pm 0.03$[85,86]，将表 5-2 中多种规则的点阵进行叠加即可得到无规则的连续介质，并且 f_c 在这种无规则连续介质中也同样适用。此时，对于二维无规则连续介质，$f_c = 0.5$；对于三维无规则连续介质，$f_c = 0.16$，该值被称为 Sher-Zallen 不变量[87]。但是在使用上述不变量时必须满足以下两点要求：①两相颗粒的直径相近（即 $R_1 \approx R_2$）；②颗粒在空间中呈无规则分布。需要注意的是，当颗粒不再以球体占据，或两相颗粒的尺寸相差很大时，f_c 不再与 Sher-Zallen 不变量有关[88]。下面简单讨论这些几何特征对 f_c 的影响。

假设两相无规则复合材料中的主相（基体相）和次相（弥散相）均为球体颗粒，其尺寸分别为 R_1 和 R_2。两相颗粒的尺寸相对大小存在三种情况：① $R_1 = R_2$ [图 5-14（a）]，$f_c = 0.16$（即等于上述的 Sher-Zallen 不变量）；② $R_1 \gg R_2$ [图 5-14（b）]，此时小尺寸的次相颗粒填充在大尺寸的主相颗粒间的空隙中，且次相临界体积分数 $f_c \ll 0.16$；③ $R_1 \ll R_2$ [如图 5-14

(b) 的反转结构],此时 f_c 趋近于次相颗粒的体积分数 ($f_c \to 0.64$)。

当次相颗粒的形状为二维纤维状或三维网络状等异形形状时 [如图 5-14 (d)、(e)],其相比球形颗粒 [图 5-14 (a)] 更容易形成长程导通的渗流通道。这种情况下,f_c 将小于 Sher-Zallen 不变量,例如,一个碳纤维(纵横比约为100)强化树脂基复合材料的 $f_c = 0.0055$[89]。最后,次相颗粒的尺寸分布对 f_c 也有影响。具体来讲,f_c 会随着尺寸分布变宽而增大,因为此时尺寸小的次相颗粒存在于大颗粒之间的空隙里,对形成渗流通道不做贡献,这点同样被实验验证。然而,颗粒尺寸分布与 f_c 之间的定量关系目前还没有明确的结论。

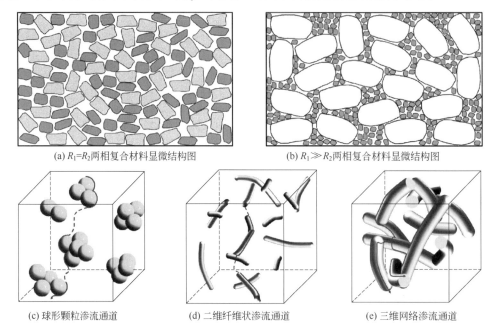

(a) $R_1 = R_2$ 两相复合材料显微结构图　　(b) $R_1 \gg R_2$ 两相复合材料显微结构图

(c) 球形颗粒渗流通道　　(d) 二维纤维状渗流通道　　(e) 三维网络渗流通道

图 5-14　具有不同颗粒尺寸的两相复合材料显微结构及不同几何形状下渗流通道示意图
R_1 和 R_2 分别表示为主相(基体相)和次相(弥散相)的尺寸

5.2.2　渗流模拟的基本步骤

利用渗流模拟研究离子导体的导电性能主要包括两个步骤:
① 根据研究对象的几何等特征搭建合适的渗流模型,如第 5.2.1 小节中介绍;
② 基于上述模型计算研究对象的离子导电性能。

以三维晶格矩阵模型为例(图5-15),其在空间矩阵中的占据位点和空位点的概率分别为 P 和 $1-P$,代表复合导体中的不同物质,如离子导体相或绝缘相。以 AgCl/α-AgI 复合固态电解质为例,占据位点代表具有高 Ag^+ 导电性的第二相(α-AgI),而空位点则代表惰性 AgCl[90]。当 α-AgI 填充浓度 P 较低时,空间矩阵中占据位点以分散独立的状态存在,此时复合导体表现出绝缘体特性;反之,复合导体导电路径增多,体系将转变为导体。因此存在一个临界浓度 P_c,使离子或电子开始从一个边缘向另一个边缘渗透,该临界浓度也称为渗流阈值。这种简单的渗流模型可用于描述两相混合物中只有一个导电相且没有边界效应的情况。

基于上述搭建的三维渗流模型,可描述运动粒子在点阵中的随机游走,以及随着粒子的成功跃迁时间和位移的迭代更新。在足够的迭代次数后，可根据记录的位移和时间步长计算出导体的相关导电参数。根据上述步骤，本书作者团队开发了一套用于计算复合聚合物固态电解质离子电导率的程序（PKMC），并已经获得软件著作权。该程序可计算填料体积分数（将复合导体中的任意一相看作填料），以及填料粒径对复合聚合物导体导电性能的影响。目前程序只可针对颗粒状（零维）的填料来进行模拟，针对一维纤维状、二维平面状等填料的模拟计算还在开发当中。

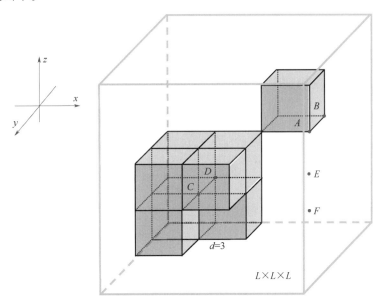

图 5-15　三维晶格矩阵渗流模型示意图

L 为模型尺寸；AB 为界面导电键；CD 为填充相导电键；EF 为基体相导电键

5.2.3　渗流模拟在电化学储能研究中的应用

5.2.3.1　无机固态电解质中离子输运特性分析

通常认为锂离子电池正极材料中拓扑排列的 Li^+ 脱/嵌结构有利于离子的快速传输[91,92]。有趣的是，最近有研究同样表明，在特定的富锂无序岩盐（DRX）正极中，非拓扑反应同样具有优异的离子输运能力。该快速非拓扑锂化反应形成的原因是过渡金属从八面体迁移到四面体，使得 Li^+ 通过体系四面体的渗流网络通道（0-TM 通道，TM 即为过渡金属）进行输运，TM 则占据通道四面体位点[91-93]。因此，增加四面体的数量和连通性将有利于改善 Li^+ 迁移动力学。如图 5-16（a）所示，1-TM 通道结构中，TM 占据八面体位点，使得 Li^+ 迁移需要克服更高的能垒并抑制其向四面体位点的迁移。而当八面体位点的 TM 迁移到邻近的四面体位点时 [如图 5-16（b）]，则可最多生成 7 个新的 0-TM 通道，以此促进 Li^+ 的迁移。

Lee 等[94]发现 $Li_{1.211}Mo_{0.467}Cr_{0.3}O_2$ 中可形成 0-TM 渗流扩散通道，促进 Li^+ 在体系中的输运。图 5-17（a）显示了岩盐型 $Li_xTM_{2-x}O_2$ 中形成 0-TM 通道渗流网络的概率，以及阳离子混合程度随 Li 含量（x）变化的趋势，结果表明，局部的富锂环境会促进 0-TM 通道渗流网络的形成。图 5-17（b）描述了 x 和阳离子混合程度与可达离子浓度的关系，图中的三条黑线表

示单胞 $Li_xTM_{2-x}O_2$ 中可达 Li 浓度分别为 0.8、1 和 1.2 时的等值线。当 $x \leqslant 1$ 时,0-TM 通道渗流网络不存在,因此可达 Li 浓度为 0;当 x 超过 1.09(渗流阈值)时,可达 Li 浓度逐渐增加;当 x 超过 1.22 时,无论阳离子如何混合,可达 Li 浓度都能达到 1。进一步验证了图 5-17 (a) 中发现的局部富锂环境会促进 0-TM 通道渗流网络的形成,并提高体系中离子输运通道连通性的结论。

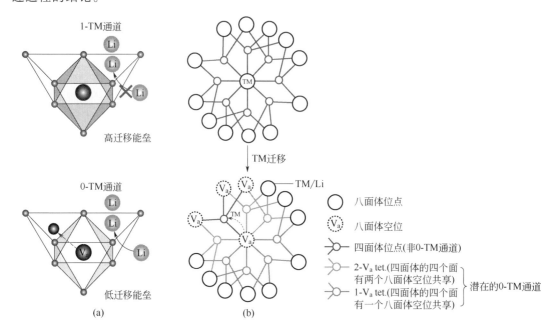

图 5-16　TM 迁移对 Li^+ 动力学的影响[93]

(a)一个具有两个面共享四面体位点的 TMO_6 八面体示意图。TM 从八面体迁移到四面体的同时将 1-TM 通道转换为 0-TM 通道。(b) TM 迁移前后岩盐型构造的 Li^+ 通道有效性图解。该结构显示出一个八面体 TM 连接八个四面体位点的局域构型。八面体位置 TM 的存在使得其周围连接的八个四面体位置都是非 0-TM 通道(红色圆圈)。当 TM 迁移到一个四面体位置后,其他 7 个四面体位置成为潜在的 0-TM 通道(绿色或黄色圆圈)

5.2.3.2　复合固态电解质中离子输运特性分析

渗流理论还可以用来研究随机几何构型中粒子迁移过程的连通性,解释多相复合导体中填充物的几何特征与导体离子电导率之间的关系。如图 5-18 所示,复合导体中的三相分别示意为:惰性相 C(绿色方块),导电率较低的相 B(白色方块),以及相 B 和相 C 之间导电率较高的界面相(红色线)。为方便起见,首先用二维晶格模型来阐述这一体系的特点,即设置惰性相 C 在二维矩阵中随机占据概率为 P,因此低导电相 B 的占据概率为 $1-P$。此时模型中会出现三种不同类型的键:相邻两个 C 相之间的键(惰性导电 C 键,黑色粗体线),相邻 B 相之间的键(正常导电的 B 键,绿色粗体线),B 和 C 相之间的键(具有高导电性的 A 键,红色粗体线)。因此该模型中可以得到两个阈值 P' 和 P''。如图 5-18 (b)、(c) 所示,P' 与 A 键有关,表示界面渗流的开始;P'' 与 C 键有关,表示导电路径中断。当 $P<P'$ 时[图 5-18 (a)],体系电导率随着高导电性 A 键的增加而增大;当 $P=P'$ 时[图 5-18 (b)],由 A 键组成的渗流路径形成,体系电导率开始显著提高;当 $P=P''$ 时[图 5-18 (c)],高导电迁移路径中断使得电导率停止增加;当 $P>P''$ 时[图 5-18 (d)],惰性相占据二维矩阵的大部分方格,电导率下降为零。由此可见,渗流模型可用来研究复合导体中成分比例的变化对其导电性能的影响。实际上，渗流模型不仅可以应用于规则晶格上，还可以用于非规则的连续体中。值得注意的是，当假设导电相的几何形状不同时，其渗流阈值会发生很大的变化。

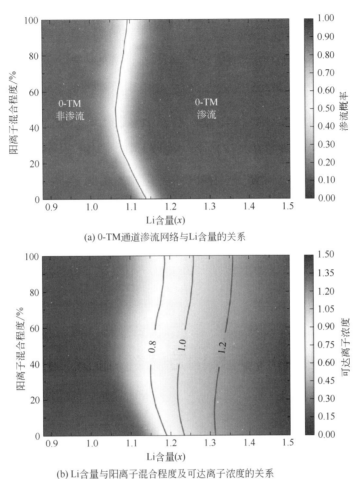

(a) 0-TM通道渗流网络与Li含量的关系

(b) Li含量与阳离子混合程度及可达离子浓度的关系

图 5-17　0-TM 通道渗流网络阳离子混合程度及可达离子浓度与 Li 含量的关系[94]

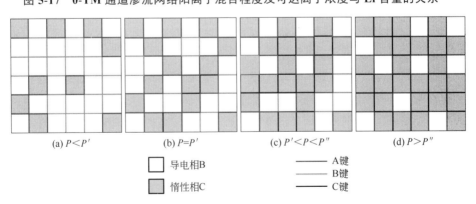

(a) $P<P'$　　　(b) $P=P'$　　　(c) $P'<P<P''$　　　(d) $P>P''$

☐ 导电相B　　　—— A键
▨ 惰性相C　　　—— B键
　　　　　　　　—— C键

图 5-18　三相体系二维晶格键渗流示意图[95]

P' 表示体系中开始出现长程连续导通 A 键时，导电相 B 的浓度；
P'' 表示长程连续导通的 A 键被破坏时，B 相的浓度基于三相体系的晶格模型，并假设粒子在模型中进行随机游走，可以计算出该类型材料的导电性能，还可以描述在 P' 和 P'' 两种渗流阈值下随机超导网络和电阻网络的临界行为。图 5-15 显示出尺寸为 $L×L×L$ 的三相复合格子气模型，其中，第二相（蓝色方块）以 P 概率进行填充，而基体相（白色区域）占据空间的概率为 $1-P$。与二维晶格模型类似，三维格子气模型也同样存在三种不同类型的导电键：AB、CD 和 EF 键分别对应界面导电相、第二相填充物和基体相。在模型中分布多个随机游走的粒子，当其迁移的步数足够大的时候，可知其均方位移（MSD）与扩散系数（D）成正比关系：

$$D = \frac{1}{2dt}\mathrm{MSD} \tag{5-49}$$

式中，d 表示空间维度；t 为时间。体系的离子电导率（σ）可进一步通过能斯特-爱因斯坦方程求出：

$$\sigma = \frac{Cq^2}{k_\mathrm{B}T}D \tag{5-50}$$

式中，C 是单位体积载流子浓度；q 是载流子的电荷量；k_B 为玻尔兹曼常数；T 是热力学温度。需要注意的是，这里在对晶格模型进行结构初始化时产生的构型是无序的，即无机复合固态电解质的填充是随机的，且粒子的跳跃是"有条件"的随机，即其每次迁移的方向与各个方向的跃迁速率有关。

5.3 蒙特卡罗模拟与其他方法的融合

5.3.1 与渗流模拟融合

载流子浓度和有效跳跃率是决定导体中离子电导率的关键因素，然而，实验中难以对其进行定量表征。另外，仅依靠动态模拟或静态计算也难以快速计算体系中载流子的浓度。最为重要的是，若使用迁移离子代替载流子来计算离子电导率，则容易引入误差。对此，本书作者团队提出一套可以同时刻画离子输运通道尺寸和载流子浓度的"动静结合"的高效渗流模拟方案[61]。通过对原有的 KMC 理论以及渗流模型进行改进与融合，使其能够模拟离子输运通道尺寸以及载流子浓度与不同条件之间的依赖关系。同时，上述方案中还考虑了由迁移离子排列引起的阻塞效应，以及其他非迁移离子占用离子输运通道引起的阻塞效应，最终提出了一种更适合于离子导体建模的单向导通渗流模型。基于此，该方案中给出了两种可优化体系中的离子电导率的策略：①调节迁移离子的浓度；②调整迁移离子之间及迁移离子与框架离子之间的相互作用。

以往研究表明，在层状或尖晶石状的过渡金属氧化物（LMO）正极材料中，阳离子（Li 和 TM）无序不利于 Li$^+$ 输运，最终影响电极的可逆容量。然而，最近几项理论和实验研究也表明无序岩盐（DRX）用作高离子电导性能正极的可行性[96]。为阐明其机理，Urban 等[97]利用 MC 模拟研究 Li$_x$M$_{2-x}$O$_2$（$0 \leqslant x \leqslant 2$）结构中阳离子无序和 Li 含量（$x$）对形成 0-TM 通道渗流网络的影响。由于 Li$_4$ 团簇（0-TM 通道）的数量随 x 的增大而增加，因此，在阳离子无序的情况下，在临界 Li 浓度（x_c）处均会形成 0-TM 通道的渗流网络。图 5-19 为层状（layered）$LiFeO_2$、尖晶石状（spinel-like）$LiFeO_2$ 及 γ-$LiFeO_2$ 三种结构中的 0-TM 渗流阈值随阳离子混合的变化关系，结果表明，在尖晶石状 $LiFeO_2$ 和 γ-$LiFeO_2$ 中，随着阳离子混合程度的增加，渗流阈值接近于无序相的值。此外，尖晶石样结构的 $Li_xM_{2-x}O_2$ 具有最佳的 0-TM 渗流性能和较低的 Li 临界浓度（x_c=0.77）。该结论还可用上述观察的结构中 0-TM 通道的分离现象进行解释。

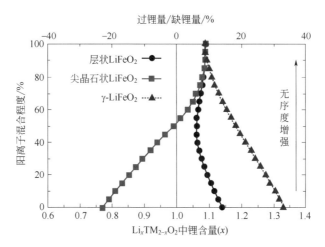

图 5-19　在形成 0-TM 渗流通道时 Li 的临界浓度[97]

5.3.2　与团簇展开方法融合

高精度方法（如 FP 计算等）计算高度依赖于高性能计算环境的支撑[98]。然而实际情况下，一方面需要模拟包含大量原子（数量可达成千上万）的体系以获得更合理的计算结论，并需要借助如 MC 或 MD 等手段对计算结果进行统计分析；另一方面，对于诸如求解相图等问题，需要对数量庞大的体系构型进行采样计算。上述两方面工作都无法依靠高精度且耗时的方法单独完成[98]。此时，团簇展开方法作为高精度方法计算与 MC 模拟之间的桥梁，可帮助获取体系能量、离子迁移能垒等关键信息，进而对材料电化学性能进行预测，是解决上述问题的有效手段[99]。如图 5-20 所示，通过对高精度 FP 计算结果进行拟合，可求解出团簇展开的有效哈密顿量，进而得到更大体系构型的能量并对其进行 MC 模拟，最终实现对材料性能的预测[98]。

上述以团簇展开方法作为 FP 计算和 MC 模拟衔接的思路可进行材料热力学特性分析，即"第一性原理计算-蒙特卡罗模拟"（FP-MC 计算），如图 5-21 所示，其一般研究步骤为[98]：

① 对晶体初始结构的格式和信息（晶格参数、元素信息等）进行规范化表示；定义相应的数据结构，用于在计算中准确还原晶体初始结构并记录结构基本特性。

② 根据晶体初始结构数据计算晶体结构基本特性（对称性操作矩阵、滑移矢量、扩胞及结构变换所涉及的格点坐标映射函数等）。

③ 通过定义具有"原子—团簇—轨迹—团簇体系"层次的数据结构，并根据重构原理（根据少原子团簇构建多原子团簇），计算还原晶体的团簇体系，并确定团簇之间的相互作用关系。

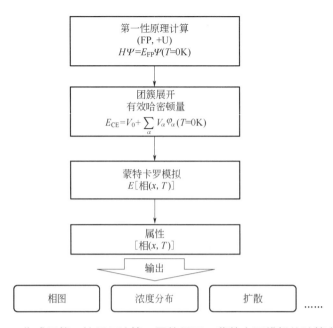

图 5-20　集成了第一性原理计算、团簇展开、蒙特卡罗模拟的计算方法[98]

④ 应用对称性操作、格点坐标映射函数建立超胞；调整超胞中的原子排布生成超胞构型。

⑤ 为每个超胞构型生成 FP 计算的必备参数文件（如 VASP 程序中的 POSCAR、INCAR、POTCAR、KPOINTS 等），并进行计算。

⑥ 根据 FP 计算结果拟合团簇相互作用强度，即 ECI 值；记录基态结构及凸包数据。

⑦ 建立更大晶体结构超胞，应用 MC 方法随机生成更多构型。

⑧ 将完备的团簇展开方法所需要的参量（团簇体系结构、ECI 值）应用于上述生成构型的能量计算，应用热力学公式，如通过相图中局部势能公式计算各构型的热力学参数。

⑨ 通过上述求得的热力学参数分析材料的热力学特性。

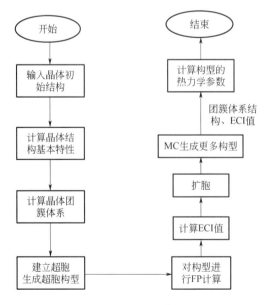

图 5-21　FP-MC 计算流程图

5.3.3 与键价和计算融合

键价和理论方法可用于分析离子静态输运通道,并计算离子间相互作用和迁移能垒。基于该理论已开发出包含 SoftBV、3DBVSMAPPER、BVSE 等模拟仿真软件。实验上观测离子输运通道或载流子的操作复杂且难以定量化,虽然键价和理论可以弥补以上不足,但其仍无法直接获得离子输运通道中的间隙几何和拓扑特征。另外,其计算过程仅考虑了骨架结构,未考虑迁移离子间的相互作用、温度及迁移离子浓度等因素的影响,因此无法直接应用于分析不同条件下的体系中离子输运通道的规模。作为补充,KMC 模拟可以精确给出不同温度和迁移离子浓度下导体的离子输运特性。因此,融合键价和理论搭建出的晶格模型及 KMC 模拟分析离子跃迁,可实现体系的导电性能参数的高效计算。Chen 等[100]将键价和理论计算的迁移能垒与 KMC 模拟相结合,开发了以键价为基础的经验力场,可实现通过高通量计算筛选电池材料的晶体结构并预测其各种属性,包括结构的合理性检验、表面能、平衡位点和间隙位点位置,以及位点之间离子迁移路径的拓扑结构、离子在路径中的迁移能垒和位点尝试频率等。所有这些属性都可以从结构模型文件(如 CIF)中提取并进行预测,因此其相比密度泛函理论(DFT)计算有着显著的成本优势,并且其可以分析出所有相关的路径片段,而不需要预先指定路径。此外,将键价和理论与 KMC 结合,即考虑多种复杂的运输机制,还可以得到给定温度下固态离子导体的绝对电导率。如图 5-22 所示,以 Li_6PO_5Cl 为例[100],基于实验结构和 KMC 模拟可对其离子输运特性进行计算,并得到体系在指定温度下的绝对电导率。

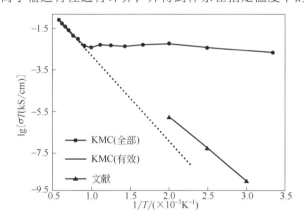

图 5-22 通过 KMC 模拟获得的电导率与实验值进行比较[100]

实心蓝色曲线表示 KMC 模拟得到的电导率;实心红线对应于长程传导(来自高温 KMC 模拟)的有效电导率;
虚线表示其向下推算到较低温度的电导率;绿色曲线表示文献报道的实验电导率数据

5.3.4 与分子动力学模拟融合

分子动力学(MD)模拟方法的计算精度高,但计算过程复杂,因此限制了其对较大体系的快速模拟。而将 MC 与 MD 进行耦合可有效提升计算速度。以枝晶生长机制的理论计算研究为例,当前对其研究的方法通常都是基于理想条件假设提出,导致在解释实验现象时具有一定的局限性。例如,KMC 和 MD 模拟均是研究均相 SEI 体系 Li^+ 扩散系数、热力学温度及过电位对枝晶生长的影响,忽略了真实情况中非均质状态的影响,且模拟时间较短[101];此外,模型中通常都未考虑由枝晶和 SEI 相互作用引起的应力等重要因素的影响。因此，耦合 KMC 与 MD 的多尺度模型有望实现帮助理解枝晶和非均质 SEI 之间的复杂关系[101]。

① 负极的枝晶生长与 SEI 的形成有极大关联，MD 模拟可刻画不同工艺条件下电解质中 SEI 的形成过程，帮助理解负极枝晶生长机制；

② KMC 可以在合理的计算成本内描述如结晶、催化、薄膜生长等特定化学反应在一定时间且宏观尺度空间上的演化问题。

③ 上述宏观与微观模拟的结合可以更真实地描述枝晶的形成,为进一步改善电池充放电循环性能提供理论方向。

基于上述多尺度模型的计算思想，首先可利用 MD 模拟不同电解质条件下非均质 SEI 的形成过程（如图 5-23 所示，生成 4 种不同的非均质 SEI，利用 LAMMPS 软件[102]进行经典反应分子动力学模拟）。随后，可将非均质 SEI 的杨氏模量作为初始化条件（越大则对应的锂沉积越均匀）输入 KMC 模拟中，研究抑制锂枝晶生长机理并提出改善策略。图 5-23 为耦合 KMC 与 MD 的多尺度模型的模拟流程图，其中 Y_i 表示 SEI 区域的杨氏模量，Y_{Li} 表示锂金属的杨氏模量，$Li^+(t)$ 表示 SEI 区域内的 Li^+ 数目，N_{KMC} 表示 KMC 模型中晶格位点的个数，Z_{C_0} 为 KMC 模拟过程中整个 SEI 层中 Li^+ 的数量，D_i 表示不同 SEI 区域对应的离子扩散系数。KMC 模拟中，Li^+ 在不同区域扩散的概率条件如表 5-3 所示。其中，$p_d(i)$ 为 Li^+ 在 SEI 中的 i 区域发生扩散的概率；ξ_1 为 $(1,N)$ 之间的随机数。

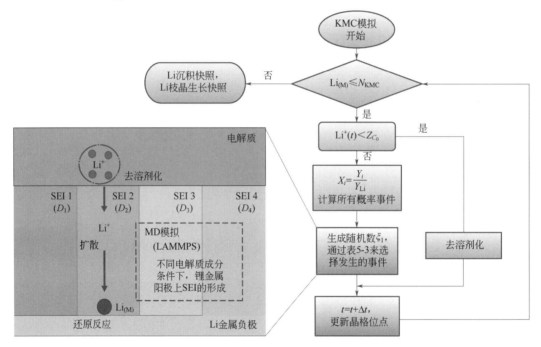

图 5-23　MD-KMC 多尺度模型的模拟流程图[101]

表 5-3　Li^+在不同区域扩散选择概率事件

概率判断	事件发生
$0 < \xi_1 \leq p_d(1)$	Li^+在 SEI 1 区域扩散

续表

概率判断	事件发生
$p_d(1) < \xi_1 \leqslant p_d(1) + p_d(2)$	Li^+在 SEI 2 区域扩散
$p_d(1) + p_d(2) < \xi_1 \leqslant p_d(1) + p_d(2) + p_d(3)$	Li^+在 SEI 3 区域扩散
$p_d(1) + p_d(2) + p_d(3) < \xi_1 \leqslant p_d(1) + p_d(2) + p_d(3) + p_d(4)$	Li^+在 SEI 4 区域扩散
$p_d(1) + p_d(2) + p_d(3) + p_d(4) < \xi_1 \leqslant 1$	Li^+发生还原反应

此外,图 5-24 概括了 MD 和 KMC 两种方法之间的耦合关系,即首先利用 MD 模拟出 SEI 的生长过程（τ 为 MD 时间步长）,将获得的 SEI 杨氏模量等信息作为 KMC 模拟的初始化条件,即可由模拟得到的枝晶生长形貌计算出锂枝晶粗糙度等关键物理参数。

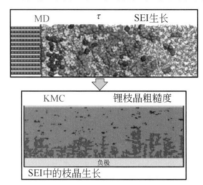

图 5-24　MD、KMC 多尺度耦合模拟枝晶生长的关系图[101,103]
可利用 MD 模拟得到的 SEI 作为 KMC 模拟枝晶生长的初始条件

5.4　展望

本章节主要总结了蒙特卡罗、渗流理论两种模拟方法的基本原理及其在电极、电解质和界面中应用的典型案例,涉及的研究问题包括体系中的离子迁移、迁移离子的分布特征与电极/电解质界面层的生长过程等。这些计算不仅涵盖了对实验现象微观机理的解释,也包含了对实验结果的预测,进而能够指导提出具体的实验方案。在与实验结合方面,这些微观尺度计算模拟可以基于实验数据〔如通过 X 射线衍射精修获得原子占位情况[93]〕搭建初始模型,提出具体研究体系的改进策略。为了促进上述两种模拟方法在离子导体计算中的发展,笔者总结了以下几个改进方向:

① 通过 MC 模拟快速精确地获取所有可能发生的事件及其对应的转变概率。这些事件主要是通过实验测试以及第一性原理计算等方式获得,比如通过 FP 计算迁移能垒、MD 分析离子的迁移模式等。然而这些计算方法成本高、耗时长,不适用于大体系、长时间的模拟。因此,使用高精度方法获取关键参数,然后结合其他快速模拟方法进行计算模拟是当前重要的解决思路,比如团簇展开就是对能量计算的一种简化近似方法,此外,对于离子输运研究,可通过 FP 得到位点间的迁移能垒或短时间 MD 得到关键的迁移特性,然后将其作为参数或条件输入 MC 模拟中,从而使 MC 模拟既具有模拟尺度大、计算速度快等优势的同时,又可

保证其模拟精度。但如何选取合适的、高精度计算的参数条件并在MC建模及模拟过程中考虑仍是需要探索的难点。除此之外，体系转换速率因子也直接决定了模拟体系的演变速度，该参数一般被近似为常数，但对于一些复杂体系（比如存在多种迁移模式的固态离子导体），转换因子（如离子的迁移尝试频率等）是极为复杂的，虽然通过声子谱等手段可以进行较为精细的计算，但对于较大体系或者较长时间的模拟，计算成本是巨大的。因此，如何实现较大体系的快速模拟是目前面临的关键难题。

② 渗流模拟可以定量分析单相离子导体中掺杂元素以及迁移离子浓度对离子输运通道规模的影响。除此之外，渗流理论还可以用于研究复合固态导体，通过考察粒子在渗流模型中的随机游走性质即可算出复合固态导体的导电性能（扩散系数、离子电导率等）。另外，为了有效克服渗流模拟存在的问题，比如离子分布合理化、局域连通的方向性判断等，可将KMC计算与渗流模拟进行有效的融合，以获得导体中的有效载流子浓度。然而，如何描述实际复合导体中相的尺寸与分布多样性等复杂实际情况是当前发展渗流模型需要解决的主要难点之一。

参考文献

[1] Carlo C M. Markov chain Monte Carlo and Gibbs sampling [J]. Lecture notes for EEB, 2002, 581: 540.

[2] Ulam S, Richtmyer R D, von Neumann J. Statistical methods in neutron diffusion [R]. Los Alamos Scientific Laboratory Report, 1947, LAMS-551.

[3] Metropolis N, Ulam S. The monte carlo method [J]. J Am Stat Assoc, 1949, 44 (247): 335-341.

[4] 陈秋瑞, 郑世珏, 陈辉, 等. 基于AlphaGo算法的网络媒体不良词汇自动检测模式研究 [J]. 计算机与数字工程, 2018, 46 (8): 1589-1592.

[5] Browne C B, Powley E, Whitehouse D, et al. A survey of monte carlo tree search methods [J]. IEEE Trans Comput Intell AI Games, 2012, 4 (1): 1-43.

[6] Zsigmond G, Lieutenant K, Mezei F. Monte Carlo simulations of neutron scattering instruments by VITESS: virtual instrumentation tool for ESS [J]. Neutron News, 2002, 13 (4): 11-14.

[7] Francis Z, Incerti S, Zein S A, et al. Monte Carlo simulation of SARS-CoV-2 radiation-induced inactivation for vaccine development [J]. Radiat Res, 2021, 195 (3): 221-229.

[8] Turchin V F. On the computation of multidimensional integrals by the Monte-Carlo method [J]. Theory Probab Appl, 1971, 16 (4): 720-724.

[9] Yang Z, Ming J, Qiu C, et al. A Multigrid Multilevel Monte Carlo Method for Stokes-Darcy Model with Random Hydraulic Conductivity and Beavers-Joseph Condition [J]. J Sci Comput, 2022, 90 (2): 1-30.

[10] Darling R, Newman J. Dynamic Monte Carlo Simulations of Diffusion in $Li_yMn_2O_4$ [J]. J Electrochem Soc, 1999, 146 (10): 3765-3772.

[11] Shimizu A, Tachikawa H. Dynamics behavior of lithium in graphite lattice: MD calculation approach [J]. J Phys Chem Solids, 2000, 61 (12): 1895-1899.

[12] Duane S, Kennedy A D, Pendleton B J, et al. Hybrid monte carlo [J]. Phys Lett B, 1987, 195 (2): 216-222.

[13] Hardy J, De Pazzis O, Pomeau Y. Molecular dynamics of a classical lattice gas: transport properties and time correlation functions [J]. Phys Rev A, 1976, 13 (5): 1949.

[14] Landau D, Binder K. A guide to Monte Carlo simulations in statistical physics [M]. Cambridge: Cambridge

University Press, 2021.

[15] van der Ven A, Deng Z, Banerjee S, et al. Rechargeable alkali-ion battery materials: theory and computation [J]. Chem Rev, 2020, 120 (14): 6977-7019.

[16] Cosoli P, Ferrone M, Pricl S, et al. Hydrogen sulphide removal from biogas by zeolite adsorption: Part I. GCMC molecular simulations [J]. Chem Eng J, 2008, 145 (1): 86-92.

[17] Do D, Do H. Pore characterization of carbonaceous materials by DFT and GCMC simulations: A review [J]. Adsorp Sci Technol, 2003, 21 (5): 389-423.

[18] van der Ven A, Ceder G. Vacancies in ordered and disordered binary alloys treated with the cluster expansion [J]. Phys Rev B, 2005, 71 (5): 054102.

[19] van der Ven A, Ceder G, Asta M, et al. First-principles theory of ionic diffusion with nondilute carriers [J]. Phys Rev B, 2001, 64 (18): 184307.

[20] van der Ven A, Thomas J C, Puchala B, et al. First-principles statistical mechanics of multicomponent crystals [J]. Annu Rev Mater Sci, 2018, 48: 27-55.

[21] Frisch U, Hasslacher B, Pomeau Y. Lattice-Gas Automata for the Navier-Stokes Equation [J]. Phys Rev Lett, 1986, 56 (14): 1505-1508.

[22] Kehr K, Mussawisade K, Schütz G M, et al. Diffusion of particles on lattices [M]. Berlin, Heidelberg: Springer, 2005.

[23] Bunde A, Dieterich W, Maass P, et al. Ionic transport in disordered materials [M]. Berlin, Heidelberg: Springer, 2005.

[24] Salamon M B. Physics of superionic conductors [M]. Berlin, Heidelberg: Springer, 1979.

[25] 高健. 若干锂离子固体电解质中的离子输运问题研究 [D]. 北京: 中国科学院大学, 2015.

[26] Sanchez J M, Ducastelle F, Gratias D. Generalized cluster description of multicomponent systems [J]. Phys A, 1984, 128 (1-2): 334-350.

[27] Soh J R, Lee H M. Phenomenological phase diagram calculation of the Ni-Al system in the Ni-rich region [J]. Acta Mater, 1997, 45 (11): 4743-4749.

[28] Wu F Y. The potts model [J]. Rev Mod Phys, 1982, 54 (1): 235.

[29] Komura Y, Okabe Y. CUDA programs for the GPU computing of the Swendsen-Wang multi-cluster spin flip algorithm: 2D and 3D Ising, Potts, and XY models [J]. Comput Phys Commun, 2014, 185 (3): 1038-1043.

[30] Etacheri V, Marom R, Elazari R, et al. Challenges in the development of advanced Li-ion batteries: a review [J]. Energy Environ Sci, 2011, 4 (9): 3243-3262.

[31] Yamada A, Chung S C, Hinokuma K. Optimized $LiFePO_4$ for lithium battery cathodes [J]. J Electrochem Soc, 2001, 148 (3): A224.

[32] Xiao P, Henkelman G. Kinetic Monte Carlo Study of Li Intercalation in $LiFePO_4$ [J]. ACS Nano, 2018, 12 (1): 844-851.

[33] Zheng T, Dahn J. Lattice-gas model to understand voltage profiles of $LiNi_xMn_{2-x}O_4$/Li electrochemical cells [J]. Phys Rev B, 1997, 56 (7): 3800.

[34] Kar P, Harinipriya S. Modeling of lithium ion batteries employing grand canonical monte carlo and multiscale simulation [J]. J Electrochem Soc, 2014, 161 (5): A726.

[35] Moon J, Lee B, Cho M, et al. Ab initio and kinetic Monte Carlo simulation study of lithiation in crystalline and amorphous silicon [J]. J Power Sources, 2014, 272: 1010-1017.

[36] Ouyang C, Shi S, Wang Z, et al. The effect of Cr doping on Li ion diffusion in $LiFePO_4$ from first principles

investigations and Monte Carlo simulations [J]. J Phys Condens Matter, 2004, 16 (13): 2265.

[37] 欧阳楚英. 锂离子电池正极材料离子动力学性能研究 [D]. 北京: 中国科学院研究生院, 2005.

[38] Kumar P P, Yashonath S. Ionic conduction in the solid state [J]. J Chem Sci, 2006, 118 (1): 135-154.

[39] Morgan B J. Lattice-geometry effects in garnet solid electrolytes: a lattice-gas monte carlo simulation study [J]. Royal Soc Open Sci, 2017, 4 (11): 170824.

[40] Grieshammer S, Eisele S, et al. Kinetic Monte Carlo simulations for solid state ionics: case studies with the MOCASSIN program [J]. Diffusion Foundations, 2021, 29: 117-142.

[41] Wang W, Chen D D, Lv D, et al. Monte Carlo study of magnetic and thermodynamic properties of a ferrimagnetic Ising nanoparticle with hexagonal core-shell structure [J]. J Phys, 2017, 108: 39-51.

[42] Hoffmann M J, Matera S, Reuter K. kmos: a lattice kinetic monte carlo framework [J]. Comput Phys Commun, 2014, 185 (7): 2138-2150.

[43] Huang C M, Joanne C, Patnaik B, et al. Monte Carlo simulation of grain growth in polycrystalline materials [J]. Appl Surf Sci, 2006, 252 (11): 3997-4002.

[44] Kotrla M. Numerical simulations in the theory of crystal growth [J]. Comput Phys Commun, 1996, 97 (1-2): 82-100.

[45] Barai P, Feng Z, Kondo H, et al. Multiscale computational model for particle size evolution during coprecipitation of Li-ion battery cathode precursors [J]. J Phys Chem B, 2019, 123 (15): 3291-3303.

[46] Chen X, Zhao H, Ai W. Study on the competitive growth mechanism of SiC polytypes using kinetic Monte Carlo method [J]. J Cryst Growth, 2021, 559: 126042.

[47] Hao F, Liu Z, Balbuena P B, et al. Mesoscale elucidation of solid electrolyte interphase layer formation in Li-ion battery anode [J]. J Phys Chem C, 2017, 121 (47): 26233-26240.

[48] Maazi N, Boulechfar R. A modified grain growth Monte Carlo algorithm for increased calculation speed in the presence of Zener drag effect [J]. Mater Sci Eng B, 2019, 242: 52-62.

[49] Tewari D, Liu Z, Balbuena P B, et al. Mesoscale Understanding of lithium electrodeposition for intercalation electrodes [J]. J Phys Chem C, 2018, 122 (37): 21097-21107.

[50] 饶汀, 张珍, 侯中怀, 等. 网格上布鲁塞尔体系化学振荡的粗粒化模拟 [J]. 化学物理学报, 2011, 24 (4): 425-433.

[51] Hao F, Verma A, Mukherjee P P. Electrodeposition stability of metal electrodes [J]. Energy Storage Mater, 2019, 20: 1-6.

[52] Vishnugopi B S, Hao F, Verma A, et al. Surface diffusion manifestation in electrodeposition of metal anodes [J]. Phys Chem Chem Phys, 2020, 22 (20): 11286-11295.

[53] Zhu Y, Xie J, Pei A, et al. Fast lithium growth and short circuit induced by localized-temperature hotspots in lithium batteries [J]. Nat Commun, 2019, 10 (1): 1-7.

[54] Vishnugopi B S, Hao F, Verma A, et al. Double-edged effect of temperature on lithium dendrites [J]. ACS Appl Mater Interfaces, 2020, 12 (21): 23931-23938.

[55] Ding F, Xu W, Graff G L, et al. Dendrite-free lithium deposition via self-healing electrostatic shield mechanism [J]. J Am Chem Soc, 2013, 135 (11): 4450-4456.

[56] Hao F, Verma A, Mukherjee P P. Cationic shield mediated electrodeposition stability in metal electrodes [J]. J Mater Chem A, 2019, 7 (31): 18442-18450.

[57] Broadbent S R, Hammersley J M. Percolation processes: I. crystals and mazes, mathematical proceedings of the

cambridge philosophical society [J]. Cambridge University Press, 1957, 53 (3): 629-641.

[58] Blanc R. Introduction to percolation theory [M]. Dordrecht: Springer, 1986.

[59] Mackay G, Jan N. Forest fires as critical phenomena [J]. J Phys A: Math Gen, 1984, 17 (14): L757.

[60] Efros A L. Physics and geometry of disorder: percolation theory [M]. Imported Pubn, 1986.

[61] 刘金平, 蒲博伟, 邹喆乂, 等. 基于蒙特卡罗模拟的离子导体热力学与动力学特性 [J]. 储能科学与技术, 2022, 11 (3): 878-896.

[62] 刘金平. 融合蒙特卡罗模拟和渗流理论研究几种离子导体的离子输运行为 [D]. 上海: 上海大学, 2021.

[63] Li Z, Huang H M, Zhu J K, et al. Ionic conduction in composite polymer electrolytes: case of PEO: Ga-LLZO composites [J]. ACS Appl Mater, 2018, 11 (1): 784-791.

[64] Newman M E, Ziff R M. Fast Monte Carlo algorithm for site or bond percolation [J]. Phys Rev E, 2001, 64 (1): 016706.

[65] Lin J, Chen H, Liu L, et al. Impact of particle size ratio on the percolation thresholds of 2D bidisperse granular systems composed of overlapping superellipses [J]. Physica A, 2020, 544: 123564.

[66] Suding P N, Ziff R M. Site percolation thresholds for Archimedean lattices [J]. Phys Rev E, 1999, 60 (1): 275.

[67] Parviainen R. Estimation of bond percolation thresholds on the Archimedean lattices [J]. J Phys A: Math Theory, 2007, 40: 9253-9258.

[68] Balankin A S, Martínez-Cruz M A, Álvarez-Jasso M D, et al. Effects of ramification and connectivity degree on site percolation threshold on regular lattices and fractal networks [J]. Phys Lett A, 2019, 383 (10): 957-966.

[69] Ding C, Fu Z, Guo W, et al. Critical frontier of the Potts and percolation models on triangular-type and kagome-type lattices. II. Numerical analysis [J]. Phys Rev E, 2010, 81 (6): 061111.

[70] Jacobsen J L. Theoretical, High-precision percolation thresholds and Potts-model critical manifolds from graph polynomials [J]. J Phys A: Math Theor, 2014, 47 (13): 135001.

[71] Ziff R M, Scullard C R. Exact bond percolation thresholds in two dimensions [J]. J Phys A: Math Gen, 2006, 39 (49): 15083.

[72] Hunt A G, Sahimi M. Flow, transport, and reaction in porous media: percolation scaling, critical-path analysis, and effective medium approximation [J]. Rev Geophys, 2017, 55 (4): 993-1078.

[73] Schwartz L, Auzerais F, Dunsmuir J, et al. Transport and diffusion in three-dimensional composite media [J]. Appl Phys A Stat Mechan, 1994, 207 (13): 28-36.

[74] Xu W, Jiao Y. Theoretical framework for percolation threshold, tortuosity and transport properties of porous materials containing 3D non-spherical pores [J]. Int J Eng Sci, 2019, 134: 31-46.

[75] Pervago E, Mousatov A, Kazatchenko E, et al. Computation of continuum percolation threshold for pore systems composed of vugs and fractures [J]. Comput Geosci, 2018, 116: 53-63.

[76] Akagawa S, Odagaki T. Geometrical percolation of hard-core ellipsoids of revolution in the continuum [J]. Phys Rev E, 2007, 76 (5): 051402.

[77] Ambrosetti G, Johner N, Grimaldi C, et al. Percolative properties of hard oblate ellipsoids of revolution with a soft shell [J]. Phys Rev E, 2008, 78 (6): 061126.

[78] Xu W, Lan P, Jiang Y, et al. Insights into excluded volume and percolation of soft interphase and conductivity of carbon fibrous composites with core-shell networks [J]. Carbon, 2020, 161: 392-402.

[79] Wang C, Fu K, Kammampata S P, et al. Garnet-type solid-state electrolytes: materials, interfaces, and batteries

[J]. Chem Rev, 2020, 120 (10): 4257-4300.

[80] Mandelbrot B B. The Fractal Geometry of Nature [M]. San Francisco: Freeman, 1982.

[81] Bunde A, Dieterich W. Percolation in composites [J]. J Electroceramics, 2000, 5 (2): 81-92.

[82] Zallen R. The physics of amorphous solids [M]. John Wiley & Sons, 2008.

[83] Stauffer D, Aharony A, Redner S. Introduction to Percolation Theory [J]. Phys Today, 1987, 40 (4): 64-64.

[84] 南策文. 非均质材料物理: 显微结构-性能关联 [M]. 北京: 科学出版社, 2005.

[85] Wood R. The Physics of Amorphous Solids [J]. Phys Bull, 1984, 35 (7): 276.

[86] Nan C W. Physics of inhomogeneous inorganic materials [J]. Prog Mater Sci, 1993, 37 (1): 1-116.

[87] Scher H, Zallen R. Critical density in percolation processes [J]. J Chem Phys, 1970, 53 (9): 3759-3761.

[88] Kurzydłowski K, Ralph B. The quantitative description of the microstructure of materials [M]. Interfacial Effects Novel Properties of Nanomaterials, 1995.

[89] Wigner E. Unitary representations of the inhomogeneous Lorentz group including reflections [M]. Berlin, Heidelberg: Springer, 1993.

[90] Lauer U, Maier J. Electrochemical analysis of anomalous conductivity effects in the AgCl-AgI two phase system [J]. Berichte der Bunsengesellschaft für physikalische Chemie, 1992, 96 (2): 111-119.

[91] Jones C, Rossen E, Dahn J. Structure and electrochemistry of $Li_xCr_yCO_{1-y}O_2$ [J]. Solid State Ionics, 1994, 68 (1-2): 65-69.

[92] Lyu Y, Ben L, Sun Y, et al. Atomic insight into electrochemical inactivity of lithium chromate ($LiCrO_2$): Irreversible migration of chromium into lithium layers in surface regions [J]. J Power Sources, 2015, 273: 1218-1225.

[93] Huang J, Zhong P, Ha Y, et al. Non-topotactic reactions enable high rate capability in Li-rich cathode materials [J]. Nat Energy, 2021, 6 (7): 706-714.

[94] Lee J, Urban A, Li X, et al. Unlocking the potential of cation-disordered oxides for rechargeable lithium batteries [J]. science, 2014, 343 (6170): 519-522.

[95] Zou Z, Li Y, Lu Z, et al. Mobile ions in composite solids [J]. Chem Rev, 2020, 120 (9): 4169-4221.

[96] Obrovac M, Mao O, Dahn J. Structure and electrochemistry of $LiMO_2$ (M = Ti, Mn, Fe, Co, Ni) prepared by mechanochemical synthesis [J]. Solid State Ionics, 1998, 112 (1-2): 9-19.

[97] Urban A, Lee J, Ceder G. The configurational space of rocksalt-type oxides for high-capacity lithium battery electrodes [J]. Adv Energy Mater, 2014, 4 (13): 1400478.

[98] Wu Q, He B, Song T, et al. Cluster expansion method and its application in computational materials science [J]. Comput Mater Sci, 2016, 125: 243-254.

[99] Lee R J, Raich J. Cluster expansion for solid orthohydrogen [J]. Phys Rev B, 1972, 5 (4): 1591.

[100] Chen H, Wong L L, Adams S. SoftBV-a software tool for screening the materials genome of inorganic fast ion conductors, Acta Crystallographica Section B: structural science [J]. Cryst Eng Mater, 2019, 75 (1): 18-33.

[101] Sitapure N, Lee H, Ospina-Acevedo F, et al. A computational approach to characterize formation of a passivation layer in lithium metal anodes [J]. AIChE J, 2021, 67 (1): e17073.

[102] Humbert M T, Zhang Y, Maginn E J. PyLAT: python lammps analysis tools [J]. J Chem Inf Model, 2019, 59 (4): 1301-1305.

[103] Abbott J W, Hanke F. Kinetically Corrected monte Carlo-Molecular dynmics simulations of solid electrolyte interphase growth [J]. J Chem Theory Comput, 2022, 18 (2): 925-934.

第6章 电化学储能中的有效介质理论和空间电荷层模拟

6.1 有效介质理论模拟

6.1.1 有效介质理论概述

有效介质理论（effective-medium theory，EMT）由 Bruggeman[1]于 1935 年首次提出，其假设复合材料中的掺杂相 [如图 6-1（a）中阴影处的相 1] 随机分布于基体相（相 2）当中，据此可从平均场理论（即忽略了不同相粒子间具体的近场效应）出发，将邻近粒子的相互作用用恒定的远场（E）表示。正因如此，EMT 目前仅适用于可忽略粒子间近场效应且仅含少量填料粒子的非均质体系，并可用于揭示其显微结构与物理性能的定量关系。

EMT 从最早基于有效介质近似[2]起经历了多个发展阶段，至今已发展成为成熟的多重散射理论（multiple scattering theory），或称为格林函数技术（Green's function technique）[1]，而基于该理论/技术提出的最为常用的是"改进的有效介质理论方法"[3]。该方法将有效介质理论与细观力学等方法相结合，构造出一个系统地描述复合材料显微结构与性能定量关系的理论框架。更具体来讲，其通过较少的假设，并尽可能多地考虑了各项显微结构因素（包括增强体长径比、体积含量、取向分布角、宏观取向角、界面性质与厚度），使其广泛涵盖了力学、电学、磁学等单一物理场的性能参数，以及多场之间交叉耦合的性能参数（如压电、磁致伸缩、磁电耦合），并最终实现对多种结构复合材料的计算。

复合材料的有效性能通常用平均场产生的平均响应大小来定义，其核心问题是如何采用格林函数[3,4]求解平衡方程，即：

$$\nabla \cdot \boldsymbol{J} = \nabla \cdot K\boldsymbol{F} = 0 \tag{6-1}$$

式中，K 为物理性能；J 为响应场；F 为内源场；∇ 表示矢量的散度。性能 K 可以理解为单位源场 F 下产生的响应场 J。单一场性能指的是源场 F 和响应场 J 都属于同一类型的物理场，比如弹性模量、介电常数、磁导率。

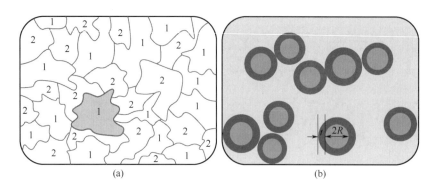

图 6-1　有效介质理论初始模型及改进的有效介质理论三相体系模型[5]
（a）有效介质理论初始模型[2 区域表示复合材料的基体相，1 区域表示复合材料的掺杂相（填充相）]；
（b）改进的有效介质理论三相体系模型（黄色区域表示基体相，红色区域表示界面相，
绿色区域表示相 1 或称为掺杂相，t 为界面层厚度，R 为球形颗粒的半径）

到 20 世纪 80 年代，EMT 开始逐渐被应用于模拟多孔介质、复合导体等非均质材料的导电性能[6]。本质上，复合材料的电导需依赖欧姆定律（$J = \sigma E$）进行计算，其主要体现了电场强度 E 与电流密度 J 之间的关系，σ 即为复合材料的电导率。如图 6-1（a）所示，阴影区域被相 1 和相 2 两种类型的区域包围。1952 年 Landauer 等[7]假设阴影区域的邻域为均匀介质，它具有混合物的导电性能（电导率为 σ_m，阴影区本身的电导率为 σ_1），由此将阴影区域看作是具有无限均匀电导率（σ_m）混合物中的一相。此时，设 E 是混合物中的平均电场，即为远离阴影区域的电场。假设阴影粒子是半径为 R 的球形，则阴影区域的表面将形成电荷沉积。根据基本静电学，它具有的偶极矩为：

$$ER^3(\sigma_1 - \sigma_m)/(\sigma_1 + 2\sigma_m) \tag{6-2}$$

若每单位体积内有 N_1 个这样的区域，则填充相（相 1）极化为：

$$P_1 = N_1 R^3 E(\sigma_1 - \sigma_m)/(\sigma_1 + 2\sigma_m) = f_1 E(\sigma_1 - \sigma_m)/(\sigma_1 + 2\sigma_m) \tag{6-3}$$

同理，基体相（相 2）也会产生极化：

$$P_2 = f_2 E(\sigma_2 - \sigma_m)/(\sigma_2 + 2\sigma_m) \tag{6-4}$$

式中，f_1 和 f_2 分别为填充相（即相 1）和基体相（相 2）的体积分数。

假设区域Ⅱ是电导率为 σ_m 的混合物，区域Ⅰ是一个与混合物导电性相同的均匀介质（如图 6-2），其电导率也为 σ_m。设 E_I、E_{II} 分别是区域Ⅰ和Ⅱ的电场，由于两个区域具有相同的电流和电导率，则：

$$E_I = E_{II} \tag{6-5}$$

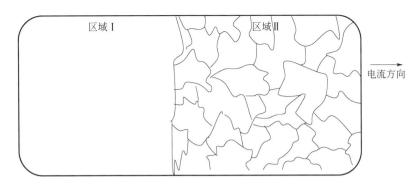

图 6-2 复合材料导电性能示意图

区域Ⅱ表示混合物；区域Ⅰ是一个与混合物导电性相同的均匀介质

由于

$$\mathrm{div}\boldsymbol{E} = -4\pi\mathrm{div}\boldsymbol{P} \tag{6-6}$$

因此可得

$$\boldsymbol{E}_\mathrm{I} - \boldsymbol{E}_\mathrm{II} = -4\pi(\boldsymbol{P}_1 + \boldsymbol{P}_2) = 0 \tag{6-7}$$

最终，可构建出初始有效介质方程：

$$\frac{f_1(\sigma_1 - \sigma_\mathrm{m})}{\sigma_1 + 2\sigma_\mathrm{m}} + \frac{f_2(\sigma_2 - \sigma_\mathrm{m})}{\sigma_2 + 2\sigma_\mathrm{m}} = 0 \tag{6-8}$$

式中，σ_1 和 σ_2 分别为相 1 和相 2 的电导率；σ_m 表示复合导体总体电导率。

6.1.2 有效介质理论方程

本小节将从上述构建的初始有效介质方程［式（6-8）］出发，梳理其用于多相体系复合材料导电性能研究的几个重要发展阶段。1973 年，Kirkpatrick[8]根据渗流理论对初始有效介质方程［式（6-8）］进行改进：

$$\frac{f_1(\sigma_1 - \sigma^*)}{\sigma_1 + \left(\dfrac{1}{f^*} - 1\right)\sigma^*} + \frac{f_2(\sigma_2 - \sigma^*)}{\sigma_2 + \left(\dfrac{1}{f^*} - 1\right)\sigma^*} = 0 \tag{6-9}$$

式中，σ^* 为复合导体整体的电导率；f^* 是渗流阈值（等同于第 5 章渗流阈值 P_c），若主次相晶粒半径相当，则 f^* 的值在 0.16 左右。由于初始 EMT 方程未考虑局部场效应，因此当复合物中任意某个成分的体积分数增加至 f^* 时，该方程则无法适用。为此，1978 年 Granqvist 和 Hunderi 等[9]在方程中引入了适用于多种几何构型的有效去极化因子 L_i：

$$\frac{f_1(\sigma_1 - \sigma^*)}{\sigma^* + (\sigma_1 - \sigma^*)L_i} + \frac{f_2(\sigma_2 - \sigma^*)}{\sigma^* + (\sigma_2 - \sigma^*)L_i} = 0 \tag{6-10}$$

Nakamura[10]则根据 Maxwell-Garnett 规则[11]将式（6-9）中 σ_1 和 σ_2 替换为 σ_1^a 和 σ_2^a，其中 R 是填充颗粒的半径。

$$\frac{f_1(\sigma_1^a - \sigma^*)}{\sigma_1^a + \left(\frac{1}{f^*} - 1\right)\sigma^*} + \frac{f_2(\sigma_2^a - \sigma^*)}{\sigma_2^a + \left(\frac{1}{f^*} - 1\right)\sigma^*} = 0 \tag{6-11}$$

$$\sigma_1^a = \sigma_1 + \frac{Rf_2\sigma_1(\sigma_2 - \sigma_1)}{R\sigma_1 + f_1(\sigma_2 - \sigma_1)} \tag{6-12}$$

$$\sigma_2^a = \sigma_2 + \frac{Rf_1\sigma_2(\sigma_1 - \sigma_2)}{R\sigma_2 + f_2(\sigma_1 - \sigma_2)} \tag{6-13}$$

基于 Nakamura 的思想，Nan 和 Smith[12]引入由基体、填充晶粒和覆盖在晶粒表面的高导电界面层组成的三相体系 [如图 6-1（b）所示]，同时将最后两相视为一个整体并采用 Maxwell-Garnett 混合法则，得到等效电导率 σ_c：

$$\sigma_c = \sigma_1 \frac{2\sigma_1 + \sigma_2 + 2K_1^2(\sigma_2 - \sigma_1)}{2\sigma_1 + \sigma_2 - K_1^3(\sigma_2 - \sigma_1)} \tag{6-14}$$

$$K_1 = \frac{1}{\left(1 + \frac{2t}{R}\right)} \tag{6-15}$$

式中，σ_1 和 σ_2 分别为界面层和填充颗粒的电导率；t 为界面层厚度；R 为填充颗粒半径；K_1 表示填充颗粒与复合颗粒的相对大小。

进一步，Nan[13]假设填料粒子为圆球、长椭球或扁球三种理想的旋转体。以此提出可用长短轴的长度之比（长径比）对其进行区分，并用三个去极化因子（L_i, $i = 1, 2, 3$, 且 $\sum_1^3 L_i = 1$）对其进行表征。

① 当填料粒子为圆球时，$L_1 = L_2 = L_3$；
② 当填料粒子为长椭球时，$L_1 < L_2 = L_3$；
③ 当填料粒子为扁球时，$L_1 = L_2 < L_3$。

此时包含去极化因子的 EMT 方程可表示为：

$$1 - f_c \frac{\sigma_0 - \sigma^*}{\sigma^* + (\sigma_0 - \sigma^*)L_i} + f_c \frac{\sigma_c - \sigma^*}{\sigma^* + (\sigma_c - \sigma^*)L_i} = 0 \tag{6-16}$$

式中，σ_0 为基体相的电导率；σ^* 为复合导体整体电导率；σ_c 为填充相与界面相的整体电导率；f_c 为填充相和界面相两个相的总体积分数。

6.1.3 基于有效介质理论的离子电导率计算

与理想单晶及均质体系相比，复合材料、多孔介质等非均质材料具有复杂的多层次结构。广义上讲，可以把上述具有一定显微结构特征的非均质材料统称为"复合材料"，例如固态电解质中常见的聚合物结合无机物即为典型的复合材料。复合材料的宏观性能并非是结构中不同组元性能的简单加和，其可采取不同手段（改变组分、显微结构的几何和拓扑等）进行调节。此外，利用已有的物质来设计新材料的途径有多种，其中一条重要途径是制备具有非常规复合效应的新型材料，非常规复合效应包括：①"1 + 1 > 2"复合效应，指非常规复合可导致材料性能显著增强；②"0 + 0 > 0"复合效应，指非常规复合激活全新的、原常规物质所不具有的性能。

在电化学储能领域中，我们经常关注的离子导电性能问题就可利用复合物中各组分之间的相互作用（如界面）进行调控增强，即对应于上述"1 + 1> 2"复合效应。例如，早期的复合固态电解质由基体（无机离子导体，如锂盐等）和填料（惰性颗粒，如非活性、绝缘的 Al_2O_3、SiO_2 等颗粒）组成[14]。其中，基体的离子电导率通常较低（室温下为 $10^{-10} \sim 10^{-5}$ S/cm），而通过引入非活性的异相颗粒形成复合电解质后，其界面在电化学势作用下将发生点缺陷重排并形成活性界面层（如缺陷富集、空间电荷层、无序层等），从而生成 Li^+ 快速传导通道，导致离子电导率增大[15]。另一种常见的复合固态电解质则是复合聚合物[如聚氧乙烯（PEO）/锂盐等]，其由于具有质轻、黏弹性好以及成膜性好等优点，被认为适合作为全固态锂电池的电解质材料。然而 PEO 与锂盐形成的聚合物电解质在室温时较低的离子电导率（<10^{-7}S/cm）限制了其实际应用，此时若在 PEO 基体中加入惰性颗粒相（如 Al_2O_3、SiO_2 等颗粒）或活性颗粒相（如活性的、导电的 LLZO、LLTO 等颗粒），则可利用无机颗粒相与 PEO/锂盐相互作用降低聚合物结晶度，同时形成无序的界面层，使材料离子电导率得到显著增强[16,17]。

在第 6.1.1 小节中已经提到，EMT 已被广泛用来评估非晶多相体系，如多孔介质、复合固态导体等的导电性能。Li 等[14]利用式（6-16）研究了不同粒径的无机填料对聚合物基复合固态体系（PEO-Al_2O_3、PEO-SiO_2）离子导电性能的影响，所得到的理论结果与实验测量值吻合较好。另外，EMT 还可用以研究多孔介质的孔隙率对其电导率的影响。Hu 等[18]以纳米多孔 β-Li_3PS_4 为研究对象，计算出有效 Li^+ 电导率与孔隙率的变化关系，发现当孔隙率达到某一渗流阈值（三维渗流网络情况下约为 0.32）时，电导率达到最大，与实验结果高度吻合。孙楠楠等[19]采用 C++/Qt 混合编程，开发出一套基于改进的 EMT 计算复合材料物理性能的软件——Composite Studio。该软件调用了格林函数对本构方程进行求解，以用于研究体积分数、颗粒长径比、取向分布、宏观位向对复合材料力学性能及介电性能的影响。同时，该课题组开发的另一款复合 Li^+ 固态电解质电导率计算软件成功实现了将 Nan[13]提出的改进 EMT 应用于计算复合电解质电导率。例如，通过上述模拟得到复合聚合物电解质聚偏氟乙烯-锂镧锆氧（PVDF-LLZO）的 Li^+ 电导率与 Zhang 等[20]测的实验值十分吻合。

6.2 空间电荷层模拟

6.2.1 空间电荷层模拟概述

两种具有不同化学势 μ 的离子晶体（A 和 B）相互接触后将产生异质相界面［图 6-3（a）、(b)］，另外，同一种离子晶体 A 中不同晶粒之间也可能产生同质晶界［图 6-3（c）］。上述两种情况中，靠近界面处的载流子会发生重排，使得整个体系的化学势重新达到平衡［图 6-3（d）、(e)］。离子晶体中载流子以间隙离子、空位等点缺陷为主，某些情况也包括电子或空穴。离子晶体中空间电荷层的表现形式为当两个离子晶体相互接触时，晶体中的某些点缺陷聚集在界面并形成界面核。例如在 LiI-Al$_2$O$_3$ 界面的 LiI 侧，本征 Frenkel 缺陷（间隙锂离子+锂离子空位）的间隙锂离子和晶格上的锂离子都有朝界面移动的趋势，使得在 LiI 中锂空位浓度上升，间隙锂离子浓度下降。此时在界面处存在大量带有正电荷的锂离子，而在相邻的 LiI 中则相应出现带有负电性的锂离子空位，以此形成空间电荷层并导致局部内建电场的产生。但值得注意的是，此时 LiI-Al$_2$O$_3$ 整体仍保持电中性[21,22]。由图 6-3(f) 可知，锂离子在 LiI-Al$_2$O$_3$ 界面上聚集，此时虽然相邻的空间电荷层内因为锂离子耗尽使得其传导能力下降，但这更多只影响了垂直于界面方向的离子传导，在平行于界面的方向仍具备很强的传导能力。最终，界面离子传导的增幅作用超过了空间电荷层的削弱作用，使得 LiI-Al$_2$O$_3$ 的整体电导率相比于纯 LiI 上升了 2~3 个数量级。离子晶体中空间电荷层的起源与发展如图 6-4 所示[23-28]。

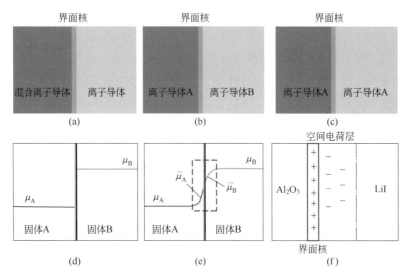

图 6-3 空间电荷层模拟结果示意图

（a）混合离子导体-离子导体之间的异质界面（例如电极-固态电解质）；（b）离子导体 A 和 B 之间的界面（例如复合物电解质）；（c）离子导体 A 和 A 之间的界面（例如晶界）；（d）A 和 B 刚接触时的化学势分布；（e）A 和 B 接触后化学势重新达到平衡后的界面处电化学势分布；（f）LiI-Al$_2$O$_3$ 异质界面空间电荷层示意图。μ_A 和 μ_B 为物质 A 和 B 中化学势，即在某一物质中再加入 1mol 的该物质，整个物质的吉布斯自由能的变化，主要用于表示不带电的粒子受浓度梯度的影响。$\tilde{\mu}_A$ 和 $\tilde{\mu}_B$ 为电化学势，在化学势的基础上加入了静电势（$ze\phi$），主要用于表示带电粒子（如离子、电子等）除了受浓度梯度影响，还会受电力驱动。z 表示带电粒子电荷，e 表示元电荷，ϕ 表示该粒子所处位置的电势

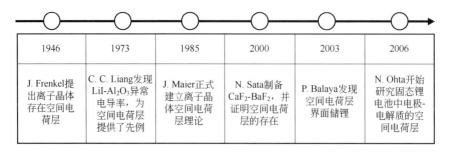

图 6-4 离子晶体中空间电荷层的起源与发展的重要时间点和科学发现[23-28]

当两种晶体相互接触时，因为静电势的作用使得界面两侧的化学势不再等于体相的化学势，即为电化学势，如图 6-3（d）、(e) 所示；当两种晶体的整体化学势达到平衡时，界面处的电化学势恒定，即吸引的化学势与电荷积累形成的排斥电场平衡。平衡态电化学势满足方程：

$$\tilde{\mu}_i = \mu_i^{\ominus} + RT\ln\left(\frac{c_{i,\mathrm{b}}}{c^0}\right) + z_i F \phi_{i,\mathrm{b}} = \mu_i^{\ominus} + RT\ln\left(\frac{c_{i,x}}{c^{\ominus}}\right) + z_i F \phi_{i,x} \tag{6-17}$$

此时空间电荷层内载流子 i 浓度满足玻尔兹曼分布式：

$$c_{i,x} = c_{i,\mathrm{b}} \exp\left[-\frac{z_i F}{RT}(\phi_{i,x} - \phi_{i,\mathrm{b}})\right] = c_{i,\mathrm{b}} \exp\left[-\frac{z_i e}{k_{\mathrm{B}} T}(\phi_{i,x} - \phi_{i,\mathrm{b}})\right] \tag{6-18}$$

式中，$\tilde{\mu}_i$ 为载流子 i 的电化学势；$\mu_i^{\ominus}$ 为载流子 i 的标准化学势；z_i 为载流子 i 的电荷数；$c_{i,x}$ 为载流子 i 在距离界面 x 处的浓度；$c_{i,\mathrm{b}}$ 为载流子 i 在体相中的浓度；$c^{\ominus}$ 是为了使单位无量纲化的标准浓度（数值为 1）；$\phi_{i,x}$ 为载流子 i 在距离界面 x 处的电势；$\phi_{i,\mathrm{b}}$ 为载流子 i 在体相中的电势；R 为理想气体常数；k_{B} 为玻尔兹曼常数；T 为热力学温度；F 为法拉第常数；e 为元电荷。部分关键参数示意图如图 6-5 所示。

结合式 (6-17)、式 (6-18) 和泊松方程 [式 (6-19)] 可以推导出泊松-玻尔兹曼方程 [式 (6-20)]，以描述空间电荷层内电势与载流子浓度之间的关系。根据不同的假设条件，可以求解出不同情况下的空间电荷层电势、空间电荷层内载流子浓度分布、空间电荷层的宽度等物理参数，以此构建出空间电荷层物理图像。

$$\nabla^2 \phi = -\frac{\rho}{\varepsilon} \tag{6-19}$$

$$\nabla^2 \phi = -\frac{\Sigma_i z_i e c_{i,x}}{\varepsilon} = -\frac{\Sigma_i z_i e c_{i,\mathrm{b}} \exp\left[-\dfrac{z_i e}{k_{\mathrm{B}} T}(\phi_{i,x} - \phi_{i,\mathrm{b}})\right]}{\varepsilon} \tag{6-20}$$

式中，ρ 为所有载流子的电荷浓度；ε 为介电常数。

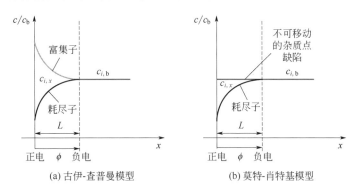

图 6-5 空间电荷层两种理论模型示意图[22]

（1）古伊-查普曼（Gouy-Chapman）模型（G-C 模型）

假设界面半边无限（如图 6-5 中沿 x 轴正方向无限）、不存在不可迁移的杂质点缺陷，并且富集载流子占主导,求解上述式(6-20)即可得到古伊-查普曼关系[图6-5(a)中假设富集和耗尽两种载流子的体相浓度相同,实际情况则更为复杂]。λ_{G-C}为德拜长度,古伊-查普曼模型中的空间电荷层范围(L)正好等于德拜长度,即$L=\lambda_{G-C}$。

$$\nabla^2 \phi = -\frac{z_{maj} e c_{maj,b}}{\varepsilon} \exp\left[-\frac{z_{maj} e}{k_B T}(\phi_{maj,x} - \phi_{maj,b})\right] \quad (6-21)$$

$$\phi_{maj,x} = -\frac{2k_B T}{z_{maj} e} \ln\left[\frac{1+\vartheta\exp\left(-\dfrac{x}{\lambda_{G-C}}\right)}{1-\vartheta\exp\left(-\dfrac{x}{\lambda_{G-C}}\right)}\right] \quad (6-22)$$

$$\lambda = \sqrt{\frac{\varepsilon k_B T}{2 z_{maj}^2 e^2 c_{maj,b}}} \quad (6-23)$$

$$\vartheta = \frac{\exp\left(-\dfrac{z_{maj} e \phi_{int}}{2k_B T}\right)-1}{\exp\left(-\dfrac{z_{maj} e \phi_{int}}{2k_B T}\right)+1} \quad (6-24)$$

式中,下标 maj 表示富集子;ϕ为电势;ϑ为影响程度,表示富集或耗尽的程度(取值在-1~1之间);λ_{G-C}为德拜长度;z_{maj}为富集子的电荷数;$\phi_{maj,x}$为富集子在距离界面x处的电势;$c_{maj,b}$为富集子在体相中的浓度;ϕ_{int}为界面区域的电势;$\phi_{maj,b}$为富集子在体相中的电势;T为热力学温度;λ为空间电荷层的有效范围。

(2)莫特-肖特基(Mott-Schottky)模型(M-S模型)

同样假设界面半边无限,但此时存在不可迁移的杂质点缺陷,假定空间电荷层内的杂质点缺陷浓度与体相内部相等,求解式(6-25)即可得出莫特-肖特基关系,如图6-5(b)所示。im 表示不可迁移的杂质点缺陷,其浓度恒定不变,int 表示界面区域。

$$\nabla^2 \phi = -\frac{z_{im} e c_{im}}{\varepsilon} \quad (6-25)$$

$$\phi_{im,x} = -\frac{z_{im} e c_{im}}{2\varepsilon}(x-\lambda_{M-S})^2 + \phi_{im,b} \quad (6-26)$$

$$L = \sqrt{\frac{2\varepsilon}{z_{im} e c_{im}}(\phi_b - \phi_{int})} \quad (6-27)$$

上述的模型都是假设界面半边无限的情况,而对于界面是有限长度(晶粒尺寸较小)的情况,此时界面两侧都会出现空间电荷层,即存在空间电荷层的小尺寸效应或者说空间电荷层重叠并将加剧空间电荷层效应,如图6-6所示。此外,为了降低界面的复杂程度,且考虑到整个体系主要受多子影响,两种模型中均是只考虑了多子(富集子+耗尽子)的影响。

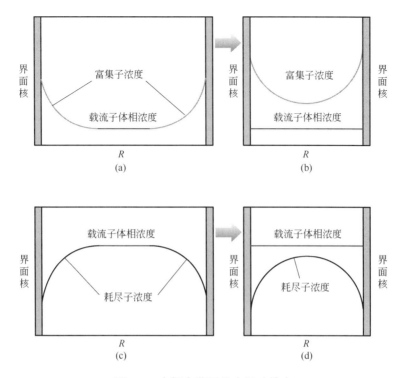

图 6-6 空间电荷层的小尺寸效应

当颗粒尺寸较小[如图(b)和图(d)中]时分别出现富集子和耗尽子叠加的情况。(a) 晶粒尺寸 R 大($R/2 \gg$ 空间电荷层厚度),未出现空间电荷层重叠;(b) 晶粒尺寸 R 小($R/2 <$ 空间电荷层厚度),出现空间电荷层重叠的情况,富集子浓度叠加上升;(c) 晶粒尺寸 R 大($R/2 \gg$ 空间电荷层厚度),未出现空间电荷层重叠;(d) 晶粒尺寸 R 小($R/2 <$ 空间电荷层厚度),出现空间电荷层重叠的情况,富集子浓度叠加下降

6.2.2 空间电荷层模拟的基本步骤

利用空间电荷层理论研究异质界面处离子和电子分布的基本步骤包括:
① 确定缺陷类型;
② 确定使用的模型;
③ 确定所研究的界面体系。

更具体的流程如图 6-7 所示。首先,需借助实验或理论计算得到相应物质的主要点缺陷(载流子);其次,针对性选择的古伊-查普曼模型或是莫特-肖特基模型计算载流子在界面处的分布;最后,根据不同界面体系包含的载流子(富集子或是耗尽子),再根据等效电路模型[式(6-28)]计算出界面上的空间电荷电阻(R_{scl}),最终提出抑制空间电荷层效应的有效方案。

$$R_{scl} = \frac{k_B T}{z_i^2 e^2 A D_b} \int_0^L \frac{dx}{\tilde{c}_i} \tag{6-28}$$

式中,A 为界面面积;D_b 为体相中载流子的扩散系数;L 为空间电荷层厚度;$\tilde{c}_i$ 为载流子 i 的不同点位浓度与其体相浓度的比值(需归一化);x 为空间电荷层中任一点的位置。

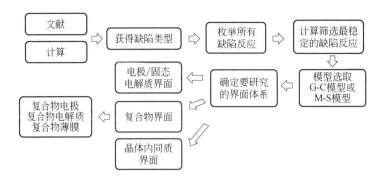

图 6-7 空间电荷层模拟流程图

复合物异质界面的模拟与正极/电解质界面的模拟类似,其差别仅在于研究选取的载流子类型不同。具体而言,前者更关注加强离子输运的富集载流子,后者则更关注阻碍离子传输的耗尽载流子。此外,需针对所要研究界面性质选取不同的公式,如选取电导率公式或电容计算公式即可得出载流子在界面处分布对该处离子输运或局部静电势的影响。目前虽已有研究将空间电荷层理论程序化并应用于实际体系,但一方面程序存在精度有待提升的问题,另一方面程序还存在应用的普适性问题[29-31]。因此,还需进一步深化对空间电荷层理论本质的理解,并结合其他理论以应对上述挑战。

6.2.3 空间电荷层模拟在电化学储能研究中的应用

6.2.3.1 正极/固态电解质界面处离子输运分析

当前实验[32-34]和理论计算[35-37]均表明正极和固态电解质之间存在的空间电荷层效应导致了巨大的界面电阻。这种现象在氧化物正极/硫化物固态电解质中尤为显著。例如 $LiCoO_2$ 正极与 Li_3PS_4 固态电解质之间显著的化学势差异使得其界面处的锂离子发生重排[图 6-8(a)],此时锂离子向 $LiCoO_2$ 移动,导致 Li_3PS_4 一侧出现离子耗尽区[35]。这部分

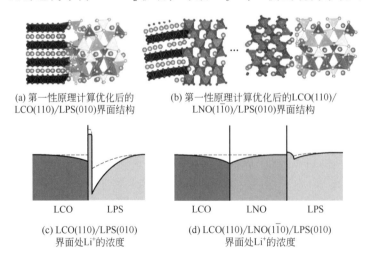

(a) 第一性原理计算优化后的 LCO(110)/LPS(010) 界面结构

(b) 第一性原理计算优化后的 LCO(110)/LNO(1̄10)/LPS(010) 界面结构

(c) LCO(110)/LPS(010) 界面处 Li^+ 的浓度

(d) LCO(110)/LNO(1̄10)/LPS(010) 界面处 Li^+ 的浓度

图 6-8 第一性原理计算优化后的界面结构及界面处的 Li^+ 浓度[35]

LCO—$LiCoO_2$;LNO—$LiNbO_3$;LPS—Li_3PS_4

迁移的 Li⁺ 吸附于电极表面并堵塞其传输通道,最终导致界面电阻上升。降低上述界面电阻最常用的方法之一为涂覆能够同时兼容正极和固态电解质的缓冲层材料,如 LiNbO$_3$[32]、Li$_4$Ti$_5$O$_{12}$[28]、或 LiTaO$_3$[33]等。这类缓冲层的存在降低了界面化学势差的问题,从而减缓了空间电荷层效应。

6.2.3.2 固态电解质中同质晶界处离子输运分析

固态电解质内的整体电导率可由体相电导率和晶界电导率共同决定。Wu 等[38,39]对 Li$_{3x}$La$_{2/3-x}$TiO$_3$($0.12 \leqslant 3x \leqslant 0.5$)离子电导特性进行了深入的研究。研究表明,虽然 Li$_{3x}$La$_{2/3-x}$TiO$_3$ 体相电导率能达到 10^{-3}S/cm,但晶界电导率较低(<10^{-5}S/cm)的限制,导致其整体电导率不高(约为 10^{-5}S/cm),如图 6-9(a)所示。出现低晶界电导率的原因在于界面核[即晶界交界处产生的带有局部正电荷或负电荷的区域,其两侧为空间电荷层,如图 6-9(b)所示]处氧空位富集并带有正电,而电荷的补偿促使相邻的空间电荷层中形成带负电荷的载流子并使锂离子耗尽,这使得空间电荷层中锂离子浓度下降了超过 5 个数量级,如图 6-9(b)所示。在此基础上,Wu 等[38]提出在 Li$_{3x}$La$_{2/3-x}$TiO$_3$ 中掺入 Nb 形成带正电荷的 Nb$_{Ti}^{\bullet}$,以一定程度上减小空间电荷层中的负电荷密度并降低界面上因肖特基缺陷导致的锂离子穿过晶界的能垒。由此可增加空间电荷层内载流子浓度,最终提升晶界电导率,相应的缺陷方程如下:

$$\frac{3}{2}Nb_2O_5 + 3Ti_{Ti}^{\times} + La_{La}^{\times} \longrightarrow 3Nb_{Ti}^{\bullet} + V_{La}''' + 3TiO_2 + \frac{1}{2}La_2O_3 \tag{6-29}$$

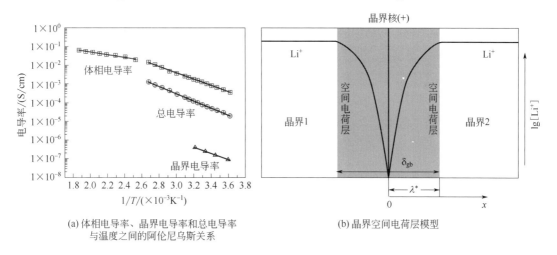

(a)体相电导率、晶界电导率和总电导率与温度之间的阿伦尼乌斯关系

(b)晶界空间电荷层模型

图 6-9 三个电导率与温度之间的阿伦尼乌斯关系及晶界空间电荷层模型[38]

6.2.3.3 固态电解质膜中异质界面处离子输运分析

理解固态电解质膜(SEI)中离子和电子的传导对于设计具有高倍率和长寿命的锂离子电池至关重要。理想的 SEI 不仅应是离子导体,而且应是电子绝缘体。Pan 等[40]利用第一性原理计算筛选材料中的具体缺陷反应,再用空间电荷层模型分析点缺陷的分布,借此给出在储能电池负极上涂覆由氟化锂(LiF)和碳酸锂(Li$_2$CO$_3$)组成人工 SEI 的理论设计方案,如图 6-10 所示。结果表明,界面附近锂离子从 LiF 迁移到 Li$_2$CO$_3$ 中形成在能量上更稳定的间隙锂。在平衡状态下,该界面上的缺陷会促使其产生电势差,导致离子的积累,此时

在 LiF/Li$_2$CO$_3$ 界面附近的电子将被耗尽。随后，其通过理论计算设计出纳米人工 SEI 结构，即将包含高密度 LiF 和 Li$_2$CO$_3$ 界面结构的 SEI 垂直涂覆于电极上（如图 6-10 所示），并证实了这种人工 LiF/Li$_2$CO$_3$ 涂覆膜不仅能够提高涂层材料中离子的传导，还可加强电池的循环稳定性[41]。

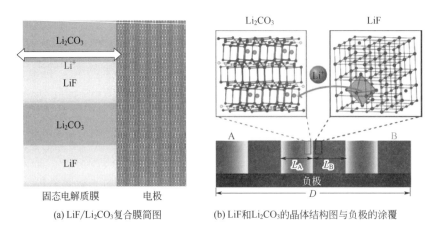

(a) LiF/Li$_2$CO$_3$ 复合膜简图 (b) LiF 和 Li$_2$CO$_3$ 的晶体结构图与负极的涂覆

图 6-10 LiF/Li$_2$CO$_3$ 复合膜简图及 LiF 和 Li$_2$CO$_3$ 的晶体结构图与负极的涂覆[40]

6.2.3.4 异质界面储锂

在锂离子电池中，过渡族金属化合物材料超出理论极限的额外容量这一反常现象引起了人们的广泛关注。事实上，这种现象源于空间电荷层储锂，并最早在 Ru/Li$_2$O 中被发现[27]。Maier[42]将这种空间电荷层储锂机制称为"分工"机制，即锂离子处于 Li$_2$O 中，电子存储于过渡金属中，两者分工合作实现额外的界面储锂。此外，Li 等[43]用原位磁性监测技术，研究了过渡金属化合物/Li$_2$O 纳米复合材料内部电子结构的演变，并结合自旋电子学理论揭示了这类复合材料额外存储容量的来源。在 Fe$_3$O$_4$/Li 模型电池系统中，电化学还原的 Fe 纳米颗粒在低压放电过程中可存储大量自旋极化电子（如图 6-11 所示）。这是首次在实

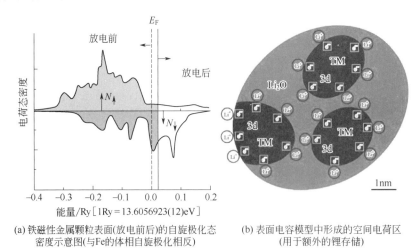

(a) 铁磁性金属颗粒表面(放电前后)的自旋极化态密度示意图(与Fe的体相自旋极化相反)   (b) 表面电容模型中形成的空间电荷区(用于额外的锂存储)

图 6-11 铁磁金属颗粒表面的自旋极化态密度及表面电容模型中形成的空间电荷区[43]

E_F—费米能级

验上直观地证实了空间电荷层的存储机制，突破了人们对锂离子电池仅可依赖嵌入、合金化及转化等传统方式储能的认知。更重要的是，上述空间电荷储锂电容也被证明广泛存在于各种过渡金属化合物中。

6.3 展望

本章节主要总结了 EMT 及空间电荷层理论两种模拟方法的基本原理及其在电极、电解质及界面中的典型应用案例。这些计算不仅涵盖了对实验现象微观机理的解释，也包含了对实验结果的预测，进而指导提出具体的实验方案。此处，笔者针对上述模拟方法在离子导体计算中的应用，总结了以下两点改进方向：

① 相对于第 5 章介绍的 MC 模拟和渗流理论，EMT 可以更简易得到复合固态导体的导电性能。在已知基体相、填充相及界面相这三相导电性能及体积占比的情况下，通过有效介质方程可直接获得复合固态导体的离子电导率。另外 EMT 也可用来解释复合固态导体中发生的渗流现象。但需要注意的是，EMT 结果精确度不及 MC 模拟和渗流理论方法，因此可将几种方法融合，以对电化学储能中的离子导体进行研究。

② 空间电荷层理论能够模拟界面处载流子的分布，不同于 MC 和渗流，它主要适用于平衡态体系，对于非平衡态体系（比如电极/电解质界面处初始充放电态的离子变化等）只能基于平衡态近似进行模拟。此外，空间电荷层理论能够预测界面电阻、电导率等，但精度较低，因此需要结合其他的理论共同分析界面性质。

参考文献

[1] Bruggeman V D A G. Berechnung verschiedener physikalischer konstanten von heterogenen substanzen. Ⅰ. dielektrizitätskonstanten und leitfähigkeiten der mischkörper aus isotropen substanzen [J]. Ann Phys, 1935, 416 (7): 636-664.

[2] Bergman D J, Stroud D. Physical properties of macroscopically inhomogeneous media [J]. Solid State Phys, 1992, 46 (4): 147-269.

[3] 南策文. 非均质材料物理：显微结构-性能关联 [M]. 北京：科学出版社，2005.

[4] Choy T C. Effective medium theory: principles and applications [M]. Oxford: Oxford University Press, 2015.

[5] Zou Z Y, Li Y J, Lu Z H, et al. Mobile ions in composite solids [J]. Chem Rev, 2020, 120 (9): 4169-4221.

[6] Shahi K, Wagner J B. Ionic conductivity and thermoelectric power of pure and Al_2O_3-dispersed AgI [J]. J Electrochem Soc, 1981, 128 (1): 6-13.

[7] Landauer R. The electrical resistance of binary metallic mixtures [J]. J Appl Phys, 1952, 23 (7): 779-784.

[8] Kirkpatrick S. Percolation and conduction [J]. Rev Mod Phys, 1973, 45 (4): 574-588.

[9] Granqvist C G, Hunderi O. Conductivity of inhomogeneous materials: effective-medium theory with dipole-dipole interaction [J]. Phys Rev B, 1978, 18 (4): 1554-1561.

[10] Nakamura M. Conductivity for the site-percolation problem by an improved effective-medium theory [J]. Phys Rev B, 1984, 29 (6): 3691-3693.

[11] Garnett J C M. Colours in metal glasses and in metallic films [J]. Philos Trans R Soc London, Ser A, 1904, 203: 385-420.

[12] Nan C W, Smith D M. Ac electrical properties of composite solid electrolytes [J]. Mater Sci Eng B, 1991, 10: 99-106.

[13] Nan C W. Physics of inhomogeneous inorganic materials [J]. Prog Mater Sci, 1993, 37 (1): 1-116.

[14] Li Y J, Zhao Y, Cui Y H, et al. Screening polyethylene oxide-based composite polymer electrolytes via combining effective medium theory and Halpin-Tsai model [J]. Comput Mater Sci, 2018, 144: 338-344.

[15] Jiang S S, Wagner Jr J B. A theoretical model for composite electrolytes—I. space charge layer as a cause for charge-carrier enhancement [J]. J Phys Chem Solids, 1995, 56 (8): 1101-1111.

[16] Fu K, Gong Y H, Dai J Q, et al. Flexible, solid-state, ion-conducting membrane with 3D garnet nanofiber networks for lithium batteries [J]. Proc Natl Acad Sci, 2016, 113 (26): 7094-7099.

[17] Liu W, Liu N, Sun J, et al. Ionic conductivity enhancement of polymer electrolytes with ceramic nanowire fillers [J]. Nano Lett, 2015, 15 (4): 2740-2745.

[18] Hu J M, Wang B, Ji Y Z, et al. Phase-field based multiscale modeling of heterogeneous solid electrolytes: applications to nanoporous Li_3PS_4 [J]. ACS Appl Mater Interfaces, 2017, 9 (38): 33341-33350.

[19] 孙楠楠, 施展, 丁琪, 等. 基于有效介质理论的物理性能计算模型的软件实现 [J]. 物理学报, 2019, 68 (15): 157701.

[20] Zhang X, Liu T, Zhang S F, et al. Synergistic coupling between $Li_{6.75}La_3Zr_{1.75}Ta_{0.25}O_{12}$ and poly (vinylidene fluoride) induces high ionic conductivity, mechanical strength, and thermal stability of solid composite electrolytes [J]. J Am Chem Soc, 2017, 139 (39): 13779-13785.

[21] Maier J. Defect chemistry and conductivity effects in heterogeneous solid electrolytes [J]. J Electrochem Soc, 1987, 134 (6): 1524-1535.

[22] Maier J. Ionic conduction in space charge regions [J]. Prog Solid State Chem, 1995, 23 (3): 171-263.

[23] Frenkel J. Kinetic theory of liquids [M]. Oxford: Oxford University Press, 1947.

[24] Liang C C. Conduction characteristics of the lithium iodide-aluminum oxide solid electrolytes [J]. J Electrochem Soc, 1973, 120 (10): 1289-1292.

[25] Maier J. Space charge regions in solid two-phase systems and their conduction contribution—I. conductance enhancement in the system ionic conductor-'inert'phase and application on AgCl: Al_2O_3 and AgCl: SiO_2 [J]. J Phys Chem Solids, 1985, 46 (3): 309-320.

[26] Sata N, Eberman K, Eberl K, et al. Mesoscopic fast ion conduction in nanometre-scale planar heterostructures [J]. Nature, 2000, 408 (6815): 946-949.

[27] Balaya P, Li H, Kienle L, et al. Fully reversible homogeneous and heterogeneous Li storage in RuO_2 with high capacity [J]. Adv Funct Mater, 2003, 13 (8): 621-625.

[28] Ohta N, Takada K, Zhang L, et al. Enhancement of the high-rate capability of solid-state lithium batteries by nanoscale interfacial modification [J]. Adv Mater, 2006, 18 (17): 2226-2229.

[29] Göbel M C, Gregori G, Maier J. Numerical calculations of space charge layer effects in nanocrystalline ceria. Part I: comparison with the analytical models and derivation of improved analytical solutions [J]. Phys Chem Chem Phys, 2014, 16 (21): 10214-10231.

[30] Shi T, Chen Y P, Guo X. Defect chemistry of alkaline earth metal (Sr/Ba) titanates [J]. Prog Mater Sci, 2016, 80: 77-132.

[31] de Klerk N J J, Wagemaker M. Space-charge layers in all-solid-state batteries: important or negligible? [J]. ACS Appl Energy Mater, 2018, 1 (10): 5609-5618.

[32] Ohta N, Takada K, Sakaguchi I, et al. $LiNbO_3$-coated $LiCoO_2$ as cathode material for all solid-state lithium secondary batteries [J]. Electrochem Commun, 2007, 9 (7): 1486-1490.

[33] Takada K, Ohta N, Zhang L, et al. Interfacial modification for high-power solid-state lithium batteries [J]. Solid State Ionics, 2008, 179 (27-32): 1333-1337.

[34] Sakuda A, Hayashi A, Tatsumisago M. Interfacial observation between $LiCoO_2$ electrode and $Li_2S-P_2S_5$ solid electrolytes of all-solid-state lithium secondary batteries using transmission electron microscopy [J]. Chem Mater, 2010, 22 (3): 949-956.

[35] Haruyama J, Sodeyama K, Han L, et al. Space-charge layer effect at interface between oxide cathode and sulfide electrolyte in all-solid-state lithium-ion battery [J]. Chem Mater, 2010, 26 (14): 4248-4255.

[36] Gao B, Jalem R, Ma Y M, et al. Li^+ transport mechanism at the heterogeneous cathode/solid electrolyte interface in an all-solid-state battery via the first-principles structure prediction scheme [J]. Chem Mater, 2019, 32 (1): 85-96.

[37] Gao B, Jalem R, Tateyama Y. First-principles study of microscopic electrochemistry at the $LiCoO_2$ cathode/$LiNbO_3$ coating/β-Li_3PS_4 solid electrolyte interfaces in an all-solid-state battery [J]. ACS Appl Mater Interfaces, 2021, 13 (10): 11765-11773.

[38] Wu J F, Guo X. Origin of the low grain boundary conductivity in lithium ion conducting perovskites: $Li_{3x}La_{0.67-x}TiO_3$ [J]. Phys Chem Chem Phys, 2017, 19 (8): 5880-5887.

[39] Wu J F, Guo X. Size effect in nanocrystalline lithium-ion conducting perovskite: $Li_{0.30}La_{0.57}TiO_3$ [J]. Solid State Ionics, 2017, 310: 38-43.

[40] Pan J, Zhang Q L, Xiao X C, et al. Design of nanostructured heterogeneous solid ionic coatings through a multiscale defect model [J]. ACS Appl Mater Interfaces, 2016, 8 (8): 5687-5693.

[41] Zhang Q L, Pan J, Lu P, et al. Synergetic effects of inorganic components in solid electrolyte interphase on high cycle efficiency of lithium ion batteries [J]. Nano Lett, 2016, 16 (3): 2011-2016.

[42] Maier J. Thermodynamics of electrochemical lithium storage [J]. Angew Chem Int Ed, 2013, 52 (19): 4998-5026.

[43] Li Q, Li H S, Xia Q T, et al. Extra storage capacity in transition metal oxide lithium-ion batteries revealed by in situ magnetometry [J]. Nat Mater, 2021, 20 (1): 76-83.

第7章 电化学储能中的相场模拟

7.1 相场模拟概述

材料在宏观尺度上的物理力学性能在很大程度上由其微观结构（如晶粒或畴的形状、尺寸和分布等）决定。因此，深入理解微观结构的演化机制是非常重要的。从热力学角度看，微观结构演化本质上是由系统状态不稳定导致。因系统组成和涉及外场的复杂多样性，其过程往往十分复杂。相场模拟是基于热力学和动力学基本原理来研究材料微结构演化的计算研究方法[1-3]，该方法因其独特的数理优势，已成为模拟各种材料微观组织演化的有力工具。模拟材料微结构演化的关键是确定微结构中相界面的位置。但在实际问题的研究中，相界面的形状和运动往往十分复杂，这使得通常的数理模型在处理这类问题时，会由于相边界处的边界条件无法给定而导致求解困难。相场模拟的优势之一，即是采用物理上平滑的扩散界面代替数理模型中的尖锐界面（如图7-1所示），并通过热力学建模使得分析微观结构演化过程无需显式跟踪界面[4]。在该方法中，系统中的相可用空间和时间上连续的相场变量描述，其在组织相（如晶粒或畴等）的内部具有近似恒定的值，这与其结构、取向和组成有关，并由一相连续地过渡到另一相。基于此，通过描述相场变量的演化即可反映界面位置随时间的变化，使得对复杂微观结构形貌的演化可以在不对组织相形状做任何先验假设的前提下进行预测。在相场模拟中，相场变量的演化方程由基本的热力学原理（如自由能最小化原理）给出，因此相场模拟的结果在热力学上是自洽的[5]。同时，由于其通常可表示为系统能量或熵的泛函的形式，因此具有强的可扩展性。若体系除了相变外，还有温度、电磁场、电化学场等外场的参与，则所有描述体系的场变量可以构成完备场变量集，进而

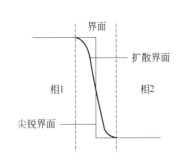

图7-1 尖锐界面与扩散界面示意图

共同构建出体系的总自由能泛函[6]。

相场模拟方法最早由 Cahn 和 Hilliard[7,8]于 1958 年提出。随后，在 van der Waals[9]提出的扩散界面概念以及 Ginzburg 和 Landau[10]提出的超导分析模型的基础上，Cahn 和 Hilliard[7]在考虑非均匀体系中扩散界面自由能的基础上进一步构建出微观结构的演化模型。该模型中通过非保守场变量（序参量）和保守场变量（浓度）两种场变量的变化描述体系结构的演化，其已成为目前使用最广的微观结构演化模型，并被广泛应用于研究合金/定向凝固中的枝晶生长、晶粒生长、裂纹扩展、弹塑性、相分离、断裂、马氏体转变等问题[11-19]（图 7-2）。在电化学储能领域中，相场模拟已广泛应用于研究电迁移、组分扩散、内应力生成、裂纹演化、负极极晶生长等现象和过程[20]。

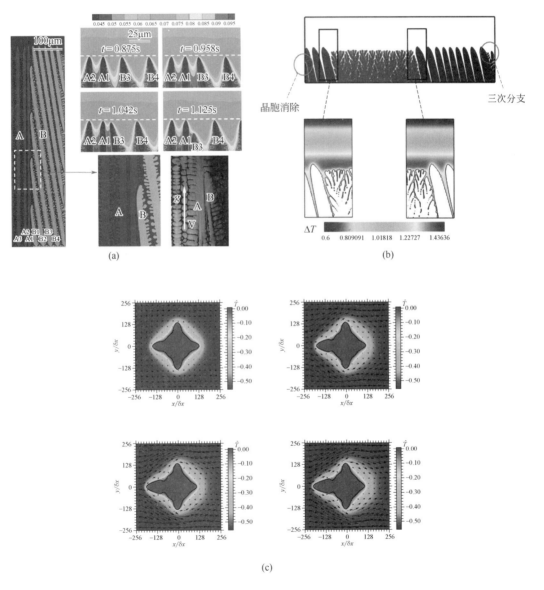

图 7-2

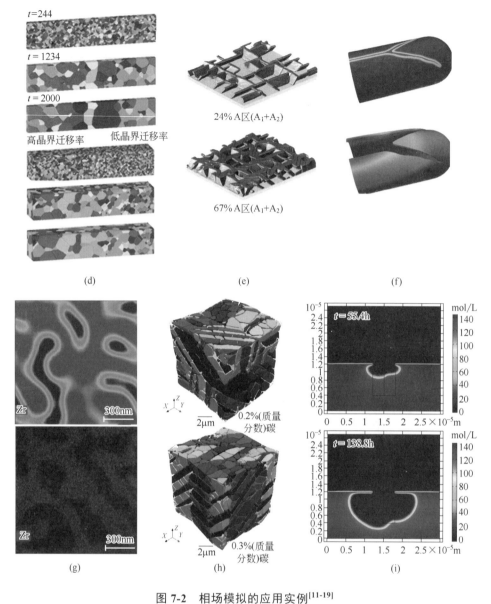

图 7-2 相场模拟的应用实例[11-19]

（a）~（c）枝晶生长模拟；（d）晶粒生长三维模拟；（e）铁电结构模拟；（f）裂纹扩展模拟；
（g）相分离；（h）马氏体相变模拟；（i）点腐蚀模拟

需要指出的是，相场法具有唯象的特点。该方法立足于微观尺度，根据一般的热力学理论来导出相场变量的演化方程，并没有明确地处理单个原子的行为，因此模型中与材料特性相关的唯象参数须经由实验或理论计算获得。在多尺度模拟框架内，相场模拟是连接各尺度计算的重要桥梁（如本书图 2-1 所示）。一方面，第一性原理计算、分子动力学模拟等方法通过执行原子层级的计算，可获得相场模拟所需的吸附能、扩散势垒等输入参数，并经由相场模拟实现更长时间及更大空间尺度的分析。另一方面，相场模拟也可与多场多尺度仿真相结合，以相场提供的相信息和材料信息等作为输入参数，通过仿真方法获得材料的宏观物理力学性能。从这个角度看，可预计相场模拟在电化学储能计算中的重要性将会日益突出。

7.2 相场模拟中的特征物理量

(1) 序参量

序参量是用来描述体系中相的独立状态变量，也称为相场变量[21]。1937 年，Landau 基于平均场理论提出了二级相变学说，率先将序参量 ϕ 作为相态变量用来区分有序相（$\phi \neq 0$）和无序相（$\phi = 0$）。目前，对于两相体系，通常假定序参量 ϕ 的值在两相内分别为 0 和 1；对于 N 相体系，做类似处理后体系中任意一点序参量的值 ϕ_α 将满足：

$$\sum_{\alpha=1}^{N} \phi_\alpha = 1 \tag{7-1}$$

当序参量用于表征具有守恒特性的相时，例如局部化学势是浓度的函数，根据 Ginzburg-Landau 理论，其化学势可表示为：

$$\mu = \frac{\delta F}{\delta c} \tag{7-2}$$

式中，F 为自由能泛函；c 为浓度。在没有反应源项时，浓度场为守恒场，它满足物量守恒方程：

$$\frac{\partial c}{\partial t} = -\nabla \cdot \boldsymbol{J} \tag{7-3}$$

其中，通量 $\boldsymbol{J}$ 定义为：

$$\boldsymbol{J} = -M \nabla \mu \tag{7-4}$$

式中，M 为扩散迁移率。将式（7-2）和式（7-4）代入式（7-3）可得序参量的演化方程：

$$\frac{\partial c}{\partial t} = \nabla \cdot \left(M \nabla \frac{\delta F}{\delta c} \right) \tag{7-5}$$

上式也称为 Cahn-Hilliard 方程[8]。

对于非守恒序参量，定义其序参量变化率的驱动力为 $\frac{\delta F}{\delta \phi}$，则序参量的演化方程表示为：

$$\frac{\partial \phi}{\partial t} = -L \frac{\delta F}{\delta \phi} \tag{7-6}$$

上式也称为 Allen-Cahn 方程[22]。其中 L 为界面迁移率，与原子从无序相重新排列到有序相的时间尺度有关。

式（7-5）和式（7-6）分别表示守恒方程和非守恒方程，是相场模拟的两类基本控制方程。由此可见，总自由能泛函的形式非常重要，其将直接影响模拟结果。由于相场模拟是唯象方法，因此在实际模拟时首先需要知道模拟过程的主要特点，再针对所研究具体体系的特征进行选择性构造[3]。

（2）Ginzburg-Landau 自由能函数

自由能泛函 F 可由自由能密度 f 积分获得。Landau 相变理论（详见本书第 2.10 节）认为体系的自由能密度可以用序参量的幂级数表示：

$$f_L(\phi,T,P) = f_0 + \sum_{n=1} A_n \phi^n \tag{7-7}$$

式中，$f_L(\phi,T,P)$ 为体系自由能密度；f_0 为无序相的自由能密度（与场变量的梯度无关）；下标 L 表示基于 Landau 相变理论；A_n 为幂级数的展开系数。

Ginzburg 和 Landau 在上述理论的基础上，进一步引入序参量的空间梯度项以考虑界面能的影响，提出了 Ginzburg-Landau 理论。此时自由能密度可表示为：

$$f_G(\phi,\nabla\phi,T,P) = f_L(\phi,T,P) + \sigma \nabla\phi \cdot \nabla\phi \tag{7-8}$$

式中，$f_G(\phi,\nabla\phi,T,P)$ 为总自由能密度；等式右侧第二项表征界面能对自由能的贡献；σ 为梯度能系数；下标 G 表示该自由能密度是基于 Ginzburg-Landau 理论构造。

上述序参量和自由能函数及相关理论知识是构建各类相场模型及进行相场模拟的基础。

7.3 电化学相场模拟

7.3.1 经典相场模型简介

假定体系存在 n 个相，m 个组分，f_A 为 A 相的自由能密度。以下将分别从二相系和多相系的角度对常见的经典相场模型进行分类和阐述。

7.3.1.1 二相系相场模型

（1）WBM 模型

第一个合金相场模型是 Wheeler 等[23-25]提出的 WBM 等温相场模型，该模型基于液固相变时体系能量降低和溶质守恒规则建立的，此时系统总自由能表示为：

$$F = \int_V [f(c,\phi,T) + \frac{\varepsilon_\phi}{2}|\nabla\phi|^2 + \frac{\varepsilon_c}{2}|\nabla c|^2]dV \tag{7-9}$$

其中：

$$f(c,\phi,T) = (1-c)f_A(\phi,T) + cf_B(\phi,T) + \frac{RT}{V_{mol}}[c\ln c + (1-c)\ln(1-c)] + c(1-c)\{\Omega_L[1-p(\phi)] + \Omega_S p(\phi)\} \tag{7-10}$$

$$\frac{\partial T}{\partial t} = \frac{\lambda}{\rho C_p}\nabla^2 T + \frac{L}{C_p}\sum \overline{A}\frac{\partial \phi}{\partial t} \tag{7-11}$$

式中，F 为凝固体系吉布斯自由能；ϕ 为相场变量；T 为热力学温度；$f(c,\phi,T)$ 为体系自由能密度；ε_ϕ 为相场梯度能量系数；ε_c 为溶质梯度能量系数；t 为时间；R 为理想气体常数；V_{mol} 为体系的摩尔体积；Ω_L 和 Ω_S 为正规溶液参数；λ 为热导率；$p(\phi)$ 为双势阱函数；ρ 为密度；C_p 为定压热容；L 为合金凝固潜热；$\overline{A}$ 为微观相场单元面积与宏观温度场单元面积的比值；$f_A(\phi,T)$ 和 $f_B(\phi,T)$ 为与相场耦合的 A 和 B 纯组元的自由能密度。

由此，相场方程和浓度演化方程可表示为：

$$\frac{\partial \phi}{\partial t} = -L \frac{\delta F}{\delta \phi} \tag{7-12}$$

$$\frac{\partial c}{\partial t} = \nabla \cdot M \left[c(1-c) \nabla \frac{\delta F}{\delta c} \right] \tag{7-13}$$

式中，L 和 M 分别为界面迁移率和扩散迁移率。值得注意的是，该模型认为两相在界面处具有相同的浓度，这与热力学相图不一致，因此，其模拟结果可能与相图存在偏差。

（2）KKS 模型

Kim 等[26-29]采用薄界面限制对 WBM 相场模型进行重新构造得到了 KKS 相场模型。该模型认为每个固液界面点均是无限小的固相点和液相点的混合体，即每个固液界面点均有固相成分和液相成分，并在固液相变过程中溶质在每个点的固相化学势和液相化学势相等。其自由能密度函数表示为：

$$f(c,\phi,T) = p(\phi)f_S(c_S,T) + [1-p(\phi)]f_L(c_L,T) + Wg(\phi) \tag{7-14}$$

其中：

$$c = p(\phi)c_S + [1-p(\phi)]c_L \tag{7-15}$$

$$\frac{\partial f_S(c_S,T)}{\partial c_S} = \frac{\partial f_L(c_L,T)}{\partial c_L} \tag{7-16}$$

式中，c 为固液界面点液相溶质浓度 c_L 和固相溶质浓度 c_S 的平均浓度；$f(c,\phi,T)$ 为体系自由能密度；$f_L(c_L,T)$ 和 $f_S(c_S,T)$ 为液相自由能密度和固相自由能密度；$p(\phi)$ 为双势阱函数；$g(\phi)$ 为势垒函数；W 为能垒。模型中控制方程为：

$$\frac{\partial \phi}{\partial t} = L[\nabla \cdot (\varepsilon^2 \nabla \phi) - f_\phi] \tag{7-17}$$

$$\frac{\partial c}{\partial t} = \nabla \cdot \left[\frac{D(\phi)}{f_{cc}} \nabla f_c \right] \tag{7-18}$$

式中，L 为界面迁移率；ε 为梯度能系数；f_ϕ 为体系自由能密度对相场的一阶偏导；f_c 为体系自由能密度对平均浓度的一阶偏导；f_{cc} 为体系自由能密度对平均浓度的二阶偏导；$D(\phi) = p(\phi)D_S + [1-p(\phi)]D_L$ 为耦合相场的溶质扩散系数。

与 WBM 模型相比，KKS 对组分的描述与热力学完全一致，因此其模拟结果可以与相图符合得很好。在 KKS 模型中，组分的演化由总浓度来描述，而体系的热力学由相浓度描述。通过式（7-16）（等化学势原则）将总浓度分解为相浓度可实现模型与数据库的耦合，此时等化学势原则的适用性决定了模型的适用性。一般来说，对于强非平衡过程，如快速凝固，等化学势原则不再适用，导致此时 KKS 模型将不再适用。

7.3.1.2 多相系相场模型

(1) Carter 模型

在 Carter 模型中,相场变量被解释为满足归一化条件的相分数,即 $\sum_\alpha \phi_\alpha = 1$;总浓度以相同的值分配到各个相,即组分 i 在每个相中的浓度都相同。该模型使用如下的自由能密度进行描述[30]:

$$f = \sum_{\alpha=1}^{n} \phi_\alpha f_\alpha(\{c_i\}) + \sum_{\beta>\alpha=1}^{n} W_{\alpha\beta}\phi_\alpha\phi_\beta + \sum_{\beta\geq\alpha=1}^{n-1} \frac{\varepsilon_{\alpha\beta}}{2}\nabla\phi_\alpha \cdot \nabla\phi_\beta + \sum_{j\geq i=1}^{m-1} \frac{\kappa_{ij}}{2}\nabla c_i \cdot \nabla c_j \quad (7\text{-}19)$$

式中,f 为自由能密度;$W_{\alpha\beta}$ 为势垒高度;$\varepsilon_{\alpha\beta}$ 和 κ_{ij} 分别为相场和浓度的梯度能系数,它们均为模型的唯象参数。式 (7-19) 中右边前两项只与场变量有关,称为均匀自由能密度,它包含各相自由能密度的加权平均 $\left(\sum_{\alpha=1}^{n} \phi_\alpha f_\alpha(\{c_i\})\right)$ 和相间势垒 $\left(\sum_{\beta>\alpha=1}^{n} W_{\alpha\beta}\phi_\alpha\phi_\beta\right)$。后两项与场变量的梯度相关,称为非均匀自由能密度,包含相场梯度的贡献 $\left(\sum_{\beta\geq\alpha=1}^{n-1} \frac{\varepsilon_{\alpha\beta}}{2}\nabla\phi_\alpha \cdot \nabla\phi_\beta\right)$ 和浓度梯度的贡献 $\left(\sum_{i,j=1}^{m-1} \frac{\kappa_{ij}}{2}\nabla c_i \cdot \nabla c_j\right)$。

Carter 模型中的相场变量和浓度变量的演化方程分别为:

$$\frac{\partial \phi_\alpha}{\partial t} = -L\frac{\delta f}{\delta \phi_\alpha} \quad (7\text{-}20)$$

$$\frac{\partial c_i}{\partial t} = -\nabla \cdot \boldsymbol{j}_i \quad (7\text{-}21)$$

式中,L 为界面迁移率;$\boldsymbol{j}_i$ 为组分 i 的流密度。该模型的演化方程形式简单且计算复杂度较低,但相场方程与相场变量的归一化条件不相容,使得选取不同独立相场变量对模拟结果影响较大。

(2) Steinbach 模型

在 Steinbach 模型中,相场变量也被解释为相分数,并区分了相浓度 y_i^α 和总浓度 c_i,此时可用相浓度来构造相能量密度,因此相自由能密度可表示为[31]:

$$f = \sum_{\alpha=1}^{n} h_S(\phi_\alpha) f_\alpha\left(\{y_i^\alpha\}\right) + \sum_{\beta>\alpha=1}^{n} W_{\alpha\beta}\phi_\alpha\phi_\beta - \sum_{\beta>\alpha=1}^{n} \frac{\varepsilon_{\alpha\beta}}{2}\nabla\phi_\alpha \cdot \nabla\phi_\beta \quad (7\text{-}22)$$

式中,f 为自由能密度;$f_\alpha\left(\{y_i^\alpha\}\right)$ 为 α 相自由能密度;$W_{\alpha\beta}$ 为势垒高度;$\varepsilon_{\alpha\beta}$ 为相场梯度能系数。这里 $h_S(\phi_\alpha) = \frac{1}{\pi}\left[2(2\phi_\alpha-1)\sqrt{\phi_\alpha(1-\phi_\alpha)} + \arcsin(2\phi_\alpha-1)\right] + \frac{1}{2}$ 为相自由能密度的权重因子(以下简称相权重),它满足 $h_S(0) = 0$,$h_S(1) = 1$,$h_S'(0) = h_S'(1) = 0$,满足此条件的相权重

函数称为恰当相权重，图 7-3 显示了 $h_S(\phi_\alpha)$ 和 ϕ_α 的差异。对于二相系，相权重是归一的，即 $h_S(\phi_\alpha)+h_S(\phi_\beta)=1$。但对于三相及以上体系，一般 $\sum\limits_\alpha h_S(\phi_\alpha) \neq 1$。Steinbach 模型的相场方程和相浓度方程分别为[31]：

$$\frac{\partial \phi_\alpha}{\partial t} = -\sum_{\beta=1}^{N} \frac{L_{\alpha\beta}}{N} \left(\frac{\delta f}{\delta \phi_\alpha} - \frac{\delta f}{\delta \phi_\beta} \right) \tag{7-23}$$

$$\phi_\alpha \frac{\partial y_i^\alpha}{\partial t} = -\nabla \cdot \left(\phi_\alpha \boldsymbol{j}_i^\alpha \right) + \sum_{\beta=1}^{N} \left(P_i \phi_\alpha \phi_\beta (\tilde{\mu}_i^\beta - \tilde{\mu}_i^\alpha) - \phi_\alpha (y_i^\beta - y_i^\alpha) \frac{\partial \phi_\beta}{\partial t} \right) \tag{7-24}$$

式中，N 为局域相数；$L_{\alpha\beta}$ 为界面迁移率；$\boldsymbol{j}_i^\alpha$ 为 α 相 i 组分的流密度；P_i 为渗透率；$\tilde{\mu}_i^\alpha = \frac{\partial f_\alpha}{\partial y_i^\alpha}$ 为 α 相中 i 组分的扩散势。该模型的相场方程不仅满足自由能最小化原理，而且还与相场变量的归一化条件相容，意味着模拟结果与独立相场变量的选取方式无关。

（3）Chen 模型

与 Carter 模型和 Steinbach 模型不同，Chen 模型中的相场变量被解释为序参量，它们只是相的标度，没有明确的物理意义。该模型用总浓度 c_i 用描述组分演化，用相浓度 y_i^α 构建相自由能密度，它借鉴了 KKS 模型的处理方式实现总浓度方程与体系的自由能密度的对接，即按照一定的原则将总浓度分解为相浓度。此时体系总自由能密度为[3, 32]：

$$\begin{aligned} f = &\sum_{\alpha=1}^{n-1} h_C(\phi_\alpha) f_\alpha(\{y_i^\alpha\}) + \left(1 - \sum_{\alpha=1}^{n-1} h_C(\phi_\alpha)\right) f_n(\{y_n^\alpha\}) + \sum_{\beta>\alpha=1}^{n-1} \frac{1}{2} W_{\alpha\beta} \phi_\alpha^2 \phi_\beta^2 + \\ &\sum_{\alpha=1}^{n-1} H_\alpha \phi_\alpha^2 (1-\phi_\alpha)^2 + \sum_{\alpha=1}^{n-1} \frac{\varepsilon_\alpha}{2} (\nabla \phi_\alpha)^2 + \sum_{i=1}^{m-1} \frac{\kappa_i}{2} (\nabla c_i)^2 \end{aligned} \tag{7-25}$$

式中，$f_\alpha(\{y_i^\alpha\})$ 为 α 相自由能密度；$W_{\alpha\beta}$ 为 α 相和 β 相间的势垒高度；H_α 为 α 相和参考相间的势垒高度；ε_α 为相场的梯度能系数；κ_i 为浓度的梯度能系数；$h_C(\phi_\alpha) = \phi_\alpha^3(6\phi_\alpha^2 - 15\phi_\alpha + 10)$ 为 Chen 模型的相权重，与 Steinbach 模型中的 h_S 类似，图 7-3 显示了 h_C、h_S 和 ϕ_α 的差异。与 Steinbach 模型相比，该模型的相间势垒是相场变量的四次多项式，非均匀自由能密度只考虑了相场梯度和浓度梯度的对角项，没有考虑交叉项。模型中多相系中的其中一项被选为参考相，其余相为独立相（α，由引入的相场变量 ϕ_α 来描述），参考相无需描述。由此，该模型的 n 相系需要 $n-1$ 个相场变量来描述，且这些相场变量彼此独立。其中，$\phi_1=0$，…，$\phi_\alpha=1$，…，$\phi_{n-1}=0$ 表示纯 α 相；$\phi_1=0$，…，$\phi_\alpha=0$，…，$\phi_{n-1}=0$ 表示纯参考相。该模型的相场方程是对体系演化的整体描述，数值求解时无需相区判断，故具有较高的模拟效率。

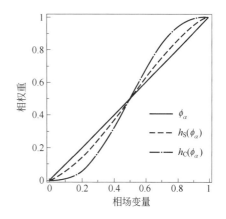

图 7-3 相场变量与 Steinbach 模型、Chen 模型中的相权重函数的比较[33]

7.3.2 电化学相场模拟步骤

利用相场模拟研究电化学储能材料微结构演化的基本步骤如图 7-4 所示[33,34]。首先，确定描述体系的完备场变量，构建体系自由能密度，选择适当的相场理论模型并推导变量的演化方程；其次，根据所研究的问题选取计算效率高、稳定性强的算法；再次，根据实验或计算方法，得到所研究的体系的物性参数，如界面能量、梯度能系数等；最后，编写和优化程序，并对数据进行可视化处理。

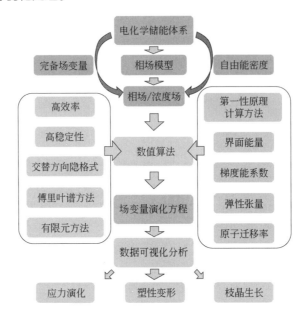

图 7-4 相场模拟中研究电化学储能材料微结构演化的步骤

7.3.3 电化学相场模拟演化方程

7.3.3.1 电场分布

可引入电势 ϕ 来描述电化学储能材料体系中电极/电解质的电场分布。此时电场能密度 f_{elec} 可表示为：

$$f_{elec} = \rho_{elec}\phi = \sum_{i=1}^{m} Fz_i c_i \phi \tag{7-26}$$

式中，ρ_{elec} 表示电荷密度；F 为法拉第常数；z_i 为组分 i 的化合价；c_i 为组分 i 的摩尔浓度。

电势场的演化方程由电荷守恒定律给出：

$$\frac{\partial \rho_{elec}}{\partial t} = \nabla \cdot (\sigma_{elec} \nabla \phi) \tag{7-27}$$

式中，σ_{elec} 为电极/电解质的有效电子电导率。

例如，在研究电极/电解质界面处的枝晶生长问题时，自由能函数 F 可以定义为[35-39]：

$$F = \int_V \left(f(\phi, c) + \frac{1}{2}\kappa(\nabla\phi)^2 + \rho_{elec}\phi \right) dV \tag{7-28}$$

式中，$f(\phi,c)$ 为化学自由能密度；κ 为梯度能系数；$\phi=1$ 代表电极，$\phi=0$ 代表电解质。

7.3.3.2 化学反应

由于电化学反应的存在，相场和浓度的演化方程中须考虑源项 $n_{\alpha,i}$（单位体积和时间内组分 i 通过化学反应生成的物质的量）。此时，相场和浓度演化方程［式（7-5）和式（7-6）］相应修正为：

$$\frac{\partial \phi_\alpha}{\partial t} = -\sum_\beta L_{\alpha\beta} \frac{\delta f}{\delta \phi_\beta} + V_{mol} \sum_i n_{\alpha,i} \tag{7-29}$$

$$\frac{\partial c_i}{\partial t} = \nabla \cdot \left(\sum_j M_{ij} \nabla \frac{\delta f}{\delta c_j} \right) + V_{mol} \sum_\alpha n_{\alpha,i} \tag{7-30}$$

式中，$L_{\alpha\beta}$ 为 α 相和 β 相间的界面迁移率；M_{ij} 为组分 i 和 j 组分间的原子迁移率；V_{mol} 为体系的摩尔体积。

7.3.3.3 弹性性能

电化学储能材料体系的力学性能涉及弹性，此时总自由能密度中需要考虑弹性的贡献。可引入应变张量 ε 描述电化学储能材料体系的形变，由此，弹性能 f_{elas} 可以表示为：

$$f_{elas} = \frac{1}{2}(\varepsilon - \varepsilon_0) : \boldsymbol{C} : (\varepsilon - \varepsilon_0) \tag{7-31}$$

式中，ε 和 ε_0 分别为总应变张量和初始应变张量，$\boldsymbol{C} = \sum_\alpha \boldsymbol{C}_\alpha h(\phi_\alpha)$，其中 $\boldsymbol{C}_\alpha$ 为 α 相的弹性张量，$h(\phi_\alpha) = \phi_\alpha^3 (6\phi_\alpha^2 - 15\phi_\alpha + 10)$ 为相权重因子。

由于应力的弛豫时间远远小于相变和扩散的弛豫时间，在电化学计算时一般认为应力始终平衡，故应变张量 ε 满足应力平衡关系：

$$\nabla \cdot [\boldsymbol{C} : (\varepsilon - \varepsilon_0)] = 0 \tag{7-32}$$

7.4 相场模拟在电化学储能中的应用

7.4.1 离子电导率与相分离

在电化学储能体系中，离子输运的速度和方向与电解质的离子电导率及电极的相稳定性等密切相关，相场模拟是研究此类问题的有力工具。计算中需结合各相的相对质量密度、电流密度、锂离子嵌入速率、表面扩散系数等因素，构造恰当的自由能密度/相场变量演化方程/浓度方程并进行求解，进而结合稳态电流传导方程等求出有效离子电导率，或根据浓度方程的解析线性稳定性以评估相分离的可能性大小[20]。

7.4.1.1 非均质固态电解质的有效离子电导率

非均质固态电解质包括复合固态电解质（无机晶体/无机晶体、无机玻璃/无机陶瓷、高分子/无机陶瓷等）和多孔固态电解质（固态电解质/空气）等，由于两相间的界面层通常有助于离子的快速传输，因此非均质固态电解质的离子电导率相较于均质电解质往往有数量级程度的提升。然而，两相界面处的微观结构及演化过程较为复杂，难以完全依赖实验方法理解非均质体系中的离子传输行为。借助相场模拟，将序参量ϕ作为相场变量，$\phi=1$代表电解质的基体相，$\phi=0$代表电解质中的第二相（填充相或空气等），通过求解相场变量的演化方程，可得到具有不同相界面形貌非均质固态电解质的微结构。随后，通过进一步求解从上述微结构出发建立的稳态电流传导方程或有效介质理论方程（有效介质理论方程见本书第6.1节），可给出非均质固态电解质的有效离子电导率。两个步骤中涉及的单相表面能、表面特征、激活能（又称活化能）等输入参数可由第一性原理计算或实验给出。例如，Hu等[40]通过上述方法研究了纳米多孔Li_3PS_4固态电解质的离子电导率，如图7-5所示。利用相场模型对固态电解质的相分离过程进行建模，生成具有不同孔隙结构和连接模式的三维微观结构。当孔隙度接近渗流阈值时，采用计算方法（基于相场模拟结果，结合稳态电流传导方程）和理论分析方法（有效介质理论）得到的有效离子电导率均与实验值吻合较好。

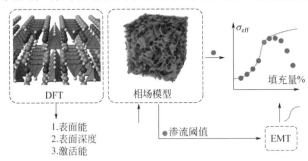

图7-5 融合第一性原理计算、相场模拟和有效介质理论模拟用于预测非均质固态电解质的有效离子电导率 σ_{eff} [40]

7.4.1.2 离子各向异性扩散对电极材料相分离的影响

离子在具有橄榄石结构的Li_xMPO_4（M=Mn, Fe, Co, Ni）正极材料中的扩散具有各向异性，通常被限制在一维通道中[41]。以Li_xFePO_4为例，Bazant等[42,43]发现锂离子沿图7-6（a）中蓝色箭头方向扩散速度较快，而沿横向扩散速度较慢，其在空通道（贫锂相）与输运通道（富锂相）之间形成厚度为λ的相界面（固溶体区域）。对于该问题，Bazant等[42-44]在相场模拟中统一了Allen-Cahn和Cahn-Hilliard方程并提出了改进的反应扩散方程，将x随时间的变化率与电流密度（j）、锂离子嵌入速率、表面扩散系数（D_s）等联系起来，通过该方程的解析线性稳定性来评估相界面处扰动的大小，该线性稳定性阈值（j_c）与j、D_s及交换电流密度（j_0）等因素［图7-6（b）］密切相关。为了评估上述扰动是否足以引发相分离，作者还研究了恒流条件下的相分离临界电流密度j_s受D_s的影响趋势［图7-6（c）］，发现：当D_s较小时，j_s数值较为稳定（区域Ⅰ）；当D_s较大时，j_s与D_s成正比（区域Ⅱ）。在相变过程中，三种可能的离子迁移路径（体扩散、表面扩散和电解质扩散）［图7-6（d）］的相对电阻差异导致了离子迁移路径随表面扩散系数的改变而改变。具体来说，当$j<j_s$时，锂离子通过表面扩散重新分配

到相边界处，电极颗粒从固溶相转变为富锂/贫锂相；当 $j > j_s$ 时，由于锂离子无法及时通过表面扩散重新排布，导致（准）固溶相的产生。

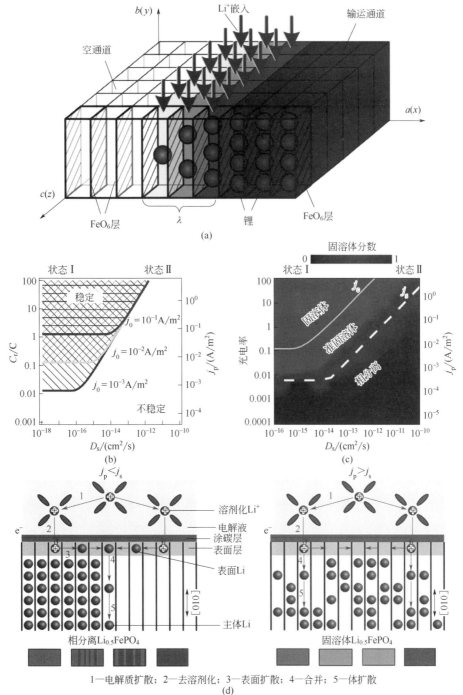

图 7-6 Li_xFePO_4 中锂离子扩散各向异性和相边界迁移机制[42-44]
(a) 锂离子在 Li_xFePO_4 中的扩散及相界面的形成示意图；(b) 解析线性稳定性与表面扩散系数和交换电流密度的关系；(c) 相分离临界电流密度与表面扩散系数等因素的关系；(d) 相变过程中三种可能的离子迁移路径与临界电流密度大小的关系

7.4.2 电极材料的力学行为与应力演化

金属阳离子在电极活性材料中嵌入和脱出会导致材料变形失配，从而产生应力[45]，并对电极材料的机械稳定性造成影响。采用相场模拟深入理解电极材料内部应力的演化机理，对改善电极材料的稳定性十分重要[20]。

7.4.2.1 电极嵌脱锂过程中的弹性和塑性变形

在电池工作过程中，锂离子在电极材料中不断地嵌入/脱出导致材料的晶格参数增大/减小，当离子浓度分布不均匀时，不同区域的晶格因协同变形而产生应力。当应力超过材料的屈服强度时，材料内部甚至会发生塑性变形[46]。Chen 等[47]通过相场模拟研究了硅负极在嵌锂/脱锂过程中的弹塑性变形行为。他们通过在相场模型中引入总变形梯度乘法分解 $\boldsymbol{F} = \boldsymbol{F}^{\mathrm{e}}\boldsymbol{F}^{\mathrm{p}}\boldsymbol{F}^{\mathrm{s}}$（其中 $\boldsymbol{F}^{\mathrm{e}}$、$\boldsymbol{F}^{\mathrm{p}}$ 和 $\boldsymbol{F}^{\mathrm{s}}$ 分别是弹性、塑性和锂离子嵌入/脱出对变形梯度的贡献）来考虑材料的有限弹塑性变形行为，并选择归一化锂离子浓度作为相场变量，以实现相场模型与本构模型之间的耦合。结果表明，随着锂化过程的进行，硅电极表面的环向应力从初始压缩状态变为拉伸状态，这解释了实验中观察到的在锂化过程中表面裂纹的产生（图 7-7）。这一理论适用于需要考虑间隙原子扩散和弹塑性变形耦合效应的情况[48]。此外，Khachaturyan 等[49]发展了相场微弹性理论，在傅里叶空间给出了应变能的解析表达式，以求解复杂形状中任意分布的本征应变应力场。类似地，Cogswell 等[50]采用相场微弹性理论建立了热力学自洽的应力耦合相场模型，研究了共格应变对相变动力学的影响，解释了磷酸铁锂正极表面条带形貌形成的机理并指出应力会抑制相分离。

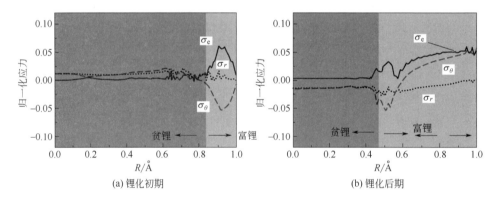

图 7-7 硅电极弹塑性变形时的归一化应力分布情况[47]

σ_{e}—米塞斯等效应力；σ_r—颗粒径向应力；σ_θ—颗粒环向应力

7.4.2.2 电极嵌脱锂过程中的裂纹扩展

若金属阳离子嵌入和脱出电极材料的过程中产生了较大的应力，可能会导致微裂纹的产生[45]。2000 年，Aranson 等[51]提出了一个用于研究裂纹扩展的相场模型。随后，Marconi 等[52]、Spatschek 等[53,54]、Hakim 等[55]和 Miehe 等[56-58]基于该模型进行了大量研究。Bhandakka 等[59,60]

建立了裂纹扩展的内聚模型，探讨了裂纹扩展的临界特征维数。Woodford 等[61]、Zhu 等[62]、Gao 等[63]和 Klinsmann 等[64]分别利用改进的相场模型研究了扩散诱导应力、锂诱导软化、实际的电化学加载条件和惯性对电极开裂的影响等。Huttin 等[65]和 Liang 等[38]分别研究了 $Li_xMn_2O_4$ 和 $LiFePO_4$ 颗粒中应力的产生和裂纹的演化。[45]Zuo 等利用相场模型研究了硅薄膜在嵌锂过程中的应力场分布以及裂纹的演化过程。模拟结果表明，锂离子扩散、应力演化和裂纹扩展间存在耦合效应，锂化过程中锂离子会在裂纹尖端积累并降低局部静水应力，从而影响裂纹扩展。当存在多个裂纹时，裂纹间会产生相互作用，结果如图 7-8 所示。上述工作为后续电极材料的设计与电化学机理的研究提供了重要的启示。

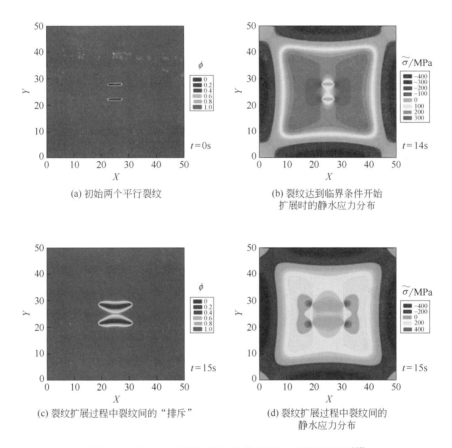

图 7-8　两个平行裂纹在锂扩散作用下的扩展情况[45]

7.4.3　枝晶生长

在电池反复的充放电过程中产生的枝晶容易引起电池内部短路，进而导致火灾和爆炸等安全事故的发生[66]。枝晶的生长与液相传质的离子扩散速率、前置转换的去溶剂化能、电荷转移的反应速率及电结晶中原子的扩散行为等息息相关。相场模拟是目前描述和预测枝晶生长的有力工具（图 7-9）[34,67]。

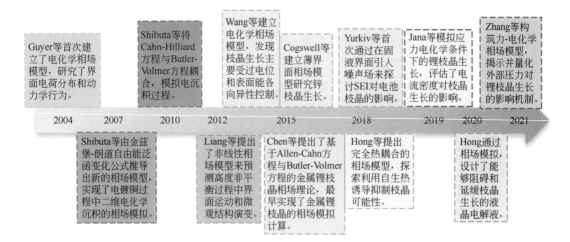

图 7-9 电化学相场模型应用于研究枝晶生长问题的发展历程[34-36, 39, 68-75]

2004 年，Guyer 等[35,76]首次将相场理论和电化学理论相结合，采用一维相场模型研究了平衡与非平衡电沉积过程，提出了面向电化学界面电荷分离的扩散界面模型，成功地模拟了双电层及电化学动力学过程。2010 年，Shibuta 等[72]将 Cahn-Hilliard 方程与 Butler-Volmer 方程耦合，研究了电极反应过程中的电极/电解质界面动力学与界面形貌，证实了过电势是影响电沉积速率的重要因素。2012 年，Liang 等[73]给出了一个不仅适用于近似平衡体系，而且适用于偏离平衡体系的非线性相场模型以解释电极反应过程中的电极/电解液界面演化。随后其又进一步拓展了这一相场模型，通过引入 Butler-Volmer 反应动力学，在不考虑 SEI 效应的情况下模拟和预测了锂离子电池充电过程中的锂沉积行为[38]。随后，Chen 等[74]进一步发展了该模型，提出了热力学自洽的电化学相场模型，将电沉积的主要驱动力——过电势以指数项的形式融入相场变量的演化方程中，实现了锂枝晶生长的二维相场模拟，得到了锂枝晶生长过程中序参量、Li^+浓度和电势分布随时间的演变，如图 7-10 所示。在上述工作的基础上，Yurkiv 等[75]考虑了锂离子的各向异性扩散，通过在固液界面引入噪声场以分析 SEI 对电池枝晶生长的影响，探讨了丝状和灌木状枝晶结构之间的转变行为，并分析了枝晶生长过程中的应力分布状况。结果表明枝晶的底部应力较大，进而指出在实验研究中，可以通过降低电极表面的应力集中现象来抑制枝晶的形成。Hong 等[68,77]开发了热耦合电沉积模型来研究二维枝晶在不同过电势下的动态形态演化，以加快或减缓 Li 枝晶生长的自加热效应。Zhang 等[78]通过相场模拟研究了三维骨架结构中的离子和电子输运以及界面结构的演化，并发展出力学-电化学耦合的相场模型以模拟锂枝晶生长过程的应力作用机制[79]。

应用于枝晶生长领域的电化学相场模型主要考虑电极和电解液两相，较难分析多相系（如隔膜相及增强组分相存在）的情况。基于上述因素，Zhang 和 Li 等[20, 33,34]对电化学相场模拟的原创软件进行了较为深入的探索。他们系统地梳理了目前主要应用于晶粒生长、形核等领域的多相系相场模型，厘清了多相共存条件下自由能密度的构造方式，在此基础上提炼出电化学相场模型在理解枝晶生长问题中的研究范式 [图 7-11 (a)]；自主开发了电化学多相场模拟软件[80,81]。随后，还深入分析了隔膜孔径对离子分布及负极沉积形貌的影响机理 [图 7-11 (b)～(g)] [82]，提出了通过调控孔径来抑制枝晶生长的具体策略，并探索了多孔隔膜表面的涂覆颗粒对电池枝晶生长的影响[34]。此外，基于上述模型及程序，王巧[83]模拟了单离子电解液与混合离子电解液中的枝晶生长行为，分析了上述两种情况下枝晶尖端附近电势和离子浓度分布，探索了混合离子电解液对枝晶生长的抑制机理。这些研究对于设计高安全性能的电池体系具有重要意义。

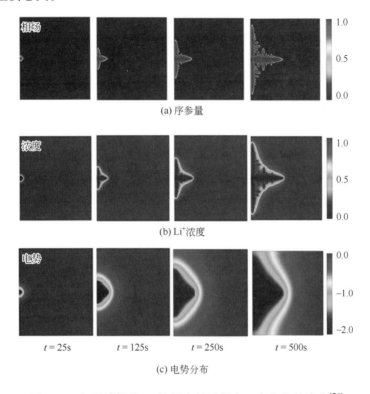

图 7-10　相场模拟的 Li 枝晶生长过程中三个参数的演化[74]

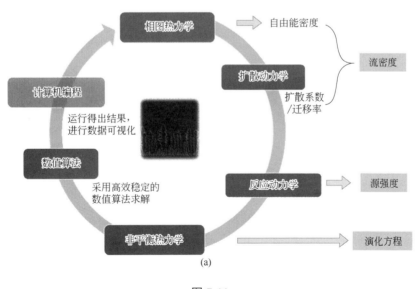

图 7-11

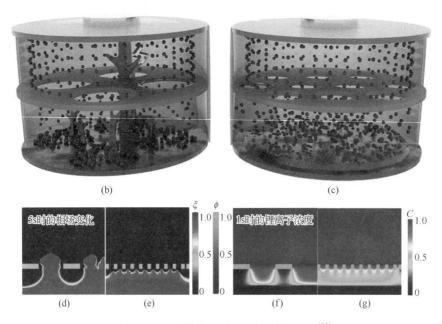

图 7-11 电化学相场模型研究枝晶问题[82]

（a）电化学相场模型研究枝晶问题的一般范式；（b）、（c）不同隔膜孔径下的离子分布及负极沉积形貌；（d）、（e）孔径较大/小隔膜下的负极沉积形貌；（f）、（g）孔径较大/小隔膜下的离子分布

7.5 展望

本章概述了电化学相场模拟的基本概念、特征方程及其在电化学储能材料中的具体应用。相较于第一性原理计算、分子动力学等方法，电化学相场模拟的发展历程较短，仍有大量问题亟待解决。例如：

① 实际电化学储能系统中发生的物理过程通常跨越多个空间和时间尺度，这使得直接对整个系统进行建模非常困难，目前仍然缺乏统一的多尺度计算模型。

② 需要一个适用于多元多相系的更严谨、更自洽的电化学相场模型。该模型需要满足场变量的演化方程在时间和空间上连续，并且与近距作用观点相一致。此外，应严格按照演化方程和能量泛函来计算场变量，尽量避免采用非逻辑性的数学处理方式。目前，多数的电化学相场模拟仍然处于定性、半定量和定量研究混合的层次，其向定量化发展需要更精确的材料体系热力学和动力学数据库。

③ 目前的电化学相场模拟研究主要采用 COMSOL、MOOSE 等软件，急需加快国产相场模拟软件的发展。

④ 由于电化学相场模型中耦合了高度非线性的 Bulter-Volmer 方程，导致求解相场方程难度较大。此外，Bulter-Volmer 方程给出的是反应电流密度，而相场方程中需要反应载流子的源强度的表达式，如何建立两者严谨的函数关系也是需要深入思考的问题。

⑤ 电化学相场模拟的发展方向还包括：探究离子嵌入速率和黏弹性行为与电极塑性变形之间的定量关系；塑性变形对锂成核的影响；电极颗粒的形状对离子在电极中的输运和应力

分布的影响；电极/隔膜/电解质的化学性质及微观结构对枝晶生长的影响；混合离子电池中枝晶的调控与抑制机理；各类外场（磁场/应力场/温度场）条件下枝晶的演化规律；机器学习辅助相场模拟方程求解等。

⑥ 电化学相场模拟方法经过适当修改，可拓展为相场电化学阻抗模型，由此可仿真能源器件复杂微观结构对其性能的影响[84]。另外，在分数阶Cahn-Hilliard方程相场框架内，可对双电荷层扩散模型进行修正，得到分数阶相场电化学阻抗模型，进而实现对离子输运受限情况下的广义Warburg阻抗对频率的依赖性的研究分析[85]。

参考文献

[1] Chen L Q, Zhao Y H. From classical thermodynamics to phase-field method [J]. Prog Mater Sci, 2022, 124: 100868.

[2] Jin Y M, Artemev A, Khachaturyan A G. Three-dimensional phase field model of low-symmetry martensitic transformation in polycrystal simulation of ξ_2' martensite in AuCd alloys [J]. Acta Mater, 2001, 49 (12): 2309-2320.

[3] Chen L Q. Phase-field models for microstructure evolution [J]. Annu Rev Mater Res, 2002, 32 (1): 113-140.

[4] Moelans N, Blanpain B, Wollants P. An introduction to phase-field modeling of microstructure evolution [J]. Calphad, 2008, 32 (2): 268-294.

[5] Moelans N. A quantitative and thermodynamically consistent phase-field interpolation function for multi-phase systems [J]. Acta Mater, 2011, 59 (3): 1077-1086.

[6] Shi S Q, Gao J, Liu Y, et al. Multi-scale computation methods: their applications in lithium-ion battery research and development [J]. Chin Phys B, 2016, 25 (1): 174-197.

[7] Cahn J W, Hilliard J E. Free energy of a nonuniform system. I. Interfacial free energy [J]. J Chem Phys, 1958, 28 (2): 258-267.

[8] Cahn J W. On spinodal decomposition [J]. Acta Metall, 1961, 9 (9): 795-801.

[9] van der Waals J D. The thermodynamic theory of capillarity under the hypothesis of a continuous variation of density [J]. J Stat Phys, 1979, 20 (2): 200-244.

[10] Ginzburg V L, Landau L D. On the theory of superconductivity [M]. Berlin, Heidelberg: Springer, 2009.

[11] Garcia A L, Tikare V, Holm E A. Three-dimensional simulation of grain growth in a thermal gradient with non-uniform grain boundary mobility [J]. Scripta Mater, 2008, 59 (6): 661-664.

[12] Li Y L, Hu S Y, Liu Z K, et al. Effect of substrate constraint on the stability and evolution of ferroelectric domain structures in thin films [J]. Acta Mater, 2002, 50 (2): 395-411.

[13] Borden M J, Verhoosel C V, Scott M A, et al. A phase-field description of dynamic brittle fracture [J]. Comput Methods Appl Mech Engrg, 2012, 217: 77-95.

[14] Shchyglo O, Du G, Engels J K, et al. Phase-field simulation of martensite microstructure in low-carbon steel [J]. Acta Mater, 2019, 175: 415-425.

[15] Ansari T Q, Xiao Z, Hu S, et al. Phase-field model of pitting corrosion kinetics in metallic materials [J]. npj Comput Mater, 2018, 4 (1): 1-9.

[16] Luo Z L, Du Y, Liu Y L, et al. Phase field simulation of the phase separation in the TiC-ZrC-WC system [J]. Calphad, 2018, 63: 190-195.

[17] Xing H, Ji M Y, Dong X L, et al. Growth competition between columnar dendrite and degenerate seaweed during directional solidification of alloys: insights from multi-phase field simulations [J]. Mater Des, 2020, 185: 108250.

[18] Sun D K, Xing H, Dong X L, et al. An anisotropic lattice Boltzmann-Phase field scheme for numerical simulations of dendritic growth with melt convection [J]. Int J Heat Mass Transfer, 2019, 133: 1240-1250.

[19] Li J J, Wang Z J, Wang Y Q, et al. Phase-field study of competitive dendritic growth of converging grains during directional solidification [J]. Acta Mater, 2012, 60: 1478-1493.

[20] Wang Q, Zhang G, Li Y J, et al. Application of phase-field method in rechargeable batteries [J]. npj Comput Mater, 2020, 6 (1): 1-8.

[21] Caginalp G, Xie W. Phase-field and sharp-interface alloy models [J]. Phys Rev E, 1993, 48 (3): 1897-1909.

[22] Cahn J, Allen S. A microscopic theory for domain wall motion and its experimental verification in Fe-Al alloy domain growth kinetics [J]. J Phys Colloques, 1977, 38 (C7): 51-54.

[23] Wheeler A A, Boettinger W J, McFadden G B. Phase-field model for isothermal phase transitions in binary alloys [J]. Phys Rev A, 1992, 45 (10): 7424-7439.

[24] Wheeler A A, Boettinger W J, McFadden G B. Phase-field model of solute trapping during solidification [J]. Phys Rev E, 1993, 47 (3): 1893-1909.

[25] Boettinger W J, Warren J A. Simulation of the cell to plane front transition during directional solidification at high velocity [J]. J Cryst Growth, 1999, 200 (3-4): 583-591.

[26] Kim S G, Kim W T, Suzuki T. Phase-field model for binary alloys [J]. Phys Rev E, 1999, 60 (6): 7186-7197.

[27] Kim S G, Kim W T. Phase-field modeling of rapid solidification [J]. Mater Sci Eng A, 2001, 304-306: 281-286.

[28] Kim S G, Kim W T, Suzuki Tm, et al. Phase-field modeling of eutectic solidification [J]. J Cryst Growth, 2004, 261 (1): 135-158.

[29] Kim S G. A phase-field model with antitrapping current for multicomponent alloys with arbitrary thermodynamic properties [J]. Acta Mater, 2007, 55 (13): 4391-4399.

[30] Cogswell D A, Carter W C. Thermodynamic phase-field model for microstructure with multiple components and phases: the possibility of metastable phases [J]. Phys Rev E, 2011, 83 (6): 061602.

[31] Zhang L J, Steinbach I. Phase-field model with finite interface dissipation: extension to multi-component multi-phase alloys [J]. Acta Mater, 2012, 60 (6-7): 2702-2710.

[32] Wang Y U. Computer modeling and simulation of solid-state sintering: a phase field approach [J]. Acta Mater, 2006, 54 (4): 953-961.

[33] 张更, 王巧, 沙立婷, 等. 相场模型及其在电化学储能材料中的应用 [J]. 物理学报, 2020, 69 (22): 27-39.

[34] 李亚捷, 张更, 沙立婷, 等. 可充电电池中枝晶问题的相场模拟 [J]. 储能科学与技术, 2022, 11 (3): 929-938.

[35] Guyer J E, Boettinger W J, Warren J A, et al. Phase field modeling of electrochemistry. Ⅰ. Equilibrium [J]. Phys Rev E, 2004, 69 (2): 021603.

[36] Shibuta Y, Okajima Y, Suzuki T. Phase-field modeling for electrodeposition process [J]. Sci Technol Adv Mater, 2007, 8 (6): 511-518.

[37] Zhang H W, Liu Z, Liang L, et al. Understanding and predicting the lithium dendrite formation in Li-ion batteries:

phase field model [J]. ECS Trans, 2014, 61 (8): 1-9.

[38] Liang L Y, Chen L Q. Nonlinear phase field model for electrodeposition in electrochemical systems [J]. Appl Phys Lett, 2014, 105 (26): 263903.

[39] Cogswell D A. Quantitative phase-field modeling of dendritic electrodeposition [J]. Phys Rev E, 2015, 92 (1): 011301.

[40] Hu J M, Wang B, Ji Y, et al. Phase-field based multiscale modeling of heterogeneous solid electrolytes: applications to nanoporous Li_3PS_4 [J]. ACS Appl Mater Interfaces, 2017, 9 (38): 33341-33350.

[41] Morgan D, Van der Ven A, Ceder G. Li Conductivity in Li_xMPO_4 (M = Mn, Fe, Co, Ni) Olivine Materials [J]. Electrochem Solid-State Lett, 2003, 7: A30.

[42] Bai P, Cogswell D A, Bazant M Z. Suppression of phase separation in $LiFePO_4$ nanoparticles during battery discharge [J]. Nano Lett, 2011, 11 (11): 4890-4896.

[43] Bazant M Z. Theory of Chemical Kinetics and Charge Transfer based on Nonequilibrium Thermodynamics [J]. Acc Chem Res, 2013, 46 (5): 1144-1160.

[44] Li Y Y, Chen H G, Lim K, et al. Fluid-enhanced surface diffusion controls intraparticle phase transformations [J]. Nat Mater, 2018, 17 (10): 915-922.

[45] Zuo P, Zhao Y P. A phase field model coupling lithium diffusion and stress evolution with crack propagation and application in lithium ion batteries [J]. Phys Chem Chem Phys, 2015, 17 (1): 287-297.

[46] Gao F L, Hong W. Phase-field model for the two-phase lithiation of silicon [J]. J Mech Phys Solids, 2016, 94: 18-32.

[47] Chen L, Fan F, Hong L, et al. A phase-field model coupled with large elasto-plastic deformation: application to lithiated Silicon electrodes [J]. J Electrochem Soc, 2014, 161 (11): F3164-F3172.

[48] Zhang X, Krischok A, Linder C. A variational framework to model diffusion induced large plastic deformation and phase field fracture during initial two-phase lithiation of silicon electrodes [J]. Comput Methods Appl Mech Engrg, 2016, 312: 51-77.

[49] Wang Y U, Jin Y M, Khachaturyan A G. Phase field microelasticity theory and modeling of elastically and structurally inhomogeneous solid [J]. J Appl Phys, 2002, 92 (3): 1351.

[50] Cogswell D A, Bazant M Z. Coherency strain and the kinetics of phase separation in $LiFePO_4$ nanoparticles [J]. ACS Nano, 2012, 6 (3): 2215-2225.

[51] Aranson I, Kalatsky V, Vinokur V. Continuum field description of crack propagation [J]. Phys Rev Lett, 2000, 85 (1): 118.

[52] Marconi V I, Jagla E A. Diffuse interface approach to brittle fracture [J]. Phys Rev E, 2005, 71 (3): 036110.

[53] Spatschek R, Muller-Gugenberger C, Brener E, et al. Phase field modeling of fracture and stress-induced phase transitions [J]. Phys Rev E, 2007, 75 (6): 066111.

[54] Fleck M, Pilipenko D, Spatschek R, et al. Brittle fracture in viscoelastic materials as a pattern-formation process [J]. Phys Rev E, 2011, 83 (4): 46213-46213.

[55] Hakim V, Karma A. Laws of crack motion and phase-field models of fracture [J]. J Mech Phys Solids, 2009, 57 (2): 342-368.

[56] Miehe C, Welschinger F, Hofacker M. A phase field model of electromechanical fracture [J]. J Mech Phys Solids,

2010, 58 (10): 1716-1740.

[57] Hofacker M, Miehe C. A phase field model of dynamic fracture: robust field updates for the analysis of complex crack patterns [J]. Int J Numer Meth Eng, 2013, 93 (3): 276-301.

[58] Miehe C, Hofacker M, Welschinger F. A phase field model for rate-independent crack propagation: robust algorithmic implementation based on operator splits [J]. Comput Methods Appl Mech Engrg, 2010, 199 (45-48): 2765-2778.

[59] Bhandakkar T K, Gao H. Cohesive modeling of crack nucleation under diffusion induced stresses in a thin strip: implications on the critical size for flaw tolerant battery electrodes [J]. Int J Solids Struct, 2010, 47 (10): 1424-1434.

[60] Bhandakkar T K, Gao H. Cohesive modeling of crack nucleation in a cylindrical electrode under axisymmetric diffusion induced stresses [J]. Int J Solids Struct, 2011, 48 (16-17): 2304-2309.

[61] Woodford W H, Chiang Y M, Carter W C. "Electrochemical shock" of intercalation electrodes: a fracture mechanics analysis [J]. J Electrochem Soc, 2010, 157 (10): A1052.

[62] Zhu M, Park J, Sastry A M. Fracture analysis of the cathode in Li-ion batteries: a simulation study [J]. J Electrochem Soc, 2012, 159 (4): A492-A498.

[63] Gao Y F, Zhou M. Coupled mechano-diffusional driving forces for fracture in electrode materials [J]. J Power Sources, 2013, 230: 176-193.

[64] Klinsmann M, Rosato D, Kamlah M, et al. Modeling crack growth during Li insertion in storage particles using a fracture phase field approach [J]. J Mech Phys Solids, 2016, 92: 313-344.

[65] Huttin M, Kamlah M. Phase-field modeling of stress generation in electrode particles of lithium ion batteries [J]. Appl Phys Lett, 2012 (13): 1-4.

[66] Cheng X B, Zhang R, Zhao C Z, et al. Toward safe lithium metal anode in rechargeable batteries: a review [J]. Chem Rev, 2017, 117 (15): 10403-10473.

[67] Choudhury S, Wei S, Ozhabes Y, et al. Designing solid-liquid interphases for sodium batteries [J]. Nat Commun, 2017, 8 (1): 898.

[68] Hong Z J, Viswanathan V. Phase-field simulations of lithium dendrite growth with open-source software [J]. ACS Energy Lett, 2018, 3 (7): 1737-1743.

[69] Wang K L, Pei P C, Ma Z, et al. Dendrite growth in the recharging process of zinc-air batteries [J]. J Mater Chem A, 2015, 3: 22648-22655.

[70] Jana A, Woo S I, Vikrant K S N, et al. Electrochemomechanics of lithium dendrite growth [J]. Energy Environ Sci, 2019, 12: 3595-3607.

[71] Ahmad Z, Hong Z J, Viswanathan V. Design rules for liquid crystalline electrolytes for enabling dendrite-free lithium metal batteries [J]. Proc Natl Acad Sci, 2020, 117 (43): 26672-26680.

[72] Okajima Y, Shibuta Y, Suzuki T A. A phase-field model for electrode reactions with Butler-Volmer kinetics [J]. Comp Mater Sci, 2010, 50 (1): 118-124.

[73] Liang L Y, Qi Y, Xue F, et al. Nonlinear phase-field model for electrode-electrolyte interface evolution [J]. Phys Rev E, 2012, 86 (5): 051609.

[74] Chen L, Zhang H W, Liang L Y, et al. Modulation of dendritic patterns during electrodeposition: a nonlinear phase-field model [J]. J Power Sources, 2015, 300: 376-385.

[75] Yurkiv V, Foroozan T, Ramasubramanian A, et al. Phase-field modeling of solid electrolyte interface (SEI) influence on Li dendritic behavior [J]. Electrochim Acta, 2018, 265: 609-619.

[76] Guyer J E, Boettinger W J, Warren J A, et al. Phase field modeling of electrochemistry. Ⅱ. Kinetics [J]. Phys Rev E, 2004, 69 (2): 021604.

[77] Hong Z J, Viswanathan V. Prospect of thermal shock induced healing of lithium dendrite [J]. ACS Energy Lett, 2019, 4 (5): 1012-1019.

[78] Zhang R, Shen X, Cheng X B, et al. The dendrite growth in 3D structured lithium metal anodes: electron or ion transfer limitation? [J]. Energy Storage Mater, 2019, 23: 556-565.

[79] Shen X, Zhang R, Shi P, et al. How does external pressure shape Li dendrites in Li metal batteries? [J]. Adv Energy Mater, 2021, 11 (10): 2003416.

[80] 李亚捷, 施思齐, 张更. 等. 锂离子电池隔膜结构与枝晶形貌分析软件. 2022SR0147340, 2022.

[81] 李亚捷, 施思齐, 张更. 等. 基于相场模型模拟电池枝晶生长计算程序. 2022SR0147443, 2022.

[82] Li Y J, Zhang G, Chen B, et al. Understanding the separator pore size inhibition effect on lithium dendrite via phase-field simulations [J]. Chin Chem Lett, 2022, 33 (6): 3287-3290.

[83] 王巧. 若干种电化学储能体系的摩尔吉布斯自由能计算及微结构演化模拟 [D]. 上海: 上海大学, 2020.

[84] Gathright W, Jensen M, Lewis D. A phase field model of electrochemical impedance spectroscopy [J]. J Mater Sci, 2012, 47: 1677-1683.

[85] L'vov P E, Sibatov R T, Yavtushenko I O, et al. Time-fractional phase field model of electrochemical impedance [J]. Fractal Fract, 2021, 5 (4): 191.

第 8 章 电化学储能中的多尺度多物理场建模与仿真

8.1 多尺度多物理场建模与仿真概述

二次电池具有结构复杂、多物理过程交互耦合（如图 8-1 所示），且内部场参数众多但可测参数（主要为电流、电压、温度）有限的特点。服役时，其作为封闭电化学系统运行，拆解探测会破坏原有工作场景，因而原位测试目前还面临挑战，这使得理论建模和数值仿真成为现阶段能深入了解电池内部工作机理、探寻劣化机制，并实现电池性能优化的有效手段[1]。电池作为电化学能量存储与转化系统，电化学反应、电场、温度场等因素共同调控其结构内的多物理场过程和能量转化过程。值得注意的是，电池器件的加工、服役，以及充放电使用时锂在活性材料中的嵌入/脱出等过程，会不可避免地造成器件结构的机械变形甚至损伤，导致系统细观结构（$10^{-8} \sim 10^{-3}$m）和宏观性能发生变化，这使得结构应力场在电池器件的服役和失效研究中显得必要且重要。早在 2005 年，美国能源部发布的第二代锂离子电池的诊断检查和性能退化机制评估报告[2]中就明确指出了充放电循环时机械因素导致的颗粒剥落及加压接触等力学机制对电池容量的影响。由此，经过了几十年的发展，包含电化学、热学、力学的多物理场耦合已成为电池建模和仿真分析的基本方法[3]。

除多场耦合外，完整的电池由活性颗粒、黏结剂、导电剂、集流体、隔膜和电解质等众多组分/部件及外壳等配件构成，其还具有多尺度的结构特征。因而，电池仿真须同时考虑多尺度、多场两个建模要素。尽管如此，受计算规模与效率的限制，电池建模并不一定追求对所有结构细节的还原。具体地说，建模与仿真往往需根据具体分析的问题决定在何种尺度下进行。例如，若仅研究活性颗粒的破坏或者探究活性颗粒与黏结剂、导电剂的交互作用，可开展颗粒尺度的模拟；若分析集流体厚度、塑性屈服的影响，则可通过假设活性层为均匀材料，来避免对细观结构的耗时分析，从而在电极尺度展开快速分析。进一步，若分析由颗粒到电极的电化学-力学-热学多尺度耦合现象及其机制，则须进行多尺度多场耦合建模，多场间的耦合如第 2.11 节所述。值得注意的是，随着计算机断层扫描 CT 手段和计算机性能的提升,基于三维重构的电池建模与仿真技术快速发展,使得探索实际电池内部多物理场细节成为可能[4,5]。然而,这类分析需要进行大量的几何前处理,并且在结果后处理时复杂的多场细节如何统计汇总并与宏观测试信号进行对应仍存在难点。因此,为降低分析复杂度、提高计算效率,在多尺度计算时往往需要简化结构或进行等效处理。例如,在电化学建模时将活性颗粒简化为球形,在力学和热学计算时对非均质活性层进行均质化处理等。

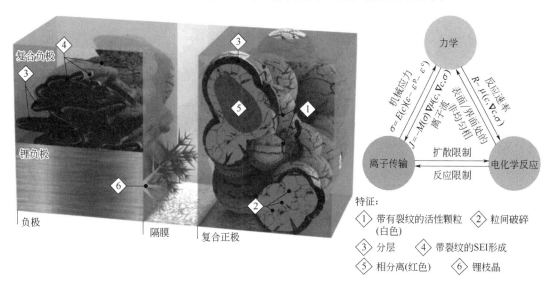

图 8-1 电池多尺度结构特征及多物理场耦合特征[3]

电池建模与仿真通常分为 3 个步骤(如图 8-2 所示)。

① 物理建模。针对目标问题确定分析的尺度、物理场的个数及计算规模,并依据质量守恒、能量守恒、电荷守恒、欧姆定律等建立相应的控制方程及初始条件和边界条件。基本方程配置通常包括电化学方程及力学、热学扩展方程,前者构筑目标问题的电化学背景,后者完善目标问题的多物理场耦合特征描述。耦合场方程对应的初始条件和边界条件依赖于目标问题的特征,例如:分析稳态还是瞬态问题?是恒流还是恒压操作?通量是否连续?结构约束如何?是否绝热?等等。

② 数值求解。电化学多尺度多场问题的物理模型通常是一组非线性偏微分方程组。可用差分法、有限体积法、有限单元法等方法进行求解。其中,有限单元法因其在固体力学领域多年来的成熟应用,在模拟电池锂扩散诱导应力、热应力等方面具有天然优势,目前得到了广泛的使用。有限单元法是把计算域离散剖分为有限个互不重叠且相互连接的单元,进而借助变分原理或加权余量法,将原微分方程离散为对有限个离散点处场函数值进行求解的方法。对应的求解工具包括 ABAQUS、ANSYS、MATLAB 有限元包、COMSOL 及开源有限元程序等。

③ 结果后处理。包括结果直接输出及二次处理输出。根据实际问题的需求,可直接输出的结果包括锂浓度、温度、结构位移等物理场的基本信息;二次处理的结果包括荷电状态(state of charge,SOC)、平均/峰值温度、主应力/冯·米塞斯应力(von Mises stress)随时间的演化等由基本场信息经过二次后处理得到的数据。

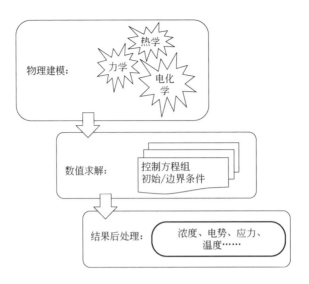

图 8-2 电池建模与仿真的基本步骤

值得注意的是，多物理场问题的数值仿真及其编程调试求解通常较为困难。实际建模分析时建议逐场调试、分步耦合。例如，对于电化学-力学耦合模型，可以先单独求解和调试电化学场，待结果稳定、趋势正确后保留电化学模型，然后再调试力学模型。调试时可以先人为给定与应力相关的电化学场分布（如锂浓度），待应力/位移结果可靠时保留力学模型。最后，将实际的电化学场模型与应力场模型进行耦合调试。如此一来，可有效降低耦合调试的工作量，提高分析效率。对于电化学-力学-热学耦合问题，方法类似。

本章聚焦于由颗粒到宏观结构进行多尺度、多物理场建模的基本框架和分析方法，在颗粒和电极尺度调控其机械完整性的考量，着重强调和阐述了其中的力学因素[6]。在电池尺度则侧重讨论了电池的热学和电化学特性。本章涵盖了现有电池模拟的主要理论框架，并对模型间的关联及部分模型适用范围进行了适当说明。

8.2 颗粒尺度建模与仿真

活性材料在电池中往往以颗粒形式呈现，旨在容纳和释放锂，是电池的核心部分，其在嵌锂/脱锂时引起的机械变形是诱发电池内应力的主要源头。因此，颗粒尺度的建模对于理解活性材料储能过程、电化学-力学耦合机理，以及活性材料失效过程具有重要意义。此外，黏结剂/导电剂、固态电解质膜（solid electrolyte interphase，SEI）结构特性的评估也通常在这个尺度展开。

8.2.1 基本模型

锂在活性材料中的固相扩散通常由如下守恒方程给定[7]：

$$\frac{\partial c}{\partial t}+\nabla \cdot \boldsymbol{J} = 0 \tag{8-1}$$

式中，c 为锂浓度；$J = -Dc\nabla\mu/(RT)$ 为锂通量，也有部分学者认为可再乘以系数 $(1-c/c_{\max})$ 以考虑高浓度的影响[8]；$c_{\max}$ 为活性材料的最大嵌锂浓度；D 为固相扩散系数；R 为理想气体常数；T 为热力学温度；μ 为化学势。

Larché 和 Cahn[9]从热力学角度出发对决定离子嵌入晶体材料化学势的因素与其表达形式进行了分析，发现离子的化学势取决于自身的活性与浓度、晶体材料的活性及其所能容纳的最大离子浓度，并随时间和空间不断变化；同时，离子嵌入晶体改变了材料的弹性能，由此产生的应力也会影响离子的化学势。随后该工作被拓展应用至电池领域，由此可将各向同性弹性活性材料中锂的化学势表示为[8]：

$$\mu = \mu_r + RT\ln\left(\frac{c}{c_{\max}-c}\right) - \Omega\sigma_h - \frac{\beta_{ijkl}}{2}\sigma_{ij}\sigma_{kl} \qquad (8\text{-}2)$$

式中，μ_r 为参考状态的化学势；Ω 为偏摩尔体积；$\sigma_h = \sigma_{kk}/3$ 为扩散诱导应力所对应的静水应力；β_{ijkl} 为柔度张量；σ_{ij}、σ_{kl} 为应力张量。其中，$i, j, k, l = 1 \sim 3$。上式右侧第二、三、四项分别反映锂浓度、静水应力、活性材料锂化模量改变对化学势的影响，与本书第 2.11 节所述一致。

活性材料锂化所引起的材料弹性常数改变的现象，在石墨和硅这两种典型负极材料中尤为明显。其中，Shenoy 等[10]利用第一性原理计算了不同锂含量的晶体和无定形 Li_xSi 的力学性能变化趋势，如图 8-3（a）所示。晶体硅（实线）与无定形硅（虚线）的弹性模量均会随嵌锂浓度的升高而降低，即锂化造成了硅材料的软化。然而两者锂化的形式不同，例如在嵌锂浓度为最大理论浓度的 80%附近，晶体硅形成了三种化合物，即 $Li_{13}Si_4$、$Li_{15}Si_4$ 和 $Li_{22}Si_5$，而无定形硅只形成了 $Li_{15}Si_4$。针对常见的石墨负极材料，Qi 等[11]利用第一性原理计算了一系列嵌锂石墨化合物，如 LiC_{18}、LiC_{12} 以及 LiC_6 等的力学特性，如图 8-3（b）所示。结果表明，随着锂浓度的增大，嵌锂石墨化合物的力学参量，尤其是刚度参数 C_{33}、C_{44} 及综合模量 E_R 显著增大，说明了锂化会造成石墨材料的硬化。式（8-2）为处理这类问题提供了强有力的理论依据。

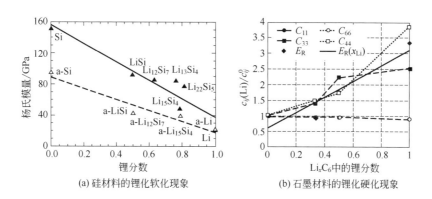

(a) 硅材料的锂化软化现象　　(b) 石墨材料的锂化硬化现象

图 8-3　硅材料的锂化软化现象及石墨材料的锂化硬化现象[10,11]

对于锂化模量变化较小的活性材料，可忽略锂化模量改变的影响。同时，基于稀溶液假设，略去饱和浓度 $c_{\max}$ 的影响，此时式（8-2）可大幅简化为[12,13]：

$$\mu = \mu_r' + RT\ln c - \Omega\sigma_h \tag{8-3}$$

上式简洁且能揭示嵌锂浓度及应力的交互影响，目前应用最为广泛。将式（8-3）代入式（8-1），即可得到总的锂固相扩散控制方程：

$$\frac{\partial c}{\partial t} = \nabla \cdot \left(D\nabla c - \frac{D\Omega c}{RT}\nabla\sigma_h \right) \tag{8-4}$$

若忽略应力对锂扩散的影响，上式将退化为 Fick 扩散方程：

$$\frac{\partial c}{\partial t} = \nabla \cdot (D\nabla c) \tag{8-5}$$

众所周知，商用锂离子电池的充电方式一般为电流或电压控制模式。对于电流控制模式，颗粒表面单位时间单位面积的电流密度已知，对应的边界条件为：

$$-\boldsymbol{n} \cdot \boldsymbol{J}|_{r=R_p} = \frac{i_n}{F} \tag{8-6}$$

式中，$\boldsymbol{n}$ 为颗粒表面外法线方向；F 为法拉第常数；R_p 为颗粒半径；i_n 为颗粒表面电流密度，大于零表示嵌锂，小于零表示脱锂。对于充电电流为 I_{cell}、电极厚度为 L 的多孔电极，i_n 可由下式估计：

$$i_n = \frac{I_{\text{cell}}}{a_s L} \tag{8-7}$$

式中，$a_s = 3\theta_1/R_p$，θ_1 为活性颗粒的体积分数。

对于电压控制模式，颗粒表面锂浓度已知，此时对应的边界条件为：

$$c|_{r=R_p} = c_b \tag{8-8}$$

式中，c_b 为与充电电压有关的边界浓度。

嵌锂通常引起活性材料溶胀变形，进而在活性材料中诱发内应力，即扩散诱导应力（见本书第 2.11 节电化学-应力耦合部分）。如式（8-4）所示，扩散诱导应力导致的静水应力 σ_h 将对锂扩散造成影响。在锂扩散控制方程的基础上，扩散诱导应力可由完整的固体力学方程描述（通常类比于热弹性力学问题），简述如下：

（1）锂化变形

锂化变形 ε_c 通常正比于锂浓度改变量 Δc，对于各向同性材料可表示为：

$$\varepsilon_c = \frac{\Omega}{3}\Delta c \tag{8-9}$$

由于该变形形式上与热膨胀变形类似，因而扩散诱导应力往往类比热应力进行计算。

（2）固体力学基本方程

完整的应力计算还需补充平衡方程、几何方程、本构方程，以及其相应的应力和位移边界条件。对于常用的各向同性、线弹性小变形问题，相应的控制方程依次如下：

$$\nabla \boldsymbol{\sigma} = 0$$
$$\boldsymbol{\varepsilon} = \frac{1}{2}(\nabla \boldsymbol{u} + \boldsymbol{u}\nabla) \tag{8-10}$$
$$\boldsymbol{\sigma} = \lambda tr(\boldsymbol{\varepsilon} - \varepsilon_c \mathbf{I})\mathbf{I} + 2\mu'(\boldsymbol{\varepsilon} - \varepsilon_c \mathbf{I})$$

式中，$\boldsymbol{\sigma}$、$\boldsymbol{\varepsilon}$ 和 $\boldsymbol{u}$ 分别为应力、应变和位移；∇ 为哈密顿算子；λ 和 μ' 为材料的 Lamé 常数，其与弹性模量 E 和泊松比 ν 的关系为 $\lambda = E\nu / [(1+\nu)(1-2\nu)]$，$\mu' = E / [2(1+\nu)]$。对应的应力和位移边界条件分别在力边界和位移边界进行指定。对于线弹性小变形问题，针对不同的颗粒形式及其表面约束情况，式（8-10）的各种表示形式可查阅《弹性力学》[14]。例如，以前述最常见的球形颗粒为例，式（8-10）可在球坐标系中具体写为：

$$\frac{d\sigma_r}{dr} + 2\frac{\sigma_r - \sigma_\theta}{r} = 0$$
$$\varepsilon_r = \frac{du}{dr}, \quad \varepsilon_\theta = \frac{u}{r} \tag{8-11}$$
$$\sigma_r = \lambda\vartheta + 2\mu(\varepsilon_r - \varepsilon_c), \quad \sigma_\theta = \lambda\vartheta + 2\mu(\varepsilon_\theta - \varepsilon_c)$$

式中，σ_r 和 σ_θ 分别代表径向和环向应力；ε_r 和 ε_θ 分别为径向和环向应变，u 为径向位移；$\vartheta = \varepsilon_r + 2\varepsilon_\theta - 3\varepsilon_c$ 为体应变。此时，式（8-4）中的静水应力 $\sigma_h = (\sigma_r + 2\sigma_\theta)/3$。当考虑非弹性变形和有限变形时，式（8-10）中三个方程的形式必须重新修订，可查阅《塑性力学引论》[15] 和《近代连续介质力学》[16]。

式（8-4）~式（8-10）构成了常见颗粒电化学-力学耦合问题的基本方程。对于锂化时会发生相变的材料，如 $LiMn_2O_4$、$LiFePO_4$，锂浓度通常由 Cahn-Hilliard 方程确定[17]，形式详见本书第 7 章。

8.2.2 活性材料中的电化学-力学耦合及颗粒机械损伤的控制

颗粒尺度建模的优势之一是模型简练，便于理解锂离子在固相扩散时的电化学-力学耦合机理。同时，可基于颗粒应力开展强度或断裂力学参量的分析，以对锂嵌入/脱出时的颗粒破坏进行控制。

对于处于自由状态的线弹性球形颗粒（颗粒上无外力作用），由热弹性力学知识可知，前述耦合方程在球坐标下有如下径向和环向应力解析解[7]：

$$\sigma_r(r) = \frac{2E\Omega}{9(1-\nu)}[c_{av}(R_p) - c_{av}(r)] \tag{8-12}$$

$$\sigma_\theta(r) = \frac{E\Omega}{9(1-\nu)}[2c_{av}(R_p) + c_{av}(r) - 3c(r)] \tag{8-13}$$

式中，$c_{av}(r) = (3/r^2)\int_0^r r^2 c(r)dr$，表示半径为 r 的球体体积中的平均锂浓度。进而，由 $\sigma_h = (\sigma_r + 2\sigma_\theta)/3$ 知，锂扩散有如下简化形式：

$$\frac{\partial c}{\partial t} = \frac{1}{r^2}\frac{\partial}{\partial r}\left[r^2 D\left(1 + \frac{\lambda_m}{c_{max}}c\right)\frac{\partial c}{\partial r}\right] \tag{8-14}$$

式中，$\lambda_m = 2E\Omega^2 c_{\max}/[9RT(1-\nu)]$，为无量纲材料参数。对于实际电极材料，$\lambda_m$ 和 c 始终大于零，故对比浓度梯度驱动的 Fick 扩散可知，应力起到了促进锂固相扩散的作用。对上式进行无量纲处理可以发现，材料的 λ_m 值反映应力辅助扩散的强弱。λ_m 越大，锂在该材料中迁移时受到的应力促进作用越强。由表 8-1 可见，合金型 Si、Ge、Al、Sn 等转化型电极材料的实际等效扩散系数受到应力的显著影响，而嵌入型电极材料的应力辅助扩散系数受影响较小。由式（8-3）可知，应力辅助锂加速扩散主要是由内应力引起的弹性能提高了锂化学势所致。

表 8-1 常见正负极材料的应力辅助扩散系数[18]

材料名称	石墨	Si	Ge	Al	Sn	LiCoO$_2$	LiFePO$_4$	LiMn$_2$O$_4$
λ_m 值	1.1~5.9	42.7~191.2	565	86	294	0.66	2.9	0.356

当不计 λ_m 的影响时，式（8-14）退化为 Fick 扩散，此时锂浓度有级数形式的解析解。将其代入式（8-12）和式（8-13）还可获得球形颗粒径向和环向应力峰值表达式[7]：

$$\sigma_{r,\max} = \sigma_{\theta,\max} = \frac{E\Omega}{15(1-\nu)}\left(\frac{i_n R_p}{FD}\right)（恒流）$$

$$\sigma_{r,\max} \approx 0.4\frac{E\Omega(c_b-c_0)}{3(1-\nu)}, \quad \sigma_{\theta,\max} \approx -\frac{E\Omega(c_b-c_0)}{3(1-\nu)}（恒压）$$

(8-15)

上式为弱应力辅助下的球形颗粒中扩散诱导应力的快速评估提供了依据。

由于锂扩散可能受到饱和浓度 $c_{\max}$、静水应力等因素的显著影响，从计算角度对上述影响进行评估至关重要。2016 年 He 等[18]通过数值分析评估了各个电化学-力学耦合模型在分析球形颗粒应力时的误差情况，如图 8-4 所示。结果表明，与单纯浓度梯度驱动的 Fick 扩散相比，应力辅助锂扩散（SC）的促进作用使得颗粒内锂浓度梯度更小，从而诱发更低的拉应力和冯·米塞斯应力；当进一步考虑饱和浓度后（FC），上述效果更为显著，如图 8-4（a）所示。将模型无量纲处理后，不同模型间应力结果的差异可以通过材料参数 λ_m 及电流密度 $\bar{i}_n = i_n R_p/(FDc_{\max})$ 考察，相图结果如图 8-4（b）所示。总的来说，当无量纲电流 $\bar{i}_n < 0.3$ 时，各模型在峰值 Mises 应力上的差异在 20% 以内，可以采用较为简单的 Fick 扩散进行快速工程估算；当 $0.3 < \bar{i}_n < 0.7$ 或者 $\lambda_m > 2$ 时，应力计算必须进一步引入应力辅助的影响（SC 模型）；否则，应使用全耦合模型（FC）以使得模型计算满足工程要求。

前述结果考虑了饱和浓度、应力的影响。进一步，对于锂化变模量，Deshpande 等[19]假设锂浓度变化与材料模量呈线性关系，并以圆柱状活性颗粒为例讨论了锂化硬化和软化对材料抗破坏能力的影响。其中，材料弹性模量与锂浓度的关系取如下线性形式：

$$E = E_0\left(1 + k'\frac{c-c_0}{c_b-c_0}\right)$$

(8-16)

式中，E_0 为材料的初始（$c=c_0$）模量；k' 为材料锂化硬化/软化系数；c_0 为初始锂浓度；c_b 为恒压操作时的边界锂浓度。材料的理论强度由下式估计：

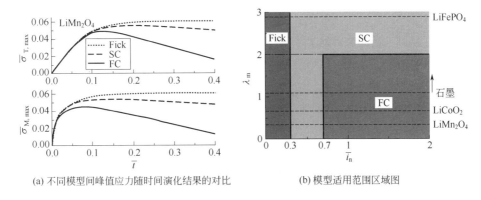

(a) 不同模型间峰值应力随时间演化结果的对比　　(b) 模型适用范围区域图

图 8-4　不同模型间峰值应力随时间演化结果的对比与模型适用范围区域图[18]

$\bar{\sigma}_{T,max}$—拉应力最大值；$\bar{\sigma}_{M,max}$—Mises 应力最大值

$$\sigma_b = 0.3E \tag{8-17}$$

式（8-16）中不同 k' 值下材料无量纲最大应力及应变能变化如图 8-5 所示，其中 $\xi_r = \sigma_r / \{\Omega E_0 (c_b - c_0)/[3(1-\nu)]\}$，$\prod_b = E_b / \{\pi R_p^2 E_0^2 \Omega^2 (c_b - c_0)^2 /[3(1-\nu)]^2\}$，图中的 T_p 为应力取得峰值时对应的时刻。结果表明，锂化过程中当应变能达到最大值时，材料峰值拉应力出现在轴心处，且随着锂化硬化而增大，因而适度的锂化软化行为可以降低材料中心处的开裂趋势；相反，脱锂过程中材料峰值拉应力会由表面逐渐转向内部，材料硬化则有利于保持材料的强度。

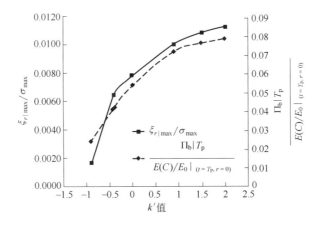

图 8-5　颗粒中材料无量纲峰值应力随 k' 值的变化情况[19]

除弹性变形及其内应力外，颗粒的弹塑性变形与开裂行为也受到了关注。当材料进入塑性屈服后静水应力将发生显著变化，由式（8-4）和式（8-12）及式（8-13）可知相应的锂扩散也将受到显著影响。2011 年，Zhao 等[20]基于大变形理想弹塑性理论对球形颗粒中的扩散-应力耦合问题进行了研究，发现负极硅颗粒高倍率锂化时其内部会发生屈服，锂浓度梯度及其峰值应力受此影响将会减小，该结果表明增强材料弹塑性会降低颗粒开裂的风险。Sarkar 等[21]基于小变形理想塑性及断裂力学理论对颗粒的抗开裂能力进行了评估，结果如图 8-6 所

示，主要参数见表 8-2。球形颗粒的开裂主要是环向拉应力造成的表面张开型 I 型裂纹，故确定开裂判据为：

$$K_I \leqslant K_{IC} \tag{8-18}$$

式中，$K_I = C\sigma_\theta\sqrt{\pi a}$ 为 I 型裂纹应力强度因子；C 为几何因子；σ_θ 为表面环向拉应力；a 为表面裂纹深度；K_{IC} 为材料断裂韧性。研究结果表明，正极氧化锰材料由于其弹性模量和摩尔体积较低，具有低应力和高断裂韧性的优势，并表现出较好的力学性能；负极材料中，硅由于其低弹性模量、大的锂化变形等特征，导致其力学性能较差。减小摩尔体积、增加屈服强度是改善电极材料力学性能、提高抗破坏能力的重要途径。

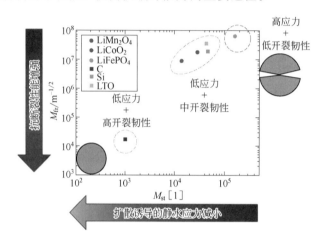

图 8-6 扩散诱导静水应力及抗开裂阻力因子对材料的筛选结果[21]

表 8-2 典型电极材料的物理力学性能[21]

性能参数	$LiMn_2O_4$	$LiCoO_2$	$LiFePO_4$	Li_xC_6	Li_xSi_{15}	Li_xTiO_2
$D/(m^2/s)$	7.08×10^{-15}	1.00×10^{-13}	7.96×10^{-16}	3.90×10^{-14}	1.00×10^{-16}	6.80×10^{-15}
$\rho/(kg/m^3)$	4100	5030	3600	2100	2328	3510
$Q_{th}/(mAh/g)$	148	166	170	372	4200	175
$c_{max}/(mol/m^3)$	2.29×10^4	4.99×10^4	2.12×10^4	3.05×10^4	8.87×10^4	5.00×10^4
$\Omega/(m^3/mol)$	3.50×10^{-6}	1.92×10^{-6}	67.32×10^{-6}	3.17×10^{-6}	32.25×10^{-6}	5.00×10^{-6}
σ_y/MPa	776	1056	500	23	720	836
E/GPa	194	264	125	10	12	209
ν	0.26	0.32	0.28	0.24	0.25	0.19
$K_{IC}/(MPa\cdot m^{0.5})$	1.50	1.30	1.50	1.25	1.00	1.50

8.2.3 活性颗粒表面黏结体系及固态电解质膜的综合调控

单独的活性颗粒，若无导电剂、黏结剂等辅助组分的配合是无法独立工作的。因此，颗粒尺度建模除分析活性材料中的电化学-力学耦合机制及颗粒强度外，还可进一步考察与活性颗粒紧密关联的导电剂-黏结剂体系及 SEI 的力学行为，以实现更真实与高效的性能模拟与调控。

导电剂-黏结剂体系与颗粒之间的相互作用及传力方式对电化学性能有着显著的影响。2016 年，Takahashi 等[22]对球形活性颗粒受导电剂-黏结剂均匀包覆时的扩散诱导应力进行了分析，如图 8-7 所示。结果发现，锂化过程中活性颗粒主要承受压应力，其表面黏结体系则因颗粒膨胀承担相应的拉应力。因此，导电剂-黏结剂体系在充放电过程中较活性颗粒本身将更易发生损伤。进一步的实验表明，电解液浸泡后表面黏结体系的杨氏模量和拉伸强度值分别下降至干样品测量值的 1/5 和 1/2。在真实电池系统中，由充放电引起的导电剂-黏结剂体系的破坏应受到重视。

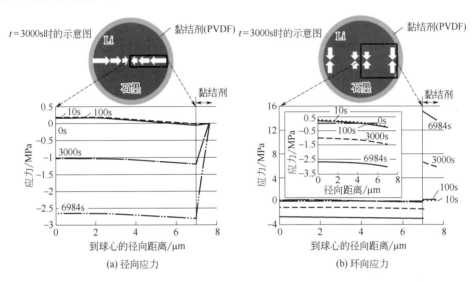

图 8-7 锂化时线弹性球形全包覆结构中的径向应力和环向应力分布及其演化[22]

考虑到聚合物的黏弹特性，Singh 和 Bhandakkar[23]对理想弹塑性活性颗粒受黏弹性导电剂-黏结剂包覆时的力学行为进行了研究。结果发现，受材料黏弹特性的影响，快速充放电时黏弹性包覆层中的环向拉应力更大，如图 8-8 所示。这表明，低黏度、低刚度、快松弛的导电剂-黏结剂体系有助于降低系统的扩散诱导应力。

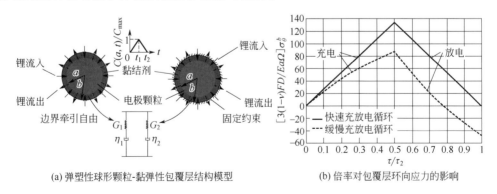

图 8-8 弹塑性球形颗粒-黏弹性包覆层结构模型及倍率对包覆层环向应力的影响[23]

电极体系中导电剂-黏结剂的占比通常较小，因此实际结构可能存在活性颗粒表面仅部分包覆的状态。针对此情况，Higa 和 Srinivasan[24]基于有限变形框架，对圆柱状仅两端覆有导电剂-黏结剂层的硅颗粒结构中的扩散诱导应力进行了理论分析。由于黏结剂的模量远小于硅负极，因此锂化变形时体系的应变能大部分由黏结剂存储，且存储值的大小随颗粒粒径及黏结剂杨氏模量的增加而增大。此时，界面处活性颗粒与导电剂-黏结剂变形失配导致的界面分层将成为除活性材料破坏以外一种新的结构失效模式。Lee 等[25]假设球形活性颗粒间由圆柱状导电剂-黏结剂连接，进而利用内聚力模型对体系中的扩散诱导应力进行了研究。结果表明，受导电剂-黏结剂部分包覆的影响，活性颗粒中的锂浓度与自由颗粒中截然不同，并伴有显著的界面分层现象，如图 8-9 所示。上述工作阐释了导电剂-黏结剂对颗粒部分包覆时可能存在的界面分层现象。值得注意的是，锂化过程中黏结剂与活性颗粒间的分层失效与颗粒本身的损伤机制截然相反。大粒径、高倍率造成的锂浓度梯度过高是导致活性颗粒内应力增加与表面拉伸开裂的主要原因。相反，小粒径、低倍率条件下则往往使得黏结剂与电极材料界面应力增大而导致分层。这是因为颗粒内应力取决于锂浓度梯度不同，黏结剂与活性材料的界面应力主要取决于锂化体系的总变形。由此，粒径越小、倍率越低，则相应活性颗粒锂化越充分、体积变形越明显，最终引起的界面应力越大。

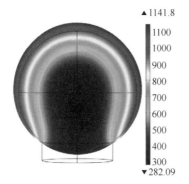
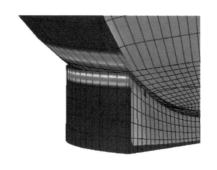

(a) 部分包覆下颗粒锂浓度分布　　　　(b) 活性颗粒与导电剂-黏结剂的界面分层现象

图 8-9　部分包覆下颗粒锂浓度分布及活性颗粒与导电剂-黏结剂的界面分层现象[25]

除直接接触的导电剂-黏结剂外，SEI 形成于裸露的活性材料表面，也是与活性颗粒力学行为紧密相关的重要结构，其破坏-再生长过程对于电池循环性能具有极其重要的影响。对此，Sheldon 课题组[26]于 2013 年利用多光束光学应力测试系统（MOSS）及化学气相沉积（CVD）方法研究了石墨表面 SEI 中的应力。发现 SEI 有机/无机双层结构中无定形层有助于缓冲活性材料变形，从而降低无机层的破坏风险，提高电极稳定性，具体机制如图 8-10（a）所示。对于球形颗粒结构，He 等[27]随后发展了由均质到非均质的 SEI 表征模型用于分析结构内 SEI 的应力，如图 8-10（b）、（c）所示。他们发现解析 SEI 的非均匀特征对于分析其应力大小及稳定性至关重要。SEI 中无机层的拉应力是导致 SEI 破坏的关键，而活性材料的变形、无机层的模量和泊松比对其影响显著。同时，该结果表明由功能梯度型（即靠近活性材料的内层提供足够的力学性能，而靠近电解质的外层表现出良好的化学和电化学行为）SEI 组成的复合结构有助于提升电池性能。

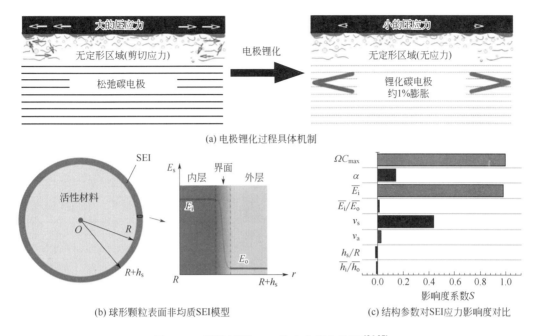

图 8-10 活性材料 SEI 的应力行为研究[26,27]

在导电剂-黏结剂和 SEI 综合分析方面,Peng 等[28]结合实验测得的黏结剂-导电剂复合材料(binder and conductive composite,BCC)力学行为[29]构建了活性颗粒、黏弹性 BCC 和 SEI 多层球壳模型,如图 8-11(a)所示。他们发现,该结构中 BCC 更易受环向拉伸而先于 SEI 被破坏,且受聚合物弛豫特性的影响,BCC 的峰值拉伸应力在颗粒完全锂化前就会出现。为提高该系统的结构完整性应当:①在满足电池容量要求的情况下尽可能增加炭黑含量。对于石墨颗粒表面的水性 BCC 体系,炭黑在海藻酸钠(sodium alginate,SA)和羧基丁苯橡胶/羧甲基纤维素钠(SBR/CMC)中的质量含量应分别大于 27%和 50%,如图 8-11(b)所示;②设计使得 SEI 的弹性模量小于 BCC 的弹性模量;③降低活性颗粒锂化速率。

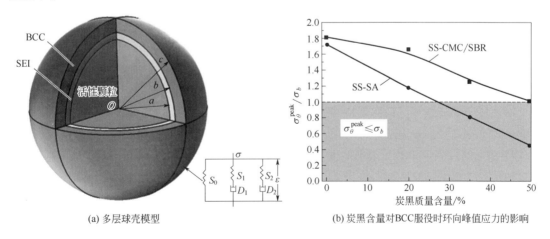

图 8-11 多层球壳模型及炭黑含量对 BCC 服役时环向峰值应力的影响[28]

以上研究是对单颗粒展开的,对于更为复杂的多颗粒体系。Rahani 和 Shenoy[30]模拟了颗粒-弹塑性黏结剂邻接和桥连两种微观组织中的应力，结果如图 8-12 所示。尽管不同的包覆形式对锂扩散及其扩散诱导应力的局部分布有着显著的影响，然而从平均面内应力来看，两种模型在黏结剂屈服应力较低时结果差别不大。这可能是由于低屈服应力使得黏结剂更易于屈服，从而使其内应力分布更加均匀。此外，2D 和 3D 模型的对比分析表明，使用更简单的 2D 模型与 3D 模型预测结果接近，显示了使用低维模型进行多颗粒系统分析的可行性。

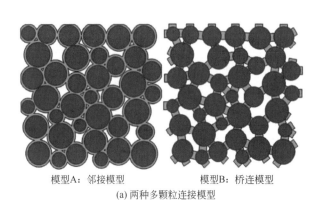
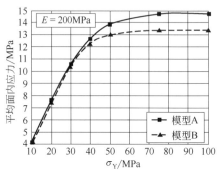

模型A：邻接模型　　　模型B：桥连模型

(a) 两种多颗粒连接模型　　　　(b) 黏结剂屈服应力对其平均面内应力的影响

图 8-12　两种多颗粒连接模型及黏结剂屈服应力对其平均面内应力的影响[30]

8.3　电极尺度建模与仿真

前述颗粒尺度的简化模型通过忽略集流体、隔膜等周围介质，避免了引入复杂结构约束导致颗粒中电化学-力学耦合机制难以阐明这一困难。然而，活性颗粒及其黏结系统在电池中并不是孤立的，因此上述简化也导致模拟结果与实际电极尺度的宏观结果可能存在较大差异。具体地说，活性层通常是涂覆于集流体干燥成型的，颗粒间的连接以及其面内尺寸远大于厚向尺寸的结构特征等必须纳入考量。同时因集流体与活性层直接黏结，两者的相互约束作用、界面连接情况等必须加以考虑。因此，基于电极尺度的建模与仿真也十分重要[31]。

8.3.1　电极的干燥成型

活性层干燥成型对电极物理特性的影响及其机理是电极尺度研究首先需要厘清的问题。工业上为了提高生产效率及降低能耗，通常希望提高干燥速率以实现快速干燥。例如，对于含 N-甲基吡咯烷酮（NMP）溶剂的电极浆料，当干燥温度从 60℃上升到 140℃ 时，其干燥速率可加快约 7 倍[32]。此外，提高干燥装置中喷气口的气流速率同样可以加快干燥进程。然而，由于电极浆料中各组分的相互作用过程对干燥条件的变化极为敏感，导致干燥速率不可随意提高。例如，过快的干燥速率往往会影响薄膜内部微观结构的演化过程，甚至使电极内组分的分布趋于极化。

目前已有大量研究致力于分析干燥工艺对电极微观结构的影响。实验方面，Müller 等[33]

在不同干燥温度下制备石墨负极，通过观测被标记的黏结剂中的氟元素在横截面内的浓度分布推断干燥对黏结剂厚向分布的影响（如图 8-13 所示）。其发现干燥会引起聚偏二氟乙烯（PVDF）含量沿电极厚度方向呈梯度分布，即由电极/集流体界面到电极表面 PVDF 浓度不断升高，这种浓度差异在高温干燥处理后更为明显。上述由干燥条件引起的黏结剂非均匀分布现象，称为黏结剂迁移。Li 等[34]对比了不同黏结体系对干燥条件的敏感性差异，通过将 $LiCoO_2$ 复合电极沿电极厚度方向分割并进行热重分析（TGA）获取黏结剂的分布情况。结果表明，有机与水系浆料体系条件下黏结剂迁移均存在，特别当有机浆料黏度较低且流动性较高时此现象更为显著。Hagiwara 等[35]将拉曼光谱与冷冻干燥技术结合，对特定干燥时刻石墨电极浆料中丁苯橡胶（SBR）分布进行追踪，从而实现对干燥过程中的黏结剂浓度分布的演化过程的定量分析。

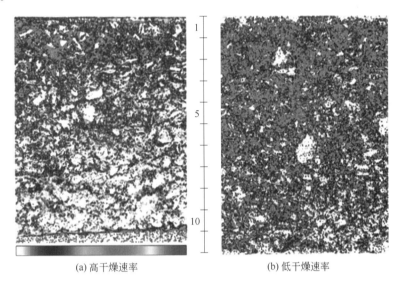

(a) 高干燥速率　　　　　(b) 低干燥速率

图 8-13　高干燥速率与低干燥速率下黏结剂沿横截面分布的 SEM 图像[33]

在理论模拟方面，Font 等[36]基于连续介质理论建立了电极浆料干燥过程中非活性组分浓度 c_{IC} 沿电极厚向 z 变化的控制模型，其示意图及得到的结果如图 8-14 所示。控制方程表示如下：

$$\frac{\partial}{\partial t}(\varphi_l c_{IC}) = \frac{\partial}{\partial z}\left(D_{eff}\frac{\partial c_{IC}}{\partial z} - F_l c_{IC}\right), \quad 0 < z < h(t) \tag{8-19}$$

相应的边界条件为：

$$\left(F_l c_{IC} - D_{eff}\frac{\partial c_{IC}}{\partial z}\right)\bigg|_{z=h(t)} = -\varphi_l c_{IC}\frac{\dot{m}}{\rho_s}\bigg|_{z=h(t)}, \left(F_l c_{IC} - D_{eff}\frac{\partial c_{IC}}{\partial z}\right)\bigg|_{z=0} = 0 \tag{8-20}$$

式中，φ_l 为液相的体积分数；$D_{eff} = D\varphi_l^{3/2}$，为非活性组分在电极浆料中的等效扩散系数；$F_l$ 表示液相的体积平均通量，由 $F_l = -z d\varphi_l/dt$ 给出；$z = h(t)$，代表浆料的蒸发表面，$z=0$ 代表浆料/集流体界面；$h(t) = h_0 - \dot{m}t/\rho_s$ 为随干燥时间 t 变化的浆料厚度，h_0 为初始浆料厚度，$\dot{m}$ 为溶剂逸出的质量变化率，ρ_s 为溶剂的质量密度。

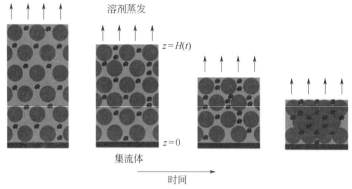

(a) 电极浆料干燥过程中非活性组分浓度沿电极厚向变化的示意图

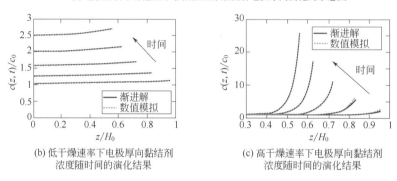

(b) 低干燥速率下电极厚向黏结剂浓度随时间的演化结果

(c) 高干燥速率下电极厚向黏结剂浓度随时间的演化结果

图 8-14　电极料浆干燥过程中非活性组分浓度沿电极厚向变化的控制模型及所得结果

基于上述模型，Font 等[36]模拟得到电极在干燥过程中整体厚度的连续减小及黏结剂的迁移情况。随后，Zhu 等[37]进一步将其与电极尺度的扩散诱导应力分析相结合，提出了基于服役时电极内应力反向优化前期干燥成型工艺的思路，及先快干后慢干的双阶段电极优化干燥方法。值得注意的是，Nikpour 等[38]通过构建多相平滑粒子（MPSP）模型也对电极干燥过程进行了研究，并对后续的压延工艺进行了分析，如图 8-15 所示。结果表明，干燥处理会增加大尺寸颗粒材料所组成电极的杨氏模量，降低其离子电导率。相比之下，压延处理可增大所有尺寸颗粒材料所组成电极的杨氏模量。此外，压延处理还会增加小尺寸活性颗粒组成的电极的离子电导率，这是因为所施加的压力会造成活性颗粒团聚，使得活性物质之间形成了更大的聚集结构，从而使得离子与电子拥有更多的传导路径。进一步，实验结果也验证了该模型的准确性。据此，他们提出适当减小活性颗粒的尺寸是提高电极能量密度和功率密度的有效方法。

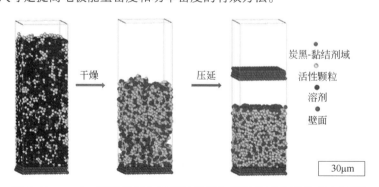

图 8-15　MPSP 模型模拟电极经过干燥和压延处理的结构示意图[38]

除了改变活性层内部结构及其导电性外,干燥过程也会对活性层/集流体黏结界面带来影响。从力学角度看,活性层与集流体之间的黏附性与界面处黏结剂的含量密切相关,高干燥速率所导致的黏结剂非均匀分布将严重损害其黏附强度。Baunach 等[39]研究了不同干燥温度(55℃、110℃、195℃)制备的石墨负极的剥离强度(活性层与集流体界面呈90°剥离的情况下)与干燥温度的关联性,发现升温导致的剥离力降幅高达50%以上,且在后续压延过程中无法得到修复。类似地,Westphal 等[40]采用拔出(pull-off)实验测试界面的黏结强度,同样发现对于高活性物质负载的电极,升高温度和提高气流速率均会造成活性层/集流体界面黏结强度的降低,说明黏结剂迁移行为不仅与干燥温度相关,同样受干燥气流速率的影响。Kim 等[41]通过表界面切削分析系统(SAICAS)测定 $LiCoO_2$ 正极不同厚度位置处的黏结强度,研究表明,230℃下干燥的电极在表面处显示出较高的黏结强度,且远离表面处黏结强度更低,而130℃下干燥的电极沿整个厚度方向展现出相近的黏结强度。此外,已有诸多文献[42,43]独立阐述了干燥速率与界面黏结性能之间的负相关性。

从电化学角度看,干燥过程导致黏结剂的厚向迁移将对导电通路造成影响。Westphal 等[40]发现高干燥速率下绝缘性黏结剂将大量集聚在电极表面,从而增大电极的体积电阻率。Li 等[34]发现了 $LiCoO_2$ 电极中的导电剂在活性层厚度方向上呈现出与黏结剂类似的梯度分布现象,并指出其原因在于干燥过程中溶剂流动与蒸发引起了轻质导电剂的非均匀分布,由此减少了电极内部活性颗粒之间的导电接触,致使体系(尤其是界面处)的欧姆电阻增大。此外,黏结剂的迁移同样会对电极的离子传输性能造成负面效应。Stein 等[44]对 $LiNi_{1/3}Mn_{1/3}Co_{1/3}O_2$ 纽扣半电池进行了电化学阻抗谱(electrochemical impedance spectroscopy,EIS)分析。结果表明,快速干燥成型的电极电荷转移阻力较高。据此,Morasch 等[45]提出了一种基于电化学阻抗谱技术分析黏结剂分布的方法,即通过对不同干燥温度下的电极进行阻抗分析推断黏结剂非均匀分布程度,该方法具有测试简便的明显优势。此外,干燥过程还会影响电极涂层的弹性。Westphal 等[40]通过纳米压痕技术评估了干燥过程对电极涂层弹性的影响,并以电极表面产生 10%深度压痕的力值来计算总的弹性变形功。发现高干燥速率下弹性较强的黏结导电复合材料基质倾向于堆积在电极表面,从而展现出更高的弹性变形功。

需特别指出的是,尽管实验上就上述干燥过程对活性层/集流体黏结界面力学特性及电极导电特性的影响已有广泛研究,但含干燥过程的一体化数值模拟工作尚未完全开展,这也是电极尺度电化学-力学耦合研究的拓展方向之一。

8.3.2 电极的扩散诱导应力

电极扩散诱导应力分析是揭示电极尺度结构稳定性的重要手段之一。层状结构是电极的众多基本形态中最常见的一种,其通用型结构剖面形式如图 8-16 所示[46],本节将以其为例对电极尺度的电化学-力学耦合计

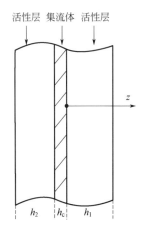

图 8-16 层状平板电极结构示意图[46]

算框架进行重点阐述。从通用模型角度看，层状电极通常由厚度分别为 h_1 和 h_2 的活性层和位于中间处厚度为 h_c 的集流体构成。当为双面涂层的对称电极时，$h_1 = h_2$。当 $h_2 = 0$ 时，结构退化为单面涂层的非对称电极。电极锂化时锂离子通过活性层表面进入内部，脱锂时则相反。

与颗粒中的锂扩散类似，电极中锂离子沿电极厚度方向 z 的迁移仍由质量守恒方程给出：

$$\frac{\partial c^+}{\partial t} + \nabla \cdot \boldsymbol{J} = 0, \quad \boldsymbol{J} = -D^+ c^+ \nabla \mu^+ / (RT) \tag{8-21}$$

式中，c^+、D^+、μ^+ 分别为锂离子浓度、扩散系数及化学势。通过将颗粒参数替换为电极参数，μ^+ 的形式可由式（8-2）和式（8-3）类比给出。

由于集流体不能嵌锂，充放电过程中锂离子仅通过电极自由表面进入或迁出，因此相应的边界条件为：

$$-\boldsymbol{n} \cdot \boldsymbol{J}|_{z=0} = 0, \quad -\boldsymbol{n} \cdot \boldsymbol{J}|_{z=-h_c} = 0 \tag{8-22}$$

及

$$-\boldsymbol{n} \cdot \boldsymbol{J}|_{z=h_1} = \frac{i_n^+}{F}, \quad -\boldsymbol{n} \cdot \boldsymbol{J}|_{z=-h_2-h_c} = \frac{i_n^+}{F} \text{（恒流）}$$
$$c^+|_{z=h_1} = c_b, \quad c^+|_{z=-h_2-h_c} = c_b \text{（恒压）} \tag{8-23}$$

初始条件为：

$$c^+ = c_0^+ \quad (t=0) \tag{8-24}$$

假定活性层和集流体均为线弹性各向同性材料，其模量和泊松比分别为 E_a、E_c、ν_a 和 ν_c。其中，活性层的模量和泊松比可基于活性颗粒、导电剂、黏结剂等组成的细观结构，通过有效介质理论（见本书第 6 章）或代表体元方法计算获得，或者直接进行机械拉压或纳米压痕测得。

在小变形情形下，电极变形满足平截面假定，其面内应变 ε_{xx} 和 ε_{yy} 表示为：

$$\varepsilon_{xx}(z) = \varepsilon_{yy}(z) = \varepsilon_0 + z\kappa \tag{8-25}$$

式中，ε_0 为 $z=0$ 处电极的面内应变；κ 为电极变形所对应的曲率。

活性层和集流体中的面内应力分别为：

$$\sigma_{xx,a} = \sigma_{yy,a} = E_a'(\varepsilon_0 + z\kappa) - \frac{1}{3}E_a'\Omega^+ c^+,$$
$$\sigma_{xx,c} = \sigma_{yy,c} = E_c'(\varepsilon_0 + z\kappa) \tag{8-26}$$

式中，$E' = E/(1-\nu)$ 为双轴模量；下标中的 a 和 c 分别代表活性层和集流体。若电极应力仅由充放电过程中活性层的变形所引起，电极端部不受外力作用，即 $\int_{-h_c-h_2}^{h_1} \sigma_{xx} dz = 0$，$\int_{-h_c-h_2}^{h_1} \sigma_{xx} z dz = 0$。则代入式（8-25）可解得：

$$\varepsilon_0 = \frac{IN^c - BM^c}{AI - B^2}, \quad \kappa = \frac{AM^c - BN^c}{AI - B^2} \tag{8-27}$$

式中，$A = \int_{-h_c-h_2}^{h_1} E' \mathrm{d}z$，$B = \int_{-h_c-h_2}^{h_1} E'z \mathrm{d}z$，$I = \int_{-h_c-h_2}^{h_1} E'z^2 \mathrm{d}z$，$N^c = \frac{1}{3}\int_{-h_c-h_2}^{h_1} E'\Omega^+ c^+ \mathrm{d}z$，$M^c = \frac{1}{3}\int_{-h_c-h_2}^{h_1} E'\Omega^+ c^+ z \mathrm{d}z$。式（8-20）～式（8-26）即为线弹性各向同性层状电极中锂离子浓度、电极各结构中的应力及电极变形的基本方程。由式（8-21）及其初始条件和边界条件解得电极中的锂离子浓度，随后依次代入式（8-27）及式（8-26）即可解得电极变形及扩散诱导应力。当应力和扩散存在耦合时，两者耦合求解即可。在获得电极应力场后，基于传统的强度理论即可对电极强度进行校核和优化设计。

根据上述理论，Zhang 等[46]计算发现集流体约束对活性层内应力的影响至关重要。从机械设计的角度出发，在满足集流体自身强度的条件下，尽可能选用厚度小和柔性高的集流体将有助于降低活性层中的内应力，从而保障其服役强度。随后，He 等[47]进一步探讨了活性材料锂化硬化和软化对电极内应力的影响，并给出了对称电极内应力解析解。结果表明，锂化硬化会显著增加电极应力，软化则相反。Song 等[48]分析了活性层与集流体物性参数对内应力的影响。Gao 等[49,50]和 Lu 等[51-53]等探讨了基于应力调控反向设计充放电规程的方法。

值得注意的是，上述计算过程中所涉及的活性层的弹性参数与纯活性颗粒是不同的。活性层由活性颗粒、导电剂、黏结剂等经湿法或干法成型后得到，与传统高基体含量的增强复合材料不同，其典型特征是高活性物质含量、高孔隙率、极低的基体含量。因此，基于串联和并联模型的复合材料等效方法在计算活性层弹性特性时一般存在不小的偏差，相关等效模型仍处于发展之中。在实验方面，由于电极活性层具有较大的脆性，通常无法直接由拉力试验机得到其弹性信息。纳米压痕测试虽对组分含量没有要求，但只可测得材料的压缩模量。为此，Sheldon 等[54]利用非对称电极锂化弯曲的特性，通过光学数字成像系统追踪电极变形时的曲率信息并由 Stony 公式得到了电极内部的平均应力。Xie 等[55]推导并给出了修正的电极曲率-模量关系：

$$\kappa = \frac{6\beta c / c_{\max}(h_1/h_2 + 1)}{1 + 4\dfrac{h_1}{h_2} \times \dfrac{E_1}{E_2} + 6\dfrac{h_1^2}{h_2^2} \times \dfrac{E_1}{E_2} + 4\dfrac{h_1^3}{h_2^3} \times \dfrac{E_1}{E_2} + \dfrac{h_1^4}{h_2^4} \times \dfrac{E_1}{E_2}} \times \dfrac{h_1}{h_2}\dfrac{E_1}{E_2} \quad (8\text{-}28)$$

式中，κ 为电极曲率；E_1、E_2 分别为活性层和集流体的模量；β 为锂化引起的活性层体积膨胀系数。利用上式，通过观测电极曲率即可反推获得活性层的模量。需要说明的是，由于复合电极中黏结剂和导电剂的含量通常较小，活性层在拉伸和压缩时颗粒间的传力方式明显不同，因此我们推测实际复合电极的模量可能具有不同的拉压特性，这一猜测目前还有待进一步的理论和实验证实。

此外，本章第 8.2.1 小节探讨了颗粒尺度的应力计算方法，该应力与本节所述复合电极应力可通过考虑复合电极内颗粒间的接触应力来进行关联[56]。考虑活性层中任意代表性活性颗粒，如图 8-17 所示，其在锂化变形时因受到来自周围颗粒的约束而受到分布式的接触应力 t_i 的作用，考虑到活性层中的活性颗粒是随机密布的，可假定该接触应力是均布的，大小取为 t_h。此时，式（8-12）和式（8-13）中所示自由颗粒中的应力将修订为 $\sigma'_r(r) = \sigma_r + t_h$ 和 $\sigma'_\theta(r) = \sigma_\theta + t_h$。相应的静水应力为：$\sigma'_h(r) = \sigma_h + t_h$。在复合电极中选取代表性体元并对其进行体积平均有：

$$\sigma_h^E = \varepsilon_s t_h \tag{8-29}$$

式中，$\sigma_h^E = 2\sigma_{xx,a}/3$，为复合电极中的静水应力；$\varepsilon_s$ 为复合电极中活性颗粒的体积分数。由此，可由复合电极中的应力推测活性颗粒表面接触应力，反之亦然。

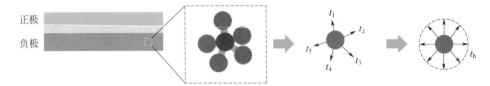

图 8-17　代表性活性颗粒受到的接触应力及其接触应力简化示意图[56]

8.3.3　电极的分层和屈曲失效

电极尺度电化学循环引起的活性层/集流体分层现象，最早是在研究纳米尺度电极时发现的。2001 年 Beaulieu 等[57]报道了溅射在不锈钢基体上的 Si 和 Sn 薄膜在锂嵌入和脱出过程中的开裂现象。在电化学载荷作用下，薄膜电极在面内和垂直于面方向均会发生大的溶胀变形，因而材料会呈现面内开裂及裂纹前缘处的分层失效。考虑到力学失效是电极变形时的内应力引起的，一般来说通过降低活性涂层厚度从而限制变形是控制上述内应力、提升结构稳定性的有效手段。Hatchard 和 Dahn[58]研究发现，将 Si 薄膜电极厚度降低到约 2μm 的临界厚度以下，即可抑制内应力并减少裂纹的形成。

对于复合电极，Lu 等[59,60]基于内聚力模型分析了均质活性层在恒流和恒压充放电时由扩散诱导应力引发的其与基体间的界面分层情况，结果表明，边缘嵌锂会诱发早期分层。Zhang 等[61]基于层合梁的线弹性小变形弯曲模型分析了对称和非对称组分梯度电极中的扩散诱导应力及其分层问题。首先通过假定活性层弹性模量为厚向坐标的指数函数形式，给出其组分梯度，随后通过分析界面处单位面积上的能量释放率，可给出分层驱动力的大小：

$$G = \frac{1}{2}\int_{AL}\frac{\sigma^2}{E_a'}\mathrm{d}z + \frac{1}{2}\int_{CC}\frac{\sigma^2}{E_c'}\mathrm{d}z \tag{8-30}$$

式中，$E_a' = E_a/(1-\nu_a)$、$E_c' = E_c/(1-\nu_c)$ 分别为活性层（AL）和集流体（CC）的双轴模量；E_a、E_c 及 ν_a、ν_c 分别为相应的材料弹性模量和泊松比；σ 为面内应力。理论分析表明，通过合理的活性层组分梯度设计可有效降低电极内应力，避免电极分层。具体而言，对称电极结构中活性层的模量应设计为：靠近集流体处大，靠近电极表面处小，沿厚度方向指数减小；而非对称电极的设计则相反。其优化后的组分设计如图 8-18 所示。

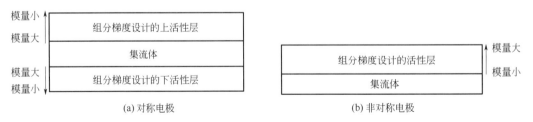

图 8-18　层状电极抑制内应力及分层的组分梯度设计方法[61]

对于电极中可能存在的有限变形和塑性问题，Liu 等[62]基于内聚力模型，利用有限变形框架分析了理想弹塑性电极在恒压工况时的分层现象，如图 8-19 所示。结果表明，电极在锂化过程中其自由表面附近存在一个面内的拉应力变形区。随着锂扩散时间的延长，拉伸应力增大，导致局部界面损伤和剪切分层，此时锂扩散诱导的界面损伤随时间呈非线性变化。当损伤发生后，电极内的扩散诱导应力得到部分释放并减小。由此，应尽可能减小电极的弹性模量和屈服应力以减轻界面损伤和抑制界面分层。同时，其发现相较于弹性模量，电极屈服应力大小的影响更为重要。

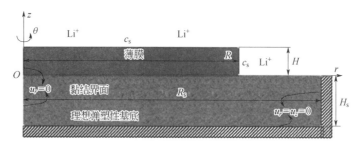

图 8-19　理想弹塑性电极分层模型[62]

前面主要分析了电极端部发生的分层现象，电极内部也可能出现分层问题。对此，Guo 等[63]提出了一种跳起式分层模型，如图 8-20 所示。该理论认为，活性层在锂化时因面内膨胀而受压，进而可能因为压缩失稳在电极内部产生跳起式分层。模拟结果表明，这种分层通常由沿界面处单个或多个跳起式鼓包的扩散引起。同时，其发现锂浓度阈值的关键作用，即当低于该浓度时，即使界面上存在较大初始缺陷也不会发生跳起式分层。该模型的提出为研究和预防液态或固态电池电极内部可能存在的分层现象提供了新的思路。

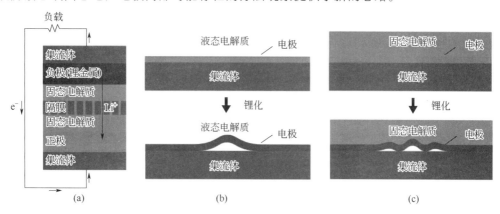

图 8-20　跳起式分层模型[63]

锂离子电池电极通常采用层状结构，该结构在实际服役过程中受到轴向压缩时易于发生屈曲失稳，导致结构承载失效并最终影响电池的循环性能和使用寿命。因而，对于可能受到轴向压缩、撞击等外力作用下的电极结构进行屈曲分析十分必要。Bhandakkar 等[64]报道了在周期性蜂窝硅电极结构中的屈曲现象，并提出可以利用局部屈曲变形来限制扩散诱导应力。Xia 等[65]针对电动车电池可能受到的地面冲击问题，模拟了单个圆柱电池及电池模组受压缩载荷作用下的变形，发现电池顶部的局部屈曲会引起电池的不均匀变形进而发生结构失效。

Ali 等[66]将实验与有限元分析相结合，分析了电极在轴向压缩时屈曲引起的扭结和剪切带的形成，并探讨了摩擦对变形模式和屈曲空洞压实的影响。此外，Zhu 等[67]基于大变形理论发展了层状电极屈曲变形的解析模型。数值模拟发现，电极的临界屈曲载荷不仅与材料性质和电极几何形状有关，还与充放电过程、SOC（荷电状态）以及工作电流有关。对于锂化硬化材料，荷电量越高相应的结构临界屈曲载荷越大，抵抗屈曲变形的能力越强，锂化软化类材料则相反，如图 8-21 所示。该结果表明了电极结构的抗屈曲能力需结合电极材料和 SOC 工况进行设计。

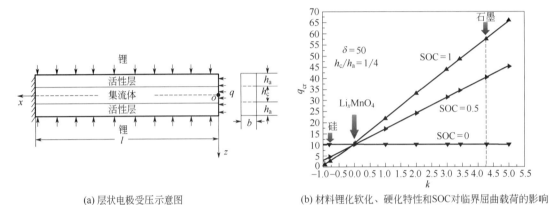

(a) 层状电极受压示意图　　(b) 材料锂化软化、硬化特性和SOC对临界屈曲载荷的影响

图 8-21 层状电极受压示意图及材料锂化软化、硬化特性和 SOC 对临界屈曲载荷的影响[67]

8.4 多尺度多物理场建模与仿真

电池具有多尺度结构和多物理场共同作用的特征。如前所述，活性颗粒和电极是电池的核心组成与关键结构，以此为基础进一步组合集流体、隔膜及电解液/电解质环境即可构造不同结构和类型的电芯。多个电芯被封装于同一个外壳框架中，通过统一的边界与外部进行联系，即组成了一个模组。数个模组与电池管理系统和热管理系统有机结合，即形成电池系统或电池包。一般来说，受电极细观结构随机性的影响，直接建立包含颗粒、孔隙等微结构在内的三维模型来模拟电池整体性能尽管可靠，但对计算资源的需求巨大，现有计算条件通常难以实现。为此，对电池结构进行简化处理以寻求计算效率和模拟精度的平衡必不可少。连续介质理论假定电池组分在空间是无空隙连续分布的，此时各种多物理场变量都为空间和时间的连续函数，并满足各种守恒定律和热力学本构关系。通过上述处理，可借助一组多物理场偏微分方程组来描述电芯系统，以实现其宏观尺度的理论建模。理论上，如果计算条件足够、时间允许，基于连续介质理论的多物理场建模方法可完成由颗粒到模组的多尺度数值仿真任务。

8.4.1 理论模型

在连续介质建模方面，Newman 等[68]于 1993 年创造性地发展了基于多孔电极和稀溶液理论的锂离子电池准二维（pseudo-two-dimensions，P2D）模型。该模型与传统的连续介质力学理论相结合，可实现电池电化学-力学的多尺度模拟，如图 8-22 所示。

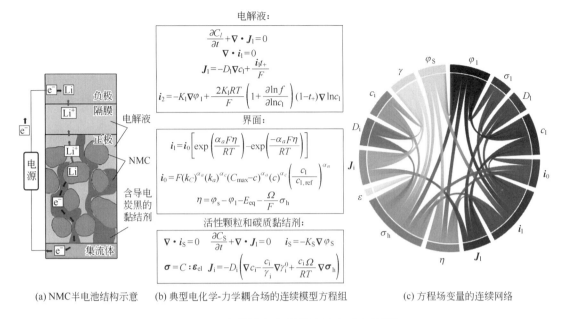

(a) NMC半电池结构示意　　(b) 典型电化学-力学耦合场的连续模型方程组　　(c) 方程场变量的连续网络

图 8-22　电化学和力学的连续介质理论[69]

P2D 模型中将锂离子在颗粒中的径向扩散和在正负极间的迁移分别看作两个连续的一维问题，进而通过一系列偏微分方程和电化学反应方程描述电池内部锂离子的扩散与迁移、电荷守恒、活性颗粒表面电化学反应等物理过程，如图 8-23 所示。该模型起初用于对由锂金属负极/固态聚合物隔膜/嵌入式正极组成的电池进行研究，但因其具有一定的普适性，现在也被广泛应用于液态电解质锂离子电池的研究。

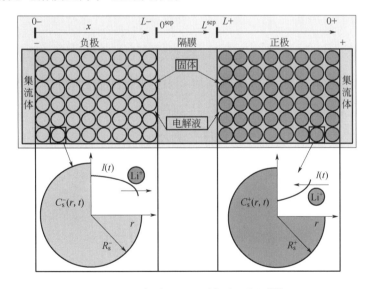

图 8-23　锂离子 P2D 模型示意图[70]

P2D 模型包括如下方程：

(1) 固相扩散方程

根据菲克第二定律,固相锂浓度(c_s)扩散方程为:

$$\frac{\partial c_s}{\partial t} = \frac{1}{r^2}\frac{\partial}{\partial r}\left(D_s r^2 \frac{\partial c_s}{\partial r}\right) \tag{8-31}$$

式中,D_s 表示固相扩散系数;r 为径向坐标。

(2) 液相扩散方程

锂离子液相浓度(c_e)在电极厚度方向 x(如图 8-23 所示)上随着锂离子流量密度的梯度而变化,其扩散方程:

$$\varepsilon_e \frac{\partial c_e}{\partial t} = \frac{\partial}{\partial x}\left(D_e^{\text{eff}} \frac{\partial c_e}{\partial x}\right) + a(1-t_+^0)j_r \tag{8-32}$$

式中,ε_e、D_e^{eff}、a 和 t_+^0 分别表示液相体积分数(孔隙率)、液相有效扩散系数、活性颗粒比表面积和锂离子液相转移系数;j_r 表示锂离子流量密度。

$$D_e^{\text{eff}} = D_e(\varepsilon_e^j)^{\text{Brug}} \tag{8-33}$$

式中,D_e、ε_e^j 分别表示液相扩散系数和不同区域液相体积分数;Brug 表示锂离子电池不同区域 Bruggman 系数,其反映孔隙率和迂曲度对锂离子扩散和电导率的影响,均匀多孔电极的 Brug 系数通常被设定为 1.5。实际上,电极往往不是均匀的,存在各向异性,迂曲度也比理论值要高。

(3) 固相电势方程

锂离子电池内部固相电势(ϕ_s)的变化采用欧姆定律描述,其电势控制方程表示为:

$$\sigma_{\text{eff}}\frac{\partial \phi_s}{\partial x} = -i_s \tag{8-34}$$

式中,σ_{eff} 和 i_s 分别表示固相有效电导率和固相电流密度,可由固相电导率 σ 和固相体积分数 ε_s 表示:

$$\sigma_{\text{eff}} = \sigma\varepsilon_s^{\text{Brug}} \tag{8-35}$$

(4) 液相电势方程

锂离子电池内部液相电势(ϕ_e)采用修正的欧姆定律描述,其电势方程:

$$k_{\text{eff}}\frac{\partial \phi_e}{\partial x} = -\frac{2RTk_{\text{eff}}}{F}(t_+^0-1)\frac{\partial \ln c_e}{\partial x} - i_e \tag{8-36}$$

式中,k_{eff} 和 i_e 分别表示有效电导率和液相电流密度。

$$k_{\text{eff}} = k(c_e)(\varepsilon_e^i)^{\text{Brug}} \tag{8-37}$$

式中,k 表示液相电导率。

(5) 电荷守恒方程

锂离子电池固相/液相电荷守恒都采用法拉第定律描述，电荷守恒表示如下：

$$\begin{cases} i_s + i_e = i \\ \dfrac{\partial i_e}{\partial x} = a_s i_s = a_s F j_r \\ \dfrac{\partial i_s}{\partial x} = -a_s F j_r \end{cases} \tag{8-38}$$

(6) Bulter-Volmer 动力学方程

电极活性颗粒电化学反应用 Butler-Volmer 方程描述：

$$\begin{cases} j_r = i_0 \left(e^{\frac{\alpha_a F}{RT}\eta} - e^{\frac{\alpha_c F}{RT}\eta} \right) \\ i_0 = k_s c_e^{\alpha_a} (c_{s,\max} - c_{e\text{-}s})^{\alpha_a} c_{e\text{-}s}^{\alpha_c} \end{cases} \tag{8-39}$$

式中，i_0、α_a、α_c、η、k_s、$c_{s,\max}$、$c_{e\text{-}s}$ 分别表示电流密度、正极传递系数、负极传递系数、过电势、电化学反应速率常数、最大固相锂浓度和活性颗粒表面锂浓度。

对于图 8-23 所示 P2D 结构，当输入为工作电流密度 $I(t)$，输出为锂离子电池端电压，表示为：

$$U(t) = \phi_s |_{x=x_p} - \phi_s |_{x=0} \tag{8-40}$$

微分方程求解时需要根据具体的电池结构给定其相应的边界条件，以图 8-23 电池模型示意图为例说明对电池的边界条件设定。电池内部不同部位参数用下标 p、n、sep 加以区分，分别表示正极（positive electrode）、负极（negative electrode）和隔膜（separator）。

固相扩散方程所需要满足的边界条件为：

$$D_s \dfrac{\partial c_s}{\partial r}\bigg|_{r=0} = 0, \quad D_s \dfrac{\partial c_s}{\partial r}\bigg|_{r=R_p} = -j_r \tag{8-41}$$

式中，j_r 表示锂离子流量密度。

液相扩散方程需要满足的边界条件为：

$$\begin{cases} \dfrac{\partial c_e}{\partial x}\bigg|_{x=0} = \dfrac{\partial c_e}{\partial x}\bigg|_{x=x_p} = 0 \\ D_{s,\text{sep}}^{\text{eff}} \dfrac{\partial c_e}{\partial x}\bigg|_{x=x_{\text{sep}}^-} = D_{s,p}^{\text{eff}} \dfrac{\partial c_e}{\partial x}\bigg|_{x=x_{\text{sep}}^+}, \quad c_e |_{x=x_{\text{sep}}^-} = c_e |_{x=x_{\text{sep}}^+} \\ D_{e,n}^{\text{eff}} \dfrac{\partial c_e}{\partial x}\bigg|_{x=x_n^-} = D_{e,\text{sep}}^{\text{eff}} \dfrac{\partial c_e}{\partial x}\bigg|_{x=x_n^+}, \quad c_e |_{x=x_n^-} = c_e |_{x=x_n^+} \end{cases} \tag{8-42}$$

固相电势方程需要满足的边界条件为：

$$\begin{cases} \sigma^{\text{eff}} \dfrac{\partial \phi_s}{\partial x}\bigg|_{x=0} = -i, \quad \sigma^{\text{eff}} \dfrac{\partial \phi_s}{\partial x}\bigg|_{x=x_p} = -i \\ \sigma^{\text{eff}} \dfrac{\partial \phi_s}{\partial x}\bigg|_{x=x_n} = 0, \quad \sigma^{\text{eff}} \dfrac{\partial \phi_s}{\partial x}\bigg|_{x=x_{\text{sep}}} = 0 \end{cases} \tag{8-43}$$

液相电势方程需要满足的边界条件为：

$$\begin{cases} k_{\text{eff}} \dfrac{\partial \phi_e}{\partial x}\bigg|_{x=x_n^-} = k_{\text{eff}} \dfrac{\partial \phi_e}{\partial x}\bigg|_{x=x_n^+}, \quad k_{\text{eff}} \dfrac{\partial \phi_e}{\partial x}\bigg|_{x=x_{\text{sep}}^-} = k_{\text{eff}} \dfrac{\partial \phi_e}{\partial x}\bigg|_{x=x_{\text{sep}}^+} \\ \phi_e\big|_{x=x_n^-} = \phi_e\big|_{x=x_n^+}, \quad \phi_e\big|_{x=x_{\text{sep}}^-} = \phi_e\big|_{x=x_{\text{sep}}^+} \end{cases} \tag{8-44}$$

液相电荷守恒方程需要满足的边界条件为：

$$\begin{cases} i_e\big|_{x=0} = 0, \quad i_e\big|_{x=x_p} = 0 \\ \dfrac{\partial i_e}{\partial x}\bigg|_{x=x_n} = 0, \quad \dfrac{\partial i_e}{\partial x}\bigg|_{x=x_{\text{sep}}} = 0 \end{cases} \tag{8-45}$$

固相电荷守恒方程需要满足的边界条件为：

$$\begin{cases} i_s\big|_{x=0} = i, \quad i_s\big|_{x=x_p} = i \\ \dfrac{\partial i_s}{\partial x}\bigg|_{x=x_n} = 0, \quad \dfrac{\partial i_s}{\partial x}\bigg|_{x=x_{\text{sep}}} = 0 \end{cases} \tag{8-46}$$

因可在宏观-细观多尺度条件下对电池进行建模分析且具有计算精度高等优势，P2D 模型自诞生以来得到了广泛的关注，其应用范围从单相材料（锰酸锂[LMO]和钴酸锂[LCO]）跨越到多相材料（磷酸铁锂[LFP]、镍钴锰三元[NCM]和镍钴铝三元[NCA]）。将 P2D 模型中的关键控制方程结合能斯特-普朗克方程（液相）或者菲克第二定律（固相）便可求解出液（固）相中的等效电流密度、电导率及扩散系数等参数[68,71]。该模型可以直接基于电池内部的微观结构变化（如颗粒浓度分布、电流电位分布等）及动力学过程评估电池的宏观性能（如不同工况下的充放电曲线）。1996 年，Newman 等[72]以 $Li_xC_6|Li_yMn_2O_4$ 电池为研究对象，分析了塑性聚合物电解质的界面电阻导致充放电过程中产生的电量损失。此外，Newman 等[72]还发展了一套由有限差分法推导而来的 BAND 程序用于求解 P2D 模型。之后研究者们又陆续发展出了有限元法[73]、有限差分法[74]、玻尔兹曼法[75]等各类方法，用于在不同简化条件下求解 P2D 模型。

值得注意的是，尽管 P2D 模型已大幅简化了电池的多尺度电化学耦合问题，然而其强非线性特征使得在实际计算过程中仍较为烦琐。为此，许多学者对其又做了进一步的简化。其中，Srinivasan 等[76]于 2002 年在 P2D 模型的基础上开发了一个锂离子电池二维热模型，被称为多项近似（PP）多孔电极模型。其关键特征在于保留了 P2D 模型中电解液相的物质守恒方程和电荷守恒方程，并将颗粒内的浓度分布简化为抛物线型。Ning 等[77]提出了单颗粒（SP）模型，结构如图 8-24 所示。该模型假设电极内任意活性颗粒均遵从相同的电化学过程，进而用一个单颗粒代表电极，实现对模型的大幅简化。P2D、PP 与 SP 三种模型的对比如表 8-3 所示。

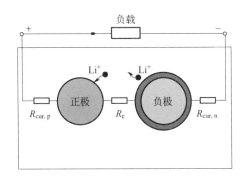

图 8-24 单粒子（SP）模型示意图[78]

表 8-3 不同电化学-热耦合模型的特点

电化学模型	共同点	不同点
P2D 模型	基于 B-V 方程描述锂离子的嵌入/脱出过程	考虑了离子在电极材料与电解液中的扩散过程，计算量大
PP 模型		简化了离子在电极材料中的扩散过程，计算量适中
SP 模型		未考虑离子在电解质中的浓度分布和液相电势分布，计算量最小

此外，研究者们还从不同的关注点出发，对经典的 P2D 模型进行了修正及补充。例如，考虑到锂离子浓度的损失和由电池厚度所导致的电势梯度问题，Kemper 等[79]改进传统的平均值模型，将 P2D 模型中的锂离子浓度在空间上的变化（特别是在电池区域边界处的变化）与电解质平均相结合，建立了一种电池系统的简化模型。具体来讲，其采用 P2D 稳态模型的代数方程，利用平均态估计锂离子浓度分布，而边界处的离子浓度则被用来计算电池电势。该模型在脉冲充电和恒流情况下都能显著提高计算精度，模拟结果的均方根误差都低于 0.5%。随后，其分别用 P2D、SP2D（简化的 P2D 模型）和 SPM（单颗粒模型）对 2C 恒流充电时的电位平台过电位进行了模拟，并设定最大的电压值（通常代表电池内的最极端值）为电压安全边界。结果发现，该模型除了可以单独预测上述电池电压变化外，还能预测电压平台，对电池管理系统有很大的帮助。在单独充电/放电过程中，P2D 模型和 SP2D 模型都有完整的充放电曲线，P2D 和 SP2D 模型均能产生两条不同电势线。相比之下，SPM 由于其假设过于简化，只能产生完全相同的结果。综上所述，SP2D 的预测结果与 P2D 相似，但 SPM 在预测电压时存在明显的滞后。在确保电池安全的同时，上述信息对于充分开发电池的潜力（例如最小化充电时间）十分关键。

在连续介质力学模型方面，式（8-10）给出了各向同性线弹性问题的控制方程。当模型进一步考虑大变形时，相应的平衡方程、几何方程、本构方程依次如下[69]：

$$\nabla \boldsymbol{S} = 0$$
$$\boldsymbol{\varepsilon} = \frac{1}{2}[(\nabla \boldsymbol{u})^T + \nabla \boldsymbol{u}] \tag{8-47}$$
$$\boldsymbol{S} = \boldsymbol{C} : (\boldsymbol{\varepsilon} - \boldsymbol{\varepsilon}_{\text{inel}})$$

式中，$\boldsymbol{S}$ 为第二类 Piola-Kirchhoff 应力；$\boldsymbol{\varepsilon}$ 为 Green-Lagrange 应变；$\boldsymbol{C}$ 为弹性张量；$\boldsymbol{\varepsilon}_{\text{inel}}$

为非弹性应变，包括锂化变形、热膨胀、塑性等。

在热生成和传热模型方面，由能量守恒方程有[80]：

$$\rho C_p \frac{\partial T}{\partial t} = \nabla \cdot (\lambda \nabla T) + \dot{q} \tag{8-48}$$

其中，ρ、C_p、T、λ 和 $\dot{q}$ 分别表示密度、比热容、温度、热导率和产热项，$\dot{q}$ 取决于电池产热来源，如本书第 2.11 节所述。

以上基于连续介质的电化学、力学、热学模型为电池多物理场的评估提供了数值模拟的基本理论框架和依据。其中，电化学模型既考虑了活性颗粒的固相锂扩散又考虑了电极沿厚度方向的电化学场方程，具有多尺度计算的特征。连续介质力学模型和热模型为通用模型，既可在由活性颗粒、导电剂、黏结剂等组成的细观结构展开，也可在将前述细观结构等效为均匀介质的宏观尺度展开。进行多尺度模拟时，往往通过对由前述细观结构组成的代表性体积单元进行机械加载，获取其等效力学特性并用于宏观尺度，以实现由细观到宏观的尺度跨越。将上述控制方程与实际电池的初始状态、物理力学边界条件相结合，即可用于相应电化学、力学、热学的仿真任务。需要注意的是，实际计算时，针对问题的不同特征，上述方程可以按顺序耦合或全耦合进行求解。

8.4.2　热场模拟

电池循环过程中的产热和热场分析是构建电池管理系统的关键内容。尽管前述基于连续介质理论的电化学-力学-热学模型已构成热分析的完整框架，然而受限于模型参数、计算效率等因素的影响，工程实际中的热分析往往是在误差可控的情况下进行简化解耦展开的[80]，包括单独的温度场模型、电化学-热学耦合模型和电化学-力学-热学全耦合模型。其中，电化学-热学耦合模型的应用场景最为广泛。

在单独温度场模拟方面，Spotnitz 等[81]使用加速量热法（accelerating rate calorimetry）对 18650 单体电池的热生成率进行了估计，随后通过忽略单体电池内的温度梯度，再基于简化的连续介质热模型模拟了由 8 节电池单体组成的电池包内各电池的温度演化情况。Jeon 等[82]对圆柱形锂离子电池进行了瞬态热分析，发现高放电倍率情况下的主要热源是焦耳热，而在低放电倍率下则为电池内部的电化学反应产热，电池结构及模拟结果如图 8-25 所示。计算中所用热源由焦耳热和熵改变引起，表示为：

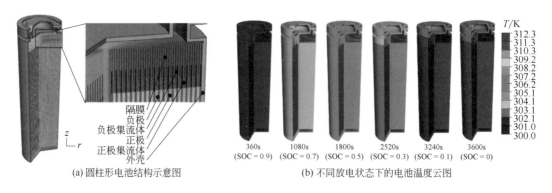

(a) 圆柱形电池结构示意图　　(b) 不同放电状态下的电池温度云图

图 8-25　圆柱形电池结构示意图及不同放电状态下的电池温度云图[82]

$$\dot{q} = \dot{q}_{\text{joule}} + \dot{q}_{\text{entropy}} = \frac{i^2}{\sigma} - T\Delta S \frac{i}{nF} \qquad (8\text{-}49)$$

$$\Delta S = -\frac{\partial \Delta G}{\partial T} = -nF \frac{\partial \Delta V^0}{\partial T}$$

式中，i 为电流密度；σ 为电导率；T 为温度；n 为化学反应相关的电荷数（charge number）；ΔS 为熵改变量；ΔG 和 ΔV^0 分别为 Gibbs 自由能和开路电压改变量。

李夔宁等[83]对结合热管及石墨烯材料的 48V 电池包结构在大倍率放电工况下的散热效果进行了评估。为此，他们研究了电池包的表面温度变化趋势、单体电池的表面温度均匀性，以及单体电池间的温度均衡性，得到了电池包的温度分布情况，见图 8-26（a）。可以看到，由于极耳的集流作用导致电池单体的正极耳温度明显高于其他部分，并与普通单体电池的温度分布一致。此外，热管温度由热端（左）到冷端（右）逐渐降低，冷热端最大温度差约 2.9℃，证实热管能在较小温差下实现热量的高速传导，见图 8-26（b）。图 8-26（c）为电池单体的温度分布，由下到上依次为电池 1~14。可以看出，所有电池在靠近热管结构的部分温度相对较低，远离热管结构的电池普遍温度较高，如电池 2、3、12、13。

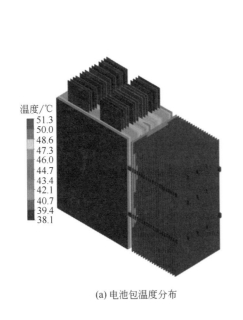

(a) 电池包温度分布

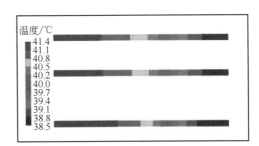

(b) 热管温度分布

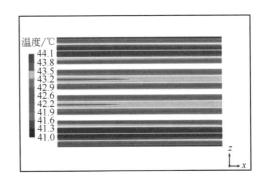

(c) 电池片温度分布

图 8-26 48V 电池包仿真结果[83]

在电化学-热耦合模拟方面，Zhang 等[84]研究了充电时间和温升权重系数对电池充电性能的影响，并提出了一种考虑极化的锂离子电池充电时间和温升优化策略。田华等[85]以正、负极材料分别为 $Li_yMn_2O_4$ 和 Li_xC_6 的层叠式锂离子电池为研究对象，建立了一维电化学-热耦合模型对电池工作过程中的产热现象进行分析。该模型将电化学过程中产生的热量作为热源导入传热模型中，据此计算出电芯的温度变化。最后再重新导入电化学模型中获得修正的电化学模型中受温度影响的参数。如图 8-27（a）和（b）所示，通过对比不同倍率下电池的模拟与实验测量放电曲线发现，放电倍率越大，模拟结果与实验值的误差越大，这是由于模型建模过程中假设内部温度一致，忽略了高度方向的电势差导致。此外，作者还利用该模型计算不同物理化学过程所产生的热量随时间的变化情况。图 8-27（c）和（d）展示了在 0.01C 和 1C 放电倍率下总生热功率和各组件生热功率（正极：pe；负极：ne；隔膜：sp）。通过对不同组件的生热功率比较可知，该电池在放电时产热的主要组件为负极。

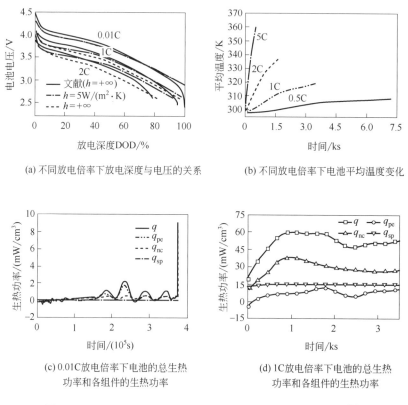

图 8-27 $Li_yMn_2O_4|Li_xC_6$ 层叠式锂离子电池产热现象分析[85]

为了进一步简化电化学-热耦合模型，提高计算效率，Fan 等[86]提出了一种降阶的多尺度、多维度（MSMD）模型，用于高效快速地模拟大型锂离子电池表面二维电化学-热分布。该模型的核心优势在于采用了基于 Galerkin 投影方法的解析降阶模型，节省了计算时间和成本，并最大限度地降低了计算复杂度。利用该模型他们研究发现，电芯中不同位置的长期不均匀利用是导致电池产热不均的主要原因。

目前在电化学-热学-力学全耦合模拟方面的工作不多，这是由于该类模型需要大量的计算参数且模型求解比较复杂。Duan 等[87]以简化的 18650 型卷绕结构为例，分析了电池恒流放电时的电化学和热行为，如图 8-28 所示。结果表明，忽略各组件之间的接触电阻会造成模拟温度低于实验值。

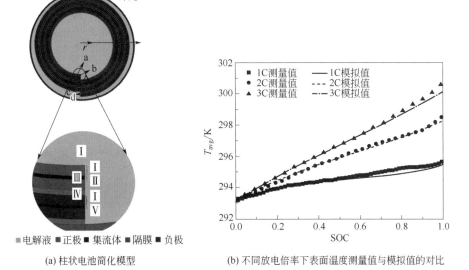

图 8-28 柱状电池简化模型及不同放电倍率下表面温度测量值与模拟值的对比[87]

8.4.3 荷电状态估计

电池管理的另外一个重要内容是对电池荷电状态（SOC）进行实时估计，以便判断电池的剩余电量。理论上，连续介质模型已搭建了完整的电池运行框架，所得 SOC 可作为电池管理系统设计的依据。然而，受计算效率的限制，工程上更多地仍在使用放电法、开路电压法、安时积分法、卡尔曼滤波法、神经网络法、等效电路法、库仑计数法等近似或经验型方法[88]。

值得关注的是，2021 年 Kuchly 等[89]借助神经网络高速计算的优势，发展了基于 P2D 模型的 SOC 神经网络算法。该模型融合了连续介质模型的理论优势和人工智能高效算法，实现了连续介质模型在电池实时特性预测上的突破。这种融合算法与实验值吻合很好，较传统的库仑计数法误差更低。此外，相较于卡尔曼滤波法，该方法过程简洁，更易于实施和校准，是一种非常适宜工程应用的方法。不过该工作仍有待完善，例如其使用了温度和电池老化的标称条件，且有着机器学习方法固有的可解释性差等缺陷。

8.4.4 电池容量特性计算

除温度场等因素外，连续介质多场耦合模型仿真还可针对电池关键电化学特性参数进行分析。其中，电池在不同工况下的实际容量特性对于电池操作规程的设计至关重要。杨东辉等[90]基于电化学-温度耦合建模对磷酸铁锂离子电池的容量特性进行了分析。1C 放电倍率下的仿真放电曲线与实际测试结果的对比情况如图 8-29（a）所示，仿真所得到的电池放电容量与实验值吻合良好。在电池设计过程中，利用这类模型可以在电池制作前对其放电曲线进行模拟，从而得到其容量和电压之间的规律，并据此设计电池结构，这将大大降低生产成本。

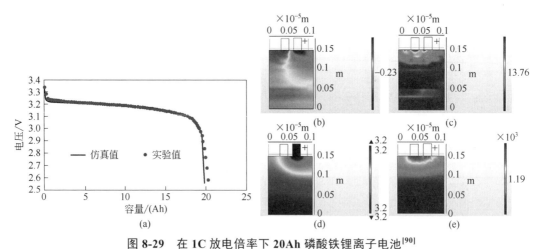

图 8-29 在 1C 放电倍率下 20Ah 磷酸铁锂离子电池[90]
（a）放电曲线仿真结果和实验结果的对比；（b）正负极之间的电势分布；（c）电流密度分布；
（d）极耳处的电势分布；（e）电解质盐浓度分布

类似地，Chen 等[91]通过构建锂离子电池模型并利用 COMSOL 有限元软件进行计算分析，探究了不同倍率及温度对电池放电曲线的影响。图 8-30（a）为该模型中所使用的夹层结构电化学模型，包括两个集流体、正极、负极和隔膜部件，其中电极为均匀球形活性颗粒组成的多孔结构。可以看到，在不同条件下所得的电压平台和放电容量的仿真结果与实验数据基本吻合 [图 8-30（b）和（c）]。其中，由仿真结果可知，在 1C 放电倍率下，随着放电过程的进行，锂离子在正负极的中心和电极-电解质的界面处出现极化现象，并且随放电过程的进行而增大。由此判断随着放电过程的进行，锂离子浓度极化作用对电池的电压影响较大。

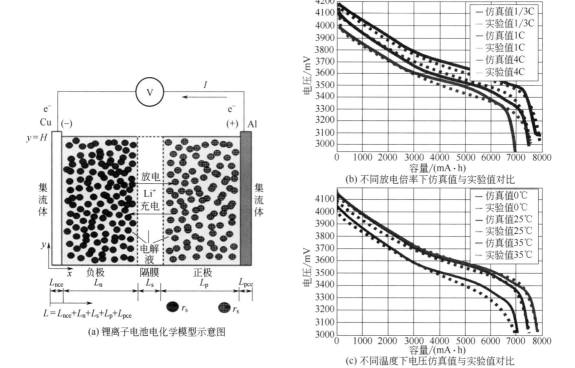

图 8-30 锂离子电池模型及 COMSOL 有限元软件计算分析结果[91]

8.4.5 电池阻抗监测技术

如前所述,电化学储能电池充放电过程涉及复杂的多尺度多物理场过程,其作为封闭电化学系统服役时通常的拆解探测往往会破坏原有工作场景,使得原位测量面临挑战。近二十年来,电化学阻抗谱因使用方便且可无损检测的优势,已被广泛用于研究嵌锂反应机理和容量衰减机制、测定相关电极过程动力学参数和荷电状态(SOC)与电池的健康状态(state of health, SOH),以及分析电池内阻等。鉴于其在电池在线检测方面的重要价值,本节将对这一技术进行简要介绍。

EIS 是以小振幅的正弦波电势(或电流)为扰动电信号使电极系统产生近似线性关系的响应,并通过测量电极系统在很宽频率范围内的阻抗(交流电势与电流信号的比值)来研究电极系统状态的方法。由于 EIS 测试过程中小幅度的交变信号不会使被测体系的状态发生改变,因而其可实现无损检测。从数值模拟的角度看,基于上述阻抗测试原理和前述 P2D 电化学模型,通过求解在交流信号微扰下单个电极(正极或负极)固相交流电势与液相交流电势的差与交流电流的比值,便可获得某个电极的阻抗,进而实现对阻抗谱的模拟计算。考虑到 P2D 模型由一组复杂的耦合非线性偏微分方程组成,当进一步考虑与 SEI 相关副反应时,其偏微分方程与主反应的偏微分方程相互耦合,求解过程较为复杂。因此,一般在建模过程中会忽略电极表面反应过程(即 SEI 的存在)。同时,因为 P2D 模型存在大量的可调参数,且忽略了活性材料颗粒粒径分布、多孔电极的细观几何等因素,因此数值仿真所得阻抗谱的各时间常数往往物理意义不明确,且存在与实验结果不一致的情况。从实验的角度看,对于工程中广泛使用的多孔电极通常被描述为两相多孔电极。主要的建模方式有两类。①宏观均一模型。该模型假定整个多孔体系是由空间互补的两个均匀的各向同性的连续介质组成,包括固相的电极基体和渗入孔中的电解液。模型中多孔电极的电导率和扩散系数等性质被视为固体介质和溶液的加权平均。②分散孔模型。该模型假定多孔电极是由彼此不相交联的许多单孔组合而成,宏观电流是所有单孔中电流的总和。两种模型相比,宏观均一模型因其更便于电化学工程应用而被广泛应用于化学电源的模拟。两种模型的详细推导见庄全超等[92]的工作。

Meyers 等[93]于 2000 年由单一嵌入化合物颗粒的阻抗模型入手,发展了宏观均一的多孔复合电极阻抗模型。该模型在阻抗测试中与实验结果匹配良好,目前被广泛用于阻抗谱的模拟。具体来讲,其建立的颗粒及多孔复合电极模型分别如图 8-31 (a)、(b) 所示。多孔电极的阻抗表示为:

$$Z = \frac{\widetilde{\phi}_1(L) - \widetilde{\phi}_2(L)}{I} = \frac{L}{\kappa + \sigma}\left[1 + \frac{2 + \left(\dfrac{\sigma}{\kappa} + \dfrac{\kappa}{\sigma}\right)\cosh v}{v\cosh v}\right] \tag{8-50}$$

式中,$v = \left(\dfrac{\kappa\sigma}{\kappa + \sigma}\right)^{-1/2}(\overline{aY})^{1/2}$;$L$ 为电极厚度;κ 和 σ 分别为电极固相和液相的电导率。$\overline{aY} = 4\pi\int_0^\infty N(r)Y(r)r^2\mathrm{d}r$,$N(r)$ 和 $Y(r)$ 分别表示粒径为 r 的颗粒的数目和该颗粒每单位表面

积的外向法向电流密度与固液相之间电压降的传递函数。Y 由半径为 r 的单颗粒模型给出，表示为：

$$Y = \frac{1}{\dfrac{R_{\mathrm{ct},1}+R_{\mathrm{part}}/Y_s}{1+j\omega C_{\mathrm{dl},1}(R_{\mathrm{ct},1}+R_{\mathrm{part}}/Y_s)}+R_{\mathrm{film}}+\dfrac{R_{\mathrm{ct},2}}{1+j\omega R_{\mathrm{ct},2}C_{\mathrm{dl},2}}} + j\omega C_{\mathrm{film}} \tag{8-51}$$

式中，ω 为角频率；j 为虚数单位；$R_{\mathrm{ct},1}$、$R_{\mathrm{ct},2}$、$C_{\mathrm{dl},1}$、$C_{\mathrm{dl},2}$ 等参数为图 8-31（a）球形单颗粒等效电路参数，实际计算时通过拟合式（8-50）获得。

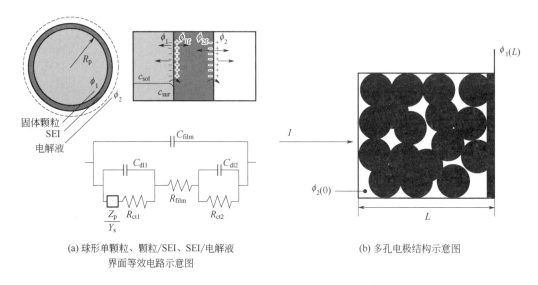

(a) 球形单颗粒、颗粒/SEI、SEI/电解液
界面等效电路示意图

(b) 多孔电极结构示意图

图 8-31　颗粒及多孔复合电极模型示意图[93]

然而需要指出的是，EIS 在实际应用中还面临一些问题。首先，EIS 谱特征通常由半圆和斜线两个基本元素组成，很多不同的物理化学过程或一个复杂过程的不同步骤在 EIS 中往往具有相似的谱特征，这使得对测试结果的解释具有不确定性。其次，当时间常数相近时，不同的物理化学过程或一个复杂过程的不同步骤的 EIS 谱特征可能会相互重合，成为一个谱特征，导致对与电极反应相关的复合阻抗谱的解释比较困难。再次，电极因其复杂的多孔结构特征，EIS 测试结果不仅受到活性材料本身性质（结构和颗粒大小等）的影响，也受到电极制备工艺、实验条件（电解池结构以及对电极和参比电极的种类、位置、几何形状等）等的影响，从而导致基于不同实验方案得到的实验结果之间的可比性较差。此外，EIS 在高频谱和低频谱测试中依然存在一些硬件方面的技术难题。例如，低频谱测试时间较长、仪器测试精度不高。同时，运用等效电路处理 EIS 谱数据时，需预先假定电化学过程的反应机制，而为阐明上述各种因素对 EIS 谱特征的影响，还需要建立能够合理准确解释嵌入化合物电极阻抗行为的可靠全面的数学模型。尽管如此，经过 20 多年的发展，EIS 已经成为锂离子电池研究领域内一个不可或缺的分析手段。考虑到目前 EIS 作为一种测试方法在电池工业化生产中直接获得应用的报道还不多，这方面工作应该是未来的一个重要发展方向[92]。

8.5 基于均匀化方法的快速建模与仿真

商用可充电电池通常由多种电池组件经堆叠或卷绕复杂组装而成。除前述电极、隔膜等基础部件外，还有外壳、端盖、复合材料结构件等多种装配附属结构。对其进行详细建模必须克服至少 3 个数量级的长度尺度差异。基于连续介质理论的建模方法虽然已对电池结构进行了大幅简化处理，然而其在更大规模电池结构的性能模拟方面（尤其是抗冲击、破坏等力学性能）仍需耗费大量的计算时间，并需要广泛的实验材料参数来校准每个单独组件的各项性能指标。因此，有必要进一步将电池多层、单体或模组等宏观结构视为整体材料并提出均匀化建模方法。利用该方法有望在有限元计算中允许更粗的网格尺寸，因而可大幅度提高计算效率。

恰当的本构模型对准确研究均匀化电池材料的力学响应具有重要意义。与其他材料或结构相比，商用锂离子电池具有以下四个特殊的力学响应行为[94]：①拉伸和压缩的力学响应差异较大；②电池受压后发生致密化，硬化速率迅速增加；③整体呈各向异性；④压缩载荷会诱发剪切带和断裂。恰当的本构模型应尽可能地涵盖上述力学现象。基于此，研究者提出了如下模型：

(1) 可压碎泡沫模型（crushable foam model）

该模型可模拟材料的拉-压缩不对称响应、压缩载荷下的致密化现象，是目前为止用于模拟均质电池单元力学响应最多的模型，被广泛用来研究电池整体的力学行为。该模型所用屈服函数为[95]：

$$F = \sqrt{\sigma_m^2 + \alpha \left(p - \frac{p_c(\varepsilon_{vol}^{pl}) - p_t}{2} \right)^2} - \alpha \frac{p_c(\varepsilon_{vol}^{pl}) + p_t}{2} = 0 \quad (8\text{-}52)$$

式中，σ_m 为冯·米塞斯应力；p 为压力；p_c 和 p_t 分别为静压屈服强度和拉伸屈服强度；$\alpha = 3k/\sqrt{(3k_t + k)(3-k)}$，其中 $k = \sigma_c^0/p_c^0$，$k_t = p_t/p_c^0$。硬化函数 $p_c(\varepsilon_{vol}^{pl})$ 有如下形式：

$$p_c(\varepsilon_{vol}^{pl}) = \frac{\sigma_c(\varepsilon_{axial}^{pl}) \left[\sigma_c(\varepsilon_{axial}^{pl}) \left(\frac{1}{\alpha^2} + \frac{1}{9} \right) + \frac{p_t}{3} \right]}{p_t + \sigma_c(\varepsilon_{axial}^{pl})/3} \quad (8\text{-}53)$$

式中，ε_{vol}^{pl} 和 ε_{axial}^{pl} 分别为体积和单轴塑性应变。

以该模型为基础，Zhang 等[95]对电池在三点弯曲和横力弯曲下的载荷-位移响应进行了实验和理论分析。图 8-32 中横力弯曲下的仿真与实验结果对比表明，可压碎泡沫模型所得结果与实验吻合良好，显示出模型在大规模电池结构力学模拟方面的应用潜力。

(2) 蜂窝模型（honeycomb model）

该模型除了可以模拟材料致密化和压力依赖性外，还可模拟材料各向异性行为。商用有限元软件 LS-DYNA 中已内置了该模型，极大地提高了其使用的便捷性[94]。Zhang 等[96]利用该模型对电极受钝压时的失效模式进行了分析。模型很好地描述了实验时初始阶段的逐渐硬化响应、损伤起始引起的软化和由于损伤区累积而导致的应力下降现象（图 8-33）。

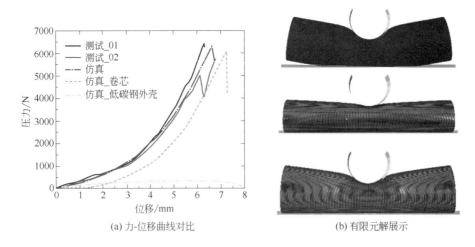

(a) 力-位移曲线对比　　(b) 有限元解展示

图 8-32　可压碎泡沫模型理论与实验结果对比情况[95]

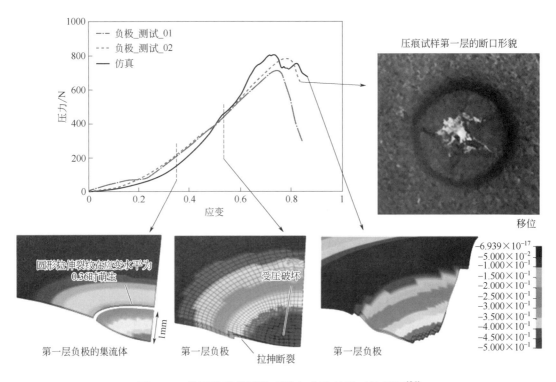

图 8-33　基于蜂窝模型的理论与实验结果对比情况[96]

（3）Gurson 模型（Gurson model）

该模型非常适于预测裂纹的形核和扩展，但受理论模型的限制，其要求电极孔隙率低于 10%。但实际孔隙率通常达到 30% ~ 40%，导致该模型的适用性受到限制[83]。

8.6 展望

本章概述了电化学储能电池由颗粒到宏观结构的多尺度多物理场建模方法与部分仿真结果。模型部分涵盖了对主要理论框架的介绍，并对模型间的关联及部分模型的适用范围进行了阐述。尽管经过多年发展，建模与仿真已取得了长足进步，并在许多方面指导电池设计和优化。然而，这其中仍有许多问题亟待解决。例如：

① 通过数值模拟降低电池材料服役时的破坏风险是电池建模和仿真的研究目的之一。然而电池材料（尤其是活性材料）的强度数据目前还非常有限，这极大地影响了强度分析的有效性。

② 对冲击、刺穿等极端工况下电池的安全性分析需要有效的连续介质或均匀化简化建模方法，然而等效过程中不同电极层之间的接触条件（如接触压力、黏附、摩擦等）如何处理尚缺乏相关研究。

③ 电芯尺度的建模涉及电池的结构信息（如模组、电池包结构），计算模型在很大程度上依赖于实际的工业结构设计，因此电池建模和仿真亟待相关企业的直接参与。

④ 由于电池组成结构异常复杂，解决不同尺度下所获得的计算参数相互印证和传递障碍，改进多尺度多物理场模型，并由此提升理论模型在电化学储能中的仿真精度和应用价值仍是业界积极探索的关键课题。而软件方面，基于有限元法的商用软件COMSOL，因其在多物理场计算方面的独特优势已广泛应用于电化学储能领域，并发展出了若干专用电化学模块。然而，受复杂国际环境影响，国产专用软件的发展和替代工作值得重视。

参考文献

[1] Sauerteig D, Hanselmann N, Arzberger A, et al. Electrochemical-mechanical coupled modeling and parameterization of swelling and ionic transport in lithium-ion batteries [J]. J Power Sources, 2018, 378: 235-247.

[2] Abraham D P, Dees D W, Knuth J, et al. Diagnostic examination of generation 2 lithium-ion cells and assessment of performance degradation mechanisms [R]. Argonne National Laboratory Report, 2005.

[3] Zhao Y, Stein P, Bai Y, et al. A review on modeling of electro-chemo-mechanics in lithium-ion batteries [J]. J Power Sources, 2019, 413: 259-283.

[4] Malavé V, Berger J R, Zhu H Y, et al. A computational model of the mechanical behavior within reconstructed Li_xCoO_2 Li-ion battery cathode particles [J]. Electrochim Acta, 2014, 130: 707-717.

[5] Mendoza H, Roberts S A, Brunini V E, et al. Mechanical and electrochemical response of a $LiCoO_2$ cathode using reconstructed microstructures [J]. Electrochim Acta, 2016, 190: 1-15.

[6] 贺耀龙. 锂离子电池电极应力与固态聚合物电解质的离子输运性能研究 [D]. 上海：上海大学，2014.

[7] Cheng Y T, Verbrugge M W. Evolution of stress within a spherical insertion electrode particle under potentiostatic and galvanostatic operation [J]. J Power Sources, 2009, 190 (2): 453-460.

[8] Yang B, He Y P, Irsa J, et al. Effects of composition-dependent modulus, finite concentration and boundary constraint on Li-ion diffusion and stresses in a bilayer Cu-coated Si nano-anode [J]. J Power Sources, 2012, 204:

168-176.

[9] Larché F C, Cahn J W. The interactions of composition and stress in crystalline solids [J]. J Res Natl Bur Stand, 1984, 89 (6): 467-500.

[10] Shenoy V B, P Johari, Qi Y. Elastic softening of amorphous and crystalline Li-Si phases with increasing Li concentration: a first-principles study [J]. J Power Sources, 2010, 195 (19): 6825-6830.

[11] Qi Y, Guo H B, Hector L G, et al. Threefold increase in the young's modulus of graphite negative electrode during lithium intercalation [J]. J Electrochem Soc, 2010, 157: A558-A566.

[12] Zhang X, Shyy W, Sastry A M. Numerical simulation of intercalation induced stress in li-ion battery electrode particles [J]. J Electrochem Soc, 2007, 154: A910-A916.

[13] Gao Y F, Zhou M. Strong stress-enhanced diffusion in amorphous lithium alloy nanowire electrodes [J]. J Appl Phys, 2011, 109 (1): 3759.

[14] 徐芝纶. 弹性力学 [M]. 5版. 北京: 高等教育出版社, 2016.

[15] 王仁, 黄文彬, 黄筑平. 塑性力学引论 [M]. 修订版. 北京: 北京大学出版社, 1992.

[16] 赵亚溥. 近代连续介质力学 [M]. 北京: 科学出版社, 2016.

[17] Huttin M, Kamlah M. Phase-field modeling of stress generation in electrode particles of lithium ion batteries [J]. Appl Phys Lett, 2012, 101 (13): A137.

[18] He Y Y, Hu H J, Huang D W. Effects of stoichiometric maximum concentration on lithium diffusion and stress within an insertion electrode particle [J]. Mater Des, 2016, 92: 438-444.

[19] Deshpande R, Qi Y, Cheng Y T. Effects of concentration-dependent elastic modulus on diffusion-induced stresses for battery applications [J]. J Electrochem Soc, 2015, 157 (8): A967-A971.

[20] Zhao K J, Pharr M, Ca S Q, et al. Large Plastic deformation in high-capacity lithium-ion batteries caused by charge and discharge [J]. J Am Ceram Soc, 2011, 94: S226-S235.

[21] Sarkar A, Shrotriya P, Chandra A. Simulation-driven selection of electrode materials based on mechanical performance for lithium-ion battery [J]. Materials 2019, 12 (5): 831.

[22] Takahashi K, Higa K, Mair S, et al. Mechanical degradation of graphite/PVDF composite electrodes: A model-experimental study [J]. J Electrochem Soc, 2016, 163 (3): A385-A395.

[23] Singh G, Bhandakkar T K. Analytical investigation of binder's role on the diffusion induced stresses in lithium ion battery through a representative system of spherical isolated electrode Particle Enclosed by Binder [J]. J Electrochem Soc, 2017, 164 (4): A608-A621.

[24] Higa K, Srinivasan V. Stress and strain in silicon electrode models [C]. ECS Meeting, 2015.

[25] Lee S J, Yang J, Lu W. Debonding at the interface between active particles and PVDF binder in Li-ion batteries [J]. Extreme Mech Lett, 2016, 6: 37-44.

[26] Tokranov A, Sheldon B W, Lu P, et al. The origin of stress in the solid electrolyte interphase on carbon electrodes for Li ion batteries [J]. J Electrochem Soc, 2013, 161 (1): A58-A65.

[27] He Y L, Hu H J, Zhang K F, et al. Mechanical insights into the stability of heterogeneous solid electrolyte interphase on an electrode particle [J]. J Mater Sci, 2017, 52 (5): 2836-2848.

[28] Peng K H, He Y L, Hu H J, et al. Mechanical integrity of conductive carbon-black-filled aqueous polymer binder in composite electrode for lithium-ion battery [J]. Polymers, 2020, 12 (7): 1460.

[29] Hu H J, Tao B, He Y L, et al. Effect of conductive carbon black on mechanical properties of aqueous polymer binders for secondary battery electrode [J]. Polymers, 2019, 11 (9): 1500.

[30] Rahani E K, Shenoy V B. Role of plastic deformation of binder on stress evolution during charging and discharging in lithium-ion battery negative electrodes [J]. J Electrochem Soc, 2013, 160 (8): A1153-A1162.

[31] Lu B, Ning C Q, Shi D X, et al. Review on electrode-level fracture in lithium-ion batteries [J]. Chin Phys B, 2020, 29 (2): 026201.

[32] Harreus A L, Backes R, Eichler J O, et al. N-methyl-2-pyrrolidone [M]. Ullmann's Encyclopedia of Industrial Chemistry, Wiley, 2011.

[33] Müller M, Pfaffmann L, Jaiser S, et al. Investigation of binder distribution in graphite anodes for lithium-ion batteries [J]. J Power Sources, 2017, 340: 1-5.

[34] Li C C, Wang Y W. Binder distributions in water-based and organic-based $LiCoO_2$ electrode sheets and their effects on cell performance [J]. J Electrochem Soc, 2011, 158 (12): A1361-A1370.

[35] Hagiwara H, Suszynski W J, Francis L F. A Raman spectroscopic method to find binder distribution in electrodes during drying [J]. J Coat Technol Res, 2014, 11 (1): 11-17.

[36] Font F, Protas B, Richardson G, et al. Binder migration during drying of lithium-ion battery electrodes: modelling and comparison to experiment [J]. J Power Sources, 2018, 393: 177-185.

[37] Zhu Z Q, He Y L, Hu H J. Role of heterogeneous inactive component distribution induced by drying process on the mechanical integrity of composite electrode during electrochemical operation [J]. J Phys D, 2021, 54 (5): 055503.

[38] Nikpour M, Mazzeo B A, Wheeler D R. A model for investigating sources of Li-ion battery electrode heterogeneity: Part Ⅱ. Active Material Size, Shape, Orientation, and Stiffness [J]. J Electrochem Soc, 2021, 168 (12): 120518.

[39] Baunach M, Jaiser S, Schmelzle S, et al. Delamination behavior of lithium-ion battery anodes: Influence of drying temperature during electrode processing [J]. Dry Technol, 2016, 34 (4): 462-473.

[40] Westphal B, Bockholt H, Gunther T, et al. Influence of convective drying parameters on electrode performance and physical electrode properties [J]. ECS Trans, 2015, 64 (22): 57-68.

[41] Kim K, Byun S, Choi J, et al. Elucidating the polymeric binder distribution within lithium-ion battery electrodes using SAICAS [J]. Chemphyschem, 2018, 19 (13): 1627-1634.

[42] Jaiser S, Salach N S, Baunach M, et al. Impact of drying conditions and wet film properties on adhesion and film solidification of lithium-ion battery anodes [J]. Dry Technol, 2017, 35 (15): 1807-1817.

[43] Westphal B G, Kwade A. Critical electrode properties and drying conditions causing component segregation in graphitic anodes for lithium-ion batteries [J]. J Energy Storage, 2018, 18: 509-517.

[44] Stein M, Mistry A, Mukherjee P P. Mechanistic understanding of the role of evaporation in electrode processing [J]. J Electrochem Soc, 2017, 164 (7): A1616-A1627.

[45] Morasch R, Landesfeind J, Suthar B, et al. Detection of binder gradients using impedance spectroscopy and their influence on the tortuosity of Li-ion battery graphite electrodes [J]. J Electrochem Soc, 2018, 165 (14): A3459-A3467.

[46] Zhang J Q, Bo L, Song Y C, et al. Diffusion induced stress in layered Li-ion battery electrode plates [J]. J Power Sources, 2012, 209: 220-227.

[47] He Y L, Hu H J, Song Y C, et al. Effects of concentration-dependent elastic modulus on the diffusion of lithium ions and diffusion induced stress in layered battery electrodes [J]. J Power Sources, 2014, 248: 517-523.

[48] Song Y C, Shao X J, Guo Z S, et al. Role of material properties and mechanical constraint on stress-assisted diffusion in plate electrodes of lithium ion batteries [J]. J Phys D: Appl Phys, 2013, 46 (10): 105307.

[49] Gao Y, Jiang J C, Zhang C D, et al. Lithium-ion battery aging mechanisms and life model under different charging stresses [J]. J Power Sources, 2017, 356: 103-114.

[50] Gao E Y, Lu B, Zhao Y F, et al. Stress-regulated protocols for fast charging and long cycle life in lithium-ion batteries: modeling and experiments [J]. J Electrochem Soc, 2021, 168: 060549.

[51] Lu B, Zhao Y F, Song Y C, et al. Stress-limited fast charging methods with time-varying current in lithium-ion batteries [J]. Electrochim Acta, 2018, 288: 144-152.

[52] Li Y, Lu B, Guo B K, et al. Partial lithiation strategies for suppressing degradation of silicon composite electrodes [J]. Electrochim Acta, 2019, 295: 778-786.

[53] Lu B, Song Y C, Zhang J Q, et al. Selection of charge methods for lithium ion batteries by considering diffusion induced stress and charge time [J]. J Power Sources, 2016, 320: 104-110.

[54] Soni S K, Sheldon B W, Xiao X, et al. Thickness effects on the lithiation of amorphous silicon thin films [J]. Scripta Mater, 2011, 64 (4): 307-310.

[55] Xie H M, Qiu W, Song H B, et al. In Situ measurement of the deformation and elastic modulus evolution in Si composite electrodes during electrochemical lithiation and delithiation [J]. J Electrochem Soc, 2016, 163 (13): A2685-A2690.

[56] Fang R Q, Li Z. A modeling framework of electrochemo-mechanics of lithium-ion battery: part II. porous electrodes with contact stress effect [J]. J Electrochem Soc, 2022, 169 (9): 090515.

[57] Beaulieu L Y, Eberman K W, Turner R L, et al. Colossal reversible volume changes in lithium alloys [J]. Electrochem. Solid-State Lett, 2001, 4 (9): A137-A140.

[58] Hatchard T D, Dahn J R. In Situ XRD and electrochemical study of the reaction of lithium with amorphous silicon [J]. J Electrochem Soc, 2004, 151 (6): A838-A842.

[59] Lu B, Song Y C, Guo Z S, et al. Analysis of delamination in thin film electrodes under galvanostatic and potentiostatic operations with Li-ion diffusion from edge [J]. Acta Mech Sin, 2013, 29 (3): 348-356.

[60] Lu B, Zhao Y F, Song Y C, et al. Analytical model on lithiation-induced interfacial debonding of an active layer from a rigid substrate [J]. J Appl Mech, 2016, 83 (12): 121009.

[61] Zhang X Y, Hao F, Chen H S, et al. Diffusion-induced stress and delamination of layered electrode plates with composition-gradient [J]. Mech Mater, 2015, 91: 351-362.

[62] Liu M, Gao C H, Yang F Q. Analysis of diffusion-induced delamination of an elastic-perfectly plastic film on a deformable substrate under potentiostatic operation [J]. Modelling Simul Mater Sci Eng, 2017, 25 (6): 065019.

[63] Guo K, Tamirisa P A, Sheldon B W, et al. Pop-up delamination of electrodes in solid-state batteries [J]. J Electrochem Soc, 2018, 165 (3): A618-A625.

[64] Bhandakkar T K, Johnson H T. Diffusion induced stresses in buckling battery electrodes [J]. J Mech Phys Solids, 2012, 60 (6): 1103-1121.

[65] Xia Y, Wierzbicki T, Sahraei E, et al. Damage of cells and battery packs due to ground impact [J]. J Power

Sources, 2014, 267: 78-97.

[66] Ali M Y, Lai W J, Pan J. Computational models for simulations of lithium-ion battery cells under constrained compression tests [J]. J Power Sources, 2013, 242: 325-340.

[67] Zhu Z Q, Hu H J, He Y L, et al. Buckling analysis and control of layered electrode structure at finite deformation [J]. Compos Struct, 2018, 204: 822-830.

[68] Doyle M, Fuller T F, Newman J. Modeling of galvanostatic charge and discharge of the lithium/polymer/insertion cell [J]. J Electrochem Soc, 1993, 140 (6): 1526-1526.

[69] de Vasconcelos L S, Xu R, Xu Z R, et al. Chemomechanics of rechargeable batteries: status, theories, and perspectives [J]. Chem Rev, 2022, 122 (15): 13043-13107.

[70] 庞辉. 基于电化学模型的锂离子电池多尺度建模及其简化方法 [J]. 物理学报, 2017, 66 (23): 312-322.

[71] Doyle M, Meyers J P, Newman J. Computer simulations of the impedance response of lithium rechargeable batteries [J]. J Electrochem Soc, 2000, 147 (1): 99-110.

[72] Doyle M, Newman J, Gozdz A S, et al. Comparison of modeling predictions with experimental data from plastic lithium ion cells [J]. J Electrochem Soc, 1996, 143 (6): 1890-1903.

[73] Bermejo R. Numerical analysis of a finite element formulation of the P2D model for Lithium-ion cells [J]. Numerische Mathematik 2021, 149 (3): 463-505.

[74] Geng Z Y, Wang S Y, Lacey M J, et al. Bridging physics-based and equivalent circuit models for lithium-ion batteries [J]. Electrochim Acta, 2021, 372: 137829.

[75] Jiang Z Y, Qu Z G, Zhou L, et al. A microscopic investigation of ion and electron transport in lithium-ion battery porous electrodes using the lattice Boltzmann method [J]. Appl Energy, 2017, 194: 530-539.

[76] Srinivasan V, Wang C Y. Analysis of electrochemical and thermal behavior of Li-ion cells [J]. J. Electrochem Soc, 2002, 150 (1): A98-A109.

[77] Ning G, Popov B N. Cycle Life modeling of lithium-ion batteries [J]. J Electrochem Soc, 2004, 151 (10): A1584-A1591.

[78] Wang X Y, Wei X Z, Zhu J G, et al. A review of modeling, acquisition, and application of lithium-ion battery impedance for onboard battery management [J]. eTransportation, 2021, 7: 100093.

[79] Kemper P, Li S E, Kum D, et al. Simplification of pseudo two dimensional battery model using dynamic profile of lithium concentration [J]. J Power Sources, 2015, 286: 510-525.

[80] 杜江龙, 林伊婷, 杨雯棋, 等. 模拟仿真在锂离子电池热安全设计中的应用 [J]. 储能科学与技术, 2022, 11 (3): 866-877.

[81] Spotnitz R M, Weaver J, Yeduvaka G. Simulation of abuse tolerance of lithium-ion battery packs [J]. J Power Sources, 2007, 163 (2): 1080-1086.

[82] Jeon D H, Baek S M. Thermal modeling of cylindrical lithium ion battery during discharge cycle [J]. Energy Convers Manage, 2011, 52 (8-9): 2973-2981.

[83] 李夔宁, 何铖, 谢翌, 等. 大倍率放电工况下48V软包电池包的热管理 [J]. 储能科学与技术, 2021, 10 (2): 679-688.

[84] Zhang C P, Jiang J C, Gao Y, et al. Charging optimization in lithium-ion batteries based on temperature rise and charge time [J]. Appl Energy, 2017, 194: 569-577.

[85] 田华, 王伟光, 舒歌群, 等. 基于多尺度、电化学-热耦合模型的锂离子电池生热特性分析[J]. 天津大学学报: 自然科学与工程技术版, 2016, 49(7): 734-741.

[86] Fan G D, Pan K, Storti G L, et al. A reduced-order multi-scale, multi-dimensional model for performance prediction of large-format Li-ion cells[J]. J Electrochem Soc, 2016, 164(2): A252-A264.

[87] Duan X T, Jiang W J, Zou Y L, et al. A coupled electrochemical-thermal-mechanical model for spiral-wound Li-ion batteries[J]. J Mater Sci, 2018, 53: 10987-11001.

[88] 董伟. 电动汽车动力电池管理系统设计[J]. 现代制造技术与装备, 2022, 58(4): 55-57.

[89] Kuchly J, Goussian A, Merveillaut M, et al. Li-ion battery SOC estimation method using a neural network trained with data generated by a P2D model[J]. IFAC-PapersOnLine, 2021, 54(10): 336-343.

[90] 杨东辉, 吴贤章, 王羽平, 等. 锂离子电池电化学仿真技术综述[J]. 储能科学与技术, 2021, 10(3): 1060-1070.

[91] Chen Y, Huo W W, Lin M Y, et al. Simulation of electrochemical behavior in Lithium ion battery during discharge process[J]. PLoS ONE, 2018, 13(1): e0189757.

[92] 庄全超, 杨梓, 张蕾, 等. 锂离子电池的电化学阻抗谱分析[J]. 化学进展 2020, 32(6): 761-791.

[93] Meyers J P, Doyle M, Darling R M, et al. The impedance response of a porous electrode composed of intercalation particles[J]. J Electrochem Soc, 2000, 147(8): 1.

[94] Zhu J, Wierzbicki T, Li W. A review of safety-focused mechanical modeling of commercial lithium-ion batteries[J]. J Power Sources, 2018, 378: 153-168.

[95] Zhang X W, Wierzbicki T. Characterization of plasticity and fracture of shell casing of lithium-ion cylindrical battery[J]. J Power Sources, 2015, 280: 47-56.

[96] Zhang C, Xu J, Cao L, et al. Constitutive behavior and progressive mechanical failure of electrodes in lithium-ion batteries[J]. J Power Sources, 2017, 357: 126-137.

第9章 电化学储能中的老化研究

9.1 老化概述

如第 1 章所述，电化学储能器件在使用过程中会发生不同程度的老化，造成其整体性能衰减并最终导致功能性失效。深入理解电化学储能材料及器件的老化机制与失效机理，对研发高性能、长寿命储能器件具有重要意义。老化在宏观性能上主要表现为电池容量衰减和循环寿命降低。其中，电池容量衰减又分为可逆容量衰减和不可逆容量衰减[1]。根据使用状态的不同，电池的老化可以分为存储老化和循环老化。存储老化是指电池在一定的荷电状态和温度下储存时，其性能随存储时间延长而降低的现象。存储时电池外电路无电流通过，造成老化的原因主要为内部副反应引起的活性材料损失及非活性材料的物理力学性能退化[2]。循环老化是指电池在循环充放电时，电池容量随循环次数/时间增加而降低的现象。与存储老化不同，电池在循环使用时经历了复杂的电化学-力学-热学循环过程，其间除发生副反应外，还伴有被热学与力学过程加剧的材料变形和疲劳损伤，其电池衰退机理通常较存储老化情形复杂。总体而言，电池老化在实际的电池存储与循环过程中均会发生，且受实际服役历程的影响，两者可能还存在累积效应。

9.2 老化机理简介

9.2.1 储存老化

影响电池存储老化的主要因素有电压、温度、荷电状态（state of charge, SOC）等[3, 4]。从组成材料的角度看，储存老化的诱因主要可分为活性材料消耗和非活性材料老化两部分[5]。

9.2.1.1 活性材料消耗

存储老化过程中，因电极材料与电解液反应而引起的活性物质消耗是存储老化的主要研究对象[5]。正、负极活性材料在电极表面与电解液反应所形成的界面膜分别称为阴极电解质膜（cathode electrolyte interface，CEI）和固态电解质膜（solid electrolyte interface，SEI）[6]。SEI的概念最早由Peled[7]提出，而CEI是Tarascon和Guyomard[8]在寻找可匹配高压正极材料的电解质时发现的。虽然两者在形成机理、成分、结构、离子输运性质方面均存在一定差异，但其形成后均有利于阻止界面处副反应继续发生，从而发挥保护电极内部活性材料的作用[9,10]。尽管如此，CEI和SEI的形成和生长均不可避免地消耗了一部分活性材料，导致电池容量的下降。同时，其形成和生长还引起电池阻抗的增加，导致电池功率下降。鉴于此，通过调节电解质成分和浓度以设计结构更致密的CEI与SEI结构，有望减弱上述副反应，以减少活性物质的损耗。例如，Wang等[11]基于密度泛函理论研究发现，低浓度碳酸乙烯酯（EC）在负极活性物质表面还原生成的中间态产物因具有较高的稳定性而有利于致密SEI的生成，这为减缓活性物质老化提供了有益的借鉴。值得注意的是，电池在循环和存储过程中，正极较小的锂化变形使其相比负极通常具有较高的机械稳定性。由此，负极SEI破坏及再生长造成的活性材料损失尤其需要关注[12,13]。

9.2.1.2 非活性材料老化

复杂电池系统的综合性能是其内部各组分协同作用的结果。存储过程中，除活性物质消耗外，电解质分解、电极添加剂衰退等非活性组分的老化也对电池性能有一定的影响。

（1）电解质分解

Araki等[14]对以$LiMn_{1.7}Al_{0.3}O_4$为正极材料的锂二次电池在50~75℃存储时的电池性能进行了研究。实验每隔13天进行一次，分别测试电池充放电容量、阻抗和电极表面傅里叶红外光谱等信息。研究发现，老化后的电池负极表面存在从正极脱离出来的Mn和从$LiPF_6$中分解出的组分，说明在存储过程中正极Mn的脱离和电解质的分解是这类电池老化的原因之一。其主要反应归结为：

对电解液：

$$EC \longrightarrow [(CH_2CH_2O)_m COO]_n + CO_2$$

$$EC \longrightarrow LiOCOOCH_2CH_2OCOOLi$$

对$LiPF_6$：

$$LiPF_6 \longrightarrow LiF \downarrow + PF_5 \uparrow$$

$$PF_5 + H_2O \longrightarrow 2HF + POF_3$$

HF引起正极Mn脱离：

$$2LiMn_2O_4 + 4H^+ \longrightarrow 3MnO_2 + Mn^{2+} + 2Li^+ + 2H_2O$$

（2）电极添加剂衰退

为保证储能材料更好地工作，通常会在电池中添加如黏结剂、导电剂等添加剂。例如，添加导电剂（或电极表面包覆的导电材料）可有效提升电极的电子传导效率。然而，在储存工况下其分散性能逐渐变差，容易造成电极颗粒之间导电通路减少，最终导致电池容量衰减及内阻增大；多孔电极的制备通常会加入黏结剂，使得活性物质与导电剂一起均匀、牢固地黏附在集流体上，从而保证多孔电极具有一定孔隙率与结构稳定性，但长时间的化学腐蚀可能会使黏结剂和集流体接触失效，进而增加电池内阻。此外，电解液造成的集流体腐蚀会引起电池阻抗增加、电流不均匀分布并加剧其他老化进程。

9.2.2 循环老化

在温和循环条件（如低温、小电流）下，电池循环老化衰减机理与电池储存情形类似，但电池循环时的不可逆容量损失通常大于储存工况。这是因为电流、温度、活性材料变形等因素都会加剧活性材料损失和非活性材料老化进程。此外，正极材料在循环引起的高温下还易发生溶解和结构转变等材料老化现象，而活性材料变形引起的内应力也会在材料和结构中诱发微裂纹或界面分层，导致进一步的副反应及接触点损失[15, 16]。电池各组件在循环工况下的主要老化机理如图 9-1 所示。本节将阐述循环服役时电化学储能材料与器件的老化过程，着重阐述循环老化时活性材料消耗和电极结构不可逆变形的重要影响。

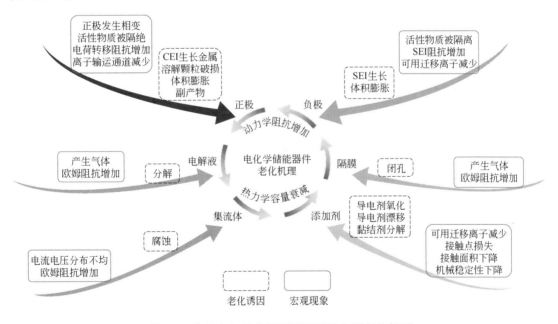

图 9-1 电池各组件在循环工况下的主要老化机理

9.2.2.1 活性材料消耗

如前所述，负极和正极与电解质界面会发生消耗活性物质并分别形成SEI和CEI的副反应。在循环服役时，随着电压、电流以及离子迁移的参与，上述副反应将变得更为复杂。SEI和CEI的组分和厚度通常随循环过程动态变化，其在循环工况下的生长和结构演化导致电池性能进一步衰减。例如，Yang等[17]发现当SEI增长到一定厚度后，易使得循环过程中电极表面出现锂沉积现象，从而降低了电极孔隙率，导致电池循环性能恶化，如图9-2所示。

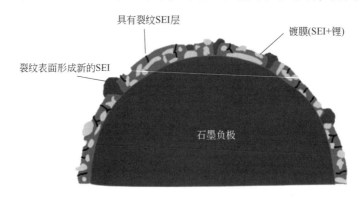

图 9-2　复合 SEI 和锂化过程示意图[18]

值得注意的是，SEI与CEI在电池循环的不同阶段导致电池发生容量衰减的机理是不同的，如图9-3所示[19]。①充放电初期，SEI与CEI的形成消耗活性物质，导致电池容量快速降低。此外，电解液还会出现产气现象进而破坏界面膜结构。②充放电中期，电池内部存在各种副反应，如SEI和CEI持续生长、正极活性材料结构破坏、电解液持续损失等，均会导致活性物质的不可逆消耗，从而逐步降低电池容量。③充放电末期，电池易出现容量跳水（急剧下降）现象，此时除正常的电压平台降低之外，负极SEI表面劣化（孔隙率下降、正极过渡金属离子电沉积等）导致离子输运动力学缓慢，进而造成输运离子不可逆沉积。同时，电解质分解、正极材料表面劣化等因素导致的活性物质不可逆损耗，以及黏结剂失效等非活性材料损失，也是引发该阶段电池老化的主要诱因。

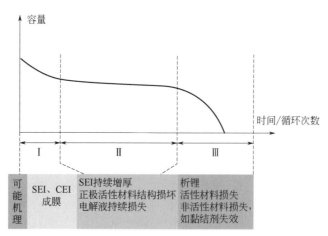

图 9-3　电池充放电过程中的分阶段衰退特性[19]

电池循环特性的预测高度依赖于对SEI及CEI成分、结构等信息的准确了解，这方面目前还面临着以下几个挑战：①SEI及CEI的化学组成复杂，且外层的疏松结构易被冲洗脱落，导致难以对其化学组成进行精准识别；②SEI及CEI对空气、水分等较为敏感，其在转移的过程中极易受到污染，对实验的条件和设备要求较为苛刻。鉴于这些原因，采用实验与建模仿真相结合的方法对其进行探索是当前研究的主要发展方向之一。总的来说,理解SEI和CEI的组分、结构特征、生成及破坏再生成机理,从而指导研发拥有优良界面膜性质的电极/电解质材料,对于提高电池循环寿命具有重要意义。

除活性材料/电解质界面膜外,电池循环过程中活性物质还会受到其他因素的影响而不断消耗,主要包括正极析氧、过渡金属溶解、正/负极活性物质颗粒破碎、活性层剥落、活性离子迁移过慢诱发的电化学沉积等,均会影响电池容量[20-22]。

(1) 正极活性物质

正极活性物质一般为具有特定晶格结构的过渡金属化合物,在充放电过程中部分电极活性物质会受形态变化、结构变化和副反应等影响而失去电化学活性。此外,正极中的导电剂和黏结剂等非活性组分也会老化衰退,导致活性物质颗粒间的接触变差,电池内阻增大。例如,磷酸铁锂正极材料的容量损失主要由活性物质溶解、结构劣化、颗粒破坏剥离和电极分层导致。过渡金属元素(如锰、钴和镍)溶解也是正极材料服役时普遍面临的问题,这在锰酸锂正极材料中尤为突出。溶解行为一般发生在正极高电位下,并随着温度升高而加剧,此时溶解的过渡金属离子可以穿透电解质和隔膜抵达负极表面,并发生电沉积反应。如果生成的过渡金属颗粒持续生长则会形成枝晶,使得电池内部发生短路。同时,过渡金属的溶解还将直接造成正极容量下降、CEI电阻增大,进而加快CEI的增长[23],并导致电极产气增加,最终消耗可循环锂含量。此外,当溶解现象过于严重时,电化学惰性物质(如Co_3O_4、Mn_2O_3等)生成会造成有效正极活性物质相对于负极比例过低,从而破坏电极间容量的平衡,导致正极过充,也造成电池容量的不可逆损失。

(2) 负极活性物质

循环过程中负极材料自身的结构与组分变化也是导致容量衰减的重要因素。例如,以石墨为代表的负极活性物质的有序结构在循环中会逐渐被破坏。在高倍率循环条件下,电极内部及界面较高的锂离子浓度梯度会使得电极内产生非均匀机械应力场,使得晶格由初始的片层结构逐渐变得无序,导致储锂能力降低。此外,充放电过程中负极表面易生成锂枝晶,导致界面化学稳定性变差。尽管具有较大机械强度的固态电解质理论上更有利于抑制锂枝晶,但实验观察发现在电极/电解质界面缺陷处,如孔洞、晶粒裂纹、杂质析出和晶界区等仍有锂枝晶形成,因此相关问题难以完全避免。在机械应力作用下,部分锂枝晶会从界面处脱落到电解液中并失去电化学活性形成死锂,进一步导致电池容量损失。死锂的质量($m_{\mathrm{pl,dead}}$)可以用分数(ξ)表示,如下式所示:

$$m_{\mathrm{pl,dead}} = \xi \max(m_{\mathrm{pl}}) \tag{9-1}$$

式中,m_{pl}表示为锂沉积质量。

9.2.2.2 电极结构不可逆变形

在电池循环过程中,电极发生的不可逆变形也会造成电池容量与循环寿命的降低。循环过程中电极结构的不可逆变形主要由电极内扩散诱导应力引起,其造成的疲劳损伤被认为是导致电池性能下降的重要因素，并已经在石墨负极、硅负极、钴酸锂正极、镍锰钴三元正极、镍钴铝酸锂三元正极等多种电极材料中得到证实。研究发现，循环老化过程伴有电极活性层的断裂以及电极内部粉碎，直接影响电池性能的发挥。对于无导电剂或黏结剂成分的薄膜电极，活性层裂纹现象可理解为活性物质的物理断裂，由面内应力（即沿垂直于厚度方向的应力）引起的面内裂纹尤为明显[24]。

不可逆的损伤变形通常包括：电极活性颗粒内部的破裂、活性物质颗粒与黏结剂的分离、活性层与集流体的分层。充放电循环时，锂离子不均匀地嵌入/脱出诱发扩散诱导应力，当活性颗粒的内应力超过某一特定值则引起开裂，如本书第 8.2 节所述。同时，活性颗粒本身的各向异性也会导致晶格畸变，从而引起开裂；活性颗粒变形时，活性材料与周围材料变形的不匹配会使活性物质与导电剂/黏结剂分离；上述变形的不匹配现象同样可以发生在活性层（包括活性物质、导电剂、黏结剂）与集流体之间，引起活性层和集流体的分层，如本书第 8.3 节所述。除此之外，高倍率工况导致的电流密度分布不均匀及结构相变等问题同样会使电极发生断裂及分层现象，最终引起电极容量衰减与电池老化。例如，高倍率下尖晶石结构 $LiMn_2O_4$ 正极材料的老化主要是由 Jahn-Teller 效应引起的结构变形和锰的溶解导致[25]。在大电流放电情况下，由于锂离子在电解质中的扩散速率要远高于在 $LiMn_2O_4$ 中的扩散速率，易导致嵌锂过程中锂离子在颗粒表面堆积。此时，$LiMn_2O_4$ 尖晶石结构中可能会嵌入额外的锂而发生 Jahn-Teller 畸变，从而发生巨大的体积变化（约 16%），足以破坏电极结构并导致电极失效。$LiMn_2O_4$、$LiFePO_4$ 以及 NCM［镍（Ni）、钴（Co）、锰（Mn）］三元正极等常见正极材料的老化机理的分析如表 9-1 所示。

表 9-1 不同正极材料老化机理的比较分析[19]

老化现象	$LiMn_2O_4$	$LiFePO_4$	NCM
金属离子含量降低	Mn^{2+} 可加速 SEI 生长等副反应	铁离子溶解少	过渡金属的溶解可以加速 SEI 的生长
电极活性物质减少	Mn^{2+} 溶解和产生 Jahn-Teller 效应	稳定的电极结构和更小的体积变化	更小的体积变化和无 Jahn-Teller 效应
电解质减少	高电位引起 CEI 形成，Mn^{2+} 可能加速 SEI 的生长并消耗电解质	低电位和 CEI 形成少	高电位引起 CEI 形成
内阻增加	SEI 和 CEI 的生长增加内阻	内阻较小，但 LFP 的自身阻抗较大	SEI 和 CEI 的生长增加内阻

由于电池系统中电化学-力学-热学耦合的复杂性，仅通过单一实验方法无法实现对循环老化机理的研究，因此理论研究格外重要。比如，通过使用改进的力学模型，可以捕获实验难以测量的薄膜硅负极中裂纹的基本力学特征，也可以采用相场模拟来分析多个裂纹并存的情况，如本书第 7 章所述。但是，对于电极中普遍存在的加工缺陷所引起的裂纹，由于缺陷存在的随机性，导致对其进行直接建模存在困难，此时需要结合模拟与实验进行建模。对于非薄膜电极，其存在三种颗粒尺度的断裂类型：活性颗粒的开裂、导电剂与黏结剂复合结构的断裂、活性颗粒和导电剂与黏结剂之间的脱落。其中，活性层中裂纹的产生和扩展对电极

黏结剂的类型和含量敏感,而相关断裂机理需要借助复合材料力学方法进行深入研究。然而,目前关于非薄膜电极活性层裂纹的理论模型研究仍旧较少,这一定程度上是由其相对复杂的介观结构以及仍未完全确定的材料特性导致。

9.3 老化模型简介

如前所述,造成电池老化的原因非常多,包含组分性能与结构尺寸等多种物理力学因素。目前,研究者们针对老化的主导机制,已发展了多种仿真模型,并通过与实验结果对比获得较好的验证。这些模型从建立思路上看大体可归纳为三类:机理模型、经验/半经验模型、机器学习老化模型。

9.3.1 机理模型

机理模型将电池老化归因于一种或多种主导机理,并由此建立相应的理论模型。其中,负极表面SEI形成及其生长造成活性锂消耗并引起电池容量下降这一机理是应用最为广泛的。该老化机理又可细分为以下三个方面:①副反应引起的老化,即SEI在电极活性颗粒裸露表面的初始形成及其再生长引起的老化;②机械损伤引起的老化,即电极活性颗粒在锂离子周期性嵌入/脱出作用下,产生内应力,引起活性颗粒表面裂纹的扩展,导致SEI在新裂纹面快速生成引起的老化;③损伤-副反应耦合老化,即上述两方面交互耦合引起的老化。上述机理中,副反应引起的老化为普遍现象,对电池存储和循环充放电过程都适用。机械损伤引起的老化及损伤-副反应耦合老化则与活性材料的变形和破坏有关,通常用于循环过程。此外,对于全固态锂离子电池,固态电解质界面接触和材料松弛老化也是机理模型的重要组成部分。

9.3.1.1 界面副反应老化机理

锂离子电池工作过程中,由电解质与裸露负极活性材料反应在负极表面形成SEI。理论上SEI只传导Li$^+$而无法传导电子,因此在形成至一定层厚后可有效阻止后续反应发生。然而,电池实际存储和循环使用时,仍然有部分电子会隧穿(tunnelling)SEI,造成界面副反应的继续发生和SEI的增厚。随着SEI厚度的进一步增加,电子的隧穿难度增大,此时SEI的生长速度会持续降低。

若假设初始SEI的厚度是均匀的,且完整包覆在裸露的负极材料表面,则初始厚度可通过化成时电池容量的损失计算:

$$L_0 = \frac{\eta Q_{\mathrm{ini}} M_{\mathrm{SEI}}}{A_{\mathrm{ini}} n_{\mathrm{SEI}} \rho_{\mathrm{SEI}} F} \tag{9-2}$$

式中,η为初始电池容量的损失率;Q_{ini}为电池初始容量,初始SEI的形成可能会导致约10%的电池容量损失率[26];M_{SEI}、A_{ini}、ρ_{SEI}和n_{SEI}分别表示SEI的摩尔质量、活性材料裸露的面积、SEI的密度及其形成所消耗的锂物质的量;F为法拉第常数。理论上,该厚度为形成界面钝化膜所需的最低厚度。

对于SEI生长,2004年Ploehn等[27]提出了溶剂扩散模型用以描述锂离子电池碳负极表面的SEI膜生长。该模型假设具有反应性的电解质溶剂组分通过SEI扩散，并在负极活性物质/SEI界面处发生副反应，产生不溶性产物，导致SEI厚度增加。其分析表明，SEI厚度与老化时间的平方根呈线性关系，即：

$$L(t) = 2\lambda\sqrt{D_s t} \tag{9-3}$$

式中，λ为常数；D_s为与温度相关的溶剂有效扩散系数；t为老化时间；$L(t)$为SEI厚度。该模型分析结果与两种不同存储状态下电池的实验结果吻合较好，如图9-4所示。

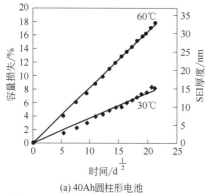

(a) 40Ah圆柱形电池
(正极：$LiNi_{0.91}Co_{0.09}O_2$；电解液：PC-EC-DMC；
电解质：1mol/L $LiPF_6$，无添加剂；
负极：人造石墨)

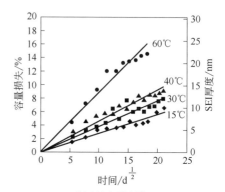

(b) 5Ah方形电池
(正极：$LiCoO_2$；电解液：EC-DMC-DMC-VC；
电解质：1mol/L $LiPF_6$；
负极：人造石墨)

图 9-4 模型计算值与实验值的对比情况[27]

同年，Christensen和Newman[28]共同提出了反应生长模型并用以描述锂离子电池碳负极表面SEI的生长。基于此，他们分析了SEI的生长速率、膜阻及由于SEI形成而造成的不可逆容量损失，并提出了SEI成膜的基本步骤，包括三部分：

（1）吸附反应

$$EC^-(ads) \rightleftharpoons EC(ads) + e^-(film)$$

$$Li^+(ads) \rightleftharpoons Li^+(sol) + S$$

$$C_2H_4(gas) + 2S \rightleftharpoons C_2H_4(ads)$$

其中，EC、sol、ads、gas和film分别表示碳酸亚乙酯、溶液、吸附、气体和SEI，S代表一个表面位点。

（2）溶液中的电荷转移

$$EC^-(ads) \rightleftharpoons EC(ads) + e^-(film)$$

$$C_2H_4(ads) + CO_3^{2-}(ads) \rightleftharpoons EC^-(ads) + e^-(film) + 2S$$

其中，film表示SEI。

(3) 薄膜形成

$$CO_3^{2-}(ads) + 2Li^+(ads) \rightleftharpoons Li_2CO_3(film) + 3S$$

由于在石墨负极中电子的电导率是常数，所以认为电势ϕ分布服从Laplace方程，即：

$$\frac{d^2\phi}{dx^2} = 0 \tag{9-4}$$

图9-5给出了不同时间段下SEI生长动力学和扩散输运阻力机制示意图。基于该模型，研究者发现不同工况对SEI生长速率有显著影响，其中循环状态下负极SEI的生长速率比储存状态快。同时电子迁移率也将影响SEI的生长速度。当SEI中电子迁移率较低时，其生长速率较慢。此外，由于离子的迁移扩散阻力会随着膜厚度的增加而增大，SEI的生长速率将随膜厚度的增加而减小。数值分析表明，该模型所得SEI膜厚度（L）与生长时间（t）之间满足如下关系：

$$L = L_0 + \alpha t^m \tag{9-5}$$

式中，L_0为初始SEI厚度；α为比例系数；指数m对于短期生长取1，中长期生长取0.5，长期生长取0.4。

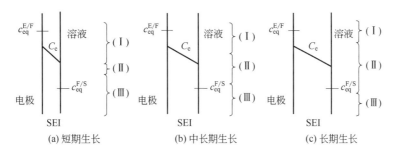

(a) 短期生长　(b) 中长期生长　(c) 长期生长

图 9-5　不同时间段下SEI生长动力学和扩散输运阻力机制示意图[28]

$c_{eq}^{E/F}$表示负极/SEI膜的电子平衡浓度；$c_{eq}^{F/S}$表示SEI/电解液界面处的电子平衡浓度；括号代表浓度差，分别对应于（Ⅰ）负极/SEI界面处的非动力学阻力，（Ⅱ）传质（扩散和迁移）阻力，（Ⅲ）SEI/电解液界面处的动力学阻力

在上述模型的基础上，2013年Pinsona和Bazant等[26]将SEI的生长速率dL/dt与副反应速率J相联系，提出：

$$\frac{dL}{dt} = \frac{Jm_{SEI}}{\rho_{SEI}A} \tag{9-6}$$

式中，m_{SEI}为单次反应生成的SEI的质量；ρ_{SEI}为SEI的密度；A为反应面积。他们利用该微分关系并结合电池的单颗粒电化学模型，对不同工况下电池的容量退化数据进行了分析对比。图9-6给出了该模型与$\sqrt{t}$模型[式（9-3）]在加速老化预测方面的对比情况，显示出前者在电池容量预测方面的优势。

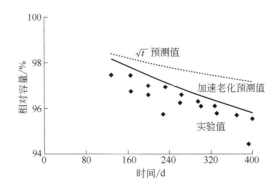

图 9-6　Pinsona-Bazant 模型与 $\sqrt{t}$ 模型在相对容量退化预测上的对比情况

随后，Sarkar等[29]将基于反应扩散的SEI模型与电化学模型相结合，分析了不同的充电方式对于锂离子电池的寿命衰减的影响，结果如图 9-7 所示。其中，方式 1 为先进行 1/6C 恒流充电，然后转为恒压充电 30min，最后结束充电；方式 2 为先进行 1/6C 恒流充电，然后转为恒压充电，直到电流降为零。两种方式相比，方式 1 对电池实现了满充。在经过 1000 次循环后，采用充电方式 2 循环后的电池衰降速度要明显快于方式 1 的电池，同时其电池容量保持率也要低 9%左右。这说明部分充放电的电池相较于满充满放的电池具有更好的循环性能，使用寿命更长。

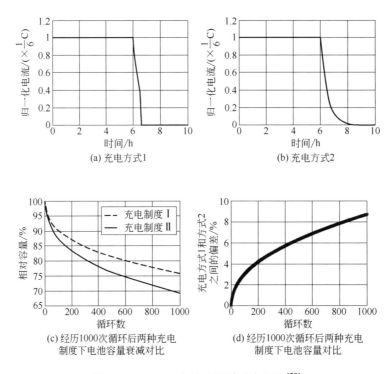

图 9-7　LCO/C 电池的两种充电制度[29]

9.3.1.2 机械损伤老化机理

如第 8 章所述,电池充放电时内部活性颗粒会因锂的嵌入和脱出产生内应力。由固体力学中的疲劳理论可知,循环过程中上述内应力易使得电极材料在初始缺陷位置处发生疲劳开裂,此时裸露出的活性材料表面SEI的形成将进一步消耗锂离子,最终导致电池容量的下降。

对于含初始缺陷的活性颗粒,SEI首次形成的裸露面积(A_ini)须计入其影响,机制示意如图 9-8 所示,可表示为[30]:

$$A_\text{ini} = S_\text{p}^0 (1 + 2\rho_\text{cr} l_\text{cr0} a_0) \tag{9-7}$$

式中,S_p^0、ρ_cr、l_cr0 和 a_0 分别表示无缺陷球壳的表面积、电极活性颗粒单位表面上的缺陷数量、初始缺陷宽度和初始缺陷长度。

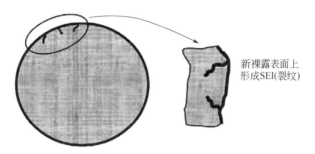

图 9-8 活性颗粒表面缺陷处 SEI 初次成膜示意图[30]

对于活性颗粒及其SEI在小变形下的应力计算和强度方面,第 8 章颗粒应力计算部分已有讨论。当涉及大变形问题时,对活性颗粒锂化/脱锂化时的内应力可通过将锂浓度类比为温度,进而求解热弹塑性有限变形问题获得。计算时,可通过在电极颗粒表面施加法向压力来考虑周围环境对颗粒结构的作用。压力大小则是通过分析处于无限大弹性体中的球壳颗粒与周围约束间的相互作用力获得,其中无限大弹性体的弹性特性由电极活性层的等效性能给出。基于大变形理论,变形梯度 $\boldsymbol{F} = \boldsymbol{F}^\text{e}\boldsymbol{F}^\text{p}\boldsymbol{F}^{c_s}$,由弹性变形梯度 $\boldsymbol{F}^\text{e}$、塑性变形梯度 $\boldsymbol{F}^\text{p}$(由相应塑性模型给出)、锂化变形梯度 $\boldsymbol{F}^{c_s}$ 三部分组成。在模拟过程中通常将电极颗粒假设为理想塑性模型,屈服应力选用Mises应力来表示。$\boldsymbol{F}^{c_s}$ 由各向同性的锂化变形给出,表示为 $\boldsymbol{F}^{c_s} = (1 + \Omega J_\text{P} \Delta c_\text{s,avg}/3)\boldsymbol{I}$,$\Delta c_\text{s,avg}$ 为固相平均锂浓度的改变量,$J_\text{P} = \det(\boldsymbol{F})$ 为变形梯度 $\boldsymbol{F}$ 的行列式,下标P表示颗粒尺度,其余控制方程可查阅《近代连续介质力学》[31]中热弹塑性有限变形部分。

对于大变形时颗粒中的锂扩散,Zhang等[32]提出扩散电极颗粒发生体积变形时的质量守恒方程:

$$\frac{\partial J_\text{P} c_\text{s}}{\partial t} + \nabla \cdot [D_\text{s,eff} \nabla (J_\text{P} c_\text{s})] = 0 \tag{9-8}$$

式中,c_s、$D_\text{s,eff}$ 分别表示固相中的锂浓度和锂的有效固相扩散系数。

在充放电循环过程中,活性颗粒内的缺陷长度 a 随循环次数 N 的演化可根据疲劳理论中的Paris公式估算[30]:

$$\frac{\text{d}a}{\text{d}N} = k(\sigma_{\theta,\max} b\sqrt{\pi a})^m \tag{9-9}$$

式中，$\sigma_{\theta,\max}$ 取为弹塑性循环进入稳定阶段后颗粒内最大拉应力；b 和 m 为材料常数；k 为裂纹扩展系数，表达式为：

$$k = k_0 \mathrm{e}^{-E_{a1}/(RT)} \qquad (9\text{-}10)$$

式中，E_{a1} 表示裂纹扩展的激活能。

由电池体积变化、扩散等因素带来的应力导致裂纹在活性物质颗粒表面传播，由此产生的新的裸露表面暴露在电解液中，并且在其表面上将形成新的SEI。这个重复的过程会不断地消耗锂离子与活性物质，导致电池容量衰减。开裂引起的SEI体积生长量随循环次数的变化可表示为：

$$\frac{\mathrm{d}V_{\mathrm{SEI}}^{\mathrm{crack}}}{\mathrm{d}N} = 2S_{\mathrm{p}}^0 \rho_{\mathrm{cr}} l_{\mathrm{cr}0} L_{\mathrm{SEI}}^0 \frac{\mathrm{d}a}{\mathrm{d}N} \qquad (9\text{-}11)$$

式中，L_{SEI}^0 为初始SEI厚度。

据此，即可根据求得的球壳颗粒的弹塑性内应力确定出循环过程中锂在新裂纹面上的消耗。例如，在循环工况下硅负极材料将发生巨大的体积膨胀（300%以上），所产生的内应力导致硅发生粉化甚至剥落，严重影响电池的循环性能。可以基于上述体积大变形理论对此问题进行探究。

9.3.1.3 损伤-副反应耦合老化机理

理论上，电池内部机械损伤对电池各组件结构及性能的影响是多方面的，比如大量的微损伤会引起活性颗粒剥落、电极集流体分层等结构上的恶化，这些损伤与副反应通常交互耦合进而引起电池容量的退化。在实际建模分析中，由于电池内部微损伤难以量化，通常需对其进行简化。实验观察发现，随着嵌锂反应的持续进行，SEI的厚度也在不断增大，引起电池容量的下降[33]。值得注意的是，该现象不仅在产生初始SEI时会发生，由机械损伤引起新生SEI时也会发生。这是因为在循环过程中，电解质会渗入SEI的孔隙中继续发生分解，使得SEI持续生长，直至内层的SEI变得足够厚和致密，但这个过程中会导致额外的锂损失（图9-9）[34]。

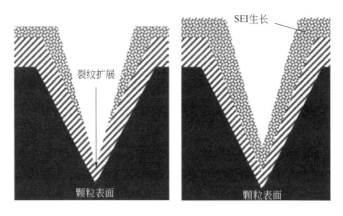

图9-9 SEI持续生长示意图[34]

综上所述，受副反应、机械损伤及损伤-副反应耦合的影响，SEI生成和再生长时的总体积随循环次数的演化可表示为：

$$\frac{dV_{SEI}}{dN} = \frac{d(L_{SEI}^0 A_{SEI})}{dN} + \frac{dV_{SEI}^{crack}}{dN} + \frac{d(L_{SEI}^{growth} A_{SEI})}{dN} \quad (9\text{-}12)$$

式中，A_{SEI}为SEI的面积；L_{SEI}^{growth}为SEI的生长厚度，其随循环次数一般呈指数变化，$dL_{SEI}^{growth}/dN = 0.5kN^{-n}$，指数$n$常取0.5。由此，总的容量随循环次数的演化可表示为：

$$\frac{dQ_N}{dN} = -\frac{n_{SEI}\rho_{SEI}F}{M_{SEI}} \times \frac{dV_{SEI}}{dN} \quad (9\text{-}13)$$

相应的阻抗表示为：

$$R_{SEI}|_N = \frac{1}{k_{SEI}} \times \frac{V_{SEI}|_N}{A_{SEI}|_N} \quad (9\text{-}14)$$

式中，M_{SEI}、ρ_{SEI}和n_{SEI}依次为SEI的摩尔质量、密度及形成SEI所消耗的锂物质的量；V_{SEI}为SEI的体积；k_{SEI}为SEI的电导率。

在理论计算与实验对比方面，Deshpande等[30]利用上述损伤-副反应耦合机制对不同温度下石墨-LiFePO$_4$电池的容量随循环次数的演化进行了数值分析，预测的容量退化计算值与实验值吻合得很好，结果如图9-10所示，这表明该损伤-副反应耦合机制可以很好地描述该电池的老化现象。

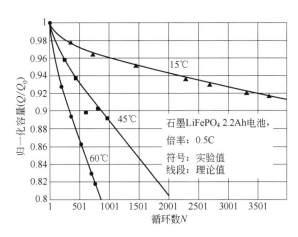

图9-10 不同温度下石墨-LiFePO$_4$电池容量退化计算值与实验值的对比情况[30]

9.3.1.4 固态电解质结构界面接触和材料松弛老化模型

前述模型主要针对电池中活性层内的损伤及副反应问题提出。对于全固态电池而言，电极/电解质固-固界面问题对于电池性能至关重要。固态电解质材料分为无机材料和聚合物材料两大类，其中无机固态电解质具有较高的离子电导率，充放电时副反应的发生亦可以得到有效抑制，但其与电极活性物质接触时界面阻抗大且电化学窗口较窄[29]。聚合物电解质（SPE）具有优异的加工性能、良好的柔韧性和宽泛的电化学窗口，因而也具有广泛的应用前景[30]。

在无机固态电解质方面，Tian和Qi[35]率先将接触力学理论与一维Newman模型相结合，提出了循环过程中因电极与无机固态电解质界面粗糙度提升而引起的接触面积下降，从而导致电池性能退化的机理，如图9-11（a）所示。实际的接触面积A由下式表示：

$$A = \gamma A_0 \qquad (9\text{-}15)$$

式中，A_0 为理想接触时的接触面积；γ 为接触系数，由界面粗糙度、接触压力等确定。该模型通过接触面积将非完美接触的影响纳入了电池容量下降的分析中，并给出了接触压力与接触面积之间的关系。计算结果表明，膜型和体型全固态电池中无机固态电解质与电极间的接触面积会随循环次数的增加而减小，通过调控法向接触压力可有效增加接触面积，从而恢复电池性能，如图 9-11（b）所示。

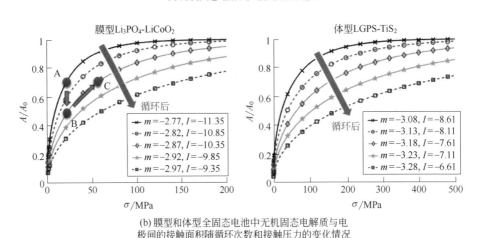

(a) 无机固态电解质/电极接触示意图

(b) 膜型和体型全固态电池中无机固态电解质与电极间的接触面积随循环次数和接触压力的变化情况

图 9-11　无机固态电解质/电极接触示意图及接触面积随循环次数和接触压力的变化情况[35]

与无机固态电解质不同，玻璃态高聚物可通过链段的微布朗运动使得凝聚态结构产生松弛，从而导致材料自身物理力学特性发生随时间演化的物理老化现象[36-38]。因而，聚合物电解质的老化对电池性能的影响至关重要。在这方面，Fang等[39]首次将自由体积理论与一维电化学模型相结合，提出了因SPE物理老化引起的全固态聚合物锂电池容量退化机理，如图9-12（a）所示。SPE物理老化时，其内部自由体积减小在引起离子电导率下降的同时也造成电极/电解质界面接触劣化，其中界面接触面积与自由体积 v_f 的关系表示如下：

$$A = A_0 \left[1 - \left(1 - \frac{1-v_f^0}{1-v_f} \times \frac{v_f}{v_f^0} \right) v_f^0 \right]^{\frac{2}{3}} \tag{9-16}$$

式中，v_f^0为SPE加工成型后的初始自由体积，与材料和加工工艺有关。数值结果表明，在SPE物理老化初期，电池容量损失主要由电解液/电极界面接触面积减小导致，随后受SPE离子电导率下降控制，如图 9-12（b）所示。因此，降低放电速率、提高操作温度，并保持一定的SPE离子电导率均有助于延缓全固态聚合物锂电池的容量退化。

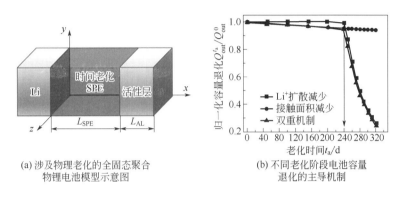

(a) 涉及物理老化的全固态聚合物锂电池模型示意图

(b) 不同老化阶段电池容量退化的主导机制

图 9-12 涉及物理老化的全固态聚合物锂电池模型示意图及不同老化阶段电池容量退化的主导机制[39]

9.3.2 经验/半经验模型

电池老化的经验模型通常为数据驱动型模型，其以大量的老化实验数据作为支撑获得参数之间的函数关系。受数据来源的限制，这类模型的计算结果往往也只能应用于特定类型的电池。例如，Schmalstieg等[40]研究了温度、电压、放电深度（DOD）和荷电状态（SOC）对Li(NiMnCo)O_2电池老化性能的影响，建立了纯经验的电池储存寿命和循环寿命模型，并使用有限元软件COMSOL对老化过程进行模拟。

电池老化的半经验模型结合了机理模拟和经验模型进行建模，可以快速建立相对精确的老化模型。例如，Wang等[41]通过循环实验矩阵收集了用于建立模型的电池寿命数据（温度、DOD、放电倍率），基于LiFePO$_4$电极-锂离子电池中电极活性锂损失导致容量衰减这一现象，建立了对应机制下的半经验容量退化模型，进而研究循环过程中的容量衰减。结果显示，低倍率下容量的损失受时间和温度影响较大；在高倍速率下，充放电速率的影响变得尤为重要。其容量退化模型如下：

$$Q_{\text{loss}} = B \mathrm{e}^{-E_a/(RT)} (A_h)^n \tag{9-17}$$

式中，Q_{loss}、E_a、R、T分别为容量损伤百分比、激活能、理想气体常数和温度；B和n为常数，可通过数据拟合获得；$A_h = N \times \text{DOD} \times C$为总放电输出量，其中$N$、DOD、$C$分别为循环次数、放电深度和电池容量。此外，Ecker等[42]通过分析老化实验数据并选择最佳的函数拟合形式，建立了半经验的电池老化模型。该模型可与基于阻抗的电热模型相结合实现对实际工作条件下电池剩余寿命的在线实时预测。

电池的老化过程受多个因素影响,因此所构建的电池老化模型中涉及的参数越多,则模型的准确性越高,但其建立难度也越大。Wang等[43]通过对电池容量数据的分析发现,叠加多个指数函数即可拟合具有不同退化率的电池容量退化数据[44],其构造的电池容量Q随循环次数N的变化关系为:

$$Q = A_1 e^{\alpha N} + A_2 N^\beta \tag{9-18}$$

式中,A_1、A_2、α 为待定参数;β 根据容量衰减的快慢取 2 或 4。在此基础上,通过相关向量机训练电池容量退化数据,并将代表性数据与上述容量退化模型拟合,最终将上述容量预测模型外推到故障阈值,并用于估计电池的剩余使用寿命。该模型计算方便,且从图 9-13 中的拟合曲线与实验结果的匹配程度可以看出,其能够对电池容量退化数据进行较为精准的拟合,这为电池剩余寿命预测及健康管理提供了较便捷的解决方法。

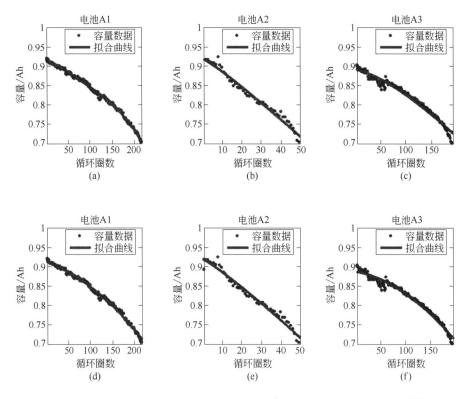

图 9-13 在不同循环次数下两种不同经验模型电池容量衰减数据比较[43]
(a)~(c)为参考对照组所得到的电池容量衰减图;(d)~(f)为该经验模型中
所得到的电池量衰减图(电池额定容量为 0.9Ah)

9.3.3 机器学习老化模型

前述各种电池预测方法都源于一定的物理假设或经验,导致上述模型通常仅适用于特定工况,模型的扩展性不强。例如,高倍率下电池内部的多种损伤机制往往是耦合的,此时前述模型在寿命预测时误差将被放大。此外,电池循环寿命预测的及时性、准确性一直是传统电池寿命预测研究中的难点。基于机器学习的老化模型可将电池处理为"黑匣子",并由大数据出发高效率地构造出隐式老化模型,以此有助于更早、更快、更准地预测电池寿命。

在这方面,Zhang等[45]通过将 20000 多条电化学阻抗谱(EIS)数据输入高斯过程回归(GPR)模型并进行机器学习,以确定能够预测退化的EIS特征,进而建立了一个较为精确的电池剩余循环寿命(RUL)分析模型,如图 9-14 所示。从结果来看,该模型能够较为准确地预测多种温度下电池循环的RUL,显示出机器学习型老化模型的重要优势。

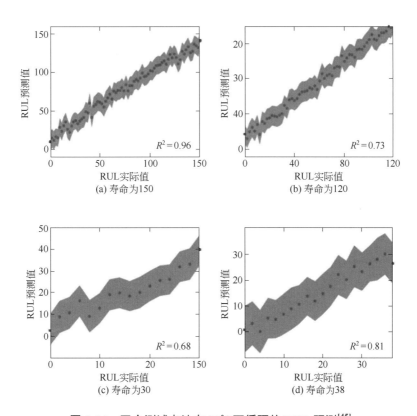

图 9-14 四个测试电池在 25℃下循环的 RUL 预测[45]

除RUL预测外,机器学习方法还能够优化充电电流和电压条件,最大限度地提升电池循环寿命。例如,Attia等[46]开发了一个具有早期结果预测能力的闭环优化系统,通过从 224 个快速充电协议的参数空间中优化出最优方案,最终达到提升电池循环寿命的目的。其将电池的前 100 个循环数据集(特别是电化学测量值,如电压和容量等)与循环老化数据集结合训练,并根据预测特征构造早期预测模型,最终实现根据前 100 个循环的数据估计电池的最终循环寿命。随后,上述早期预测模型的结果被输入到贝叶斯优化算法(Bayesian optimization,BO)中,通过平衡探索(测试循环寿命估计中具有高不确定性的协议)和开发(测试具有高估计循环寿命的协议)的竞争需求来推荐下一个实施的快充测试协议,这个过程反复进行,直到达到测试设定的结束条件,如图 9-15 所示。

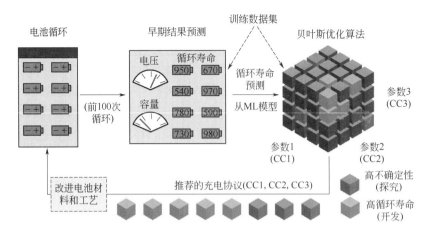

图 9-15 电池系统优化示意图[46]

9.4 展望

由于电池的设计、生产和使用方式等多方面因素的共同影响，电化学储能系统的老化机理十分复杂，除前述研究内容和方向外，未来待研究的具体方向如下：

① 本章着重对锂离子电池在不同工况下的老化过程进行描述和分析，但电池内部更为复杂和耦合的副反应尚未探究，未来建议进一步深入探究上述耦合作用导致电池老化的机理，为延缓电池老化提供新思路；此外，从力学角度看，电池的循环老化为典型的疲劳问题。受电池复杂结构的影响，其疲劳损伤机理相比传统的金属疲劳更为复杂，因此未来还需加强这方面疲劳理论的研究。从应用的角度看，发展基于数据的隐式疲劳理论也是可行的出路之一。

② 电池在老化过程中经历了多种副反应和损伤机制，跨越了从微观到宏观等不同尺度。将活性颗粒、电极、电池等多尺度的老化机理进行耦合建模，是未来重要的发展方向。

③ 针对商用锂离子电池容量不足的短板，目前业界普遍采用快充方法来弥补。然而在快充过程中电池内阻等因素会使得局部过热，从而加剧电池老化，导致电池性能的衰退，甚至诱发安全问题。接下来的研究可聚焦于储能器件在快充条件下的老化行为、电池材料组分及工况条件对老化程度的影响机制等。

④ 对于新型高能量密度电池（包括富镍正极电池、富锂正极电池、锂硫电池、全固态电池等）的老化问题及其规律尚需具体细化。

参考文献

[1] Sarre G, Blanchard P, Broussely M. Aging of lithium-ion batteries [J]. J Power Sources, 2004, 127(1-2): 65-71.

[2] Broussely M, Biensan P, Bonhomme F, et al. Main aging mechanisms in Li ion batteries [J]. J Power Sources, 2005, 146: 90-96.

[3] Broussely M, Herreyre S, Biensan P, et al. Aging mechanism in Li ion cells and calendar life predictions [J]. J Power Sources, 2001, 97-98: 13-21.

[4] Takei K, Kumai K, Kobayashi Y, et al. Cycle life estimation of lithium secondary battery by extrapolation method and accelerated aging test [J]. J Power Sources, 2001, 97-98: 697-701.

[5] Nazri G A, Pistoia G. In lithium batteries: science and technology [M]. Norwell: Kluwer Academic Publishers, 2003.

[6] Wang A P, Kadam S, Li H, et al. Review on modeling of the anode solid electrolyte interphase (SEI) for lithium-ion batteries [J]. npj Comput Mater, 2018, 4: 15.

[7] Peled E. The electrochemical behavior of alkali and alkaline earth metals in nonaqueous battery systems-the solid electrolyte interphase model [J]. J Electrochem Soc, 1979, 126(12): 2047.

[8] Tarascon J M, Guyomard D. New electrolyte compositions stable over the 0 to 5 V voltage range and compatible with the $Li_{1+x}Mn_2O_4$/carbon Li-ion cells [J]. Solid State Ionics, 1994, 69(3-4): 293-305.

[9] Guyomard D, Tarascon J M. Rechargeable $Li_{1+x}Mn_2O_4$/carbon cells with a new electrolyte composition potentiostatic studies and application to practical cells [J]. J Electrochem Soc, 1993, 140(11): 3071-3081.

[10] Guyomard D, Tarascon J M. Li metal-free rechargeable $LiMn_2O_4$/carbon cells: their understanding and optimization [J]. J Electrochem Soc, 1992, 139(4): 937-948

[11] Wang Y X, Nakamura S, Ue M, et al. Theoretical studies to understand surface chemistry on carbon anodes for lithium-ion batteries: Reduction mechanisms of ethylene carbonate [J]. J Am Chem Soc, 2001, 123 (47): 11708-11718.

[12] Honkura K, Takahashi K, Horiba T. Capacity-fading prediction of lithium-ion batteries based on discharge curves analysis [J]. J Power Sources, 2011, 196(23): 10141-10147.

[13] Nagpure S C, Bhushan B, Babu S, et al. Scanning spreading resistance characterization of aged Li-ion batteries using atomic force microscopy [J]. Scripta Mater, 2009, 60(11): 933-936.

[14] Araki K, Sato N. Chemical transformation of the electrode surface of lithium-ion battery after storing at high temperature [J]. J Power Sources, 2003, 124(1): 124-132.

[15] Vetter J, Novak P, Wagner M R, et al. Ageing mechanisms in lithium-ion batteries [J]. J Power Sources 2005, 147: 269-281.

[16] Fleischhammer M, Waldmann T, Bisle G, et al. Interaction of cyclic ageing at high-rate and low temperatures and safety in lithium-ion batteries [J]. J Power Sources, 2015, 274: 432-439.

[17] Yang X G, Leng Y J, Zhang G S, et al. Modeling of lithium plating induced aging of lithium-ion batteries: Transition from linear to nonlinear aging [J]. J Power Sources, 2017, 360: 28-40.

[18] Sarkar A, Nlebedim I C, Shrotriya P. Performance degradation due to anodic failure mechanisms in lithium-ion batteries [J]. J Power Sources, 2021, 502(1): 229145.

[19] Han X B, Lu L G, Zheng Y J, et al. A review on the key issues of the lithium ion battery degradation among the whole life cycle [J]. eTransportation, 2019, 1: 100005.

[20] Mohanty D, Gabrisch H. Microstructural investigation of $Li_xNi_{1/3}Mn_{1/3}Co_{1/3}O_2$ ($x \leqslant 1$) and its aged products via magnetic and diffraction study [J]. J Power Sources, 2012, 220: 405-412.

[21] He Y B, Ning F, Yang Q H, et al. Structural and thermal stabilities of layered $Li(Ni_{1/3}Co_{1/3}Mn_{1/3})O_2$ materials in 18650

high power batteries [J]. J Power Sources, 2011, 196(23): 10322-10327.

[22] Yabuuchi N, Yoshii K, Myung S T, et al. Detailed studies of a high-capacity electrode material for rechargeable batteries, Li_2MnO_3-$LiCo_{1/3}Ni_{1/3}Mn_{1/3}O_2$ [J]. J Am Chem Soc, 2011, 133(12): 4404-4419.

[23] Joshi T, Eom K, Yushin G, et al. Effects of dissolved transition metals on the electrochemical performance and SEI growth in lithium-ion batteries [J]. J Electrochem Soc, 2014, 161(12): A1915-A1921.

[24] Jones EMC, Çapraz Ö Ö, White S R, et al. Reversible and irreversible deformation mechanisms of composite graphite electrodes in lithium-ion batteries [J]. J Electrochem Soc, 2016, 163(9): A1965-A1974.

[25] Du Pasquier A, Huang C C, Spitler T. Nano $Li_4Ti_5O_{12}$-$LiMn_2O_4$ batteries with high power capability and improved cycle-life [J]. J Power Sources, 2009, 186(2): 508-514.

[26] Pinson M B, Bazant M Z. Theory of SEI formation in rechargeable batteries: capacity fade, accelerated aging and lifetime prediction [J]. J Electrochem Soc, 2012, 160: A243-A250.

[27] Ploehn H J, Ramadass P, White R E. Solvent diffusion model for aging of lithium-ion battery cells [J]. J Electrochem Soc, 2004, 151(3): A456-A462.

[28] Christensen J, Newman J. A Mathematical Model for the Lithium-Ion Negative Electrode Solid Electrolyte Interphase [J]. J Electrochem Soc, 2004, 151(11): A1977-A1988.

[29] Sarkar A, Shrotriya P, Chandra A, et al. Chemo-economic analysis of battery aging and capacity fade in lithium-ion battery [J]. J Energy Storage, 2019, 25: 100911.

[30] Deshpande R, Verbrugge M, Cheng Y T, et al. Battery cycle life prediction with coupled chemical degradation and fatigue mechanics [J]. J Electrochem Soc, 2012, 159(10): A1730-A1738.

[31] 赵亚溥. 近代连续介质力学 [M]. 北京: 科学出版社, 2016.

[32] Zhang X, Shyy W, Marie Sastry A. Numerical simulation of intercalation-induced stress in Li-ion battery electrode particles [J]. J Electrochem Soc, 2007, 154(10): A910-A916.

[33] Hou C, Han J, Liu P, et al. Operando observations of SEI film evolution by mass-sensitive scanning transmission electron microscopy [J]. Adv Energy Mater, 2019, 9(45): 1902675.

[34] Li J, Adewuyi K, Lotfi N, et al. A single particle model with chemical/mechanical degradation physics for lithium ion battery state of health (SOH) estimation [J]. Appl Energy, 2018, 212: 1178-1190.

[35] Tian H K, Qi Y. Simulation of the effect of contact area loss in all-solid-state Li-ion batteries [J]. J Electrochem Soc 2017, 164(11): E3512-E3521.

[36] Struik L C E. Physical aging in amorphous polymers and other materials [M]. Amsterdam: Elsevier Press, 1978.

[37] Hutchinson J M. Physical aging of polymers [J]. Prog Polym Sci, 1994, 20(4): 703-760.

[38] 贺耀龙. 玻璃态聚合物材料物理老化行为的连续介质模型研究 [D]. 上海: 上海大学, 2009.

[39] Fang X S, He Y L, Fan X M, et al. Modeling and simulation in capacity degradation and control of all-aolid-state lithium battery based on time-aging polymer electrolyte [J]. Polymers, 2021, 13(8): 1206.

[40] Schmalstieg J, Käbitz S, Ecker M, et al. A holistic aging model for Li(NiMnCo)O_2 based 18650 lithium-ion batteries [J]. J Power Sources, 2014, 257: 325-334.

[41] Wang J, Liu P, Hicks-Garner J, et al. Cycle-life model for graphite-$LiFePO_4$ cells [J]. J Power Sources, 2011, 196(8): 3942-3948.

[42] Ecker M, Gerschler J B, Vogel J, et al. Development of a lifetime prediction model for lithium-ion batteries based

on extended accelerated aging test data [J]. J Power Sources, 2012, 215: 248-257.

[43] Wang D, Miao Q, Pecht M. Prognostics of lithium-ion batteries based on relevance vectors and a conditional three-parameter capacity degradation model [J]. J Power Sources, 2013, 239: 253-264.

[44] He W, Williard N, Osterman M, et al. Prognostics of lithium-ion batteries based on Dempster-Shafer theory and the Bayesian Monte Carlo method [J]. J Power Sources, 2011, 196(23): 10314-10321.

[45] Zhang Y W, Tang Q C, Zhang Y, et al. Identifying degradation patterns of lithium ion batteries from impedance spectroscopy using machine learning [J]. Nat Commun, 2020, 11(1): 1706.

[46] Attia P M, Grover A, Jin N, et al. Closed-loop optimization of fast-charging protocols for batteries with machine learning [J]. Nature, 2020, 578(7795): 397-402.

第10章
电化学储能中的材料基因工程

10.1 材料基因工程概述

10.1.1 材料基因工程的由来和内涵

新材料及新器件的传统研发模式为试错法,即研究人员根据已有经验不断进行尝试—实验—反馈—评价,以寻得满意"解"。进入20世纪以来,借助与计算机技术的融合,以第一性原理计算、分子动力学模拟、蒙特卡罗模拟、相场及有限元模拟等为代表的计算、建模与仿真方法通过数值试验,避免了大量的试错,有力推动了新材料及新器件的发现与设计[1-3]。然而,研究人员找到满意"解"之前往往要试错多次,且试错的次数非常依赖于设计者的知识水平、经验和灵感,导致求"解"过程费时费力。面对与日俱增的新材料及新器件研发需求,依赖试错法的传统研发模式愈显乏力。

1970年,Hanak[4]率先提出了"多样品概念",对当时寻找新材料的方法和效率提出了质疑。1999年,Rodgers[5]针对数据产出远大于数据处理能力的问题,提出了旨在有效管理材料数据的"材料信息学"概念。该概念后来又衍生了跨尺度集成计算引擎、数据挖掘技术、具有数据整理和归纳能力的智能数据库等一系列促进材料学与信息学融合的理念[6]。2008年,美国国家研究理事会发布了"集成计算材料工程"(integrated computational materials engineering, ICME)报告[7],指出传统研究方法在挖掘材料性能影响因素及指导材料设计方面正面临瓶颈,亟须打破原有桎梏并建立更理性、更高效以及更具经济效益的研究方法。作为美国先进制造业伙伴关系计划的重要组成部分,2011年6月,美国政府宣布正式启动强化全球竞争力的"材料基因组计划"[materials genome initiative (MGI) for global competitiveness][8],这对材料科学领域的发展具有重要而深远的影响,它首次清晰地将"materials by design"的材料科学之梦展现出来。材料科学家普遍预期"材料基因组计划"孕育着材料科学和技术一次新的发展机遇，如图 10-1 所示。同年 12 月，我国召开了以"材料科学系统工程"为主题的香山会议[9]，选择"以二次电池为重点的能量储存和转换材料"和"以高温合金为重点的金属材料"两大方向为研究试点，并于 2015 年启动了"材料基因工程关键技术与支撑平台"重点专项。2012 年，日本以加速复合材料、高温合金及陶瓷涂层材料研发为目的启动了"元素战略研究基地"项目。同年，俄罗斯提出了"2030 年前材料与技术发展"战略。2014 年 6 月，美国政府发布"材料基因组计划战略规划"（materials genome initiative strategic Plan）[10]，指出材料基因组计划实施过程中所面临的四大关键挑战：①材料研究、开发和应用文化的转变；②实验、计算和理论的整合；③材料数据的方便获取；④下一代材料研发劳动大军的培养。同时首次提出生物材料、催化剂等 9 个重点材料领域的 61 个发展方向作为"材料基因组计划"重点发展方向。2021 年 11 月，美国政府又在新版"材料基因组计划战略规划"中[11]，强调了未来五年的三大愿景：①整合材料创新基础设施；②汲取材料数据的优势；③培养、培训及定制材料研发劳动大军。2019 年 3 月，欧盟提出涵盖电池界面基因组（battery interface genome，BIG）、材料研发加速平台（materials acceleration platform，MAP）、未来电池规模化制造等重要概念的"电池 2030+"计划[12]。上述围绕"材料基因组计划"部署的战略规划为电化学储能材料及器件的研发提供了一种新范式。

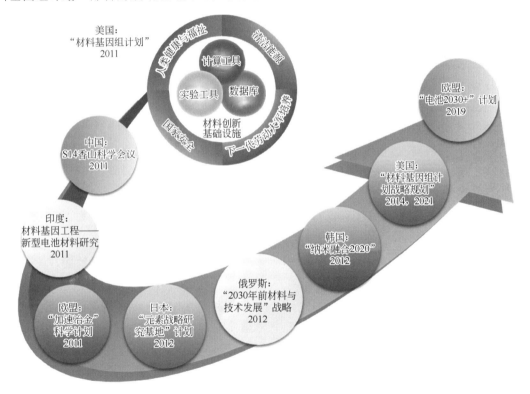

图 10-1 自 2011 年美国率先提出材料基因组计划以来各国和欧盟围绕该计划部署的战略规划[8]

"材料基因组计划"的基本理念是变革传统的"试错法"材料研究模式，发展"理性设计-高效实验-大数据技术"深度融合、协同创新的新型材料研发模式，其基本目标是将新材料的研发周期缩短一半、研发成本降低一半[13]。"材料基因组计划"这个名词本身并无特定的科学定义,通常是以上述基本理念为核心的材料研发模式的代称[14]。在计划落实的过程中,"材料基因工程"是广为提及的另一个表述。材料基因工程突出了计划的操作性过程,可视为"材料基因组计划"的执行蓝本。其实现途径是发展材料高效计算、高通量实验、大数据等共性关键技术,构建"计算、实验、数据库"三大基础创新平台,通过创新平台和关键技术的深度融合、协同创新,加速新材料研发和工程化应用[15]。

10.1.2 数据驱动的材料研发模式——第四范式

材料基因工程的工作模式可大致总结为3种[14]:

① 实验驱动模式,基于高通量合成与表征实验直接快速优化与筛选材料;

② 计算驱动模式(又称理性设计指导下的高效筛选),基于计算模拟预测有潜力的候选材料,缩小实验范围,再进行实验验证;

③ 数据驱动模式(又称材料信息学模式),基于大数据,利用数据挖掘并结合人工智能实现材料设计与发现(数据+人工智能)。

基于科学探索认识手段的不同,人们通常将实验科学、理论科学、计算科学分别称为知识发现的"第一范式""第二范式""第三范式"。如果将材料基因工程框架下的实验和计算驱动模式分别与第一和第三范式对应,那么受第二范式中所涉及"专家知识"驱动,并致力于"人工智能分析密集型数据"的数据驱动模式(如机器学习)则被称为"第四范式"[14,16,17]。值得注意的是,材料基因工程框架下的第一和第三范式(实验和计算驱动)更强调高通量。实验和计算的高通量是一种形象的说法,代表了相同时间内输出的实验和计算结果很多,是一种高效率的数据获取方式。其次,有别于传统的计算模拟,材料基因工程框架下的计算驱动更需要并发计算和数据处理的全自动化工作流,以快速筛选出目标材料[13]。从数据驱动层面看,知识发现依赖于大量数据和机器学习、数据挖掘技术,且发现路径不再是目标导向的线性搜索,而是参数空间覆盖式的全局搜索[18]。由此,用以训练的数据集既可以包含传统意义上与目标一致的"好"数据,也可以包含与目标不一致的"差"数据,以保证所发现的规律更具普适性。需要强调的是,考虑到数据的高维度与小样本之间、机器学习模型的准确性与易用性之间、模型学习结果与领域专家知识之间的矛盾,将领域专家知识与数据驱动的机器学习高度融合,发展可解释、可通用的下一代人工智能方法,并推动人工智能方法在材料科学领域的创新应用,是材料基因工程的发展方向之一(详见第10.3节)。计算程序在融合上述领域专家知识及由海量数据学习而来的经验知识后,将具备一定的独立思考能力,从而辅助人类去处理各种问题,进而形成"智能计算"程序。"智能计算"程序吸收了计算的物理推导特性以及机器学习的强归纳性,有望成为解决材料科学问题的有力手段。总之,"材料基因组计划"的提出,开辟了一条更快、更准、更省地获得成分-结构-工艺-性能间关系的全新研究模式[19]。

高通量计算与数据平台的建立是实施材料筛选及机器学习的基础。目前,在全球范围内已建立起一些基于"材料基因组计划"基本理念的高通量计算与数据平台(详见第10.2.2小节),且其功能还在逐步完善当中。例如,Ceder等构建的 Materials Project[20]平台已收录超76万种无机化合物、液态电解质等物质的结构和物化特性数据,为高性能合金[21,22]、电化学储能材料[23-25]以及光伏材料[26-28]等新型材料的发掘提供支持。中国科学院在"数据应用环境建设与服务"项目支持下，也建立了涵盖纳米材料、聚变材料、储氢材料、光学材料、镀膜材料、陶瓷材料的数据库[29]。就储能材料而言，发展和利用这类平台可为业界提供筛选电池材料的配方（活性物质、黏结剂、导电剂种类及其配比）、挖掘微/介观结构（材料粒径分布、电极厚度和孔隙率等）及电芯形状尺寸的最优参数，以帮助实现电池电压区间、额定容量、体积能量/功率密度、质量能量/功率密度和最大升温速率等重要性能指标的提升。目前，"材料基因组计划"的基本理念已逐渐融入至电化学储能领域研究中，并为工业界孵化出如数字孪生[30]、赛博物理系统[31]、智能制造[32]及工业互联网[33-35]等一系列新兴概念与手段，有力地推动了从材料设计、器件研发、生产制造到应用的数字化进程。

10.2 电化学储能中的高通量计算与数据平台

10.2.1 高通量计算概述

高通量计算在涉及材料基因工程的研究中经常遇到，但目前尚无统一定义。2015年，凌仕刚等[36]尝试性地将其定义为：根据计算方法、计算参数、数据输入等的相似性，采用相应的自动化操作来调用软件、输入数据、控制运算步骤、分析计算结果的高度自动化运算过程。以笔者思考和理解来说，高通量计算旨在低耗、高产出地从材料组分、结构等变量组合空间中以多任务并发的方式快速获得材料物性参数，以及为知识发现提供大量数据。其应具有并发执行任务密集、产生数据量大、单位时间内执行任务多等特点。

为实现高通量计算，可采用的方法大致分为两类：①利用计算方法或输入参数间的关联来优化计算规模，或根据不断更新的计算结果优化计算区域，以提高程序的并行或并发效率；②高低精度计算搭配，即先执行低精度、高效率的参数空间或计算域初筛，再对优选的区域进行高精度、高通量的细筛，这种逐级设立筛选条件的设计思路可实现计算效率的大幅提升。需指出的是，利用机器学习实现高通量计算和计算区域优化的同步进行是未来的发展趋势。

10.2.2 高通量计算与数据平台

大规模积累高通量计算数据及实验数据，并发展相应的数据管理和分析平台，是电化学储能研究由试错法转向数据驱动的必然要求。从建设目标看，除基本的材料计算与数据规范管理外，嵌入机器学习等人工智能方法是发展高通量计算与数据平台的关键。本节着重介绍现有平台的计算构架及特色功能，并分析其在电化学储能领域应用时面临的挑战。

10.2.2.1 高通量计算与数据平台简介

数据库是数据管理的重要载体。表10-1汇总了当前在世界范围内被广泛使用的一些材料数据库。数据库主要面向小分子有机物、无机晶体、合金等材料体系，其来源包括实验测量和计算模拟。

表 10-1　世界范围内的一些材料数据库及其数据类型、来源

数据库名称	数据类型	数据来源	网址
CSD	小分子有机物和金属有机化合物晶体结构数据	实验	https://www.ccdc.cam.ac.uk/
ICSD	无机晶体结构数据	实验	https://icsd.products.fiz-karlsruhe.de/
Pauling File	无机晶体材料、相图和物理性能	实验	https://www.paulingfile.com/
Materials Project	无机晶体材料、分子、纳米孔隙材料、嵌入型电极材料和转化型电极材料以及材料性能	计算	https://materialsproject.org/
AFLOWLIB	无机晶体材料、二元合金、多元合金以及材料性能	计算	http://aflowlib.org/
OQMD	无机晶体材料以及热力学和结构特性	计算	http://www.oqmd.org
材料学科领域基础科学数据库	金属材料和无机非金属材料	实验	http://www.matsci.csdb.cn/
国家材料科学数据共享网	金属材料、高分子材料、无机非金属材料等各类材料体系数据	实验	http://www.materdata.cn/
材料基因工程数据库	金属材料、高分子材料、无机非金属材料数据及原子间势	计算	https://www.mgedata.cn/
Atomly	无机晶体结构以及材料性能	计算	https://atomly.net/
电池材料离子输运数据库	无机晶体材料以及离子输运性能	计算	http://e01.iphy.ac.cn/bmd/
电化学储能材料计算与数据平台	无机晶体材料以及离子输运性能和机器学习描述符	计算	https://www.bmaterials.cn

在实验数据库方面，文献[37,38]提及的由 Kennard 等于 1965 年率先创建的剑桥结构数据库（Cambridge structural database，CSD）收录了 121 万余种小分子和金属有机化合物的晶体结构信息及其文献来源。Bergerhoff 等[39]于 1983 年创建的无机晶体结构数据库（inorganic crystal structure database，ICSD）则对 CSD 进行了有效补充，其收录了 27 万多种无机晶体的化学名称、化学式、矿物名、晶胞参数、空间群、文献来源等信息。在国内，中国科学院金属研究所于 1987 年承建了"材料学科领域基础科学数据库"，其包含 6 万余条金属材料和 1 万余条无机非金属材料的物化特性数据，涵盖了材料的热学、力学和电学等各方面性能。其他一些数据库还包括日本的 NIMS 和 Pauling File[40]、欧洲的 NOMAD[41]、美国的 NIST[42]以

及我国的 MaterialGo[43]、国家材料科学数据共享网（MSNS）[44]等。

在计算数据库方面，其通常与第一性原理计算、分子动力学模拟以及机器学习等计算模块集成，并朝着高通量计算与数据平台方向发展。通过将高通量计算产出的晶体学、热力学、动力学及力学相关材料数据反馈至数据库，可实现高通量计算与数据库的联动，并朝着"智能计算"方向推进。目前已建立的这类平台包括：Materials Project[20]、AFLOWLIB[45-47]、OQMD（open quantum materials database）[48,49]、MatCloud[50,51]、ALKEMIE[52]、JAMIP[53,54]、Materials Cloud[55]、Atomly[56-60]、JARVIS[61]、电池材料离子输运数据库[62]、NOMAD[41,63]，以及由本书作者团队开发的电化学储能材料计算与数据平台[64]。有关上述高通量计算平台与数据库的更多功能、数据来源等信息如表10-2所示。国际上，Jain等[20]于2011年创立的Materials Project平台迄今为止储存76万余种无机化合物、液态电解质、催化材料以及金属有机框架材料的第一性原理计算物性数据。杜克大学Curtarolo等[45,46]于2012年发布的AFLOWLIB计算材料数据库目前共存储了超过352万种化合物的结构信息，以及7亿条基于第一性原理计算获得的材料性能数据。近年来，国内相关研究者也已着手建立高通量计算与数据平台。例如，MatCloud平台已为新能源材料、金属材料以及电子信息材料等诸多材料体系计算并存储了超9000万条的材料数据[50]。2016年，北京科技大学建立了包含超过71万条催化剂、特种合金材料的实验及第一性原理计算物性数据的"材料基因工程专用数据库"；2020年，中国科学院物理研究所建立了涵盖32万个无机晶体结构的第一性原理电子结构及相图计算结果的Atomly数据库[56-60]。

10.2.2.2 面向电化学储能材料设计的高通量计算与数据平台

上述MatCloud、Atomly、ALKEMIE、Materials Project等计算平台均是基于固体材料在组分、结构等变量组合空间中以多计算任务同时进行的方式，并主要依赖第一性原理方法开展电子结构/相图的高通量计算。然而，电化学储能材料设计面临化合物种类庞杂、数据多源异构和多目标性能评估等挑战[65,66]，仅第一性原理计算难以满足要求。由此，亟待开发集多尺度计算、数据库和机器学习于一体的计算与数据平台，有机地融合计算、数据和实验验证，以加快性能优化和新材料研发速度。

本书作者团队于2020年发布了电化学储能材料计算与数据平台[64,67]，如图10-2所示。该平台积极实践FAIR原则，确保所有数据可查找、可访问、可互操作和可重用，其涵盖的4个模块介绍如下：

（1）多尺度计算模块

该模块涉及的计算功能包含构建电极材料局域配位场的分子轨道能级[68,69]、基于空间群-子群变换方法预测电极或固态电解质基态有序相[70,71]、基于Ewald方法计算离子晶体静电能[72,73]、热力学相图计算[74]、基于"几何分析-键价和"融合算法获取固态电解质输运通道位点及能量信息并自动产生中间态结构输入第一性原理轻推弹性带（FP-NEB）方法[75-78]、分子动力学模拟[79-82]、动力学蒙特卡罗模拟[83]与渗流理论融合方法分析离子输运性能、有效介质理论模拟、空间电荷层模拟、基于相场模拟解析枝晶生长过程[84-88]等。平台计算功能仍在扩充中。

表 10-2 面向材料设计的典型高通量计算与数据平台计算功能、数据来源信息、机器学习功能和辅助功能（详见表中备注）介绍

平台名称		AFLOWLIB[45-47]	OQMD[48,49]	Materials Project[20]	JARVIS[61]	NOMAD[41,63]	Materials Cloud[55]	ALKEMIE[52]	电化学储能材料计算与数据平台[64]	MatCloud[50,51]	JAMIP[53,54]	Atomly[56-60]
网站		aflowlib.org	oqmd.org	materialsproject.org	jarvis.nist.gov	nomad-coe.eu	materialscloud.org	alkemine.cn	bmaterials.cn	matcloud.com.cn	jamip-code.com	atomly.net
国家和地区		美国	美国	美国	美国	欧洲	欧洲	中国	中国	中国	中国	中国
材料计算功能	原子/电子结构计算	√	√	√	√	√	√	√	√	√	√	√
	热力学计算（总能计算、相图计算）	√	√	√	√	√	√	√	√	√	√	√
	动力学计算（NEB计算、分子动力学计算）	—	—	—	√	—	—	√	√	—	—	—
数据库功能	第三方数据库调用	ICSD	ICSD	ICSD	—	AFLOW、OQMD、Materials Project	—	alkemie	ICSD	—	—	ICSD
	计算数据存储	√	√	√	√	√	√	√	√	√	√	√

续表

机器学习	结构预测	√	√	√	√	√	√	√	—
	物性预测	√	√	√	√	√	—	√	√
可视化访问方式	数据可视化	√	√	√	√	√	√	√	√
	结构可视化	√	√	√	√	√	√	√	√
	网页访问	√	√	√	√	√	√	√	√
	RESTful API 接口	√	√	√	√	√	√	—	√
备注（依赖于开发团队不同研究背景，各计算平台具有不同的特色）		分析间隙位点、构造多组分化合物表面、纳米颗粒模型	基于热力学计算分析复杂体系相稳定性	分析界面反应；绘制电化学平衡图	构造异质结模型	开发热电材料、多相催化材料、光电光伏材料及合金的分析工具包；提供 GW 模拟方法	开发层状材料光学活性、MOFs材料氧化态、声子色散路径的分析工具包	提供基于机器学习的原子间势函数	提供BVSE+CAVD方法初步预测离子输运路径；提供分子轨道能级计算	支持团簇展开方法；构造取代掺杂模型	在典型化学成分下搜索稳定和亚稳材料结构	分析化学反应路径

第10章 电化学储能中的材料基因工程

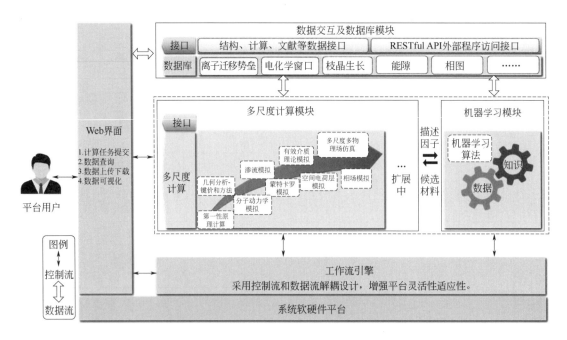

图 10-2　由多尺度计算、数据交互及数据库、机器学习和工作流引擎
四个模块构成的电化学储能材料计算与数据平台[64,67]

（2）数据交互及数据库模块

数据交互基于 Django Web 框架[89]开发获得，通过 RESTful API[47,90]方式提供预定义的规范数据接口和 API 访问接口，以实现数据和计算工具的共享。平台的 Web 界面允许访问者进行数据查询、上传、下载，并实现了晶体学、离子输运和电子结构数据的可视化，为研究人员提供了一个开放、友好、便捷的访问界面。数据库用于组织、存储和处理晶体结构、计算和文献三类数据，所有数据都使用 MongoDB[91]进行存储（基于分布式文件存储的 NoSQL 数据库，并以 BSON 格式对多种数据进行灵活存储）[64]，并通过独立的标识符关联数据使其可查找。其中，晶体结构主要来自 ICSD 和文献数据；计算结果数据库包括通过几何分析-键价和方法计算初筛获得的 3.5 万多个结构的离子迁移势垒数据[77]、通过第一性原理计算获得的电子结构数据（如电化学窗口及能隙等）和相图数据，以及通过相场方法获取的枝晶生长数据等。数据交互及数据库模块的功能和数据量仍在扩充中。

（3）机器学习模块

由数据上传、数据质量检测、数据质量提升、性能预测四个子模块组成，能够检测用户数据质量并针对性地对其进行提升，其核心目标是利用材料数据与领域知识共同驱动材料性能的预测与材料搜索（详见第 10.3.2 小节）。其中，用户可通过数据上传模块自行上传数据集，随后向其提供数据的可视化溯源分析；数据质量检测模块面向数据预处理步骤，可在相关领域知识的辅助验证下实现数据质量的检测，识别可能存在的异常数据点，全方面揭示数据中存在的质量问题；数据质量提升模块采用基于领域知识嵌入的特征选择方法对用户数据质量进行针对性的提升，便于构建较为简单的机器学习模型并用于精准预测；性能预测模块提供多种机器学习算法，用户可根据任务需求以及数据特点构建模型以精准预测材料性能。机器学习模块包含用户数据上传存储、全维度数据质量检测、领域知识嵌入特征工程及基于机器学习的材料性能预测等多项功能。

（4）工作流引擎模块

主要功能是定制复杂计算工作流，实现对多种软件计算功能的调用，并支持高通量计算[92]。自主开发的 HtFlow 高通量自动流程软件采用控制流和数据流解耦的设计，可实现计算程序和数据处理程序调用方式统一，从而使得数据处理由相应程序实现而与提供计算服务功能的平台本身无关，极大地增强了平台功能扩充的灵活性。该模块支持 SLURM[93]、LSF 等作业调度系统，可灵活管理多个并发作业的运行并最大限度地提高计算效率与吞吐量。例如，为突破经典或从头算分子动力学模拟[94,95]、轻推弹性带（NEB[96]）、动力学蒙特卡罗模拟[97]和几何分析方法[98]等常见离子输运性质计算方法需要复杂手动预处理的障碍[99]，电化学储能材料计算与数据平台采用如图 10-3 所示的筛选流程实现了自动化。具体流程包括：①刚性约束性质筛选，基于元素种类、空间群等晶体学因素从结构数据库中筛选需计算的候选材料；②以高通量方式对候选材料并发执行 Voronoi 多面体几何分解（CAVD）、位点键价能量（BVSE）计算[76,78]，初筛固态电解质的离子输运性质，并给出其离子输运路径以及初/末态结构；③将上述离子输运路径及初/末态结构作为 NEB 方法的输入信息，计算更精确的离子迁移能垒并精筛出潜在的固态电解质材料，详见第 3.4.2 小节。需强调的是，上述筛选过程仅为固态电解质的离子输运性能筛选流程，实际情况往往更为复杂，需向筛选条件中添加多目标性能需求条件。

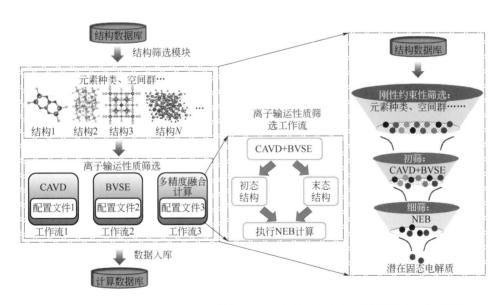

图 10-3　基于电化学储能材料计算与数据平台的固态电解质材料筛选示意图[64]

10.2.3 高通量计算助力电化学储能材料筛选

借助高通量计算可针对电化学储能材料多目标性能需求的问题，设立多个筛选条件进行逐级筛选，在巨大的材料组分、结构等变量组合空间内筛选出综合性能优异的电化学储能材料。如图10-4所示，本节介绍了针对目标性能需求逐级筛选固态电解质、液态电解质、电极及界面涂层材料四类电化学储能材料的一般流程。

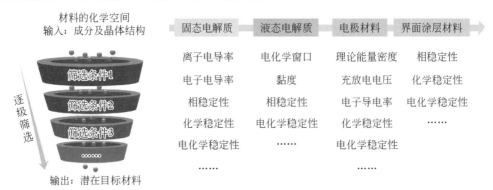

图 10-4　针对多目标性能需求逐级筛选固态电解质、液态电解质、
电极及界面涂层材料四类电化学储能材料的一般流程

（1）电解质材料

电解质材料需以离子导电性、电子导电性及相/化学/电化学稳定性为条件开展高通量计算筛选[100-103]。固态电解质方面，Sendek等[103]分别以高离子电导率（室温下高于10^{-4}S/cm）、低电子电导率（带隙大于1eV）、较好的相稳定性（凸包能小于0eV）、固态电解质/正极界面电化学稳定性（分解电压高于4V）、固态电解质/锂金属负极界面化学稳定性（电解质不含与锂负极反应的过渡金属元素）为筛选条件并结合机器学习，从12831种含锂元素的化合物中筛选出21种潜在的固态电解质材料；采用图10-2所示的平台，本书作者团队开展$Zn_3(PO_4)_2$离子输运性能的高通量计算，预测出α-$Zn_3(PO_4)_2$具有最低Zn^{2+}迁移能垒并获验证[104]。液态电解质方面，Schütter等[105]以电化学窗口高于3.7V、溶剂的黏度小于3mPa·s、沸点高于100℃、闪点高于50℃，以及适宜的溶解度为条件，筛选出乙腈、己二腈和戊二腈和丁二腈以及二氰基环戊烷五种具有宽电化学窗口的潜在高电压电解液溶剂分子；Han等[106]根据与碳酸亚乙酯、碳酸亚乙烯酯以及亚磷酸盐相比氧化还原电位更低，以及与氟化氢分子的化学反应性较弱两种特性作为筛选条件，筛选4种有望提升锂离子电池容量保持率和循环稳定性的电解液添加剂。

（2）电极材料

电极材料应具有合适的工作电位与较好的相/化学/电化学稳定性，以满足其能量密度和安全性要求[107,108]。例如，Kabiraj等[109]通过高通量计算探索单层ReS_2的2000种锂化结构，给出与实验结果吻合的可逆储锂比容量和开路电压（214.13mAh/g和0.8V）；Hautier等[110]

以结构稳定性、能量密度、比容量以及电压为条件，对聚阴离子化合物 $A_xM(YO_3)(XO_4)$（A = Na、Li；X = Si、As、P；Y=C、B；M 为氧化还原活性金属；$x=0\sim3$）进行高通量第一性原理计算筛选，发现几种碳磷酸盐和碳硅酸盐可作为潜在的高比容量（>200mAh/g）和高能量密度（>700Wh/kg）锂离子电池正极材料。基于图 10-2 所示的平台，本书作者团队通过高通量第一性原理计算（10^2 量级）预测出 Li_2O_2（11$\bar{2}$0）/（0001）表面分解的临界过电位为 0.54V/0.78V 并获实验验证，借此提出"无序化分解"思想，即改变电解液中盐浓度以调控氧化还原媒介（如 LiI）电化学活性，使其恰好高于 Li_2O_2 特定表面分解的临界过电位，实现了 $Li-O_2$ 电池放电产物 Li_2O_2 分解反应速率提升 3~5 倍[111]。

（3）界面涂层材料

固态电解质与电极间界面易发生（电）化学反应，导致界面阻抗增大并缩短电池寿命。解决方法之一是在不牺牲离子电导率的情况下，引入具有（电）化学稳定性的涂层材料。例如，Xiao 等[112]基于离子导电性和相/化学/电化学稳定性等条件，通过高通量第一性原理计算筛选出几种聚阴离子氧化物涂层材料，如 LiH_2PO_4、$LiTi_2(PO_4)_3$ 和 $LiPO_3$。采用图 10-2 所示的平台，基于位点键价能量计算及第一性原理计算，本书作者团队对 920 种锂氟化物候选涂层开展离子输运性能及涂层/正极界面电化学-化学稳定性的高通量筛选。获得 10 种性能最优的耐高压涂层材料[113,114]。其中，$Li_3AlF_6@LiCoO_2$ 涂层效果获日本东北大学 Honma 的实验验证[115][1% $Li_3AlF_6@LiCoO_2$ 在 100 圈后容量保持率达 95%（较原始 $LiCO_2$ 提升 31.8%）]。Fitzhugh 等[116]采用凸包迭代、取代元素迭代及二进制搜索算法高效快速绘制伪二元相图的高通量第一性原理计算，预测了 67000 种材料/硫化物固体电解质界面的化学和电化学稳定性，筛选出 2000（1000）种与正（负）极兼容的涂层材料。

10.3　电化学储能中的机器学习

10.3.1　机器学习概述

机器学习（machine learning，ML）是一门涉及概率论、统计学、逼近论、凸分析、算法复杂度理论等领域的新兴交叉学科，旨在让计算机模拟人类学习行为，自动获取知识并不断完善相关性能。ML 的经典定义如下：

$$ML = \langle P, T, E \rangle,$$

式中，P、T 和 E 分别表示性能（performance）、任务（task）和经验（experience）。若计算机程序处理任务的性能随着经验的提高而提高，则表示计算机程序可以从与任务和性能有关的经验中学习。经验在计算机系统中通常以数据的形式存在。机器学习的最终结果是从数据中产生"模型"[一般可以用函数 $y=f(x)$ 来表示，其中 y、x 和 $f(\cdot)$ 分别为目标属性、观测值以及拟合函数]。为验证机器学习模型的泛化性误差，需将数据集划分为训练集、验证集和测试集，分别用于模型的训练及其泛化性能的验证。

机器学习是人工智能的一个分支，也是现代人工智能发展的基础。如图 10-5 所示，无论是传统机器学习、深度学习，还是其他人工智能方法（如神经计算、模式识别、数据挖掘、统计理论等），均以机器学习作为研究基础，以统计理论作为关键理论支撑的研究模式。具体来说，神经计算是构建人工神经网络这一经典机器学习模型的理论基础，其通过将大量人工神经元并行互联，可以生物神经系统的智能运作模式来模拟人类思考；模式识别是在围绕表征事物或现象时对各种形式呈现的信息进行处理和分析，进而对其进行描述、辨认、分类和解释的方法，机器学习参与了其中部分信息处理以及全部的信息分析工作；数据挖掘指在机器学习的技术支持下，从海量数据中提取出无法直接通过统计学方法获取的信息，通过将各种数据源中的信息进行整合，发掘其内在关系的学习模式。除非特别说明，文中提及的机器学习均为传统机器学习。

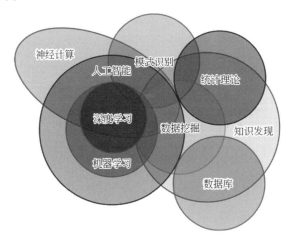

图 10-5　机器学习相关术语之间的关系[117]

10.3.2　机器学习的一般步骤

机器学习应用于电化学储能领域的一般步骤如图 10-6 所示。

（1）目标定义

在领域知识的指导下，将材料问题转换为机器学习模型可处理的任务。

（2）数据准备

通过实验表征、计算模拟或者直接从材料数据库中获取数据，提取合适的描述符（包括材料结构、化学成分和材料性能等）并建立对应数据集。

（3）数据预处理

通过缺失值插补、异常值检测等统计学方法对数据进行修正，为机器学习模型提供可学习的高质量样本。

（4）特征工程

通过特征选择或特征转换方法从原始描述符数据中筛选出更好的数据特征。

（5）模型构建

通过选择合适的机器学习算法并调整最优参数，模拟条件属性与目标属性之间的映射关系。

（6）模型应用

研究人员可以利用这些模型来预测材料性质或设计新材料。由于深度学习能够自动过滤冗余信息并筛选出有效特征，因此无须进行特征工程操作。

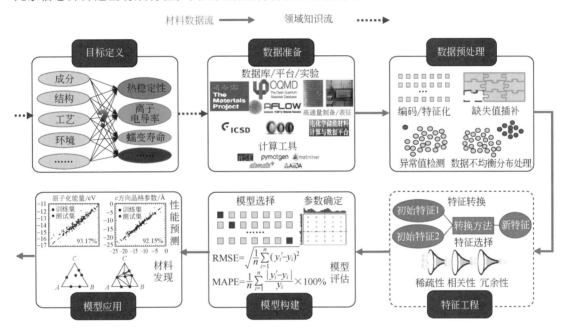

图 10-6　机器学习应用于电化学储能领域的一般步骤

10.3.2.1　目标定义与数据准备

目标定义旨在通过领域知识的驱动将特定材料研究问题转换成机器学习建模任务，通常情况下，研究人员需要明确具体的材料体系以及拟学习的"构效关系"。数据准备可通过实验、计算或搜索现有数据库实现（详见第 10.2 节）。然而，这些复杂且多源异构的材料数据往往不利于机器学习建模，需要研究者进一步筛选，并将其处理为能够映射样本间（如条件属性与目标属性间）规律的数据。其中，条件属性（又称描述因子或描述符）作为材料数据的重要组成部分，将直接影响模型的预测精度与可信度，其种类及相关算法如图 10-7 所示。

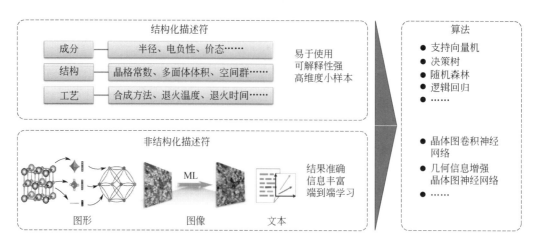

图 10-7 结构化与非结构化描述符种类举例及相关的部分算法展示
结构化描述符一般能够形式化存储在数据表格中且每列都有具体的含义；
非结构化描述符则通常指结构化数据之外的一切数据

对于结构化描述符的选取，通常由领域专家遵循以下几个原则[118]来人工获取：①描述符与目标属性之间必须一一对应；②相似的材料应具有相似的描述符；③描述符个数尽可能少；④描述符获取成本尽可能低。例如，针对特定的目标性能与材料体系，Jalem 等[119]选取元素的电荷、配位数、晶格常数、晶胞体积、多面体的键长和键角、原子间距等描述符对橄榄石型化合物 LiMXO$_4$（M 为主族元素，X 为第Ⅳ和第Ⅴ族元素）的激活能进行预测；本书作者团队通过提取有机溶剂小分子本征性质，如前线分子轨道、偶极矩及官能团原子特性等共 13 个描述符，预测其与放电产物的相互作用，发现磷酸酯溶剂能够显著加快 Li-O$_2$ 电池的电极转换反应动力学[120,121]。为将材料原始数据转换为机器学习模型所需的通用描述符，Ward 等[122]根据材料的物理和化学性质提出了一套通用的描述符框架，包括化学计量比、元素属性、电子结构和离子化合物属性等共 145 个描述符，并在电化学储能材料性能的预测研究中得到了成功应用[123-126]。为提高描述符的复用性，研究人员开发了一些计算工具包对现有描述符的提取方法进行集成。例如，Ward 等[127]基于 Python 开发了特征生成方法库——Matminer，利用所含的 47 个特征提取模块能够生成数千个物理相关的描述符，有效降低了描述符的选取难度；Himanen 等[128]创建了一个对原子结构进行编码的描述符库——DScribe，包含库仑矩阵[129]、Ewald 求和矩阵[130]、正弦矩阵[130]、多体张量表示（MBTR）[131]、以原子为中心的对称函数（ACSF）[132]和原子位置平滑重叠（SOAP）[133]等与结构相关的描述符，并通过预测晶体的形成能及有机分子离子状态下的电荷展现了其适用性。上述研究均根据描述符特点构建结构化数据，有效避免了非结构化数据转化为结构化数据时造成的信息丢失问题。

对于非结构化描述符，可采用深度学习从原始非结构化数据（如图形、图像、文本）中自动提取并进行分析，摆脱传统机器学习中的特征工程阶段，实现"端到端"材料性能的精准预测[66]。针对图形数据，Xie 等[134]提出的晶体图卷积神经网络（CGCNN）准确预测了晶体的形成能、带隙、费米能级和弹性模量等物性参数，并据此筛选出了可以抑制锂枝晶生长的无机固态电解质[135]。鉴于大多数模型无法学习原子之间完整的局部几何关系，

Cheng 等[136]利用混合基函数将几何信息进行编码，并开发了一种几何信息增强的晶体图神经网络（GeoCGNN）用于预测晶体的形成能和带隙。针对图像数据，Dixit 等[137]采用基于 ResNet-34 的深度卷积神经网络对锂金属 X 射线断层扫描图像中的锂金属和孔隙进行分割，实现了锂金属电极和固态电解质界面形态变化的定量跟踪；Jiang 等[138]开发了一个掩模区域卷积神经网络，能够自动识别和分割复合正极材料颗粒的 X 射线纳米断层扫描图像，解析其内部结构特征；Furat 等[139]通过卷积神经网络对标记的正极材料颗粒的电子显微镜背散射衍射图像进行训练，并将其拓展至整个图像数据，进而生成具有增强晶界的新图像。针对文本数据，通常利用文本挖掘技术获取，旨在从文本语料库中提取有价值的知识。近年来，材料科学领域的文本挖掘研究主要依靠自然语言处理技术和深度学习算法，从数量庞大且不断增长的科学出版物中快速获取科学知识，进而指导材料相关领域的研究。

综上所述，根据数据结构（结构化与非结构化）的不同衍生出了许多不同类型的描述符。这些描述符不仅要求与研究对象紧密相关，还应适应相应的数据与算法以提升机器学习模型的效率。此外，尽管已有集成式的描述符计算工具，但受限于储能材料性能影响因素的多样性与复杂性，尚无法提出能适用于任意目标属性的通用描述符的提取方案。

10.3.2.2　数据预处理

数据预处理阶段旨在为机器学习模型提供高质量的学习样本。机器学习作为一种能够从数据中快速、准确地挖掘潜在有用信息的人工智能方法，其学习能力的上限由数据质量决定。因此，提升数据质量是提升机器学习模型预测性能，进而挖掘更准确材料构效关系的有效途径。然而，从收集材料数据到借助机器学习技术发掘数据潜在价值的过程中，存在数据与机器学习建模需求失配等数据质量问题。同时，由于数据生成、采集和记录方式的差异，通过不同数据源收集的材料数据具有多源、异构、不确定性强、样本少、维度高等特点。利用异构数据进行建模会影响机器学习模型的预测性能。不确定性是不同来源的材料数据的共同特征，可能源于测量误差、设备故障和计算缺陷等，易导致部分材料数据空缺或失真，进而影响机器学习建模的准确性。因此，需发展合适的数据预处理方法令数据更可信、可靠、可解释。

近几年，材料数据质量问题广受关注。一方面，一些成熟的数据预处理方法，如数据编码和特征化、缺失值插补、异常值检测和对数据不均衡分布的处理等，开始被用于解决材料数据的某些特定质量问题。例如，Xu 等[140]和 Hafiz 等[141]分别开发出编译程序和多层感知机，实现了钙钛矿形成能数据和 f-电子体系结构数据预测准确性的提升；Li 等[142]探讨了数据分布的不均衡性对机器学习模型的影响，通过在不同组分空间中建立不同的分类或回归模型，并对预测结果进行集成，以提升预测钙钛矿氧化物凸包能量的准确性；Gharagheizi 等[143]在使用最小二乘支持向量机对离子液体的电子电导率进行预测时，对实验测量的电子电导率数据进行人工校验，发现并剔除了 100 个可疑数据，最终模型的平均预测偏差仅为 1.9%；Hosseinzadeh 等[144]采用杠杆检测法对文献报道的离子液体电子电导率实验数据进行了准确性评估，发现在剔除了 7 个异常样本点后，机器学习模型的预测精度提升至 99.98%。此外，Draxl 等[41]首次将 FAIR 原则引入大数据驱动的材料科学研究中，主张通过构建原始数据仓库、规范化的数据存档、数据知识百科全书、大数据分析和可视化工具等手段确保材料数据的质量。

另一方面，基于生成对抗网络（generative adversarial network，GAN）的数据增强方法可用于扩增材料数据，为机器学习模型挖掘高维、复杂数据中的一般规律提供充足的数据支持，以从另一种角度解决数据质量问题。例如，Song 等[145]利用 GAN 生成二维材料，最终发掘出 26489 种新型潜在二维材料，其中 1485 种材料的概率得分大于 0.95（代表方法真实性），为探索新的二维材料化学设计空间提供了一种有效方法；Ma 等[146]利用 GAN 将原有 47 张多晶铁光学图像数据扩充至 136 张，最终模型在生成数据与 35%真实数据组成的数据集上的训练结果已经媲美以往利用所有真实数据进行训练的模型训练出的结果。这表明利用生成数据（从真实数据进行图像样式转换后）可在不显著增加训练数据的情况下充分发挥出深度模型强大的分析和预测能力。

以上研究证明了数据质量治理可以提高机器学习模型的预测精度。然而，目前的数据预处理方法大都局限于从单一角度对数据质量进行检测。由于电化学储能材料涉及多种体系和多种描述尺度，相关影响因素错综复杂，导致难以对其进行全面评估并对其中涉及数据的质量做出针对性的治理。同时，材料数据本身具有很强的专业性，现有的基于统计分析的数据预处理方法仅依据数据分布来衡量数据质量，往往忽略了领域知识在数据质量提升中的重要性，从而难以发现异常数据。因此，如果能建立一种面向材料领域机器学习应用全过程的通用数据质量治理框架，并融合领域知识对材料数据质量进行治理，将有利于研究人员在应用机器学习解决材料问题的全过程中实现数据质量的实时监测和全面控制，从而达到更准确分析数据并提出更可靠科学决策的目的。

基于此思路，本书作者团队提出融合材料领域知识的数据准确性检测方法（如图 10-8 所示）[147]。通过将领域知识融入数据准确性检测方法的全过程，从数据和领域知识两个角度对材料数据集进行单维度正确性检测、多维度相关性检测以及全维度可靠性检测，确保数据集从初始阶段就具有较高的准确性。例如，针对 NASICON 型固态电解质激活能预测数据集，该方法有效地识别了其可能存在的异常数据，并结合材料领域知识剔除了存在明显错误的 5 条样本，修正了由于输入错误导致异常的 3 条样本，最终使得激活能预测的决定系数 R^2 提高了 33%。

10.3.2.3 特征工程

选取合理的描述符是构建高性能机器学习模型的关键环节之一。目前大部分描述符的选择取决于材料专家的知识储备，因此存在稀疏性、冗余性等问题，不利于机器学习模型挖掘数据中隐含的一般模式。利用特征工程（特征转换和特征选择）对描述符空间进行降维以降低模型拟合难度，能够有效解决上述问题。特征转换是指将高维特征空间映射到低维特征空间，特征选择是指从全部特征中选择一个特征子集，二者均从降低样本维度、减少数据无效特征的角度来提高机器学习模型的预测精度和泛化性能。目前，已有研究者利用统计学或机器学习方法进行纯数据驱动的特征转换或选择，试图从电化学储能材料的众多描述符中挑选出可解释、预测精度高的描述符。

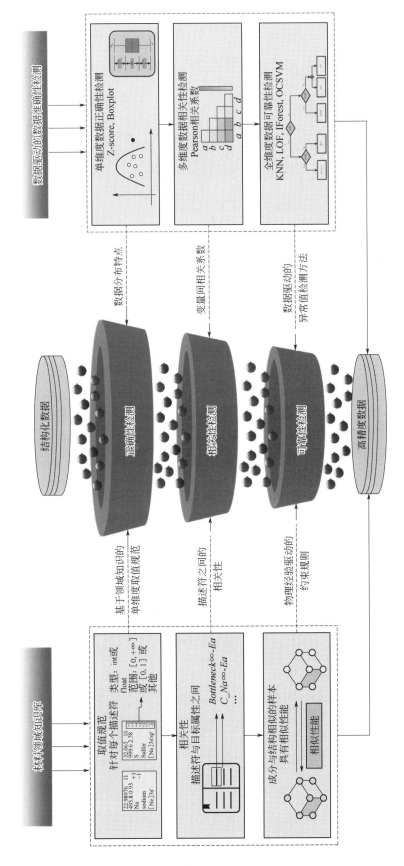

图 10-8 融合材料领域知识的数据准确性检测方法[147]

（1）特征转换

特征转换方法主要有主成分分析法[148]和线性判别分析法[149]。主成分分析法是最常用的线性降维方法，它通过线性投影将高维数据映射到低维空间进行表示，期望在所投影的维度上数据的方差最大，以最大限度保证数据的有效性[148]。线性判别分析法是一种有监督的数据降维方法，其思想是在低维空间中寻找一组投影方向，使得样本在投影后各个类别的类内方差小而类间均值差别大，以达到最佳的分类效果[149]。例如，Banguero等[150]将主成分分析法应用于电化学储能电池容量、内阻和开路电压等参数集的处理；Wang等[151]利用主成分分析法对电动汽车动力电池内各电芯荷电状态、功率状态、健康状态、电压、内阻及温度等参数的一致性进行评价；Chen等[152]利用基于线性判别分析的分类模型识别锂离子电池故障等。

（2）特征选择

特征选择是从原始特征中选择出一些最有效特征以降低特征空间维度的过程，是提高机器学习算法性能的一个重要手段。特征选择方法可分为过滤式、包裹式及嵌入式三大类[153]：

① 过滤式特征选择方法　采用基于统计理论和信息论的度量指标（如距离函数、统计相关系数和互信息等）评估相关特征的重要性并进行排序，然后选择得分高的特征子集用于机器学习[154]，如图10-9（a）所示。该方法具有简单、高效的优点。然而，其特征选择过程与机器学习模型分离，忽略了所选特征子集对模型性能的影响，导致模型的预测精度较低[142,155]。

② 包裹式特征选择方法　根据预定义的搜索策略（如穷举法、遗传算法等）生成若干初始候选特征子集，通过特定的机器学习模型来评估每个候选特征子集，反复进行上述过程，直至选定的特征子集满足迭代停止条件（模型预测精度或循环次数）[156]，如图10-9（b）所示。该方法能够选择出具备高精度预测性能的最优特征子集，但往往计算时间较长、复杂度较高[157]。由于可考虑特征对模型性能的影响，包裹式特征选择方法已得到了广泛的应用。例如，Gharagheizi等[143]采用顺序搜索策略成功筛选出10个关键描述符，并建立最小二乘法支持向量机（LSSVM）模型，用于预测离子液体电导率；Wu等[158]利用该方法从111个描述符中选择了23个关键描述符，采用高斯核岭回归模型预测了FCC溶质扩散势垒。

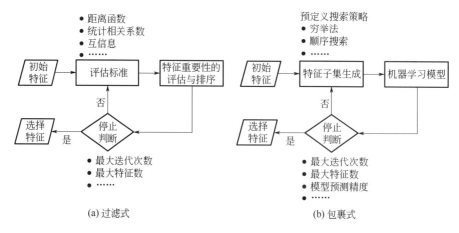

图10-9　特征选择方法工作流程[159]

③ 嵌入式特征选择方法　与包裹式特征选择方法类似，嵌入式特征选择方法需要与特定的机器学习模型绑定。不同的是，该方法通过在目标函数和建模过程中引入正则系数或随机因素，以实现模型构建和特征选择的协同［如偏最小二乘分析、套索回归（LASSO）和随机森林］，简化了特征选择的过程。但受限于特定的机器学习模型，其普适性有待提高[160]。在选择特征时，可根据特征的重要性进行排序，有利于进行针对性的材料设计。例如，Shandiz等[161]为339条硅酸盐正极材料样本构建了9个描述符，利用极大随机化树（ERT）预测上述材料的晶系，发现晶胞体积及晶胞中的原子数对预测结果影响最大。本书作者团队基于分层编码晶体结构基描述符为50条立方相Li-Argyrodites样本构建了32个描述符，并借助偏最小二乘分析（PLS）方法推断出各描述符与激活能之间的因果关系[162-164]。

(3) 问题与对策

特征选择方法复杂多样，且其超参数优化策略往往需要手动设置和调整，导致缺乏相关经验的材料专家难以直接使用。例如，过滤式特征选择方法需要手动设置选择特征的数量和过滤阈值；包裹式特征选择方法需要人为指定子集搜索策略以生成候选特征子集；嵌入式特征选择方法需要优化机器学习算法的超参数以获得更好的性能。

针对上述问题，一方面，可以采取模型融合的策略，即通过将过滤式和包裹式特征选择方法进行组合，以从数据的不同角度对特征进行处理。例如，Hsu等[165]先采用计算效率高的过滤器从原始数据集中选择候选描述符，然后通过更准确的包裹器进一步优化从而得到训练样本。另一方面，由于特征工程方法仅仅通过特征空间分布来选择描述符，使得一些关键描述符的重要度被弱化，导致机器学习结果与领域知识不一致。因此，将领域知识有效融入特征工程中有利于挑选出更合理可信的描述符子集。基于此思路，本书作者团队探索了材料领域知识嵌入的特征选择方法，将领域专家对"描述符对性能的影响程度"和"描述符之间的相关关系"的认知分别数值化表示为特征的重要度和符号化表示为不共现规则（non-co-occurrence rules，NCOR）等计算机可读、可理解的形式，并融入数据驱动的特征选择过程中，提出了融合加权评分领域专家知识的多层级特征选择方法（如图10-10所示）[159]以及嵌入领域知识以降低特征相关性的特征选择方法（如图10-11所示）[166]。前者将材料领域专家对晶体结构影响固态电解质离子电导率的认知转化为特征重要度并嵌入特征选择方法中，成功遴选出5个符合认知的描述符，借此构建出的激活能预测模型的均方误差比特征选择前降低19%。随后，在四个电池材料数据集上进行实验，也显示出较其他方法更准确的预测性能。后者将影响固态电解质离子输运性能各因素间的相关关系转化为特征不共现规则并嵌入特征选择目标函数中。随后，将其应用于NASICON型电解质离子激活能预测研究中，成功遴选出内部相关性更低的描述符集合，并以此构建了泛化性和稳定性更好的回归预测模型。上述两种数据和知识双向驱动的新方法都能拓展到更多的材料构效关系研究中。

10.3.2.4　模型构建

为实现对材料属性的精准预测，需构建可描述输入变量（描述符/条件属性）与目标属性（决策属性）映射关系的机器学习模型[93]。机器学习模型构建过程主要包括模型训练（算法选择和参数确定）和模型评估（实验方法和评估指标）。

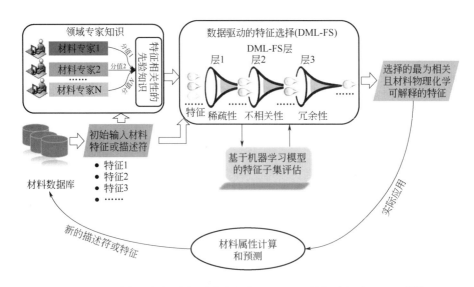

图 10-10　融合加权评分领域专家知识的多层级特征选择方法框架[159]

通过将过滤式和包裹式方法相结合实现自动去除稀疏、不相关和冗余特征；在特征选择过程中引入材料领域专家对描述符重要度的评分（即领域专家知识），以消除关键特征被删除的风险

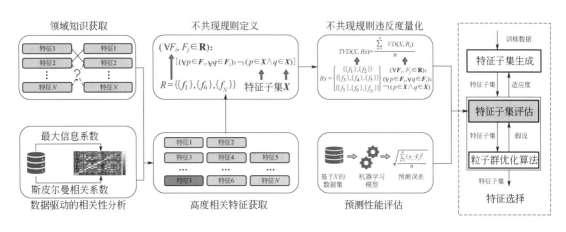

图 10-11　材料领域知识嵌入的特征选择方法[166]

利用相关性分析技术和材料领域知识中的描述符关联来获取描述符之间的不共现关系并符号化为不共现规则；建立不共现规则违反度计算函数，联合机器学习模型的目标函数共同作为基于特征选择方法的目标函数，以评估描述符子集的适应度；最后，分两阶段进化以优化特征选择方法的寻优过程

（1）算法选择

机器学习算法众多，可按照学习方式不同将其分为有监督学习、无监督学习、半监督学习、自监督学习、强化学习和主动学习等。具体地说，若训练样本均含有标记信息，则为有监督学习。分类和回归是有监督学习的代表，其可实现对电化学储能电池材料属性值的预测，以及根据要求对材料进行分类等。若训练样本均无标记信息，则为无监督学习。聚类是无监督学习的代表，可对训练样本自动进行划分。半监督学习则介于前述两者之间，

可完成回归及分类任务，其特点是让学习器不依赖外界交互，自动地利用未标记样本来提升学习性能[167]。与无监督学习类似，自监督学习将无标签数据通过设计辅助任务来挖掘其自身的表征特性并作为监督信息，以提升模型的特征提取能力。强化学习主要解决了在特定环境中如何采取每一步的行动，从而获得最大累计奖励的问题。与标准的监督学习不同，强化学习通过学习研究主体所在环境对主体行动的反馈，在已有知识和未知领域两者中寻求平衡，以追求累计奖励的最大化。主动学习通过算法挑选信息量高的未标注数据，让研究者确定数据的标签，同时利用标注好的数据对模型参数进行更新，如此反复循环迭代后期望完成大批量数据集的自动化标注。同时，模型也能利用较少的标注数据获得较好的性能。在材料科学领域，主动学习利用预构建的机器学习预测模型对候选样本空间进行迭代和自适应采样，为昂贵的模拟计算或实验验证提供最有价值的候选样本，以加快新型高性能材料的筛选。

目前，机器学习在电化学储能领域应用广泛，其常用模型如表 10-3 所示，主要包括线性模型（如逻辑回归、偏最小二乘法、岭回归等）、非线性模型（如高斯过程回归、支持向量机、人工神经网络、决策树、朴素贝叶斯等），以及集成学习模型（如随机森林、XGBoost、梯度提升决策树等）。其中，线性模型形式简单、易于建模，能够直观地表达各属性在预测中的重要性，因此具有很好的可解释性。然而，此类模型仅针对线性可分问题，即通过直线（或者高维空间的平面）划分，难以拟合复杂数据；非线性模型能够拟合复杂数据，但计算复杂度高、可解释性差；集成学习通过组合多个弱学习器来得到一个更好更全面的强学习器，避免了直接构建强学习器的复杂性，是目前最强的学习器之一。本书作者团队深入、系统地研究了集成学习的泛化能力、易用性和学习效率，并成功应用于地震预报[168]。这些有望用于调和材料领域机器学习面临的模型准确性与易用性的矛盾。然而，由于集成模型包含多个学习器，即使个体学习器有较好的可解释性，集成模型仍是不可解释的模型。

表 10-3 应用于电化学储能领域的机器学习模型对比

类型	方法	简介	优点	缺点	适用范围	相关文献
线性模型	逻辑回归	面向分类问题，建立代价函数，然后通过优化方法迭代求解出最优的模型参数	简单高效；可解释性强	容易欠拟合；对于异常值和缺失值敏感	线性可分数据	[103,169]
	偏最小二乘法	通过最小化误差的平方和找到一组数据的最佳函数匹配	计算简单；预测精度高；可定性解释	降维导致信息损失	小样本数据	[162]
	岭回归	一种改良的最小二乘法，在混合逻辑回归基础上增加L2正则项	稳定性较好	特征之间为稀疏的线性关系时效果差	多重共线性数据、病态数据	[158,170]

续表

类型	方法	简介	优点	缺点	适用范围	相关文献
非线性模型	高斯过程回归	使用高斯过程先验对数据进行回归分析的非参数模型	预测值是观察值的插值,具有概率评估	在高维空间效果差	时间序列数据	[171-174]
	支持向量机	利用核函数在高维或无限维空间中构造超平面或超平面集合,使其成为非概率二元线分类器	可以解决非线性的分类、回归等问题	计算耗时;对参数和核函数的选择比较敏感	高维数据	[143,170,173,175,176]
	人工神经网络	通过调整内部大量节点之间相互连接的关系,以达到处理信息的目的	鲁棒性和容错能力强;可充分逼近复杂的非线性关系	参数复杂,不易解释	复杂非线性数据	[135,177,178]
	决策树	一种树形结构,其中每个内部节点表示一个属性上的判断,每个分支代表一个判断结果的输出,最后每个叶节点代表一种分类结果	计算简单,易于理解,可解释性强	容易过拟合	稀疏性数据、不相关性数据	[120]
	朴素贝叶斯	基于贝叶斯定理和特征条件独立假设的分类方法,属于生成式模型	能够处理多分类任务;算法简单	需要计算先验概率;对输入数据的表达形式敏感	小样本数据;稀疏性数据	[179]
集成学习模型	随机森林	以决策树作为基学习器,通过构建和组合多个弱学习器来完成学习任务	抗过拟合能力强;对缺失数据不敏感	噪声敏感	高维度、小样本、非均衡数据	[126]
	XGBoost	一种经过优化的分布式梯度提升库,相比于梯度提升决策树,它支持多种类型的基分类器	收敛速度快;内置交叉验证	在高维空间效果差	稀疏性数据	[180]
	梯度提升决策树	基于梯度提升迭代思想,使用CART作为基分类器通过将正则项最小化来建立弱决策树,累积所有树的结果获取最终预测结果	计算速度快;有较好的泛化能力	不适合高维稀疏数据;无法并行处理	非线性数据;离散/连续数据	[181]

随着可用数据与计算资源的爆炸性增长,利用传统机器学习分析数据的成本难以估量。于是,深度学习应运而生并开始在视觉识别领域大放异彩。2012 年,AlexNet 的提出更是将深度学习推向高潮。随后,越来越多的深度学习模型被提出,如图像领域的 ResNet、GoogleNet,自然语言处理领域的 Transformer、BERT,以及针对图形数据的 GCNN。对于材料领域,复杂多变的描述符类型催生了许多针对性的深度学习模型,例如,CGCNN、OGCNN、

DimeNet 等。然而，仍需推进深度学习模型在电化学储能领域的应用。例如，变分自编码器能够将数据分布进行统一映射且可根据其分布特征进行概念解耦，有利于厘清材料成分、结构、工艺、环境间复杂的关联。此外，变分自编码器能够学习电化学储能材料数据与决策属性（标签）的联合概率分布、材料描述符和性质，并分别生成大量候选材料以实现材料的反向设计。然而，晶体结构信息的复杂性与多样性导致该模型难以生成符合专家认知的电化学储能材料。图 10-12 总结了不同学习方式的机器学习算法。

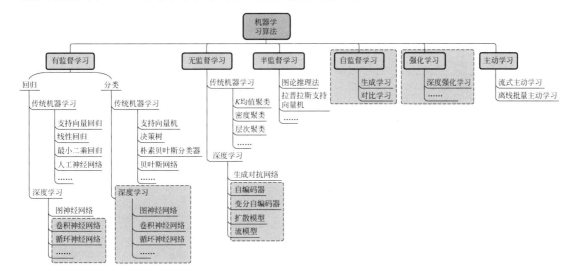

图 10-12　不同学习方式的机器学习算法

虚线框表示具有解决复杂电化学储能材料问题潜力和推广价值的机器学习模型

目前，机器学习算法缺乏普适性且其选取往往基于试错法，亟须一种针对各种材料任务的自动选择机器学习算法的方法。虽然深度学习模型具有强大的信息提取与分析能力，但需要大量数据进行驱动，而其"黑盒"性质导致训练完全依靠经验主义和数据的统计特点，易出现学习结果与领域知识不一致甚至相悖的现象。因此，亟须将"黑盒"模型"白盒化"，构建可靠、精准的机器（深度）学习模型，推动机器学习与电化学储能材料领域耦合进程。

（2）参数确定

大多数机器学习模型需要对超参数进行确定，且参数配置很大程度上影响着模型的性能。因此，在选择解决具体材料问题的最优模型时，还需对模型的超参数进行优化。不同的机器学习模型中决定性的超参数种类和数量均有不同，如图 10-13 所示。通常采用的优化思路是将性能最优（如预测性能）模型的参数作为最优参数。然而，模型参数有些在实数范围内取值，因此对每种参数配置的模型进行一一训练是不可行的。这在参数更多、复杂程度更高的深度学习模型上更为突出。依赖于人工操作的模型参数寻优受到研究人员经验知识等主观因素影响，降低了客观性与准确性。为解决该问题，网格搜索、随机搜索、贝叶斯优化等自动参数寻优方法被应用到模型训练中，以降低人工干预带来的影响，如表 10-4

所示。

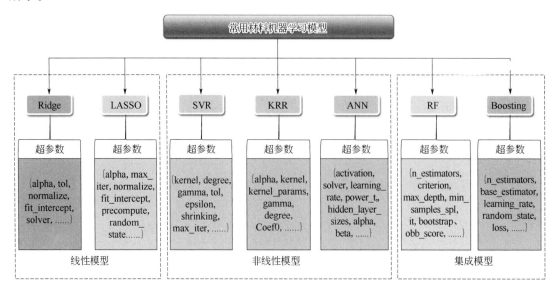

图 10-13　常用材料机器学习模型及其在训练时所需优化的超参数

表 10-4　机器学习模型超参数自动寻优方法

调参方法	简介	优点	缺点	参考文献
网格搜索	通过查找搜索范围内的所有点来确定最优值	操作简单	需消耗大量的计算资源和时间；较难寻找到全局最优值	[182]
随机搜索	与网格搜索类似，但不再测试上界和下界之间的所有值，而是在搜索范围内随机选取样本点	快于网格搜索，节省计算资源和时间	较难寻找到全局最优值	[183]
贝叶斯优化	通过基于目标函数过去的评估结果建立替代函数（概率模型），寻找全局最优值	可充分利用先前参数组合的信息	易陷入局部最优值	[184]

（3）实验方法

为了对机器学习模型的泛化误差进行有效评估，通常需在实验测试时将数据集进行划分（如图 10-14 所示）。其中训练集（training set）用于训练模型，即拟合模型所需数据样本的集合，可通过训练拟合一些参数来建立一个学习器；测试集（testing set）用于评估最终模型的性能如何；验证集（validation set）则是从训练集中单独留出的部分数据，用于调整模型的超参数和对模型的能力进行初步评估。通常训练集∶验证集∶测试集的容量比为 6∶2∶2。需注意的是，测试集应该尽可能与训练集互斥，即测试样本尽量不在训练集中出现，以保证测试的准确性。

目前，常用的数据集划分方法有留出法（Hold-Out）、交叉验证法（K 折交叉验证、留一法等）和自助法，详情如表 10-5 所示。

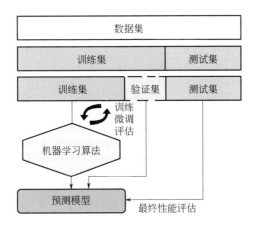

图 10-14 模型调参与评估过程示意图

表 10-5 常用数据集划分方法介绍及其适用范围

划分方法		简介	优点	缺点	推荐参数
留出法		留出法是指将数据集 D 直接划分为两个互斥集合,其中一个集合作为训练集用以对模型进行训练,另一个作为测试集用于验证训练后的模型的分析性能	易于操作	训练集与测试集划分比例影响最优模型的选择;模型分析结果对划分后训练集与测试集的分布是否与数据集属于同一分布等因素较为敏感	2/3～4/5 的数据用于训练,其余数据作为测试集
交叉验证法	K 折交叉验证	将数据集 D 划分为 k 个大小相等互斥子集,每个子集尽可能保持分布一致。然后,每次选取 $k-1$ 个子集的并集作为训练集,其余作为测试集。由此可得到 k 组训练/测试集,可对模型进行 k 次训练和测试,最终将 k 次分析结果取均值作为最终结果	能够对模型进行更合理、更准确的评估,特别是小数据集	增加计算量;稳定性与保真性很大程度上由 k 决定	k 的常用取值为 5、10、20 等
	留一法	留一法为交叉验证法的一个特例。当数据集中含有 m 个数据,此时 $k=m$	不受随机样本划分影响,评估结果较为准确	当数据集过于庞大时,所需的训练资源难以估量	无
自助法		自助法通过自助采样法的方式,从数据集 D 中有放回地随机挑选一个数据放入生成数据集 D' 中,重复执行 m 次后,可得到包含 m 个样本的数据集 D'	适用于数据集较小、难以有效划分训练集/测试集的数据	可能会改变初始数据集的分布,导致估计偏差	无

（4）评价指标

评价指标是用于量化评估模型的性能，需根据具体应用场景和机器学习模型确定。下面分别简介回归、分类和聚类三类算法模型的评价指标及优缺点。

① 回归模型　在不同场景下选择回归算法的评价指标时，需要根据数据集的特点进行指标挑选。决定系数 R^2 作为一个综合性指标，可以直观地反映出模型性能，是回归算法的必选评价指标之一。对于其他指标的选择，可以考虑以下几个场景：a. 当数据集中具有异常值时，MSE、RMSE 受个别离群点的影响较大，MAE、MAPE 受影响较小，此时优先考虑 MAE 与 MAPE；b. 当数据量纲不同时，MAE、MSE、RMSE 难以衡量模型效果好坏，可以考虑使用 MAPE；c. 当数据中存在 0 值时，MAPE 指标此时无法使用，应考虑其他指标；d. 当数据存在长尾分布时，可以考虑使用 MSLE 指标。常用回归模型评估指标可见表 10-6。

表 10-6　常用回归模型评估指标

评估指标	说明	计算公式	优缺点
平均绝对误差 (mean absolute error, MAE)	MAE 评估预测结果和真实数据集的接近程度，其值越小说明拟合效果越好	$\mathrm{MAE} = \dfrac{1}{n} \sum_{i=1}^{n} \left| y_i' - y_i \right|$	优点：可以消除绝对误差和相对误差里面正负相互抵消的问题 缺点：绝对值的存在导致函数不光滑，在某些点上不能求导，无法作为损失函数。对异常值不敏感
均方误差 (mean squared error, MSE)	MSE 评估数据的变化程度，其值越小说明拟合效果越好	$\mathrm{MSE} = \dfrac{1}{n} \sum_{i=1}^{n} (y_i' - y_i)^2$	优点：解决了不光滑的问题（即不可导问题） 缺点：MSE 与目标变量的量纲不一致，需要对 MSE 进行开方，得到 RMSE
均方根误差 (root mean squared error, RMSE)	RMSE 常用作机器学习模型预测评估标准，其值越小说明拟合效果越好	$\mathrm{RMSE} = \sqrt{\dfrac{1}{n} \sum_{i=1}^{n} (y_i' - y_i)^2}$	优点：解决了 MAE 和 MSE 的缺点，能够很好地反映出测量的精密度 缺点：容易受到极端值影响
均值平方对数误差 (mean squared log error, MSLE)	MSLE 计算平方对数误差的期望	$\mathrm{MSLE} = \dfrac{1}{n} \sum_{i=1}^{n} \left[\lg(1 + y_i) - \lg(1 + y_i') \right]^2$	优点：当有少量预测值和真实值的差值较大时，使用 lg 函数能够减少这些值对于整体误差的影响 缺点：对低于真实值的预测比较敏感
平均绝对百分误差 (mean absolute percentage error, MAPE)	MAPE 取值范围为 $[0, +\infty]$，其值为 0% 表示完美模型，大于 100% 则表示劣质模型	$\mathrm{MAPE} = \dfrac{100\%}{n} \sum_{i}^{n} \dfrac{\left| y_i' - y_i \right|}{y_i}$	优点：MAPE 相比于 MSE 和 RMSE，不易受个别离群点影响，鲁棒性更强 缺点：不能求导，且不适用于存在真实值等于 0 的情况

续表

评估指标	说明	计算公式	优缺点
决定系数 (coefficient of determination, R^2)	R^2 是一个综合评估的指标。它衡量各个自变量对因变量变动的解释程度，值越接近1，表明方程的变量对 y 的解释能力越强，模型拟合越好	$R^2 = \dfrac{\left[\sum\limits_{i=1}^{n}(y_i-\overline{y})(y_i'-\overline{y}')\right]^2}{\sum\limits_{i=1}^{n}(y_i-\overline{y})^2 \times \sum\limits_{i=1}^{n}(y_i'-\overline{y}')^2}$	优点：既考虑了预测值与真值之间的差异，也考虑了问题本身真值之间的差异，是一个归一化的度量标准 缺点：数据集的样本越大，R^2 越大，导致不同数据集的模型结果比较会有一定的误差

注：y_i 代表原始值；y_i' 代表预测值；$\overline{y}$ 表示原始值的平均值；$\overline{y}'$ 表示预测值的平均值。

② 分类模型　常用准确率、精确率、召回率、$F1$ 得分作为模型性能评价指标。其中，准确率能够清晰判断模型效果，但当数据各类样本不平衡时效果很差，因此需要引入精确率、召回率与 $F1$ 得分。可以通过构建混淆矩阵并由分类结果 TP、TN、FP、FN 来计算对应的精确率、召回率与 $F1$ 得分。但上述指标需根据任务需求进行确定。例如，当 FN（false negative）的成本代价很高（如患癌病人未被诊断出癌症）从而希望尽量避免时，应该着重提高召回率指标。另外，当 FP（false positive）的成本代价很高（如正常的邮件被识别为垃圾邮件）并期望尽量避免时，应该着重提高精确率指标。理想情况下，精确率与召回率都应该越高越好，即 $F1$ 得分越高越好。常用分类模型评估指标可见表 10-7。

表 10-7　常用分类模型评估指标

评估指标	说明	计算公式	优缺点
准确率（accuracy）	分类正确的样本占总样本的比例	精确率 $= \dfrac{TP+TN}{TP+FP+TN+FN}$	优点：能够清晰地判断模型分类效果的好坏 缺点：在正负样本不均衡的样本集上度量效果很差
精确率（precision）	预测为正且实际为正的样本占预测为正的样本的比例	精确率 $= \dfrac{TP}{TP+FP}$	优点：能够很好地体现模型对负样本的区分能力，精确率越高，则模型对负样本区分能力越强 缺点：只把可能性大的样本预测为正样本，导致遗漏了很多可能性相对不大但依旧满足要求的正样本
召回率（recall）	**预测为正且实际为正的样本占实际为正的样本的比例**	召回率 $= \dfrac{TP}{TP+FN}$	优点：能够很好地体现模型对于正样本的区分能力，召回率越高，则模型对正样本的区分能力越强 缺点：与精确率为此消彼长的关系
$F1$ 得分（$F1$-score）	$F1$ 得分为精确率和召回率的**调和平均数**	$F1 = \dfrac{2 \times 精确率 \times 召回率}{精确率+召回率}$	优点：$F1$ 得分综合了精确率和召回率的结果，当 $F1$ 较高时说明分类效果有效

注：TP（true positives），表示实际为正例且**被分类器判定为正例的样本数**；FP（false positives），表示实际为负例但被分类器判定为正例的样本数；FN（false negatives），**表示实际为正例但被分类器判定为负例的样本数**；TN（true negatives），表示实际为负例且被分类器判定为负例的样本数。

③ 聚类模型　聚类模型的指标可分为内部指标和外部指标。内部指标是基于相似度来表征样本的簇内凝聚度和簇间差异度，能够直观地反映聚类效果。外部指标基于测试样本的原始标签和聚类结果计算得到，能够体现算法区分微观机制的能力，但需注意的是，原始标签往往不可获得。常用的内部指标与外部指标见表10-8。

表 10-8　聚类任务的评估指标介绍及其适用范围

	评估指标	说明	计算公式	优缺点
内部指标	轮廓系数	所有样本的簇间样本距离与簇内样本距离比值的平均值，越大越好	$S = \dfrac{b(i) - a(i)}{\max\{a(i), b(i)\}}$ $a(i)$ 为向量到簇内点的差异均值；$b(i)$ 为到簇间点的差异度最小值	优点：适用于团簇 缺点：凸数据集轮廓系数值偏高
	卡林斯基·哈拉巴斯指数	簇间差异度与簇内差异度的比值，越大越好	$s(k) = \dfrac{\mathrm{tr}(B_k)}{\mathrm{tr}(W_k)} \times \dfrac{N-k}{k-1}$ N 为样本量；k 为簇的个数；$\mathrm{tr}(W_k)$ 为簇内离散矩阵的迹；$\mathrm{tr}(B_k)$ 为簇间离散矩阵的迹	优点：计算速度快 缺点：范围不定，难以衡量聚类效果
	戴维斯·布尔丁指数	簇内距离与簇间距离的比值，越小越好	$\mathrm{DBI} = \dfrac{1}{N} \sum_{i=1}^{N} \max_{j \neq i} \left(\dfrac{\overline{S_i} + \overline{S_j}}{\|w_i - w_j\|^2} \right)$ $\overline{S_i}$ 是 i 号簇的簇内距离的平均值；w_i 代表 i 号簇的质心的坐标	优点：适合凸数据集 缺点：对于环状分布聚类评测较差
外部指标	熵	已知结构家族样本在单个簇内分布混乱程度，越小越好	$e_i = -\sum_{j=1}^{K} P_{ij} \log_2 P_{ij}$ $e = \sum_{i=1}^{K} \dfrac{m_i}{m} e_i$ P_{ij} 为 i 号簇内 j 号结构的比例	优点：追求结构家族单一分布 缺点：不适合样本少簇数多的情况
	纯度	单个簇只含有单一结构家族的概率，越大越好	$\mathrm{purity} = \sum_{i=1}^{K} \dfrac{m_i}{m} P_{i(\max)}$ $P_{i(\max)}$ 为 i 号簇内最多结构家族的占比；m 为样本数目；m_i 为 i 号簇样本数	优点：追求结构家族单一分布 缺点：不适合样本少簇数多的情况
	F1 得分	各个簇的准确率和各个结构家族的召回率的调和平均数，越大越好	$F1_k = \dfrac{2 \times \mathrm{precision}_k \times \mathrm{recall}_k}{\mathrm{precision}_k + \mathrm{recall}_k}$ $\mathrm{precision}_k$ 为准确率，recall_k 为召回率	优点：综合考虑样本分布密集度和准确度 缺点：不适合解决多分类问题
	标准化互信息	度量聚类结果与原始标签的相似度，越大越好	$\mathrm{MI}(X,Y) = \sum_{i=1}^{|x|} \sum_{j=1}^{|y|} P(i,j) \lg \left[\dfrac{P(i,j)}{P(i)P'(j)} \right]$ $\mathrm{NMI}(X,Y) = \dfrac{\mathrm{MI}(X,Y)}{\mathrm{mean}[H(X), H(Y)]}$ $P(i,j)$ 为 j 号家族被分到 i 号簇的概率；$H(X)$ 为熵	优点：衡量测试样本整体分布的准确率 缺点：不适合簇数少的情况

(5) 自动机器学习

采用超参数自动优化方法（如网格搜索、随机搜索、贝叶斯优化等）能够简化复杂的调参过程。但是，机器学习算法多样且超参数寻优空间复杂，导致历史经验法、试错法或现有超参数自动优化法仍然面临耗费时间和密集资源的困境。为此，Kotthoff 等[185]于 2013 年率先提出自动机器学习（automated machine learning，Auto-ML），试图通过将机器学习过程中的特征工程、超参数优化、模型选择及流程配置等重要步骤进行自动化学习，使其在计算资源有限且领域专家缺乏人工智能知识基础的情况下实现机器学习管道的自动构建，从而降低机器学习和深度学习的使用门槛。Auto-ML 研究主要涵盖自动数据清洗、自动特征工程、自动模型选择、超参数优化、元学习以及神经架构搜索等方面，开发了如表 10-9 所示的 Auto-Weka、Auto-Sklearn、Auto-Matminer 等自动化工具。其中，基于元学习的 Auto-ML 方法，可通过学习已有建模经验自动选择出潜在预测性能良好的 ML 算法，从而大大缩减 CASH 时间和计算成本，成为 Auto-ML 的主流方法之一。

表 10-9 自动机器学习方法介绍及其适用范围

方法	简介	优点	缺点	参考文献
Auto-Weka	基于机器学习开源软件包 Weka 和贝叶斯优化方法，首次考虑解决组合算法选择和超参数优化（CASH）问题	减少了研究人员对机器学习的依赖，使非专家可以轻松根据应用场景构建高质量机器学习模型	存在高维超参数空间，导致较高的优化计算成本	[186]
Auto-Sklearn	引入元学习热启动贝叶斯优化过程，同时利用集成方法对搜索的多个机器学习模型进行集成	通过元学习的引入，大大缩减了 CASH 时间和计算成本，加快了机器学习模型在新任务上的设计	与用户自定义搜索空间不兼容；不适用于非数值型数据建模	[187]
Auto-Matminer	用于自动创建用于材料科学的完整机器学习管道的工具，借助现有的 TPOT 技术实现底层 CASH 问题	针对无机散装材料特性对 TPOT 技术进行改进以实现对材料性能预测任务的适用	通过从头开始训练多个模型来选择最优模型进行预测，仅避免了用户干预，但并未缩短建模过程中的等待时间	[188]

基于元学习的 Auto-ML 直接应用于电化学储能材料研发仍面临三个问题：一是缺乏适用于材料回归任务的元数据，即针对内部具有复杂物理化学机制的电化学储能材料数据集，需构建用于区分不同材料任务的元特征及适用于材料问题的 ML 算法的性能数据；二是大多数材料领域机器学习研究很少公开实验数据，缺乏构造元数据的材料数据集基础，导致模型出现过拟合问题；三是数据驱动的 Auto-ML 严重依赖数据进行学习，对材料领域知识的重视度不够，导致出现学习结果与领域知识不一致甚至是相悖的问题。为此，可通过数据增强方法扩充元数据，同时将领域知识嵌入自动机器学习过程，使模型可在领域知识指导的条件下进

行数据拟合分析，以调和领域知识与元学习结果不一致的矛盾。本书作者团队提出了一种自动的材料性能预测系统[189]。它通过学习历史数据集上的建模经验，可利用更少的计算时间和资源实现自动地为给定数据集选择适配的机器学习算法并确定其最优参数，以快速、高效地构建高精度的材料性能预测模型。

10.3.3 机器学习在电化学储能中的应用

机器学习已广泛应用于计算方法与模型优化[190-194]、材料性能预测[77,195]、材料筛选[119,196]与新材料发现[176,197-199]。近年来，本书作者团队分别从机器学习全流程和数据类型的角度出发，评述了其在电化学储能领域的应用[66,117]。本节从"微观、介观和宏观尺度"的角度对机器学习应用于电化学储能领域性能预测与参数优化以及材料科学文本挖掘的相关工作展开讨论。

10.3.3.1 性能预测与参数优化

（1）微观尺度

第一性原理（FP）计算和分子动力学（MD）模拟在电化学储能材料研究中发挥重要的作用，但它们的准确性和效率间的负相关性制约了其在大规模体系中的应用。机器学习融合FP计算或MD模拟可用于开发交换关联泛函[200]、确定Hubbard U 值[201]以及优化经典MD模拟或开发更精确、更快速、更普适的原子间势函数[202]，以提升FP计算和MD模拟[203]的计算效率与计算精度。例如，Deng 等[204]基于局域环境描述符构建了能够处理长程静电作用的静电谱学邻接分析势（electrostatic spectral neighbor analysis potential，eSNAP），并辅助MD模拟获取α-Li$_3$N型固态电解质的自由能、晶格常数、弹性模量、声子色散曲线等物性数据，以及理解锂离子协同输运和晶界扩散过程；Wang 等[205]提出了基于物理约束的启发式势能面数值求解方案，基于对称性分类检索策略，引入多目标群智优化算法，发展了CALYPSO晶体结构预测方法与软件。目前，国内外关注的机器学习势函数包括：基于高斯过程建立的高斯近似势[206]、基于神经网络的机器学习势[207-210]、基于核方法的机器学习势[133,211-214]及Deep势[215,216]。

在描述符选择或机器学习建模时，结合领域知识有助于建立更精确的模型。电解质材料方面，有别于传统只考虑电子性质评估有机分子材料化学活性的做法，Lee 等[177]通过同时考虑电子性质和分子结构参数出发构建神经网络回归模型，创制了有望指导 Li-O$_2$ 电池设计的涵盖93种液态电解质溶剂和1种典型氧化还原中间体化学兼容性"谱图"；Sendek 等[103]融合高通量第一性原理计算和逻辑回归模型（基于由40种含Li化合物结构信息和实验离子电导率作为训练集，提取出的20个与晶体局域原子排列和化学环境特征关联的离子电导率描述符），从12831种含锂化合物中筛选出21种潜在的固态电解质材料；Zhang 等[217]通过无监督机器学习中的聚类方法筛选出16种室温离子电导率在 $10^{-4} \sim 10^{-1}$S/cm 之间的潜在固态电解质，并得到分子动力学模拟结果验证；本书作者团队提出材料领域知识嵌入的机器学习并发展了一系列新算法，将其成功应用于 NASICON 固态电解质离子输运势垒的预测，详见本书第 10.3.4.2 小节；Liu 等[170]基于高通量第一性原理计算获得的 100 种 Li|LLZOM（立方

Li$_7$La$_3$Zr$_2$O$_{12}$的Li、La和Zr位分别掺杂阳离子M的总称）的界面反应能，构建高精度的支持向量机（SVM）分类模型以预测18个LLZOM体系对Li金属的热力学稳定性，借此分析掺杂元素在LLZOM体系中的相关特征对SVM性能影响的重要度，进而结合形成能、键解离能等反映M—O键强度的领域知识，发现M—O键强度是决定Li|LLZOM界面热力学稳定性的关键因素。Fitzhugh等[197]将"约束"系综概念引入固态电池的界面热力学研究，即将由（电）化学反应所产生的局域应变（ε_{RXN}）引入界面伪二元相图计算以给出界面稳定性的判据。借此采用高通量第一性原理计算从Materials Project数据库的2万种电子绝缘体和4种硫化物固态电解质出发组成的涂层/硫化物固体电解质界面出发来构建"约束"系综伪二元相图，获得在8万种界面上发生（电）化学反应生成的固态电解质中间相（solid-electrolyte-interphase, SEI）热力学参数，进一步的决策树模型分析表明，含F、O、Cl等高电负性元素的涂层与硫化物固体电解质展现较好的界面稳定性。电极材料方面，Moses等[195]基于从Materials Project数据库获取的可能用作金属离子电池电极（含10种低浓度和高浓度金属离子）的近4860条实例数据［每条包含电极的化学式、金属离子类型、电极反应类型、布拉维晶格类型、空间群、平均电压和电极体积变化百分比（含高浓度相比于含低浓度金属离子时）］，并结合充放电时的电极化学计量及Matminer软件生成额外原子特征，建立深度神经网络模型成功预测了金属离子电池电极材料充放电时的平均电压和体积变化百分比。需要说明的是，以上用于机器学习的数据集大都面临高维度、小样本的问题，易导致机器学习模型（特别是深度学习模型）产生过拟合问题。通过减少特征维度或增加有效样本的数量有助于解决该问题，详见第10.3.4.1小节。

（2）介观尺度

从相场模拟出发可以刻画电化学储能涉及的枝晶生长、相分离和裂纹扩展等微结构演化过程，但求解高保真度相场模型常常会遇到算法瓶颈且耗时长等问题。一方面，利用机器学习能够从微观尺度模拟结果中提取自由能密度、序参量、成分、温度等信息，并将其编码为相场模拟的输入参数。例如，作为相场模型核心物理量之一的自由能表达式通常难以直接获得，但其导数可以通过测量或计算得出。Teichert等[218]提出可积的深度神经网络（IDNN）模型训练从原子尺度模型或统计力学方法获得的B2有序二元合金体系化学势能数据，借此高保真地复原了体系的自由能密度，并成功应用于相场模型预测反相畴界的形成。Zapiain等[190]构建将相场模拟作为多变量时间序列处理的长短期记忆（long short-term memory, LSTM）神经网络代理模型，在低维空间表征微观结构的演化现象，进而实现了对两相混合物调幅分解过程非线性微结构演化的快速和准确预测。另一方面，相场模型涉及的多种非线性偏微分方程可借助机器学习方法进行求解。例如，Raissi等[219]提出可用于求解非线性偏微分方程正反问题的物理信息驱动的神经网络模型。此外，机器学习可以直接给出微结构演化过程和相关材料参数间的依赖关系。例如，Ma等[220]采用人工神经网络（ANN）模型研究锂金属电池负极枝晶生长与金属锂表面微结构和液态电解质物化参数间的关联性，发现锂离子浓度、Li/电解质界面处的锂离子浓度梯度和过去时刻枝晶生长速率是决定当前枝晶生长速率的关键因素。

（3）宏观尺度

机器学习应用于电化学储能领域的宏观尺度研究可分为三类：辅助实验分析、预测关键性能、优化实验协议或参数。辅助实验分析方面，机器学习可以提高实验图像分析的准确性。例如，Dixit 等[137]采用深度卷积神经网络对石榴石固态电解质的原位 X 射线断层扫描低对比度图像中的锂金属和孔隙进行分割，定量跟踪锂金属电极和固态电解质界面的形态变化，有效识别了锂金属孔隙特征，为锂金属和固体电解质在循环时的微观结构转变提供了物理见解。预测关键性能方面，机器学习方法可以对宏观尺度下材料或器件的性能参数或行为进行预测。例如，基于收集到的 2 万多个商业化锂离子电池电化学阻抗谱数据，Zhang 等[174]采用高斯过程回归模型以 88%的平均准确率预测出不同温度下电池健康状态和剩余使用寿命，且模型具有可解释性，有助于揭示发生在电极表面上的复杂老化机制。Nagulapati 等[173]基于电池预测试验台和商用 18650 可充电电池收集相关充放电数据，采用高斯过程回归和支持向量机模型研究放电循环过程中不同电压、电流和温度等因素影响下的电池容量变化，提出多传感器组合多电池数据集方法以减少因单一数据集质量问题引起的偏差，最终提高了模型预测电池容量的精度。优化实验协议或参数方面，可以基于给定的历史实验数据，利用机器学习训练出实验协议或参数和性能之间的关系模型来实现[179,191,192,221,222]。例如，基于结合弹性网络模型和贝叶斯优化算法开发的具有早期结果预测能力的闭环优化系统，Attia 等[191]通过使用早期循环数据预测最终循环寿命来减少每次实验的时间，并利用贝叶斯算法对 224 个快速充电协议组成的参数空间进行优化来减少实验数量，实现了将原本评估所有快速充电协议所需 560 天实验时间缩短至 16 天。Min 等[223]基于 330 个富镍正极材料镍钴锰酸锂（NCM）数据集构建 7 个不同的机器学习回归预测模型来获取满足 NCM 多目标规范（初始容量、残余 Li 量和循环寿命）的优化实验参数，其中，嵌入自适应增强（AdaBoost）算法的极端随机树（ERT）模型表现最佳，并指出煅烧温度和粒度是实现 NCM 长循环寿命的决定因素。总之，机器学习从材料性能预测到器件的智能设计环节均能起到加速作用，正在成为电化学储能材料及器件研发的重要方法之一。

10.3.3.2 材料科学文本挖掘

随着材料科学的发展，材料数据积累量越来越庞大。如何从数以亿万计的文献中提取有用知识，分析并成功梳理材料的成分-结构-工艺-性能间的关系，成为材料研究的核心和关键。文本挖掘作为一种新兴的信息抽取技术，能够建立深度学习算法以解析字符序列并从中获取逻辑信息，为高效地探索并利用被存储在材料科学文本中的数据与知识提供便利。文本挖掘的工作流程可以概括为文本收集与解析、文本预处理、文本分析、信息提取、数据挖掘等步骤，如图 10-15 所示。目前，已有诸多研究将其应用于追踪研究动态[224,225]、指导材料合成[226]、构建材料数据库[227]、发现新材料[40]等工作。例如，Torayev 等[224]使用文本挖掘技术从 1800 多篇文献中识别 $Li-O_2$ 电池领域研究的全球趋势，发现相关电解质研究已从碳酸盐转向了甘醇二甲醚和二甲基亚砜，且大部分文献都关注电池的循环稳定性、容量和倍率性能；Mahbub 等[226]综合使用基于规则和机器学习的方法，从硫化物和氧化物锂电池固态电解质文献中获得降低加工温度的掺杂剂和烧结剂的发展趋势；Huang 等[227]使用 ChemDataExtractor 从 22 万余篇电池研究论文中提取化学信息，创建了包含 1.7 万种化合物和 21 万余条电池材料属性（容量、电压、电导率、库伦效率和能量）的电池材料同源属性数据库；Weston 等[228]利用文本向量化表示模型（Word2Vec）从无机材料文献中发现了已知材料与未知属性之间的关联关系，并预测出潜在的新型能源材料。

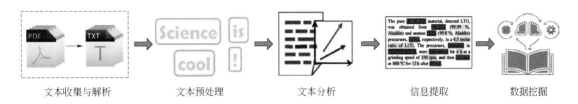

图 10-15 文本挖掘工作流程[225]

文本收集与解析—将标记语言或 PDF 转换为纯文本；文本预处理—分割为句子和标记、文本规范化和形态解析；文本分析—根据文本数据的内容进行分类；信息提取—将非结构化或半结构化描述的文本数据转化成结构化数据；数据挖掘—从结构化数据中挖掘出隐含的有效信息

然而，目前只有少数工作专注于电化学储能材料领域的文本挖掘，其原因主要有以下三方面：一是材料科学文本标注数据的稀缺性，即大多现有的标注数据集都是针对特定材料领域创建，难以直接应用于其他体系；二是材料命名方法的差异性，即材料科学文本中存在各种专业术语，缺乏标准的命名方法，容易导致歧义的产生；三是材料科学文本的复杂性，即材料文本的专业性强且可读性差，使得文本处理异常困难。为此，可通过对现有标注数据进行增强或采用无监督学习方法，以摆脱对标注数据的依赖，解决材料文本标注数据稀缺性；通过构建大规模深度语言模型以精准分辨多义词，并且捕捉长文本中远距离词的局部上下文语义，可帮助解决材料命名方法的差异性；将领域知识嵌入材料科学文本挖掘任务全过程，以指导模型准确厘清材料专业术语含义及其复杂关联。本书作者团队提出基于命名实体识别的材料描述符自动识别器[229]，能够同时实现嵌入领域知识的数据增强以及从粗粒度至细粒度对任务相关的描述符进行筛选（如图 10-16 所示）。该方法将材料领域特殊术语等领域知识融入预训练语言模型，并利用无标签的材料科学文本数据对其微调，使得模型可捕捉材料科学文本的特殊语义，并自动生成高质量的有标签文本数据。通过深度命名实体识别模型对高质量有标签数据进行建模，同时根据被捕捉的材料语义建立描述符与其标签的依赖关系，使该模型能够精准地从材料科学文本中识别出不同类别的粗粒度描述符实体[230]，最终实现在目标性能的驱动下自动筛选出更细粒度的描述符。该工作是将材料领域知识嵌入材料科学文本挖掘全过程的初步探索。随着大型材料科学文本数据库的建立以及可解释的深度学习技术的发展，文本挖掘技术有望促进电化学储能材料研发。

10.3.4 挑战性问题与对策

10.3.4.1 材料领域机器学习的三大矛盾

在利用机器学习解决具体材料任务时，数据、算法、策略、模型等因素均对其分析性能产生影响。本书作者团队针对机器学习在电化学储能领域的应用所出现的挑战进行了系统的总结与分析，将其归纳为三大矛盾，即高维度与小样本数据的矛盾、模型准确性和易用性的矛盾以及模型学习结果与领域专家知识的矛盾。调和这些矛盾是提升机器学习模型在电化学储能领域应用的准确性、易用性和可解释性的关键。

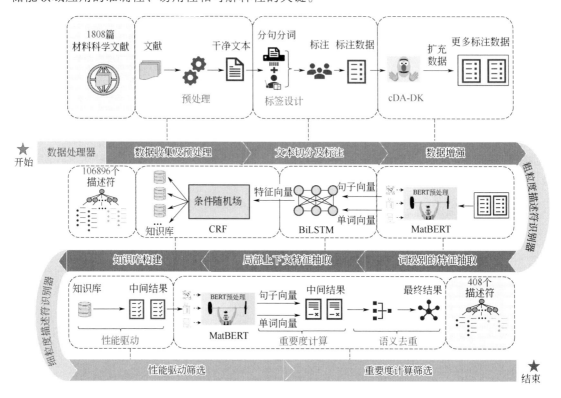

图 10-16 描述符自动识别器[230]

对数据进行预处理操作的数据处理器、针对材料科学文献的粗粒度
描述符识别器以及针对特定材料任务的细粒度描述符识别器

（1）高维度与小样本数据的矛盾

现阶段，不同来源的材料数据难以被统一地整合利用。因此，实际研究中可用于机器学习建模的电化学储能材料及器件数据普遍较少。然而，材料表征技术的多样化发展和电化学储能材料及器件的构效关系复杂性又使得用于构建机器学习建模的数据集的描述符不断累积，导致其数据往往是高维度的。较少的数据量和较高的维度这一对矛盾容易导致机器学习模型出现过拟合问题，从而影响机器学习模型的泛化性能和可解释性。

（2）模型准确性与易用性的矛盾

机器学习最初的目标是从海量数据中提取可解释的知识，并在追求算法准确性的同时强调其可解释性[167]。以线性回归、偏最小二乘法等多元线性模型为主的机器学习算法可构建多个因素与目标属性之间的线性关系，具有模型简单、易于实现且学习结果容易理解等特点。

由于电化学储能材料或器件内部的物理化学过程复杂，导致线性模型的预测精度通常较低。人工神经网络、支持向量机和深度学习等非线性模型适用于模拟影响因素与目标性能间的复杂关系。然而，这些非线性模型需要进行大量烦琐的参数优化才能获得最优性能且存在"黑盒"性质（模型学习过程及其结果难以解释）。因此，机器学习在电化学储能领域中的应用存在着模型准确性和易用性的矛盾。

（3）模型学习结果与领域专家知识的矛盾

当前应用于电化学储能材料及器件研发的机器学习模型大多数是纯数据驱动的（严重依赖于样本数据的质量），缺乏领域知识的指导，往往导致其学习结果与领域知识存在偏差甚至是相悖的情况。而且，机器学习模型缺乏可解释性，造成研究人员无从知晓模型学习过程，无法理解其学习结果，进而影响模型的可信度。因此，模型学习结果与领域专家知识这一矛盾尤其突出。

10.3.4.2 材料领域知识嵌入的机器学习

从人类认知过程来看，知识不仅来源于对实例的分析，还有历史经验的指导。因此，在机器学习过程中，材料领域知识的指导至关重要。具体来讲，其作用不能仅停留在定义目标、准备数据和校验数据驱动算法的结果上，而是贯穿机器学习全流程。为此，本书作者团队提出了材料领域知识嵌入的机器学习[231]，将材料领域知识进行符号化表示并嵌入机器学习三要素（模型、策略与算法）中，建立作用于机器学习各阶段的领域知识嵌入方法，实现材料领域知识在机器学习全流程的有机融合，构建高精度且具有一定可解释性的机器学习新模型，以系统地调和材料领域机器学习三大关键矛盾，具体如图 10-17 所示。

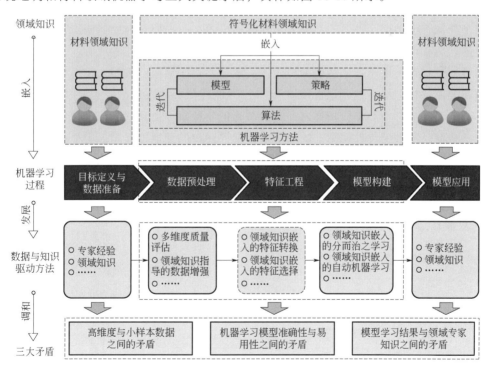

图 10-17 材料领域知识嵌入的机器学习[231]

针对三大矛盾，我们在机器学习全流程的不同阶段提出了应对策略：

（1）数据预处理阶段

机器学习模型性能的上限由数据质量决定[232]。然而，材料数据往往具有多源、异构、不确定性、小样本、高维度等特点。因此，在应用机器学习解决材料科学问题前，有必要融合材料领域知识对材料数据进行质量评估和提升，以提高材料数据的"质"和扩增建模所用材料数据的"量"，从而调和材料数据小样本与高维度的矛盾。

对于材料数据的"质"的提升，领域知识可用于材料数据的修正。通过收集描述符取值的经验范围、描述符取值与其他物理现象的关联关系、相似或不相似数据的产生条件等材料领域知识，将其转化为数值不等式、二元关系和 IF-THEN-ELSE 规则等定量表示形式，再结合置信度评估、相似性度量和异常点检测等方法，可识别不符合物理化学规律的异常数据。领域知识也可用于将原始材料数据转换为适合机器学习的表示形式。例如，考虑不同描述符的经验取值范围或样本的潜在类别关系，对不同描述符或不同样本执行不同的归一化操作，能够有效加速模型收敛，提升模型预测准确度。基于 GAN 的数据增强方法[146]可用于扩增材料数据的"量"。例如，通过 GAN 的生成模型学习材料数据的分布特征以生成数据，通过物理模型等领域知识融合的数据质量检测方法指导 GAN 的判别模型，以对数据可靠性进行检测，并将结果反馈给生成模型以用于其自身优化，最终可实现虚拟材料数据的可靠生成。

（2）特征工程阶段

建立材料领域知识嵌入的特征选择和转换方法，合理地筛选或构造有物理意义的描述符，将有利于降低特征维度，进而构建简单又准确的机器学习模型。因此，该阶段嵌入领域知识将有望同时调和高维度和小样本的矛盾，以及模型准确性和易用性的矛盾。

材料领域知识可用于冗余特征的消除或关键描述符的遴选。例如，将材料领域专家对描述符重要度的评估进行粗粒度定量化表示[159]，并联合相关性系数[233]、LASSO 或 RF 模型、Shapley 值[234]等属性重要度分析技术，构建综合的特征重要度评估指标作为数据驱动方法的特征选择依据，有效避免数据驱动的算法对关键描述符的误删或误判。由于高度相关的描述符同时用于训练模型易导致学习结果不可解释，因此可利用相关领域知识来判别多元描述符之间的关联关系，构建数学函数以统计高度相关的描述符同时出现在训练数据集中的情况，并将其与评估描述符集合预测能力的适应度函数联合作为特征选择的优化目标，能够有效地遴选出内部相关性低且预测能力高的描述符子集[235]。

（3）模型构建阶段

一方面，直接利用半监督学习、主动学习、迁移学习等方法能够在一定程度上解决小样本数据的问题。其中，半监督[236]和主动学习[237]方法可有策略地利用未标注数据优化模型或参数空间，迁移学习方法[238]则可通过迁移相关领域/模型中的知识/经验提高目标学习器的性能，从而减少目标学习器对数据量的依赖。

另一方面，将材料领域知识嵌入机器学习三要素（模型、策略和算法）[239]对提升机器学习的准确性和可解释性具有重要意义。其中，模型主要是指模型的假设空间，决定了所要学习的条件概率分布或决策函数，如线性模型的假设空间是所有线性函数构成的函数集合。策略是指从假设空间中选择最优模型的学习准则，可形式化为机器学习模型的目标函数，一般由损失函数（loss function）或风险函数（risk function）和正则项构成。在某些情况下，目标函数还伴有约束条件，如支持向量机的策略就是一个凸二次规划问题。算法则是求解最优模型的具体计算方法，如梯度下降法（gradient descent method）、牛顿法（Newton's method）和共轭梯度法（conjugate gradient method）等。具体来说：

① "模型"层面的材料领域知识嵌入可借鉴材料领域专家对材料数据潜在模式的理解，将材料问题"化繁为简"，即建立可解释的集成模型，从而起到调和模型学习结果与领域专家知识矛盾的作用。例如，根据不同组分空间、实验和处理工艺等条件下的材料性能驱动机制的不同，可基于"分而治之"理念，构建能够自动对数据集进行分组并构建出不同最优模型的集成模型[240]。

② 从材料领域知识中抽取理论或经验准则，并将其进行定量化表示以嵌入机器学习的目标函数或约束条件中，是材料领域知识在"策略"层面进行嵌入的主要途径。例如，可通过结合材料领域知识为支持向量机定义专属核函数或为 K 最近邻回归模型分配特征权重等途径实现从领域知识到约束条件的嵌入；可通过增加正则项实现将领域知识嵌入目标函数。

③ 对于机器学习方法的"算法"，可引入求解材料问题的理论推导模型，通过改进梯度下降法、牛顿法等传统优化方法的求解过程来实现材料领域知识的嵌入[241]。基于 AI for Science（AI4Science）理念，可通过将材料性能所遵循的物理规律进行公式化表示并嵌入深度神经网络算法中，从而训练出具有外推能力的高质量神经网络，确保从稀疏、小样本的材料数据中提取出符合其物理规律/特性的偏微分方程表达[242,243]。

此外，借鉴领域专家的建模经验或相关领域知识，通过集成学习和自动机器学习来构建复杂机器学习模型，有望调和模型准确性与易用性的矛盾[168,231]。

10.4 展望

数据驱动的研发模式大大拓宽了电化学储能材料探索的组分、结构等变量组合空间维度，将更快、更准、更省地获得成分-结构-工艺-性能间的关系。尽管国内外的晶体结构数据库已积累了大量的物性数据，但其数量还远不能满足数据驱动模式的要求，究其原因，电化学储能器件的综合性能不仅与材料的本征性质相关，也与材料的微观形貌、外界环境场及器件的宏观构造等因素相互耦合。为此，需要对数据库进行完善：①建立电化学储能材料第一性原理计算参数库、分子动力学模拟参数库、相场模拟参数库、组分表征数据库、表界面数据库和结构表征数据库等多尺度计算和实验数据库；②建立材料图像数据库和文本数据库等非结构化数据库；③建立基元序构数据库；④针对由于不同实验/计算方法及精度（如实验环境、计算参数以及势函数不同）导致的数据种类繁多、关系复杂、多源异构、噪声等级不同等问题，依据 FAIR 原则重视不同数据来源之间的整合与共享，提高其可用性；⑤发展面向电化学储能材料数据的质量检测方法。

为了高效获取大量材料数据，需要完善高通量计算与数据平台：①考虑到在实现多尺度计算的两种方法（即数据在不同尺度模型内部传递，或将一种尺度的计算结果作为先验知识直接与另一尺度的模型耦合）中，均存在数据在多尺度模型之间难以衔接的问题，为此，在数据传输的同时将已知的机理/机制作为数据是否可靠的验证标准，或对数据进行经验性的修正，有望成为解决上述问题的有效途径；②加强计算与实验研究的互动，使得计算结果实时指导实验的同时，将实验结果反馈并用于计算方法的验证与经验性修正，加速计算与实验的迭代优化效率；③集成更多的计算方法、数据库以及更多功能接口（如数据挖掘、数据质量监测等），开发能够无须人为干预地准备输入文件、提取关键数据参数以及控制数据流向（数据库及作为其他计算的输入）等的自动化程序，厚植行业软件及相关数据共建共享的生态，以建立高度"自治"的智能化高通量计算与数据平台。

尽管机器学习已成功应用于材料性能预测、新材料发现，但其学习结果的可解释性存在一定的偶然性，导致材料专家对建模过程的合理性持怀疑态度。本书厘清了数据驱动机器学习应用于材料领域面临的三大关键矛盾，并认为导致这一现象的原因是：纯数据驱动的机器学习强依赖于样本数据质量，同时缺乏领域知识的指导。为此，提出面向机器学习全流程的领域知识嵌入的机器学习方法，以系统地调和三大矛盾，提升机器学习结果与材料领域知识的一致性。然而，构建材料领域知识嵌入的机器学习模型还需要解决以下三个问题：

① 获取哪些材料领域知识以及如何获取；

② 如何将非结构化的材料领域知识转化为计算机可读或易读的形式；

③ 如何将计算机可读或易读的材料领域知识嵌入机器学习过程中。

上述问题有望通过以下方式解决：

① 材料领域知识以非结构化文本的形式储存在材料科学文本中，可通过自然语言处理和文本挖掘技术进行搜集；

② 明确材料领域知识的类别和特点，构建领域知识的符号化表示体系，为材料领域构建领域知识嵌入的机器学习新模型提供规范化标准；

③ 将第一性原理计算、分子动力学模拟等方法给出的具有物理含义的领域知识进行编码/规则化表征并嵌入机器学习方法的三要素中，不仅能够实现自适应分解不同尺度的数据特征以优化模型的求解过程，还能够从高维度、稀疏小样本数据中精准构建基于明确物理模型的方程以增强机器学习模型（尤其是深度学习模型）的概念外推与泛化能力。

参考文献

[1] 施思齐，徐积维，崔艳华，等. 多尺度材料计算方法 [J]. 科技导报，2015，33（10）：20-30.

[2] Zhou F, Cococcioni M, Marianetti C A, et al. First-principles prediction of redox potentials in transition-metal compounds with LDA+U [J]. Phys Rev B, 2004, 70 (23): 235121.

[3] Ouyang C Y, Chen L Q. Physics towards next generation Li secondary batteries materials: a short review from computational materials design perspective [J]. Sci China Phys Mech Astron, 2013, 56 (12): 2278-2292.

[4] Hanak J J. The "multiple-sample concept" in materials research: synthesis, compositional analysis and testing of entire multicomponent systems [J]. J Mater Sci, 1970, 5 (11): 964-971.

[5] Rodgers J R. Materials informatics-effective data management for new materials discovery [M]. Boston: Knowledge Press, 1999.

[6] Rodgers J R, Cebon D. Materials informatics [J]. MRS Bull, 2006, 31 (12): 975-980.

[7] Allison J, Cowles B, Deloach J, et al. Integrated computational materials engineering: a transformational discipline for improved competitiveness and national security [R]. National Research Council (U.S.), 2010.

[8] Materials genome initiative for global competitiveness [R]. National Science and Technology Council (U.S.), 2011.

[9] "材料科学系统工程"香山科学会议第S14次学术讨论会 [R]. 2011.

[10] Materials genome initiative—strategic plan [R]. Committee on Technology and Subcommittee on the MGI Initiative, National Science and Technology Council, 2014.

[11] Materials genome initiative—strategic plan [R]. Subcommittee On the Materials Genome Initiative Committee On Technology, National Science and Technology Council, 2021.

[12] Fichtner M, Edström K, Ayerbe E, et al. Rechargeable batteries of the future—The state of the art from a BATTERY 2030+ perspective [J]. Adv Energy Mater, 2022, 12 (17): 2102904.

[13] 汪洪, 向勇, 项晓东, 等. 材料基因组——材料研发新模式 [J]. 科技导报, 2015, 33 (10): 13-19.

[14] 汪洪, 项晓东, 张澜庭. 数据+人工智能是材料基因工程的核心 [J]. 科技导报, 2018, 36 (14): 15-21.

[15] 宿彦京, 付华栋, 白洋, 等. 中国材料基因工程研究进展 [J]. 金属学报, 2020, 56 (10): 1313-1323.

[16] Gray J. Jim gray on eScience: A transformed scientific method [M]. Hey T, Tansley S, Tolle K. The fourth paradigm: data-intensive scientific discovery. Mendeley, 2009.

[17] Hey T. The Fourth paradigm: data-intensive scientific discovery [R]. USA: Microsoft Research, 2016.

[18] 陆文聪, 李敏杰, 纪晓波. 材料数据挖掘方法与应用 [M]. 北京: 化学工业出版社, 2022.

[19] 关永军, 陈柳, 王金三. 材料基因组技术内涵与发展趋势 [J]. 航空材料学报, 2016, 36 (3): 71-78.

[20] Jain A, Ong S P, Hautier G, et al. Commentary: the materials project: a materials genome approach to accelerating materials innovation [J]. APL Mater, 2013, 1 (1): 011002.

[21] Roy I, Ekuma C, Balasubramanian G. Examining the thermodynamic stability of mixed principal element oxides in AlCoCrFeNi high-entropy alloy by first-principles [J]. Comput Mater Sci, 2022, 213: 111619.

[22] Ahmed H M H, Benaissa H, Zaoui A, et al. Exploring original properties of GaN-BN alloys using high-throughput ab initio computation [J]. Optik 2022, 261: 169166.

[23] Li S M, Chen Z F, Zhang W T, et al. High-throughput screening of protective layers to stabilize the electrolyte-anode interface in solid-state Li-metal batteries [J]. Nano Energy, 2022, 102: 107640.

[24] Kim S, Na S, Kim J, et al. Multifunctional surface modification with Co-free spinel structure on Ni-rich cathode material for improved electrochemical performance [J]. J Alloys Compd, 2022, 918: 165454.

[25] Jain A, Hautier G, Moore C, et al. A computational investigation of $Li_9M_3(P_2O_7)_3(PO_4)_2$ (M=V, Mo) as cathodes for Li ion batteries [J]. J Electrochem Soc, 2012, 159 (5): A622-A633.

[26] Dumre B B, Khare S V. Interrelationship of bonding strength with structural stability of ternary oxide phases of $MgSnO_3$: a first-principles study [J]. Physica B, 2022, 637: 413896.

[27] Jayan K D, Ramdas M R. Exploring the photovoltaic capabilities of Sc_4C_3 MXene using density functional theory [J]. Mater Lett, 2022, 318: 132217.

[28] Polman A, Knight M, Garnett E C, et al. Photovoltaic materials: present efficiencies and future challenges

[J]. Science 2016, 352 (6283): aad4424.

[29] 尹海清, 刘国权, 姜雪, 等. 中国材料数据库与公共服务平台建设 [J]. 科技导报, 2015, 33 (10): 50-59.

[30] 吴雁. 数字孪生在制造业中的关键技术及应用研究综述 [J]. 现代制造工程, 2021 (9): 137-145.

[31] Lee J, Noh S D, Kim H J, et al. Implementation of cyber-physical production systems for quality prediction and operation control in metal casting [J]. Sensors 2018, 18 (5): 1428.

[32] 杨晓平. 智能制造技术现状及其发展趋势刍议 [J]. 内燃机与配件, 2016 (9): 132-133.

[33] 陈肇雄. 深入实施工业互联网创新发展战略 [J]. 行政管理改革, 2018 (6): 17-20.

[34] 余晓晖, 杨希, 蒋昕昊. 工业互联网的发展实践与未来方向 [J]. 新经济导刊, 2019 (2): 34-38.

[35] Li T, An C, Zhao T, et al. Human sensing using visible light communication [C]. Proceedings of the 21st Annual International Conference on Mobile Computing & Networking. 2015: 331-344.

[36] 凌仕刚, 高健, 褚赓, 等. 高通量计算在锂电池材料筛选中的应用 [J]. 中国材料进展, 2015, 34 (4): 272-281.

[37] Groom C R, Allen F H. The cambridge structural database in retrospect and prospect [J]. Angew Chem Int Ed, 2014, 53 (3): 662-671.

[38] Allen F H. The cambridge structural database: a quarter of a million crystal structures and rising [J]. Acta Crystallogr B, 2002, 58: 380-388.

[39] Bergerhoff G, Hundt R, Sievers R, et al. The inorganic crystal structure data base [J]. J Chem Inf Comput Sci, 1983, 23 (2): 66-69.

[40] Villars P, Berndt M, Brandenburg K, et al. The pauling file, binaries edition [J]. J Alloys Compd, 2004, 367 (1-2): 293-297.

[41] Draxl C, Scheffler M. NOMAD: the FAIR concept for big data-driven materials science [J]. MRS Bull. 2018, 43 (9): 676-682.

[42] Linstrom P J, Mallard W G. The NIST chemistry webbook: a chemical data resource on the internet [J]. J Chem Eng Data, 2001, 46 (5): 1059-1063.

[43] Peking University ShenZhen Graduate School. MaterialGo [DB]. 2016.

[44] 北京科技大学. 国家材料科学数据共享网 [DB]. 2013.

[45] Curtarolo S, Setyawan W, Hart G L W, et al. AFLOW: an automatic framework for high-throughput materials discovery [J]. Comput Mater Sci, 2012, 58: 218-226.

[46] Curtarolo S, Setyawan W, Wang S, et al. AFLOWLIB. ORG: a distributed materials properties repository from high-throughput ab initio calculations [J]. Comput Mater Sci, 2012, 58: 227-235.

[47] Taylor R H, Rose F, Toher C, et al. A RESTful API for exchanging materials data in the AFLOWLIB. org consortium [J]. Comput Mater Sci, 2014, 93: 178-192.

[48] Kirklin S, Saal J E, Meredig B, et al. The Open quantum materials database (OQMD): assessing the accuracy of DFT formation energies [J]. npj Comput Mater, 2015, 1 (1): 1-15.

[49] Saal J E, Kirklin S, Aykol M, et al. Materials design and discovery with high-throughput density functional theory: the open quantum materials database (OQMD) [J]. JOM, 2013, 65 (11): 1501-1509.

[50] Yang X Y, Wang Z G, Zhao X S, et al. MatCloud: a high-throughput computational infrastructure for integrated management of materials simulation, data and resources [J]. Comput Mater Sci, 2018, 146: 319-333.

[51] Yang X Y, Wang Z G, Zhao X S, et al. MatCloud, a high-throughput computational materials infrastructure:

present, future visions, and challenges [J]. Chin Phys B, 2018, 27 (11): 110301.

[52] Wang G J, Peng L Y, Li K Q, et al. ALKEMIE: an intelligent computational platform for accelerating materials discovery and design [J]. Comput Mater Sci, 2021, 186: 110064.

[53] Zhao X G, Zhou K, Xing B Y, et al. JAMIP: an artificial-intelligence aided data-driven infrastructure for computational materials informatics [J]. Sci Bull, 2021, 66 (19): 1973-1985.

[54] Zhao X G, Yang J H, Fu Y H, et al. Design of lead-free inorganic halide perovskites for solar cells via cation-transmutation [J]. J Am Chem Soc, 2017, 139 (7): 2630-2638.

[55] Talirz L, Kumbhar S, Passaro E, et al. Materials Cloud, a platform for open computational science [J]. Sci Data, 2020, 7 (1): 299.

[56] Liang Y Z, Chen M W, Wang Y A, et al. A universal model for accurately predicting the formation energy of inorganic compounds [J]. Sci China Mater, 2022, DOI: 10.1007/s40843-022-2134-3.

[57] Yu Z, Bo T, Liu B, et al. Superconductive materials with MgB_2-like structures from data-driven screening [J]. Phys Rev B, 2022, 105: 214517.

[58] Jiang Y T, Yu Z, Wang Y X, et al. Screening promising CsV_3Sb_5-like kagome materials from systematic first-principles evaluation [J]. Chin Phys Lett, 2022, 39 (4): 72-88.

[59] Gao J C, Qian Y T, Jia H X, et al. Unconventional materials: the mismatch between electronic charge centers and atomic positions [J]. Sci Bull, 2022, 67 (6): 598-608.

[60] Yu Z, Meng S, Liu M. Viable substrates for the honeycomb-borophene growth [J]. Phys Rev Mater, 2021, 5 (10): 104003.

[61] Choudhary K, Garrity K F, Reid A C E, et al. The joint automated repository for various integrated simulations (JARVIS) for data-driven materials design [J]. npj Comput Mater, 2020, 6 (3): 37-49.

[62] 中国科学院物理研究所. 电池材料离子输运数据库 [DB]. 2018.

[63] Draxl C, Scheffler M. The NOMAD laboratory: from data sharing to artificial intelligence [J]. J Phys Mater, 2019, 2 (3): 036001.

[64] He B, Chi S T, Ye A J, et al. High-throughput screening platform for solid electrolytes combining hierarchical ion-transport prediction algorithms [J]. Sci Data, 2020, 7 (1): 151.

[65] Manthiram A, Yu X W, Wang S F. Lithium battery chemistries enabled by solid-state electrolytes [J]. Nat Rev Mater, 2017, 2 (4): 16103.

[66] 施思齐, 涂章伟, 邹欣欣, 等. 数据驱动的机器学习在电化学储能材料研究中的应用 [J]. 储能科学与技术, 2022, 11 (03): 739-759.

[67] 池淑婷. 融合不同精度离子输运算法的固体电解质高通量筛选平台建设 [D]. 上海: 上海大学, 2020.

[68] 王达, 周航, 焦遥, 等. 离子嵌入电化学反应机理的理解及性能预测: 从晶体场理论到配位场理论 [J]. 储能科学与技术, 2022, 11 (2): 409-433.

[69] Wang D, Jiao Y, Shi W, et al. Fundamentals and advances of ligand field theory in understanding structure-electrochemical property relationship of intercalation-type electrode materials for rechargeable batteries [J]. Prog Mater Sci, 2023, 133: 101055.

[70] Ran Y B, Zou Z Y, Liu B, et al. Towards prediction of ordered phases in rechargeable battery chemistry via group-subgroup transformation [J]. npj Comput Mater, 2021, 7 (1): 184.

[71] Xu Y S, Zhang Q H, Wang D, et al. Enabling reversible phase transition on $K_{5/9}Mn_{7/9}Ti_{2/9}O_2$ for high-performance potassium-ion batteries cathodes [J]. Energy Stor Mater, 2020, 31: 20-26.

[72] Shi W, He B, Pu B W, et al. Software for evaluating long-range electrostatic interactions based on the Ewald summation and its application to electrochemical energy storage materials [J]. J Phys Chem A, 2022, 126 (31): 5222-5230.

[73] Ren Y, Liu B, He B, et al. Portraying the ionic transport and stability window of solid electrolytes by incorporating bond valence-Ewald with dynamically determined decomposition methods [J]. Appl Phys Lett, 2022, 121 (17): 173904.

[74] Lin S, Lin Y X, He B, et al. Reclaiming neglected compounds as promising solid state electrolytes by predicting electrochemical stability window with dynamically determined decomposition pathway [J]. Adv Energy Mater, 2022, 12 (45): 2201808.

[75] Pan L, Zhang L W, Ye A J, et al. Revisiting the ionic diffusion mechanism in Li_3PS_4 via the joint usage of geometrical analysis and bond valence method [J]. J Materiomics, 2019, 5 (4): 688-695.

[76] He B, Mi P H, Ye A J, et al. A highly efficient and informative method to identify ion transport networks in fast ion conductors [J]. Acta Mater, 2021, 203: 116490.

[77] Zhang L W, He B, Zhao Q, et al. A database of ionic transport characteristics for over 29000 inorganic compounds [J]. Adv Funct Mater, 2020, 30 (35): 2003087.

[78] He B, Ye A J, Chi S T, et al. CAVD, towards better characterization of void space for ionic transport analysis [J]. Sci Data, 2020, 7 (1): 153.

[79] Zhang Z Z, Zou Z Y, Kaup K, et al. Correlated migration invokes higher Na^+-ion conductivity in NaSICON-type solid electrolytes [J]. Adv Energy Mater, 2019, 9 (42): 1902373.

[80] Hu P, Zou Z, Sun X W, et al. Uncovering the potential of M1-site-activated NASICON cathodes for Zn-ion batteries [J]. Adv Mater, 2020, 32 (14): 1907526.

[81] Zou Z Y, Ma N, Wang A P, et al. Relationships Between Na^+ Distribution, Concerted Migration, and Diffusion Properties in Rhombohedral NASICON [J]. Adv Energy Mater, 2020, 10 (30): 2001486.

[82] Zou Z Y, Ma N, Wang A P, et al. Identifying Migration Channels and Bottlenecks in Monoclinic NASICON-Type Solid Electrolytes with Hierarchical Ion-Transport Algorithms [J]. Adv Funct Mater, 2021, 31 (49): 2107747.

[83] 刘金平, 蒲博伟, 邹喆乂, 等. 基于蒙特卡罗模拟的离子导体热力学与动力学特性 [J]. 储能科学与技术, 2022, 11 (3): 878-896.

[84] 任元, 邹喆乂, 赵倩, 等. 浅析电解质中离子输运的微观物理图像 [J]. 物理学报, 2020, 69 (22): 226601.

[85] Wang Q, Zhang G, Li Y J, et al. Application of phase-field method in rechargeable batteries [J]. npj Comput Mater, 2020, 6 (1): 176.

[86] 李亚捷, 张更, 沙立婷, 等. 可充电池中枝晶问题的相场模拟 [J]. 储能科学与技术, 2022, 11 (3): 929-938.

[87] Li Y J, Zhang G, Chen B, et al. Understanding the separator pore size inhibition effect on lithium dendrite via phase-field simulations [J]. Chin Chem Lett, 2022, 33 (6): 3287-3290.

[88] Li Y J, Sha L T, Zhang G, et al. Phase-field simulation tending to depict practical electrodeposition process in lithium-based batteries [J]. Chin Chem Lett, 2023, 34 (2): 107993.

[89] Holovaty A, Kaplan-Moss J. The definitive guide to django: web development done right 2nd edn [M]. Berkeley:

Apress,2009.

[90] Fielding R T, Taylor R N. Principled design of the modern web architecture [J]. ACM Trans Internet Technol, 2002, 2: 115-150.

[91] Chodorow K, Dirolf M, Mongo D B. Moven: the definitive guide 1st edn [M]. Sebastopol: O'Reilly Media, Inc, 2010.

[92] Schaarschmidt J, Yuan J, Strunk T, et al. Workflow engineering in materials design within the BATTERY 2030+ Project [J]. Adv Energy Mater, 2022, 12 (17): 2102638.

[93] Yoo A B, Jette M A, Grondona M. SLURM: Simple linux utility for resource management [M]. Feitelson D, Rudolph L, Schwiegelshohn U. Job scheduling strategies for parallel processing. Berlin: Springer, 2003.

[94] Kang J, Chung H, Doh C, et al. Integrated study of first principles calculations and experimental measurements for Li-ionic conductivity in Al-doped solid-state $LiGe_2(PO_4)_3$ electrolyte [J]. J Power Sources, 2015, 293: 11-16.

[95] Li Y D, Hutchinson T P, Kuang X J, et al. Ionic conductivity, structure and oxide ion migration pathway in fluorite-based $Bi_8La_{10}O_{27}$ [J]. Chem Mater, 2009, 21 (19): 4661-4668.

[96] Berne B J, Ciccotti G, Coker D F. Classical and qantum dynamics in condensed phase simulations: proceedings of the international school of physics [M]. Italy: World Scientific, 1998.

[97] Shi S Q, Gao J, Liu Y, et al. Multi-scale computation methods: their applications in lithium-ion battery research and development [J]. Chin Phys B, 2016, 25 (1): 018212.

[98] Blatov V A, Shevchenko A P. Analysis of voids in crystal structures: the methods of "dual" crystal chemistry [J]. Acta Cryst, 2003, 59: 34-44.

[99] Mathew K, Montoya J H, Faghaninia A, et al. Atomate: A high-level interface to generate, execute, and analyze computational materials science workflows [J]. Comput Mater Sci, 2017, 139: 140-152.

[100] 高健, 何冰, 施思齐. 锂离子电池无机固体电解质的计算 [J]. 自然杂志, 2016, 38 (5): 334-343.

[101] Borodin O, Olguin M, Spear C E, et al. Towards high throughput screening of electrochemical stability of battery electrolytes [J]. Nanotechnol, 2015, 26 (35): 354003.

[102] Knap J, Spear C E, Borodin O, et al. Advancing a distributed multi-scale computing framework for large-scale high-throughput discovery in materials science [J]. Nanotechnol, 2015, 26 (43): 434004.

[103] Sendek A D, Yang Q, Cubuk E D, et al. Holistic computational structure screening of more than 12000 candidates for solid lithium-ion conductor materials [J]. Energy Environ Sci, 2017, 10 (1): 306-320.

[104] Naveed A, Yang H J, Shao Y Y, et al. A Highly Reversible Zn anode with intrinsically safe organic electrolyte for long-cycle-life batteries [J]. Adv Mater, 2019, 31 (36): 1900668.

[105] Schütter C, Husch T, Korth M, et al. Toward new solvents for EDLCs: from computational screening to electrochemical validation [J]. J Phys Chem C, 2015, 119 (24): 13413-13424.

[106] Han Y K, Yoo J, Yim T. Computational screening of phosphite derivatives as high-performance additives in high-voltage Li-ion batteries [J]. RSC Adv, 2017, 7 (32): 20049-20056.

[107] Zhang W B, Cupid D M, Gotcu P, et al. High-throughput description of infinite composition-structure-property-performance relationships of lithium-manganese oxide spinel cathodes [J]. Chem Mater, 2018, 30 (7): 2287-2298.

[108] Hautier G, Jain A, Ong S P, et al. Phosphates as lithium-ion battery cathodes: an evaluation based on

high-throughput ab initio calculations [J]. Chem Mater, 2011, 23 (15): 3495-3508.

[109] Kabiraj A, Mahapatra S. High-throughput first-principles-calculations based estimation of lithium ion storage in monolayer rhenium disulfide [J]. Commun Chem, 2018, 1: 81.

[110] Hautier G, Jain A, Chen H L, et al. Novel mixed polyanions lithium-ion battery cathode materials predicted by high-throughput ab initio computations [J]. J Mater Chem, 2011, 21 (43): 17147-17153.

[111] Cao D Q, Shen X X, Wang A P, et al. Threshold potentials for fast kinetics during mediated redox catalysis of insulators in Li-O_2 and Li-S batteries [J]. Nat Catal, 2022, 5 (3): 193-201.

[112] Xiao Y H, Miara L J, Wang Y, et al. Computational screening of cathode coatings for solid-state batteries [J]. Joule, 2019, 3 (5): 1252-1275.

[113] Liu B, Wang D, Avdeev M, et al. High-throughput computational screening of Li-containing fluorides for battery cathode coatings [J]. ACS Sustainable Chem Eng, 2020, 8 (2): 948-957.

[114] 刘波. 锂二次电池电极材料表面包覆和界面的热力学稳定性的第一性原理研究 [D]. 上海: 上海大学, 2019.

[115] Kobayashi H, Yuan G H, Gambe Y, et al. Effective Li_3AlF_6 surface coating for high-voltage lithium-ion battery operation [J]. ACS Appl Energy Mater, 2021, 4 (9): 9866-9870.

[116] Fitzhugh W, Wu F, Ye L H, et al. A high-throughput search for functionally stable interfaces in sulfide solid-state lithium ion conductors [J]. Adv Energy Mater, 2019, 9 (21): 1900807.

[117] Liu Y, Guo B R, Zou X X, et al. Machine learning assisted materials design and discovery for rechargeable batteries [J]. Energy Storage Mater, 2020, 31: 434-450.

[118] Ghiringhelli L M, Vybiral J, Levchenko S V, et al. Big data of materials science: critical role of the descriptor [J]. Phys Rev Lett, 2015, 114 (10): 105503.

[119] Jalem R, Nakayama M, Kasuga T. An efficient rule-based screening approach for discovering fast lithium ion conductors using density functional theory and artificial neural networks [J]. J Mater Chem A, 2014, 2 (3): 720-734.

[120] Wang A P, Zou Z Y, Wang D, et al. Identifying chemical factors affecting reaction kinetics in Li-air battery via ab initio calculations and machine learning [J]. Energy Storage Mater, 2021, 35: 595-601.

[121] 王爱平. Li-O_2电池正极/电解液界面计算研究 [D]. 上海: 上海大学, 2020.

[122] Ward L, Agrawal A, Choudhary A, et al. A general-purpose machine learning framework for predicting properties of inorganic materials [J]. npj Comput Mater, 2016, 2 (1): 16028.

[123] Joshi R P, Eickholt J, Li L L, et al. Machine learning the voltage of electrode materials in metal-ion batteries [J]. ACS Appl Mater Interfaces, 2019, 11 (20): 18494-18503.

[124] Jo J, Choi E, Kim M, et al. Machine learning-aided materials design platform for predicting the mechanical properties of Na-ion solid-state electrolytes [J]. ACS Appl Energy Mater, 2021, 4 (8): 7862-7869.

[125] Choi E, Jo J, Kim W, et al. Searching for mechanically superior solid-state electrolytes in Li-ion batteries via data-driven approaches [J]. ACS Appl Mater Interfaces, 2021, 13 (36): 42590-42597.

[126] Verduzco J C, Marinero E E, Strachan A. An active learning approach for the design of doped LLZO ceramic garnets for battery applications [J]. Integr Mater Manuf Innovation, 2021, 10 (2): 299-310.

[127] Ward L, Dunn A, Faghaninia A, et al. Matminer: an open source toolkit for materials data mining [J]. Comput Mater Sci, 2018, 152: 60-69.

[128] Himanen L, Jäger M O J, Morooka E V, et al. DScribe: library of descriptors for machine learning in materials science [J]. Comput Phys Commun, 2020, 247: 106949.

[129] Rupp M, Tkatchenko A, Müller K R, et al. Fast and accurate modeling of molecular atomization energies with machine learning [J]. Phys Rev Lett, 2012, 108 (5): 058301.

[130] Faber F, Lindmaa A, von Lilienfeld O A, et al. Crystal structure representations for machine learning models of formation energies [J]. Int J Quantum Chem, 2015, 115 (16): 1094-1101.

[131] Huo H Y, Rupp M. Unified representation of molecules and crystals for machine learning [J]. Mach Learn: Sci Technol, 2022, 3 (4): 045017.

[132] Behler J. Atom-centered symmetry functions for constructing high-dimensional neural network potentials [J]. J Chem Phys, 2011, 134 (7): 074106.

[133] Bartók A P, Kondor R, Csányi G. On representing chemical environments [J]. Phys Rev B, 2013, 87 (18): 184115.

[134] Xie T, Grossman J C. Crystal graph convolutional neural networks for an accurate and interpretable prediction of material properties [J]. Phys Rev Lett, 2018, 120 (14): 145301.

[135] Ahmad Z, Xie T, Maheshwari C, et al. Machine learning enabled computational screening of inorganic solid electrolytes for suppression of dendrite formation in lithium metal anodes [J]. ACS Cent Sci, 2018, 4 (8): 996-1006.

[136] Cheng J C, Zhang C K, Dong L F. A geometric-information-enhanced crystal graph network for predicting properties of materials [J]. Commun Mater, 2021, 2 (1): 1-11.

[137] Dixit M B, Verma A, Zaman W, et al. Synchrotron imaging of pore formation in Li metal solid-state batteries aided by machine learning [J]. ACS Appl Energy Mater, 2020, 3 (10): 9534-9542.

[138] Jiang Z S, Li J Z, Yang Y, et al. Machine-learning-revealed statistics of the particle-carbon/binder detachment in lithium-ion battery cathodes [J]. Nat Commun, 2020, 11 (1): 2310.

[139] Furat O, Finegan D P, Diercks D, et al. Mapping the architecture of single lithium ion electrode particles in 3D, using electron backscatter diffraction and machine learning segmentation [J]. J Power Sources, 2021, 483: 229148.

[140] Xu Q C, Li Z Z, Liu M, et al. Rationalizing perovskite data for machine learning and materials design [J]. J Phys Chem Lett, 2018, 9 (24): 6948-6954.

[141] Hafiz H, Khair A I, Choi H, et al. A high-throughput data analysis and materials discovery tool for strongly correlated materials [J]. npj Comput Mater, 2020, 4 (2): 75-84.

[142] Li W, Jacobs R, Morgan D. Predicting the thermodynamic stability of perovskite oxides using machine learning models [J]. Comput Mater Sci, 2018, 150: 454-463.

[143] Gharagheizi F, Sattari M, Ilani-Kashkouli P, et al. A "non-linear" quantitative structure-property relationship for the prediction of electrical conductivity of ionic liquids [J]. Chem Eng Sci, 2013, 101: 478-485.

[144] Hosseinzadeh M, Hemmati-Sarapardeh A, Ameli F, et al. A computational intelligence scheme for estimating electrical conductivity of ternary mixtures containing ionic liquids [J]. J Mol Liq, 2016, 221: 624-632.

[145] Song Y Q, Siriwardane E M D, Zhao Y, et al. Computational discovery of new 2D materials using deep learning generative models [J]. ACS Appl Mater Interfaces, 2021, 13 (45): 53303-53313.

[146] Ma B Y, Wei X Y, Liu C N, et al. Data augmentation in microscopic images for material data mining [J]. npj

Comput Mater, 2020, 6 (1): 151-159.

[147] 施思齐, 孙拾雨, 马舒畅, 等. 融合材料领域知识的数据准确性检测方法 [J]. 无机材料学报, 2022, 37 (12): 1311-1320.

[148] Jolliffe I T, Cadima J. Principal component analysis: a review and recent developments [J]. Philos Trans Royal Soc A, 2016, 374 (2065): 20150202.

[149] Tharwat A, Gaber T, Ibrahim A, et al. Linear discriminant analysis: a detailed tutorial [J]. AI Commun, 2017, 30 (2): 169-190.

[150] Banguero E, Correcher A, Pérez-Navarro A, et al. Diagnosis of a battery energy storage system based on principal component analysis [J]. Renew Energy, 2020, 146: 2438-2449.

[151] Wang L Y, Wang L F, Liao C L. et al. Research on multi-parameter evaluation of electric vehicle power battery consistency based on principal component analysis [J]. J Shanghai Jiaotong Univ, 2018, 23: 711-720.

[152] Chen K L, Zheng F D, Jiang J C, et al. Practical failure recognition model of lithium-ion batteries based on partial charging process [J]. Energy 2017, 138: 1199-1208.

[153] Chandrashekar G, Sahin F. A survey on feature selection methods [J]. Comput Electr Eng, 2014, 40 (1): 16-28.

[154] Peng H C, Long F H, Ding C. Feature selection based on mutual information criteria of max-dependency, max-relevance, and min-redundancy [J]. IEEE Trans Pattern Anal Mach Intell, 2005, 27 (8): 1226-1238.

[155] Palmer G, Du S Q, Politowicz A, et al. Calibration after bootstrap for accurate uncertainty quantification in regression models [J]. npj Comput Mater, 2022, 8 (1): 115.

[156] Lin F Y, Liang D R, Yeh C C, et al. Novel feature selection methods to financial distress prediction [J]. Expert Syst Appl, 2014, 41 (5): 2472-2483.

[157] Erguzel T T, Tas C, Cebi M. A wrapper-based approach for feature selection and classification of major depressive disorder-bipolar disorders [J]. Comput Biol Med, 2015, 64: 127-137.

[158] Wu H, Lorenson A, Anderson B, et al. Robust FCC solute diffusion predictions from ab-initio machine learning methods [J]. Comput Mater Sci, 2017, 134: 160-165.

[159] Liu Y, Wu J M, Avdeev M, et al. Multi-layer feature selection incorporating weighted score-based expert knowledge toward modeling materials with targeted properties [J]. Adv Theory Simul, 2020, 3 (2): 1900215.

[160] Genuer R, Poggi J M, Tuleau-Malot C. Variable selection using random forests [J]. Pattern Recognit Lett, 2010, 31 (14): 2225-2236.

[161] Shandiz M A, Gauvin R. Application of machine learning methods for the prediction of crystal system of cathode materials in lithium-ion batteries [J]. Comput Mater Sci, 2016, 117: 270-278.

[162] Zhao Q, Avdeev M, Chen L Q, et al. Machine learning prediction of activation energy in cubic Li-argyrodites with hierarchically encoding crystal structure-based (HECS) descriptors [J]. Sci Bull, 2021, 66 (14): 1401-1408.

[163] Zhao Q, Zhang L W, He B, et al. Identifying descriptors for Li^+ conduction in cubic Li-argyrodites via hierarchically encoding crystal structure and inferring causality [J]. Energy Storage Mater, 2021, 40: 386-393.

[164] 赵倩. 基于材料基因组的无机固态电解质离子传导问题研究 [D]. 上海: 上海大学, 2021.

[165] Hsu H H, Hsieh C W, Lu M D. Hybrid feature selection by combining filters and wrappers [J]. Expert Syst Appl, 2011, 38 (7): 8144-8150.

[166] Liu Y, Zou X X, Ma S C, et al. Feature selection method reducing correlations among features by embedding domain knowledge [J]. Acta Mater, 2022, 238: 118195.

[167] 周志华. 机器学习 [M]. 北京: 清华大学出版社, 2016.

[168] 刘悦. 神经网络集成及其在地震预报中的应用研究 [D]. 上海: 上海大学, 2005.

[169] Xu Y J, Zong Y, Hippalgaonkar K. Machine learning-assisted cross-domain prediction of ionic conductivity in sodium and lithium-based superionic conductors using facile descriptors [J]. J Phys Commun, 2020, 4 (5): 055015.

[170] Liu B, Yang J, Yang H L, et al. Rationalizing the interphase stability of Li|doped-$Li_7La_3Zr_2O_{12}$ via automated reaction screening and machine learning [J]. J Mater Chem A, 2019, 7 (34): 19961-19969.

[171] Ishikawa A, Sodeyama K, Igarashi Y, et al. Machine learning prediction of coordination energies for alkali group elements in battery electrolyte solvents [J]. Phys Chem Chem Phys, 2019, 21 (48): 26399-26405.

[172] Homma K, Liu Y, Sumita M, et al. Optimization of a heterogeneous ternary Li_3PO_4-Li_3BO_3-Li_2SO_4 mixture for Li-ion conductivity by machine learning [J]. J Phys Chem C, 2020, 124 (24): 12865-12870.

[173] Nagulapati V M, Lee H, Jung D, et al. A novel combined multi-battery dataset based approach for enhanced prediction accuracy of data driven prognostic models in capacity estimation of lithium ion batteries [J]. Energy AI 2021, 5: 100089.

[174] Zhang Y W, Tang Q C, Zhang Y, et al. Identifying degradation patterns of lithium ion batteries from impedance spectroscopy using machine learning [J]. Nat Commun, 2020, 11 (1): 1706.

[175] Kireeva N, Pervov V S. Materials informatics screening of Li-rich layered oxide cathode materials with enhanced characteristics using synthesis data [J]. Batteries Supercaps, 2020, 3 (5): 427-438.

[176] Fujimura K, Seko A, Koyama Y, et al. Accelerated materials design of lithium superionic conductors based on first-principles calculations and machine learning algorithms [J]. Adv Energy Mater, 2013, 3 (8): 980-985.

[177] Lee B, Yoo J, Kang K. Predicting the chemical reactivity of organic materials using a machine-learning approach [J]. Chem Sci, 2020, 11 (30): 7813-7822.

[178] Duong V M, Tran T N, Garg A, et al. Machine learning technique-based data-driven model of exploring effects of electrolyte additives on $LiNi_{0.6}Mn_{0.2}Co_{0.2}O_2$/graphite cell [J]. J Energy Storage, 2021, 42: 103012.

[179] Duquesnoy M, Boyano I, Ganborena L, et al. Machine learning-based assessment of the impact of the manufacturing process on battery electrode heterogeneity [J]. Energy AI, 2021, 5: 100090.

[180] Wang Z L, Zhang H K, Li J J. Accelerated discovery of stable spinels in energy systems via machine learning [J]. Nano Energy, 2021, 81: 105665.

[181] Zhang Z Q, Li L, Li X, et al. State-of-health estimation for the lithium-ion battery based on gradient boosting decision tree with autonomous selection of excellent features [J]. Int J Energy Res, 2022, 46 (2): 1756-1765.

[182] Lerman P M. Fitting segmented regression models by grid search [J]. J R Stat Soc Ser C: Appl Stat, 1980, 29 (1): 77-84.

[183] Bergstra J, Bengio Y. Random search for hyper-parameter optimization [J]. J Mach Learn Res, 2012, 13 (2): 281-305.

[184] Snoek J, Larochelle H, Adams R P, Practical bayesian optimization of machine learning algorithms [J]. Advances in Neural Information Processing Systems, 2012, 25: 2951-2959.

[185] Kotthoff L, Thornton C, Hoos H H, et al. Auto-WEKA 2.0: automatic model selection and hyperparameter optimization in WEKA [J]. J Mach Learn Res, 2017, 18 (1): 826-830.

[186] Thornton C, Hutter F, Hoos H H, et al. Auto-WEKA: combined selection and hyperparameter optimization of classification algorithms [C]. Proceedings of the 19th ACM SIGKDD international conference on Knowledge discovery and data mining. Chicago Illinois USA: ACM, 2013: 847-855.

[187] Feurer M, Klein A, Eggensperger K, et al. Efficient and robust automated machine learning [J]. Advances in Neural Information Processing Systems, 2015, 28 (2): 2755-2763.

[188] Dunn A, Wang Q, Ganose A, et al. Benchmarking materials property prediction methods: the Matbench test set and Automatminer reference algorithm [J]. npj Comput Mater, 2020, 6 (2): 13-22.

[189] 刘悦, 王双燕, 杨正伟, 等. 一种材料性能自动预测系统: CN115148307A [P]. 2022-10-04.

[190] Zapiain D M D, Stewart J A, Dingreville R. Accelerating phase-field-based microstructure evolution predictions via surrogate models trained by machine learning methods [J]. npj Comput Mater, 2021, 7 (1): 3.

[191] Attia P M, Grover A, Jin N, et al. Closed-loop optimization of fast-charging protocols for batteries with machine learning [J]. Nature, 2020, 578 (7795): 397-402.

[192] Barrett D H, Haruna A. Artificial intelligence and machine learning for targeted energy storage solutions [J]. Curr Opin Electrochem, 2020, 21: 160-166.

[193] Lu S H, Zhou Q H, Ouyang Y X, et al. Accelerated discovery of stable lead-free hybrid organic-inorganic perovskites via machine learning [J]. Nat Commun, 2018, 9: 3405.

[194] Chmiela S, Tkatchenko A, Sauceda H E, et al. Machine learning of accurate energy-conserving molecular force fields [J]. Sci Adv, 2017, 3 (5): 1603015.

[195] Moses I A, Joshi R P, Ozdemir B, et al. Machine learning screening of metal-ion battery electrode materials [J]. ACS Appl Mater Interfaces, 2021, 13 (45): 53355-53362.

[196] Krishnapriyan A, Sendek A. Data-driven discovery and design of superionic lithium conductors for high performance lithium ion batteries [R]. San Francisco: Stanford University, 2015.

[197] Fitzhugh W, Chen X, Wang Y C, et al. Solid-electrolyte-interphase design in constrained ensemble for solid-state batteries [J]. Energy Environ Sci, 2021, 14 (8): 4574-4583.

[198] Meredig B, Agrawal A, Kirklin S, et al. Combinatorial screening for new materials in unconstrained composition space with machine learning [J]. Phys Rev B, 2014, 89 (9): 094104.

[199] Farrusseng D, Clerc F, Mirodatos C, et al. Virtual screening of materials using neuro-genetic approach: concepts and implementation [J]. Comput Mater Sci, 2009, 45 (1): 52-59.

[200] Dick S, Fernandez-Serra M. Machine learning accurate exchange and correlation functionals of the electronic density [J]. Nat Commun, 2020, 11 (1): 3509.

[201] Yu M T, Yang S Y, Wu C Z, et al. Machine learning the Hubbard U parameter in DFT+U using Bayesian optimization [J]. npj Comput Mater, 2022, 6 (2): 57-62.

[202] 李尧, 侯传涛, 吴建国, 等. 机器学习势概述 [C]. 北京力学会第 26 届学术年会, 2020.

[203] Wang C H, Aoyagi K, Wisesa P, et al. Lithium ion conduction in cathode coating materials from on-the-fly machine learning [J]. Chem Mater, 2020, 32 (9): 3741-3752.

[204] Deng Z, Chen C, Li X G, et al. An electrostatic spectral neighbor analysis potential for lithium nitride [J]. npj

Comput Mater, 2019, 5: 75.

[205] Wang Y C, Lv J, Zhu L, et al. CALYPSO: a method for crystal structure prediction [J]. Comput Phys Commun, 2012, 183 (10): 2063-2070.

[206] Bartók A P, Payne M C, Kondor R, et al. Gaussian approximation potentials: the accuracy of quantum mechanics, without the electrons [J]. Phys Rev Lett, 2010, 104 (13): 136403.

[207] Behler J. Perspective: machine learning potentials for atomistic simulations [J]. J Chem Phys, 2016, 145 (21): 219901.

[208] Sosso G C, Miceli G, Caravati S, et al. Neural network interatomic potential for the phase change material GeTe [J]. Phys Rev B, 2012, 85 (17): 174103.

[209] Babaei H, Guo R Q, Hashemi A, et al. Machine-learning-based interatomic potential for phonon transport in perfect crystalline Si and crystalline Si with vacancies [J]. Phys Rev Mater, 2019, 3 (7): 074603.

[210] Bonati L, Parrinello M. Silicon liquid structure and crystal nucleation from ab initio deep metadynamics [J]. Phys Rev Lett, 2018, 121 (26): 265701.

[211] Payne M, Csányi G, Vita A D. Hybrid atomistic modelling of materials processes [M]. Yip S. Handbook of materials modeling. Dordrecht: Springer, 2005.

[212] Li Z W, Kermode J R, De Vita A. Molecular dynamics with on-the-fly machine learning of quantum-mechanical forces [J]. Phys Rev Lett, 2015, 114 (9): 096405.

[213] Glielmo A, Sollich P, De Vita A. Accurate interatomic force fields via machine learning with covariant kernels [J]. Phys Rev B, 2017, 95 (21): 214302.

[214] Bartók A P, Kermode J, Bernstein N, et al. Machine learning a general-purpose interatomic potential for silicon [J]. Phys Rev X, 2018, 8 (4): 041048.

[215] Zhang L F, Han J Q, Wang H, et al. Deep potential molecular dynamics: a scalable model with the accuracy of quantum mechanics [J]. Phys Rev Lett, 2018, 120 (14): 143001.

[216] Wang H, Zhang L F, Han J Q, et al. DeePMD-kit: a deep learning package for many-body potential energy representation and molecular dynamics [J]. Comput Phys Commun, 2018, 228: 178-184.

[217] Zhang Y, He X F, Chen Z Q, et al. Unsupervised discovery of solid-state lithium ion conductors [J]. Nat Commun, 2019, 10: 5260.

[218] Teichert G H, Natarajan A R, Van der Ven A, et al. Machine learning materials physics: integrable deep neural networks enable scale bridging by learning free energy functions [J]. Comput Methods Appl Mech Engrg, 2019, 353: 201-216.

[219] Raissi M, Perdikaris P, Karniadakis G E. Physics-informed neural networks: a deep learning framework for solving forward and inverse problems involving nonlinear partial differential equations [J]. J Comput Phys, 2019, 378: 686-707.

[220] Ma Y R, Jin T W, Choudhury R, et al. Understanding the correlation between lithium dendrite growth and local material properties by machine learning [J]. J Electrochem Soc, 2021, 168 (9): 090523.

[221] Beal M S, Hayden B E, Le Gall T, et al. High throughput methodology for synthesis, screening, and optimization of solid state lithium ion electrolytes [J]. ACS Comb Sci, 2011, 13 (4): 375-381.

[222] Dutt N V K, Ravikumar Y V L, Rani K Y. Representation of ionic liquid viscosity-temperature data by generalized

correlations and an artificial neural network (Ann) model [J]. Chem Eng Commun, 2013, 200 (12): 1600-1622.

[223] Min K, Choi B, Park K, et al. Machine learning assisted optimization of electrochemical properties for Ni-rich cathode materials [J]. Sci Rep, 2018, 8 (1): 15778.

[224] Torayev A, Magusin P C M M, Grey C P, et al. Text mining assisted review of the literature on Li-O_2 batteries [J]. J Phys Mater, 2019, 2 (4): 044004.

[225] Kononova O, He T J, Huo H Y, et al. Opportunities and challenges of text mining in materials research [J]. iScience, 2021, 24 (3): 102155.

[226] Mahbub R, Huang K, Jensen Z, et al. Text mining for processing conditions of solid-state battery electrolyte [J]. Electrochem commun, 2020, 121: 106860.

[227] Huang S, Cole J M. A database of battery materials auto-generated using ChemDataExtractor [J]. Sci Data, 2020, 7 (1): 260.

[228] Weston L, Tshitoyan V, Dagdelen J, et al. Named entity recognition and normalization applied to large-scale information extraction from the materials science literature [J]. J Chem Inf Model, 2019, 59 (9): 3692-3702.

[229] Liu Y, Ge X Y, Yang Z W, et al. An automatic descriptors recognizer customized for materials science literature [J]. J Power Sources, 2022, 545: 231946.

[230] 刘悦, 葛献远, 杨正伟, 等. 文本数据的描述符识别方法、装置及介质: CN114997176A [P]. 2022-09-03.

[231] 刘悦, 邹欣欣, 杨正伟, 等. 材料领域知识嵌入的机器学习 [J]. 硅酸盐学报, 2022, 50 (3): 863-876.

[232] Halevy A, Norvig P, Pereira F, The unreasonable effectiveness of data [J]. IEEE Intell Syst 2009, 24 (2): 8-12.

[233] Reshef D N, Reshef Y A, Finucane H K, et al. Detecting novel associations in large data sets [J]. Science 2011, 334 (6062): 1518-1524.

[234] Lundberg S M, Lee S I. A unified approach to interpreting model predictions [J]. Advances in Neural Information Processing Systems, 2017, 30: 4768-4777.

[235] 郭碧茹. 基于机器学习的 NASICON 型固态电解质激活能预测方法研究 [D]. 上海: 上海大学, 2020.

[236] Chen D L, Sun D P, Fu J, et al. Semi-supervised learning framework for aluminum alloy metallographic image segmentation [J]. IEEE Access, 2021, 9: 30858-30867.

[237] Lookman T, Balachandran P V, Xue D Z, et al. Active learning in materials science with emphasis on adaptive sampling using uncertainties for targeted design [J]. npj Comput Mater, 2020, 4 (4): 25-41.

[238] Zhuang F Z, Qi Z Y, Duan K Y, et al. A comprehensive survey on transfer learning [J]. Proceedings of the IEEE, 2020, 109 (1): 43-76.

[239] 李航. 统计学习方法 [M]. 北京: 清华大学出版社, 2012.

[240] Liu Y, Wu J M, Wang Z C, et al. Predicting creep rupture life of Ni-based single crystal superalloys using divide-and-conquer approach based machine learning [J]. Acta Mater, 2020, 195: 454-467.

[241] 张统一. 材料信息学导论: 机器学习基础 [M]. 北京: 科学出版社, 2022.

[242] Stevens R, Taylor V, Nichols J, et al. AI for science: report on the Department of Energy (DOE) town halls on Artificial Intelligence (AI) for science [R]. Argonne National Laboratory Report, 2020.

[243] Weinan E. Machine learning and computational mathematics [J]. Commun Comput Phys, 2020, 28 (5): 1639-1670.

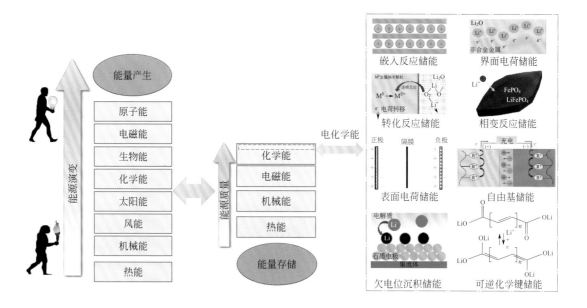

图 1-1 人类社会获取、存储能量方式的演变以及电化学储能反应机制示意图 [3,4]

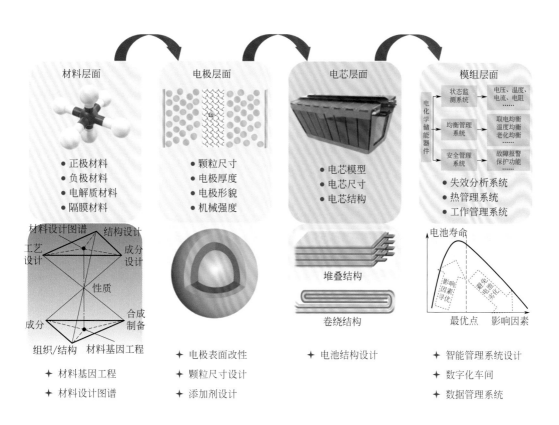

图 1-7 电化学储能器件从材料、电极、电芯和模组四个层面递进式设计流程 [33]

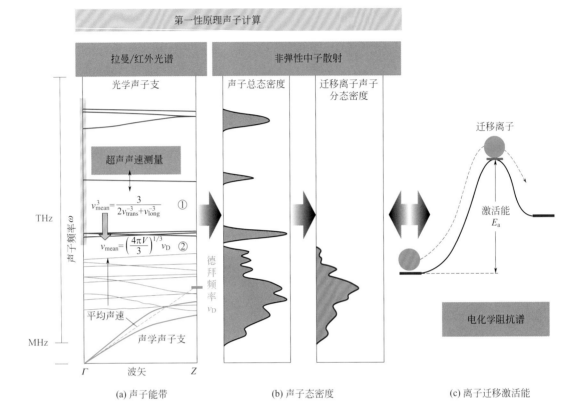

图 2-3 多种可用于探索晶格动力学相关性质与离子输运行为映射关系的实验手段 [39]

（a）声子能带可通过红外和拉曼光谱测定，其反映出材料的声速以及德拜频率等性质。设体系的原胞所包含的原子总数为 n，则图中共有 $3n$ 条声子色散曲线，包括 3 条声学声子支和 $3n-3$ 条光学声子支。声学声子支穿过布里渊区中心，对应频率在兆赫兹（MHz）范围内，图中用深绿色实线表示；光学声子支未穿过布里渊区中心，频率在太赫兹（THz）范围内，图中用红色实线表示。在低波矢范围内，频率最低的声学声子支的斜率数值与材料中的纵波声速 v_{long} 成正比，另外两条简并的声学声子支的斜率数值与材料中的横波声速 v_{trans} 成正比。根据公式①，可由 v_{long} 和 v_{trans} 得到材料中的平均声速 v_{mean}。德拜频率 v_D 为声学声子支的频率上限。由公式②可知，v_{mean} 与德拜频率 v_D 成正比，式中 V 为原胞内单个原子的平均占有体积。因此，经 Γ 点由 v_{mea} 决定斜率的直线（绿色虚线）与相邻波矢纵轴交点处的频率即为 v_D。超声声速测量实验可以精确测定材料中的横波声速（v_{trans}）和纵波声速（v_{long}），并根据公式①计算得出平均声速 v_{mean}。通过超声声速测量和拉曼/红外实验手段可以建立平均声速和德拜频率之间的联系。（b）与声子能带图对应的声子态密度图，其可通过非弹性中子散射进行表征。其中左图为声子总态密度，右图为迁移离子声子分态密度。图（a）中的声子能带和图（b）声子态密度还可以通过第一性原理声子计算 [53]，如冻声子 [54] 和有限位移法 [55] 等获得。（c）为迁移离子在快离子导体中扩散所需的离子迁移激活能示意图，离子迁移激活能可通过电化学阻抗谱进行评估

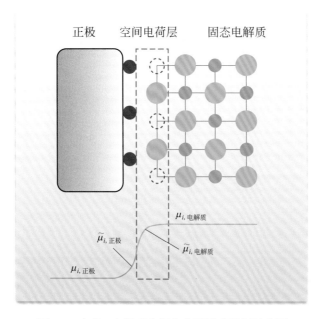

图 2-8 电极/电解质空间电荷层形成机制示意图

界面上载流子富集形成界面核,相邻的空间电荷层内载流子耗尽,且载流子发生重排后的体相化学势及界面电化学势分布。i 表示载流子,$\mu_{i,\text{正极}}$ 和 $\mu_{i,\text{电解质}}$ 分别表示正极和电解质体相中载流子的化学势,$\tilde{\mu}_{i,\text{正极}}$ 和 $\tilde{\mu}_{i,\text{电解质}}$ 分别表示界面处正极和电解质中载流子的电化学势(化学势+静电势)

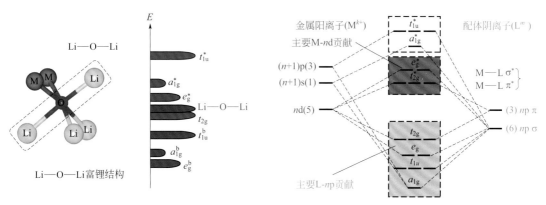

(a) 富锂层状氧化物(如 Li_2MnO_3)中 Li—O—Li 构型的局部原子配位及其能带结构示意图

(b) 中心原子 M 与配体 L 轨道之间的 σ 键和 π 键的能带结构图

图 3-2 Li—O—Li 构型的局部原子配位及能带结构以及中心原子 M 与配体 L 轨道之间的 σ 键和 π 键的能带结构示意图[13]

在大多数用于碱金属/碱土金属离子电池正极材料中,过渡金属阳离子 M^{k+} 与配体 L^{m-} 形成八面体配位,M 的部分 d 轨道与 L 的部分 p 轨道杂化形成 σ 键和 π 键,其中黄色部分代表主要由 L-p 轨道贡献,红色部分表示主要由 M-d 轨道贡献

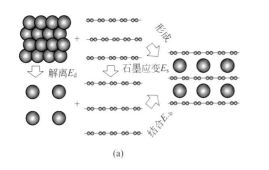
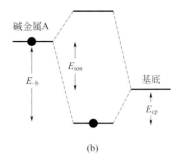

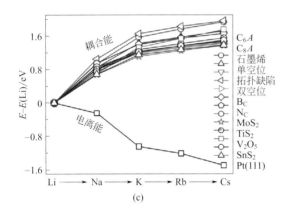
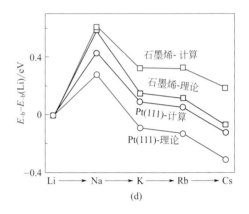

图 3-4 碱金属 A（A=Li, Na, K, Rb, Cs）和基材 [石墨、Pt（111）等] 之间结合的示意图 [48]
（a）A 嵌入至石墨电极能量状态的变化可拆解为由三部分组成：体相 A 解离成为孤立的原子状态所需克服的原子内聚能（E_d）、受 A 原子嵌入影响石墨晶体应变（层间膨胀和平面内拉伸）产生的能量（E_s）、A 原子插入上述应变石墨结构中的结合能（E_b）；（b）结合能 E_b、电离能 E_{ion} 和耦合能 E_{cp} 的物理含义及其关系；（c）不同基材随 A 改变 E_{ion} 和 E_{cp} 的变化；（d）不同基材随 E_b 改变的变化

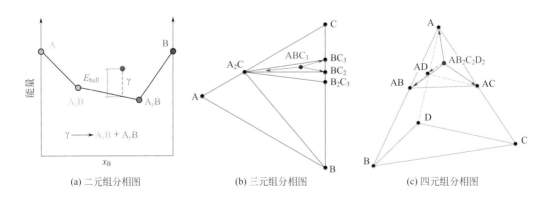

图 3-5 基于第一性原理计算的二元组分相图 [50]、三元组分相图 [51] 以及四元组分相图

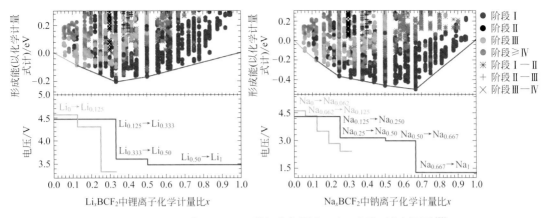

图 3-6 Li$_x$BCF$_2$ 与 Na$_x$BCF$_2$ 的组分相图和 Li$^+$/Na$^+$ 脱/嵌电压图 [52]

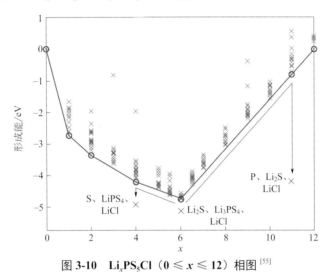

图 3-10 Li$_x$PS$_5$Cl（0 ≤ x ≤ 12）相图 [55]

蓝色叉号代表不稳定化合物，圆圈代表稳定化合物，黑线指示 Li$_x$PS$_5$Cl 的脱嵌路线，黑色叉号周围化学式为 Li$_x$PS$_5$Cl 在对应浓度下的直接分解产物

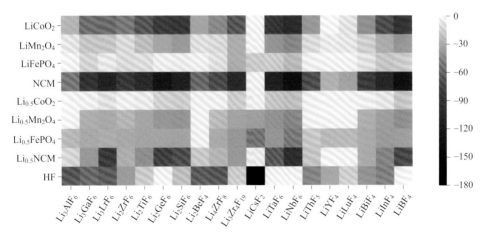

图 3-12 包覆材料和各种正极材料或正极沉淀物 HF 之间反应能的能量热图 [57]

横向为包覆材料；纵向为正极材料。图中方格代表对应体系的最大反应能，颜色越深代表最大反应能越负（反应活性越高），越不利于包覆材料与正极材料的稳定性

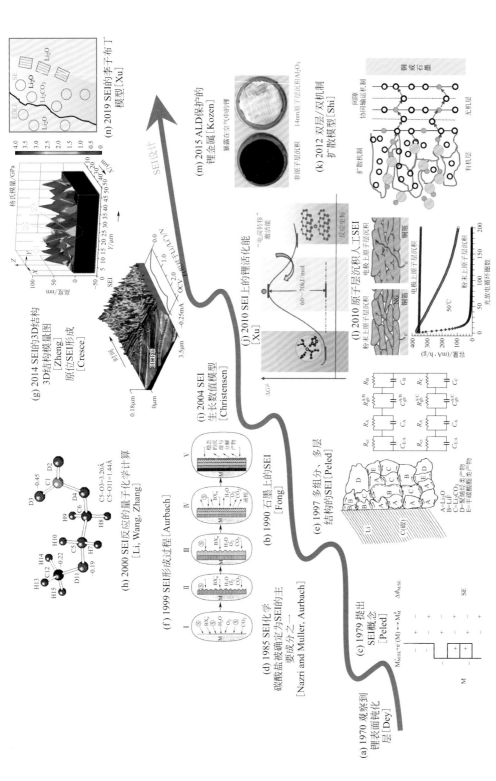

图 3-13 近 50 年来负极 SEI 从发现、理解到设计的简要历史

(a) Dey 等[60]于 1970 年初首次在锂金属上观察到钝化层; (b) 1990 年, 石墨上的有效 SEI 层得到确认; (c) 1979 年, Peled[61]引入了 SEI 的概念; (d) Nazri 和 Muller[63]以及 Aurbach 等[64]分别于 1985 年和 1987 年确定 Li_2CO_3 为 SEI 的主要成分之一; (e) Peled[65]将 SEI 描绘成马赛克结构, 并于 1997 年将其转化为等效电路模型; (f) Aurbach[66]阐述了 SEI 的形成过程, 表明该过程是由电解质在电极表面发生还原反应引起; (g) Cresce 等[67]于 2014 年使用原位电化学 AFM 对多组分和多层 SEI 的时间演化进行了直接观察; (h) 2000 年之后, 量子化学计算被用于模拟电解质还原和氧化反应路径, 这些路径有助于理解 SEI 的形成; (i) 2004 年, 开发了基于物理的连续介质模型来模拟 SEI 的生长, 其假设 SEI 的主要成分为 Li_2CO_3, 但仍缺少许多相关的特性, 如膜电阻[71]; (j) 2010 年, Xu 等[72]通过实验测量了锂离子在 SEI 中的传输能垒; (k) Shi 等[73]基于 "协同输运" 机制计算了 Li_2CO_3 中的锂离子扩散, 并提出了双层/双机制模型; (l) Zheng 等[74]测量了硅负极上 SEI 的力学性能, 他们展示了模量图和 SEI 结构图, 根据对 SEI 的基本理解开始指导设计人工 SEI, Jung 等[75]使用原子层沉积 (ALD) 方法在组装的石墨负极上沉积了纳米厚的 Al_2O_3 涂层, 并证明了其耐用性的提高; (m) Kozen 等[76]于 2015 年使用 ALD 涂层保护锂金属电极; (n) 2019 年, Xu 等[77]提出 SEI 的李子布丁模型

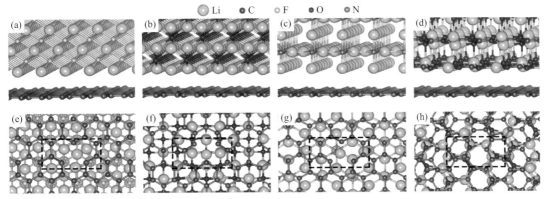

图 3-14 人工双层固态电解质膜（BL-SEI）的结构[78]

(a) 石墨烯/LiF (111)；(b) 石墨烯/Li$_2$O (001)；(c) 石墨烯/Li$_3$N (001)；(d) 石墨烯/Li$_2$CO$_3$ (001)；
(e)～(h) 在石墨烯中具有单个碳原子缺陷的相应 BL-SEI

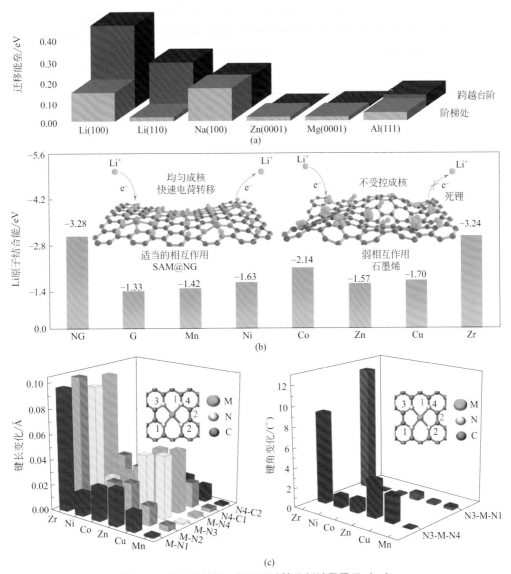

图 3-15 枝晶生长第一性原理计算分析结果展示（一）

(a) 计算所得的各种金属表面跨越台阶和阶梯处的迁移能垒[85]；(b) 锂原子在不同基底上的结合能；
(c) SAM@NG 电极在沉积锂前后键长键角变化[88][SAM@NG 为单原子（single-atoms, SA）
位置被 M 原子（M=Mn、Ni、Co、Zn、Cu、Zr）取代的氮掺杂石墨烯]

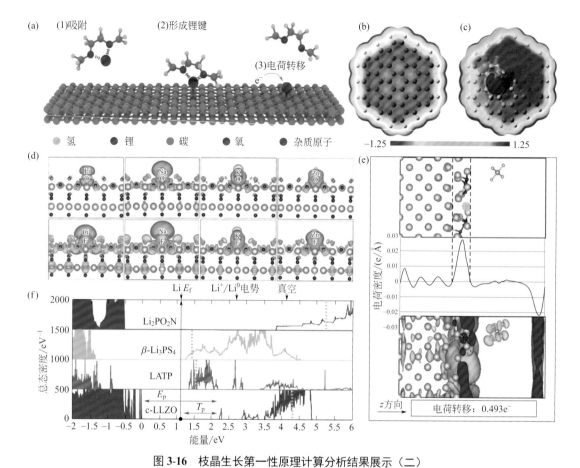

图 3-16 枝晶生长第一性原理计算分析结果展示（二）

(a) 负极表面骨架锂成核示意图[87]；(b) 石墨烯表面的静电势分布；(c) 嵌铜石墨烯表面的静电势分布[89]；(d) TiO_2 和 $F-TiO_2$ 在不同阳离子（Li^+、Na^+、K^+、Zn^{2+}）吸附时的电荷密度分布[90]；(e) Li(100)/Li_2CO_3 界面[91]：Li(100) 界面处 Li_2CO_3 吸附引入的阳离子（由 Li^+-PF_6^- 引入的 Li^+）后的优化结构（上），阳离子吸附前后电荷差分密度 $\rho(z)$ 的积分图 [$\rho(z)dz$，z 为垂直于表面的 z 方向]（中）及电荷差分密度图（等值面为 0.0001 e/bohr）（下）；(f) 通过计算 Li_2PO_2N、Li_3PS_4、$Li_{1.17}Al_{0.17}Ti_{1.83}(PO_4)_3$（LATP）、$c-Li_7La_3Zr_2O_{12}$（c-LLZO）固态电解质表面带隙，发现其对枝晶生长的调控作用[92]

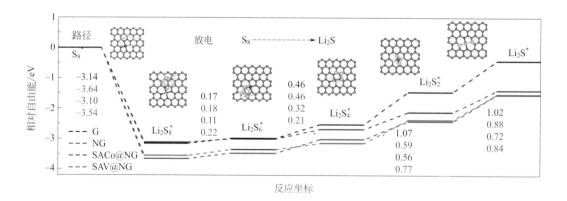

图 3-18 石墨烯（G）、氮掺杂石墨烯（NG）、以 Co 为单原子催化剂的 NG（SACo@NG）和以 V 为单原子催化剂的 NG（SAV@NG）上的多硫化物还原反应能量变化图谱[96]

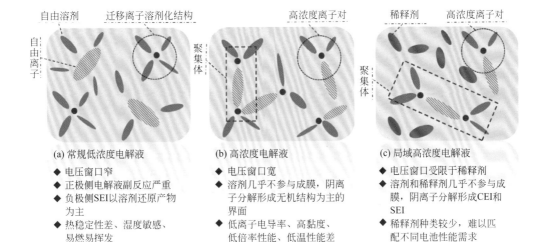

图 3-20 三种电解液的溶剂化结构、电化学特性及其对固态电解质膜成分的影响[100]

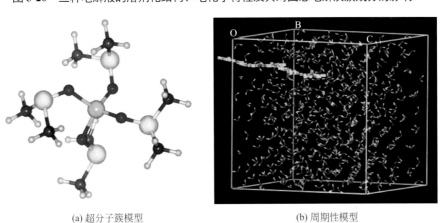

图 3-22 显式溶剂化模型

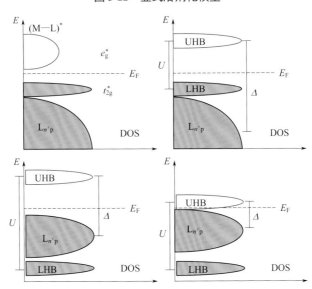

图 3-24 八面体场过渡金属化合物中受电子间库仑相互作用项 U 以及电荷转移项 Δ 影响的上哈伯德能带（UHB）、下哈伯德能带（LHB）以及配体 $L_{n'p}$ 非键轨道的相对位置分布[133]

DOS—电子态密度

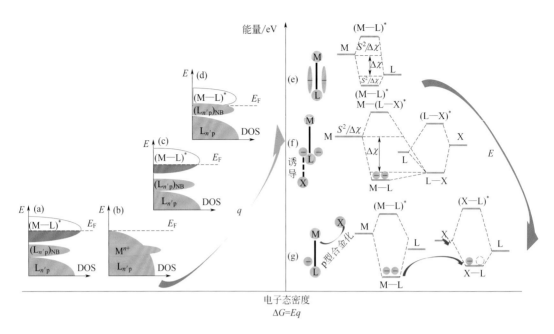

图 3-25 电化学储能材料能量密度提升策略的微观机理

通过阳离子提供电荷补偿（a）、阴离子提供电荷补偿（b）、电负性差增大导致的阳离子提供更多电荷补偿（c）、阴、阳离子协同提供电荷补偿（d）提升电化学储能材料转移电子电荷量；以及通过高电负性差的成分设计（e）、元素诱导（f）、p 型合金化（g）提升电化学驱动势。Δ 可表示为重叠积分 S^2 和电负性差 $\Delta\chi$ 的函数，即 $\Delta = S^2/\Delta\chi$。为简化起见，此处讨论忽略了电子-电子关联导致的轨道分裂

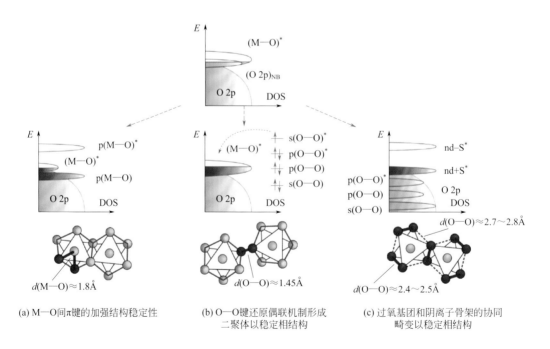

(a) M—O 间 π 键的加强结构稳定性　　(b) O—O 键还原偶联机制形成二聚体以稳定相结构　　(c) 过氧基团和阴离子骨架的协同畸变以稳定相结构

图 3-27 氧化物通过相变的形式稳定其结构[133]

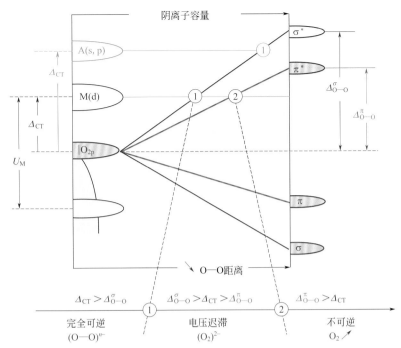

图 3-28 富锂/富钠过渡金属氧化物（A 表示 Li 离子或 Na 离子，M 为过渡金属）
中阴离子氧化过程的电荷转移动力学[143]
由 O—O 间距离的减小（下坐标）或阴离子容量的增大（上坐标）导致 O_{2p} 轨道分裂产生的 π、$π^*$ 和 σ、$σ^*$
分别用黄色（$\Delta_{O-O}^{π}$）和红色（$\Delta_{O-O}^{σ}$）表示，Δ_{CT} 由阴离子轨道（此处为 O_{2p} 轨道）与上方空金属轨道的
相对位置决定。阴离子活性的不同由①和②分割为完全可逆、电压迟滞以及不可逆三个区域

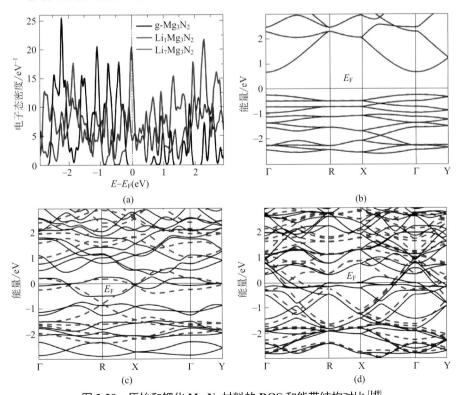

图 3-29 原始和锂化 Mg_3N_2 材料的 DOS 和能带结构对比[149]
（a）$x = 0$、1 和 7 的 $Li_xMg_3N_2$ 的态密度图，费米能级被设置在 0 eV；（b）~（d）为对应的电子
能带结构（黑色实线和红色虚线分别表示向上自旋和向下自旋电子态）

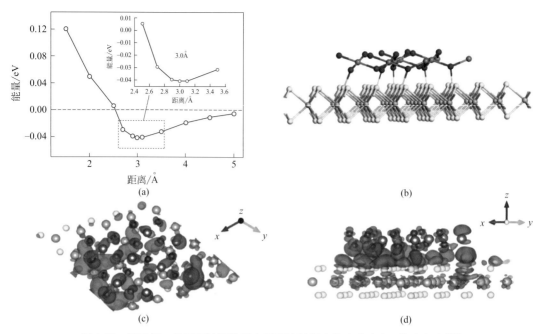

图 3-30　基于第一性原理计算体系在吸附等过程中的电荷密度/差分密度[150]

（a）SnO_2 在 $MoSe_2$（100）平面上的吸附能随 Se—O 化学键距离的变化趋势；（b）通过范德瓦尔斯校正优化得到 O-$MoSe_2$/SnO_2 几何构型；（c）O-$MoSe_2$/SnO_2 复合前后的差分电荷密度的俯视图；（d）O-$MoSe_2$/SnO_2 复合后的差分电荷密度的侧视图［棕/紫云分别表示失电子/得电子（等值面为 0.000605e／$bohr^3$）］

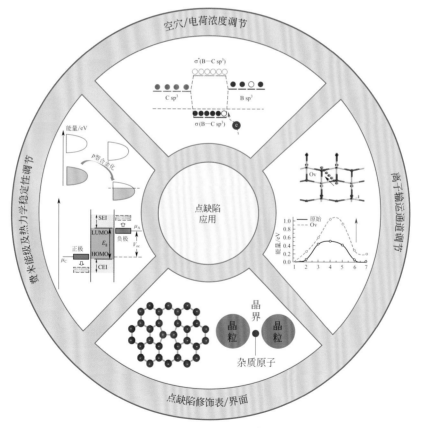

图 3-34　点缺陷调控策略[52,163,164]

 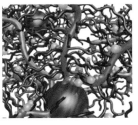 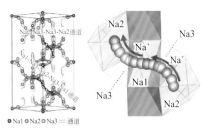

(a) 液态电解质中溶剂分子协调离子输运　　(b) 聚合物电解质中链段运动与离子输运　　(c) NASICON(Na⁺ superionic conductor)中的多离子协同输运

图 3-35　液态、聚合物以及无机固态电解质离子运输形式 [174,175]

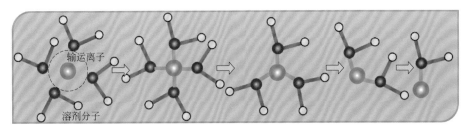

图 3-36　液态电解质溶剂化与脱溶剂化动力学过程中携带式离子输运方式示意图 [169]

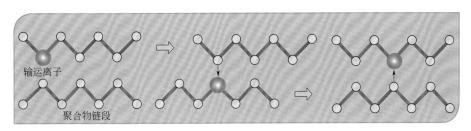

图 3-37　有机聚合物基固态电解质中离子在配位之间传递输运方式示意图 [169]

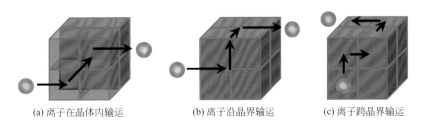

(a) 离子在晶体内输运　　(b) 离子沿晶界输运　　(c) 离子跨晶界输运

图 3-38　无机固态电解质中离子输运方式示意图 [182,183]

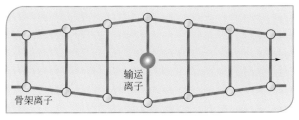 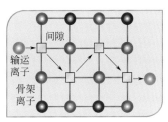

(a) 离子在间隙中直接迁移　　(b) 离子在空位之间迁移

图 3-39　无机固态电解质中离子间隙扩散输运方式示意图 [169]

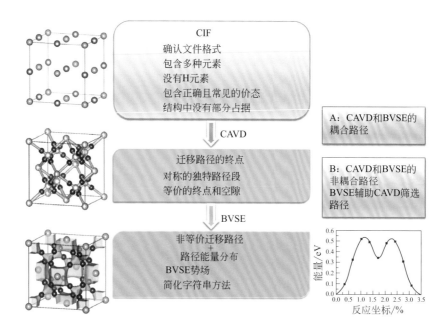

图 3-44 结合了几何分析和 BVSE 方法判别迁移离子在晶格位置之间的所有迁移路径的流程图[235]

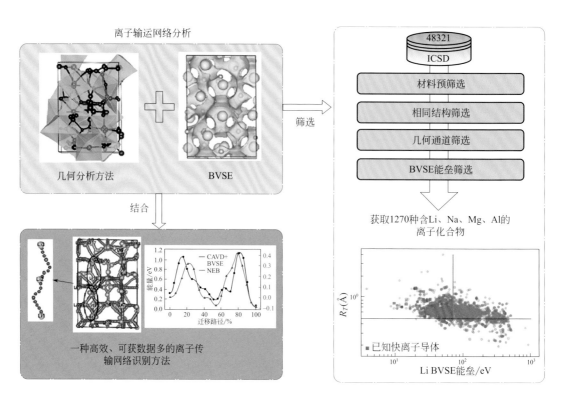

图 3-45 融合多尺度计算方法筛选快离子导体[233]

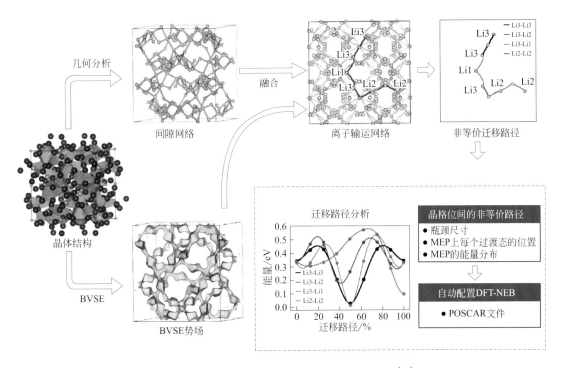

图 3-46　几何分析和 BVSE 组合方法的工作流程[233]

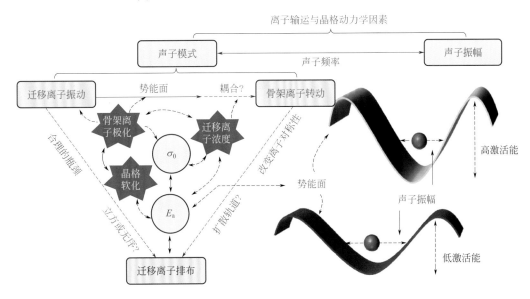

图 3-48　快离子导体离子输运行为和晶格动力学因素（声子频率、声子模式和声子振幅）间的影响关系

声子模式和声子振幅可通过声子频率进行关联。声子模式主要包括迁移离子振动和骨架离子转动两种，图中整理了其与迁移离子排布的三角关系。其中紫色箭头分别表示三者间的调控策略，其对应的调控因素也用红色字体进行标注，包括势能面、合理瓶颈、扩散通道等。图中蓝色星号为基于晶格动力学因素调控离子输运的策略，包括迁移离子浓度[259]、晶格软化和骨架离子极化[260]，可利用这些策略对式（2-15）中的前置因子 σ_0 及迁移离子激活能 E_a 进行调控，如三角形内黑色箭头所示。不同势能面上的迁移离子声子振幅不同，导致其 E_a 值不同。图中实线和虚线的箭头对应已经明确的和潜在的调控策略

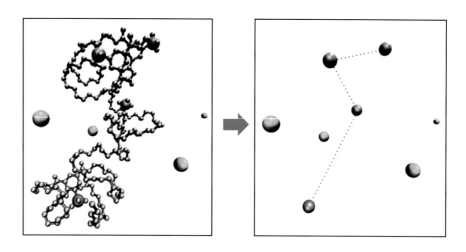

图 4-6 PEO 基离子交联聚合物的粗粒化过程[28]

聚合物主链（灰色小球）通过粗粒化被完全除去，剩下靠弱简谐弹簧力结合在一起的
阴离子（粉红色小球），阴离子依靠钠离子（蓝绿色小球）保持电荷平衡

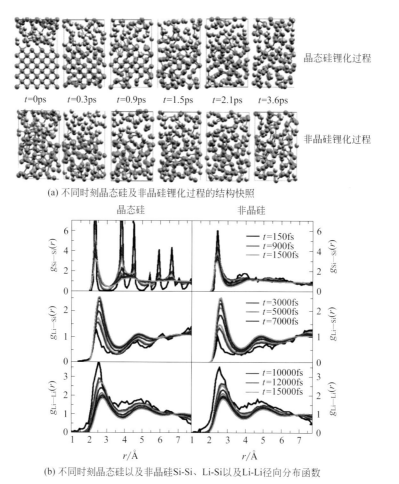

图 4-8 不同时刻晶态硅及非晶硅锂化过程的结构快照及 Si—Si、Li—Si、Li—Li 径向分布函数[52]

蓝色，灰色小球分别为硅原子、锂原子

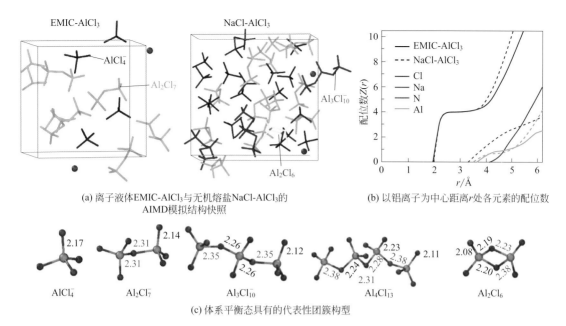

(a) 离子液体EMIC-AlCl₃与无机熔盐NaCl-AlCl₃的 AIMD模拟结构快照

(b) 以铝离子为中心距离r处各元素的配位数

(c) 体系平衡态具有的代表性团簇构型

图 4-9　离子液体 NaCl-AlCl₃ 和无机熔盐 EMIC-AlCl₃ 中的团簇构型[53]

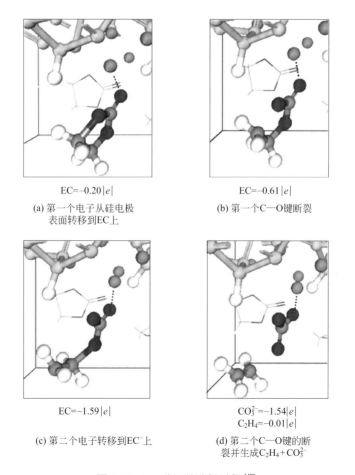

(a) 第一个电子从硅电极表面转移到EC上

(b) 第一个C—O键断裂

(c) 第二个电子转移到EC⁻上

(d) 第二个C—O键的断裂并生成C_2H_4+CO_3^{2-}

图 4-10　EC 分子的分解过程[49]

图中显示了 EC 分子以及 C_2H_4、CO_3^{2-} 的净电荷

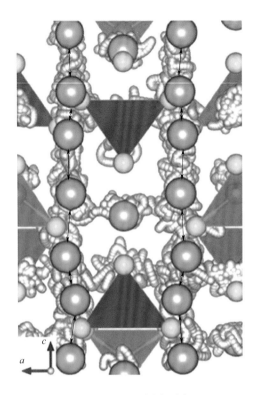

(a) Li$_{10}$GeP$_2$S$_{12}$固态电解质中
锂离子沿c方向的运动轨迹

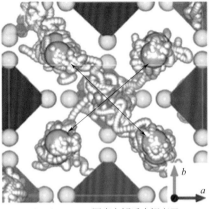

(b) Li$_{10}$GeP$_2$S$_{12}$固态电解质中锂离子
在ab面内的运动轨迹(一)

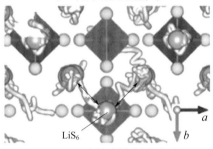

(c) Li$_{10}$GeP$_2$S$_{12}$固态电解质中锂离子
在ab面内的运动轨迹(二)

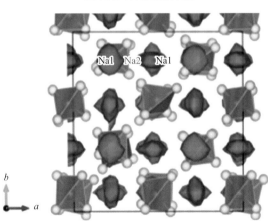

(d) Na$_{3+x}$Si$_x$P$_{1-x}$S$_4$(x=0.0625)固态电解质中
钠离子核概率密度为$P_{max}/8$时的等值面

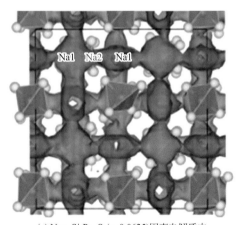

(e) Na$_{3+x}$Si$_x$P$_{1-x}$S$_4$(x=0.0625)固态电解质中
钠离子核概率密度为$P_{max}/64$时的等值面

图 4-11　Li$_{10}$GeP$_2$S$_{12}$ 固态电解质中锂离子沿 c 方向和在 ab 平面内的运动轨迹[58] 及 Na$_{3+x}$Si$_x$P$_{1-x}$S$_4$（x = 0.0625）
固态电解质中钠离子核概率密度为 $P_{max}/8$ 与 $P_{max}/64$ 时的等值面[59]
P_{max} 为体系中最大钠离子核概率密度值

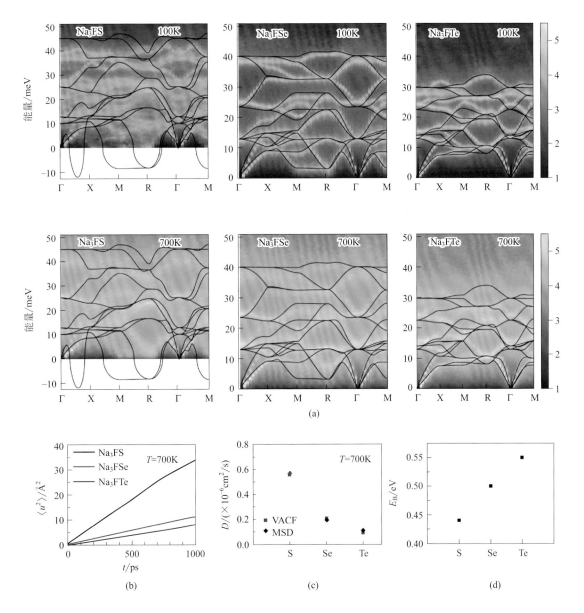

图 4-12 Na$_3$FY（Y=S, Se, Te）反钙钛矿型固态电解质钠离子输运性能[67]

（a）通过第一性原理晶格动力学计算得到的 0K 下 Na$_3$FY（Y=S, Se, Te）体系声子色散关系（黑实线）以及 MLMD 模拟得到的 100K 和 700K 下各体系声子能量密度图。可以发现 700K 下低能模式变得稳定且具有一定线宽，这意味着强的声子非简谐效应。（b）MLMD 模拟得到的 700K 下引入了 2% 钠空位的 Na$_3$FY（Y=S, Se, Te）体系的 MSD 曲线。（c）通过 VACF 以及 MSD 得到的钠离子扩散系数。（d）通过钠离子核概率密度得到的各体系激活能

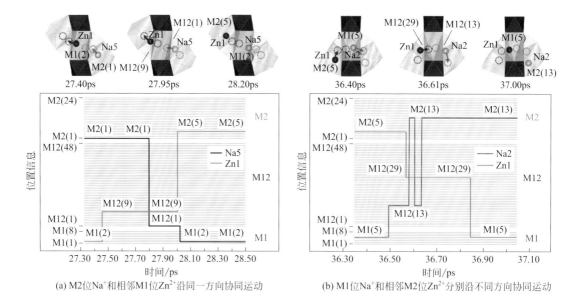

图 4-14 模拟温度为 1200K 时，$Zn_{0.125}NaV_2(PO_4)_3$ 体系中的两类典型的 Na^+ 与 Zn^{2+} 协同输运机制[68]

（a）与（b）上图显示了 Na^+ 和 Zn^{2+} 空间位置的快照；下图显示了对应 Na^+ 和 Zn^{2+} 占位随时间的演化轨迹。其中，红色多面体为 VO_6 八面体；为了清晰地展示 Na^+ 和 Zn^{2+} 空间位置，未显示出 PO_4 四面体。图中每一条细线代表独特的多面体位置，如 M1（1）代表 1 号 M1 位。细线的颜色区分多面体位置，其中红色代表 M1 位，蓝色代表 M12 位，绿色代表 M2 位；每一条粗线代表一个特定 Na^+ 或 Zn^{2+} 的运动轨迹，例如，Zn1 代表 1 号 Zn^{2+}；轨迹是水平线时代表 Na^+ 或 Zn^{2+} 占据某个多面体位置；轨迹是竖直线时代表 Na^+ 或 Zn^{2+} 从一个多面体位置跳跃到另一个多面体位置

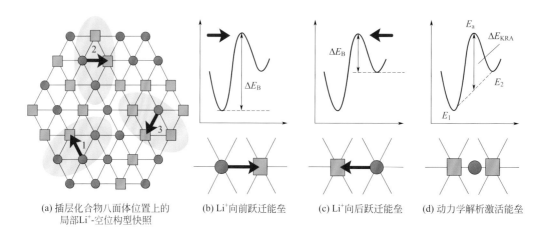

图 5-3 插层化合物八面位置上局部 Li^+- 空位构型快照及 Li^+ 向前、向后跃迁能垒与动力学解析激活能垒[15]

绿色方块表示空位，橘色圆圈表示 Li^+

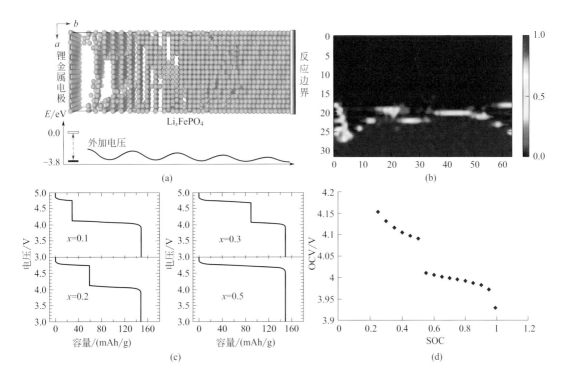

图 5-5 通过 MC 模拟揭示正极材料相变与开路电压特性

(a) MC 模拟得到 Li_xFePO_4 中 Li^+ 的分布，下图为对应的能量图，绿色的球代表 Li^+；(b) 充电时，Li 在无弹性能情况下的排列（沿 a 轴施加周期性边界条件）[32]；(c) 通过 MC 模拟得到的 $Li/LiNi_xMn_{2-x}O_4$ 电池电压分布，其中，x 分别为 0.1、0.2、0.3 和 0.5；(d) 全电池（$LiMn_2O_4$ 正极和碳负极）开路电压（OCV）与电池的荷电状态（SOC）的关系[34]

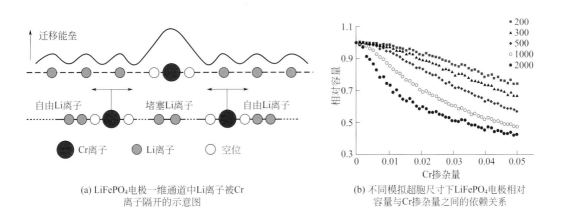

(a) $LiFePO_4$ 电极一维通道中Li离子被Cr离子隔开的示意图

(b) 不同模拟超胞尺寸下$LiFePO_4$电极相对容量与Cr掺杂量之间的依赖关系

图 5-7 $LiFePO_4$ 电极材料的离子输运特性 [36]

200、300、500、1000 和 2000 代表超胞的大小

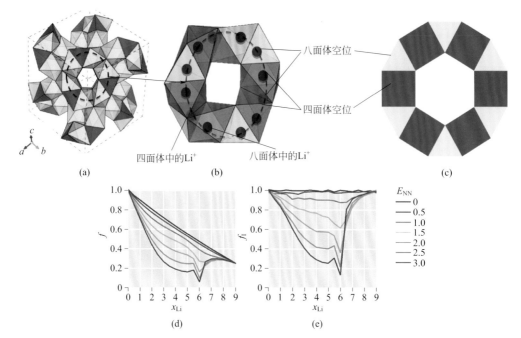

图 5-8 石榴石型 $Li_xLa_3Zr_2O_{12}$ 固态电解质中离子迁移扩散网络示意图与相关系数随迁移离子浓度的变化[39]

(a) 石榴石型 $Li_xLa_3Zr_2O_{12}$ 结构中由 ZrO_6 八面体和 LaO_8 十二面体连接的离子输运通道的三维图。迁移离子随机分布在四面体和八面体间隙中。相互连通的四面体间隙和八面体间隙形成三维离子输运网络。(b) 石榴石结构中环形结构示意图,其中四面体和八面体空位被部分 Li^+ 占据。(c) 石榴石离子输运通道的二维几何连接。一个八面体间隙与两个四面体间隙相连,一个四面体间隙则与四个八面体间隙相连(即四个八面体空位与四面体的每个面相连,图中仅展示两个八面体做示例)。(d)、(e) 不同最近邻相互作用 E_{NN} 下,集体相关系数 (f) 和自相关系数 (f_i) 随 Li^+ 浓度 (x_{Li}) 的变化

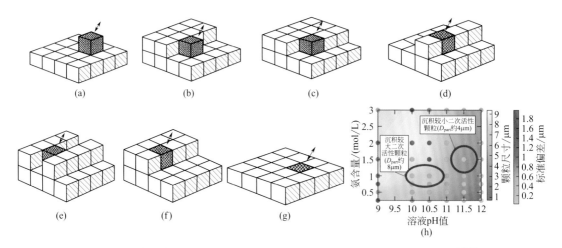

图 5-9 简单立方晶格的晶体生长过程及晶体尺寸与 pH 值和氨含量的关系[44,45]

(a)~(g) 简单立方晶格表面在不同配位环境下的晶体生长过程;(h) 晶体尺寸与溶液 pH 值和氨含量的关系相图。图中显示了在粒径分布为高斯分布的情况下,溶液的平均粒径及其对应的一阶标准差。这里显示的所有数据都是从计算模型中获取。绿色区域表示次级颗粒较小,黄色区域表示次级颗粒较大。浅蓝和紫色分别代表二次粒径分布标准差较小与较大的点。沉积较大(D_{part} 约 8μm)和较小(D_{part} 约 4μm,D_{part} 表示颗粒尺寸)的二次活性颗粒的最佳 pH 值和氨含量条件也在图中突出显示(用红色圆圈表示)

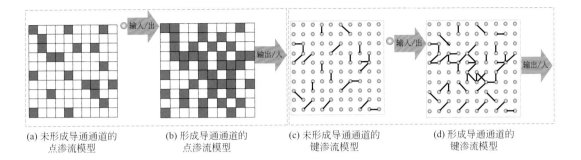

(a) 未形成导通通道的点渗流模型 (b) 形成导通通道的点渗流模型 (c) 未形成导通通道的键渗流模型 (d) 形成导通通道的键渗流模型

图 5-11　未形成与形成导通通道的点/键渗流模型

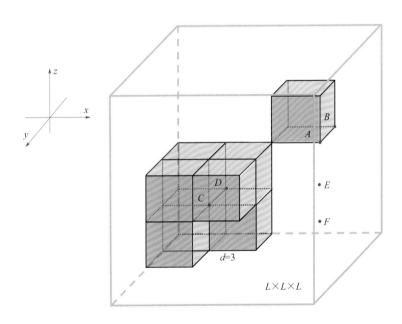

图 5-15　三维晶格矩阵渗流模型示意图

L 为模型尺寸；AB 为界面导电键；CD 为填充相导电键；EF 为基体相导电键

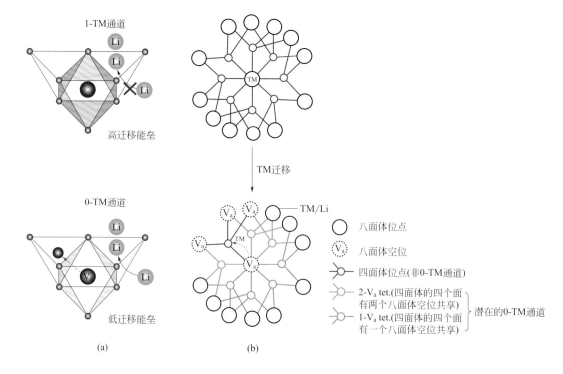

图 5-16 TM 迁移对 Li⁺ 动力学的影响 [93]

（a）一个具有两个面共享四面体位点的 **TMO₆** 八面体示意图。TM 从八面体迁移到四面体的同时将 **1-TM** 通道转换为 **0-TM** 通道。（b）TM 迁移前后岩盐型构造的 Li⁺ 通道有效性图解。该结构显示出一个八面体 TM 连接八个四面体位点的局域构型。八面体位置 TM 的存在使得其周围连接的八个四面体位置都是非 **0-TM** 通道（红色圆圈）。当 TM 迁移到一个四面体位置后，其他 7 个四面体位置成为潜在的 **0-TM** 通道（绿色或黄色圆圈）

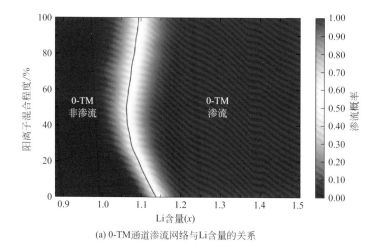

(a) 0-TM通道渗流网络与Li含量的关系

图 5-17

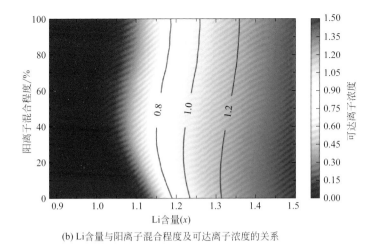

(b) Li 含量与阳离子混合程度及可达离子浓度的关系

图 5-17　0-TM 通道渗流网络阳离子混合程度及可达离子浓度与 Li 含量的关系 [94]

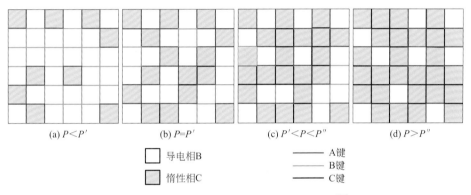

图 5-18　三相体系二维晶格键渗流示意图 [95]

P' 表示体系中开始出现长程连续导通 A 键时，导电相 B 的浓度；
P'' 表示长程连续导通的 A 键被破坏时，B 相的浓度

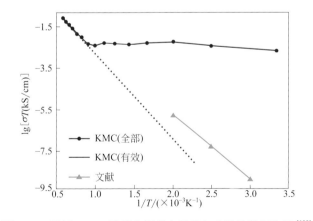

图 5-22　通过 KMC 模拟获得的电导率与实验值进行比较 [100]

实心蓝色曲线表示 KMC 模拟得到的电导率；实心红线对应于长程传导（来自高温 KMC 模拟）的有效电导率；
虚线表示其向下推算到较低温度的电导率；绿色曲线表示文献报道的实验电导率数据

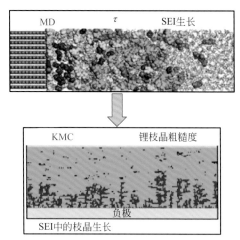

图 5-24　MD、KMC 多尺度耦合模拟枝晶生长的关系图 [101, 103]

可利用 MD 模拟得到的 SEI 作为 KMC 模拟枝晶生长的初始条件

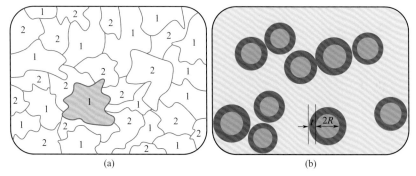

图 6-1　有效介质理论初始模型及改进的有效介质理论三相体系模型 [5]

（a）有效介质理论初始模型 [2 区域表示复合材料的基体相，1 区域表示复合材料的掺杂相（填充相）]；
（b）改进的有效介质理论三相体系模型（黄色区域表示基体相，红色区域表示界面相，
绿色区域表示相 1 或称为掺杂相，t 为界面层厚度，R 为球形颗粒的半径）

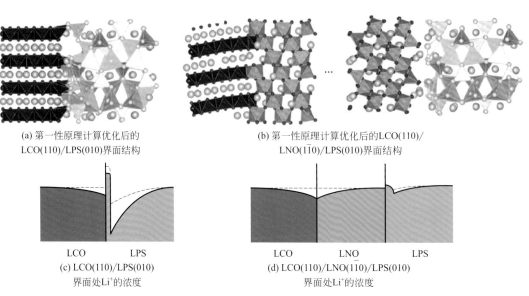

(a) 第一性原理计算优化后的
LCO(110)/LPS(010) 界面结构

(b) 第一性原理计算优化后的 LCO(110)/
LNO(1$\bar{1}$0)/LPS(010) 界面结构

(c) LCO(110)/LPS(010)
界面处 Li$^+$ 的浓度

(d) LCO(110)/LNO(110)/LPS(010)
界面处 Li$^+$ 的浓度

图 6-8　第一性原理计算优化后的界面结构及界面处的 Li$^+$ 浓度 [35]

LCO—LiCoO$_2$；LNO—LiNbO$_3$；LPS—LiPS$_4$

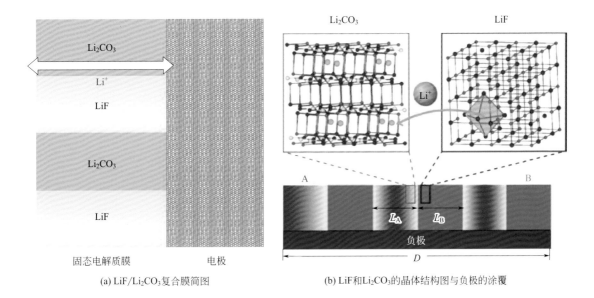

(a) LiF/Li₂CO₃复合膜简图

(b) LiF和Li₂CO₃的晶体结构图与负极的涂覆

图 6-10　LiF/Li₂CO₃ 复合膜简图及 LiF 和 Li₂CO₃ 的晶体结构图与负极的涂覆 [40]

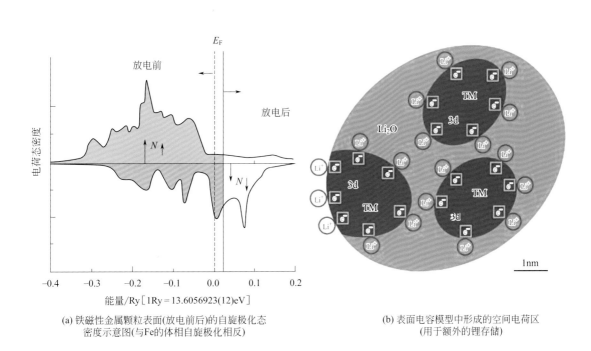

(a) 铁磁性金属颗粒表面(放电前后)的自旋极化态
密度示意图(与Fe的体相自旋极化相反)

(b) 表面电容模型中形成的空间电荷区
(用于额外的锂存储)

图 6-11　铁磁金属颗粒表面的自旋极化态密度及表面电容模型中形成的空间电荷区 [43]

E_F—费米能级

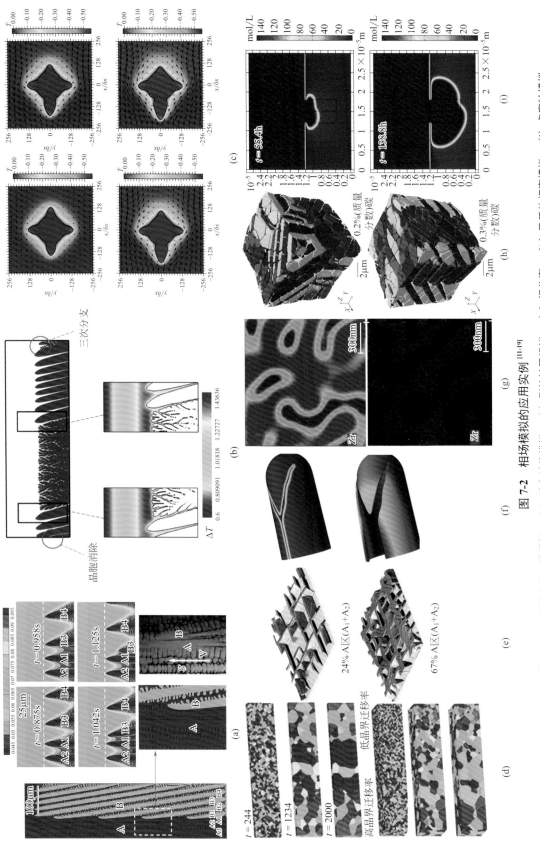

图 7-2 相场模拟的应用实例[11-19]

(a)~(c) 枝晶生长模拟;(d) 晶粒生长三维模拟;(e) 铁电结构模拟;(f) 裂纹扩展模拟;(g) 相分离;(h) 马氏体相变模拟;(i) 点腐蚀模拟

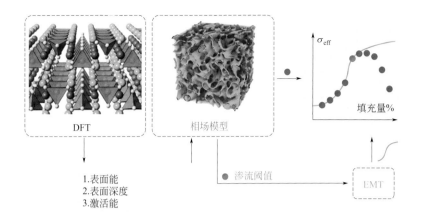

图 7-5 融合第一性原理计算、相场模拟和有效介质理论模拟用于预测非均质固态电解质的有效离子电导率 σ_{eff} [40]

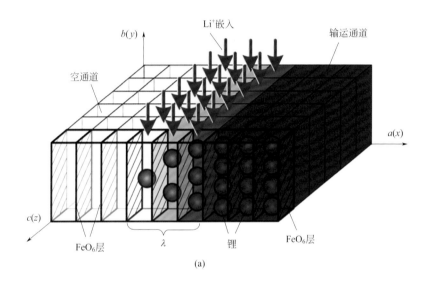

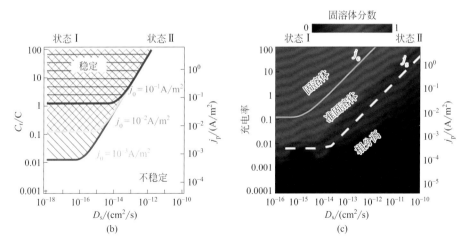

图 7-6

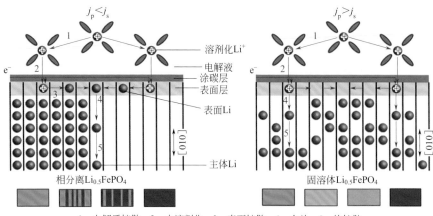

1—电解质扩散；2—去溶剂化；3—表面扩散；4—合并；5—体扩散
(d)

图 7-6 Li_xFePO_4 中锂离子扩散各向异性和相边界迁移机制 [42-44]

（a）锂离子在 Li_xFePO_4 中的扩散及相界面的形成示意图；（b）解析线性稳定性与表面扩散系数和交换电流密度的关系；（c）相分离临界电流密度与表面扩散系数等因素的关系；（d）相变过程中三种可能的离子迁移路径与临界电流密度大小的关系

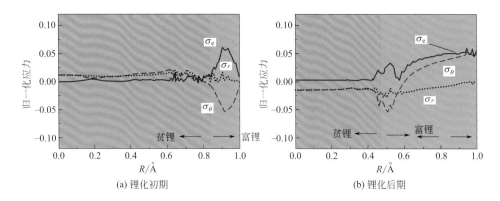

(a) 锂化初期　　(b) 锂化后期

图 7-7 硅电极弹塑性变形时的归一化应力分布情况 [47]

σ_e—米塞斯等效应力；σ_r—颗粒径向应力；σ_θ—颗粒环向应力

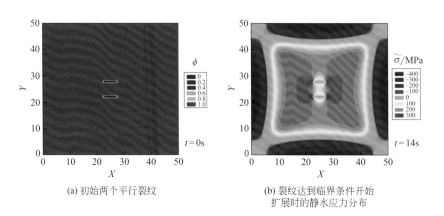

(a) 初始两个平行裂纹　　(b) 裂纹达到临界条件开始扩展时的静水应力分布

图 7-8

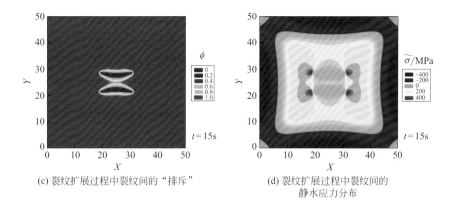

(c) 裂纹扩展过程中裂纹间的"排斥"

(d) 裂纹扩展过程中裂纹间的静水应力分布

图 7-8 两个平行裂纹在锂扩散作用下的扩展情况 [45]

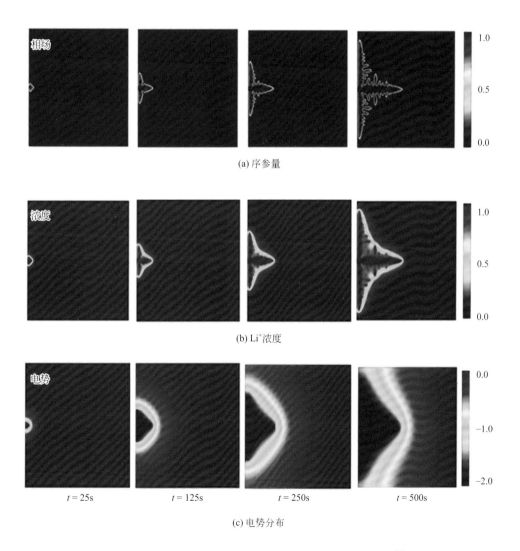

(a) 序参量

(b) Li$^+$浓度

(c) 电势分布

图 7-10 相场模拟的 Li 枝晶生长过程中三个参数的演化 [74]

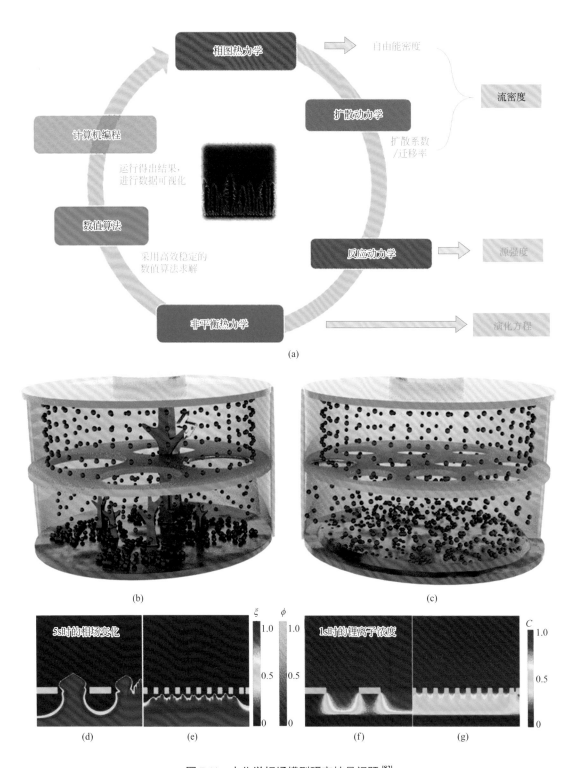

图 7-11 电化学相场模型研究枝晶问题 [82]

(a) 电化学相场模型研究枝晶问题的一般范式;(b)、(c) 不同隔膜孔径下的离子分布及负极沉积形貌;
(d)、(e) 孔径较大/小隔膜下的负极沉积形貌;(f)、(g) 孔径较大/小隔膜下的离子分布

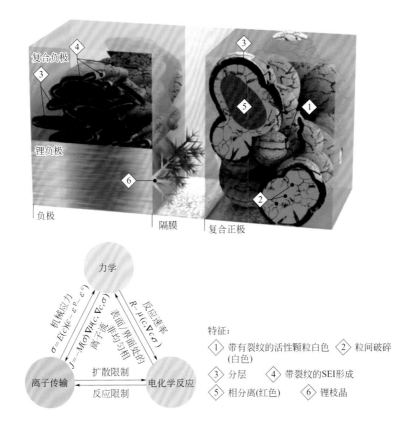

图 8-1 电池多尺度结构特征及多物理场耦合特征 [3]

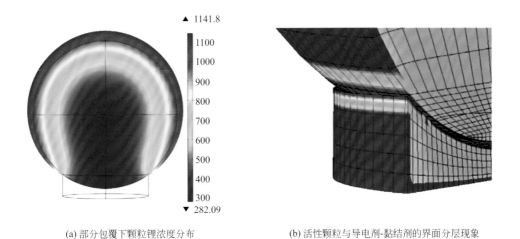

(a) 部分包覆下颗粒锂浓度分布　　　　(b) 活性颗粒与导电剂-黏结剂的界面分层现象

图 8-9 部分包覆下颗粒锂浓度分布及活性颗粒与导电剂 - 黏结剂的界面分层现象 [25]

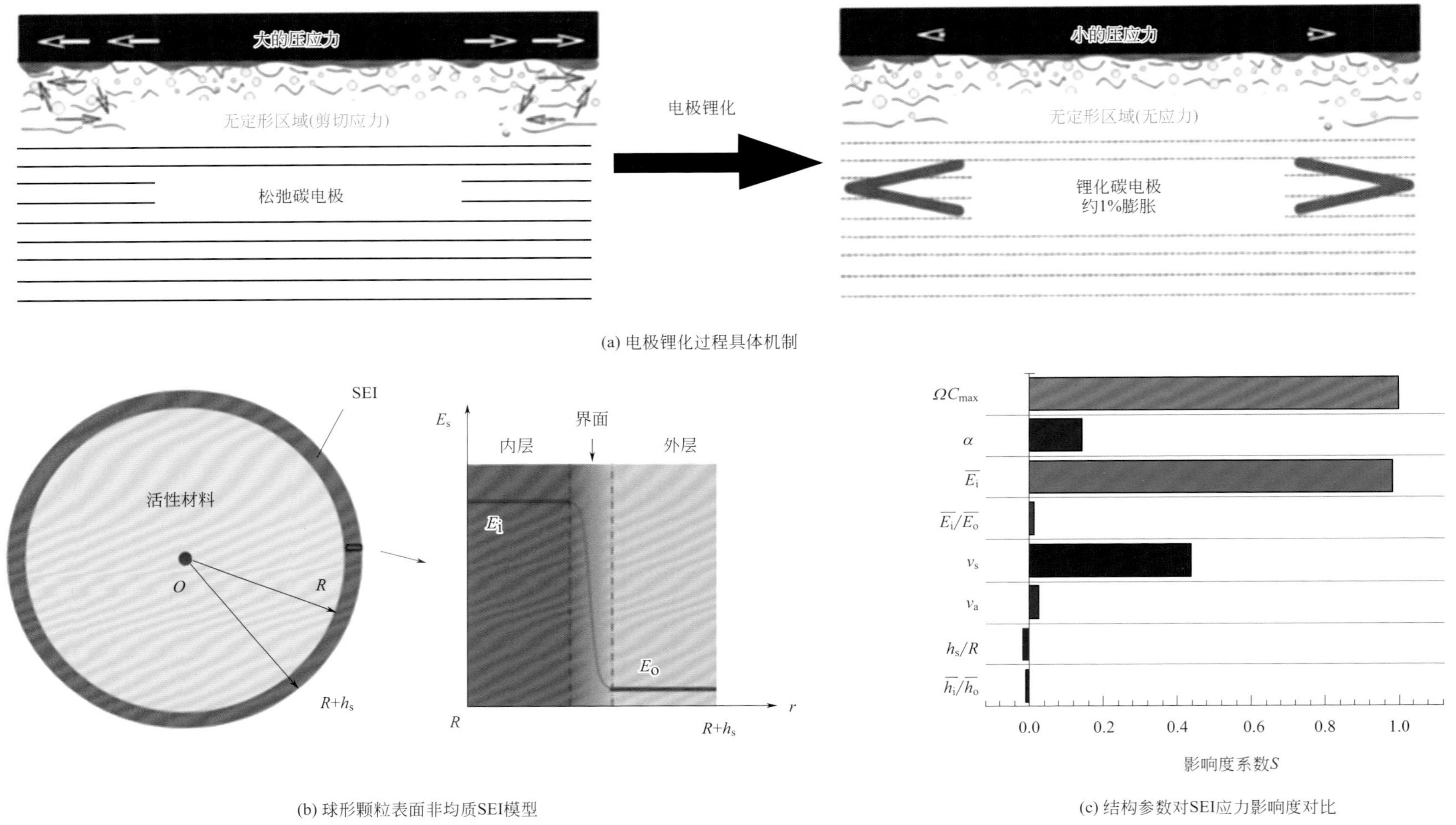

(a) 电极锂化过程具体机制

(b) 球形颗粒表面非均质SEI模型

(c) 结构参数对SEI应力影响度对比

图 8-10 活性材料 SEI 的应力行为研究 [26,27]

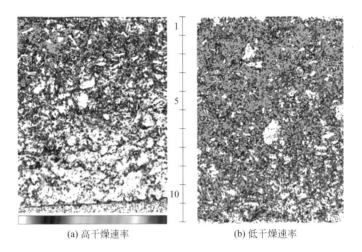

(a) 高干燥速率 (b) 低干燥速率

图 8-13 高干燥速率与低干燥速率下黏结剂沿横截面分布的 SEM 图像 [33]

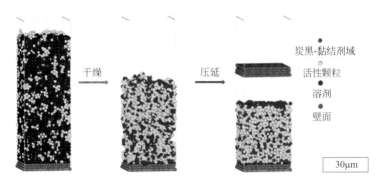

图 8-15 MPSP 模型模拟电极经过干燥和压延处理的结构示意图 [38]

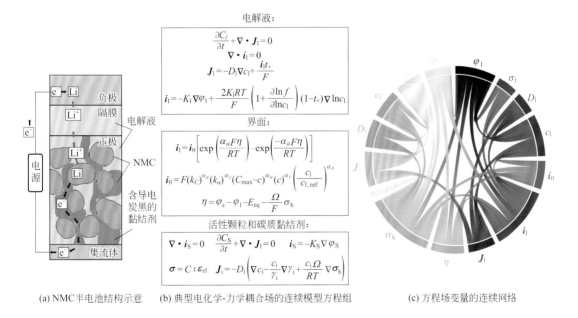

(a) NMC半电池结构示意 (b) 典型电化学-力学耦合场的连续模型方程组 (c) 方程场变量的连续网络

图 8-22 电化学和力学的连续介质理论 [69]

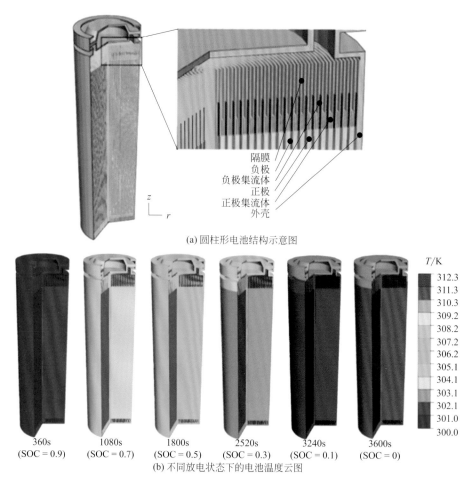

图 8-25　圆柱形电池结构示意图及不同放电状态下的电池温度云图 [82]

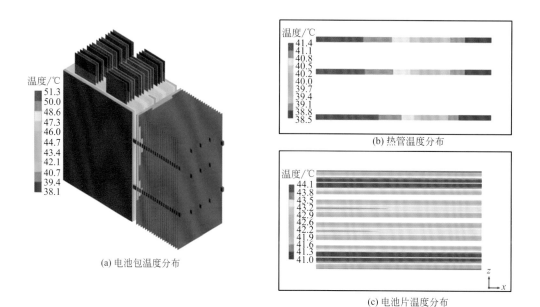

图 8-26　48V 电池包仿真结果 [83]

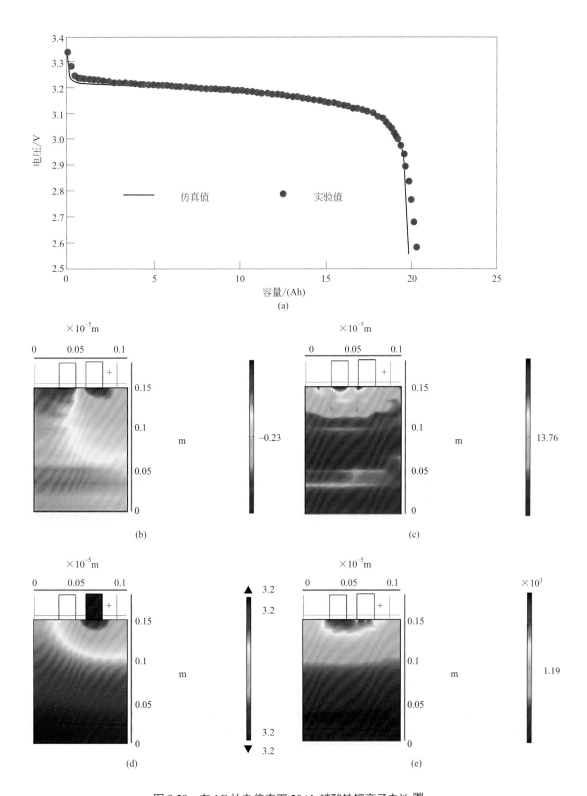

图 8-29 在 1C 放电倍率下 20Ah 磷酸铁锂离子电池 [90]

(a) 放电曲线仿真结果和实验结果的对比;(b) 正负极之间的电势分布;(c) 电流密度分布;
(d) 极耳处的电势分布;(e) 电解质盐浓度分布

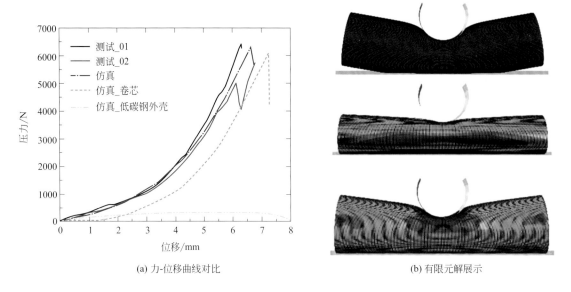

(a) 力-位移曲线对比　　(b) 有限元解展示

图 8-32　可压碎泡沫模型理论与实验结果对比情况 [95]

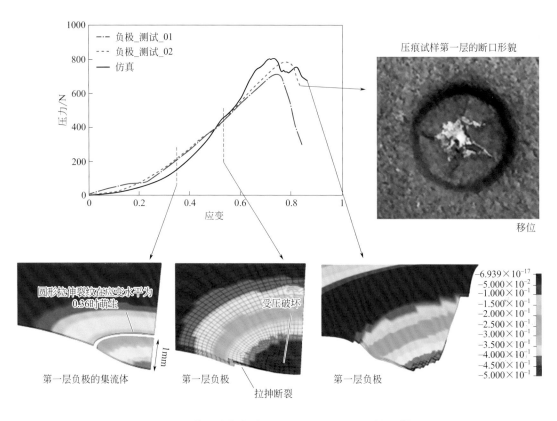

图 8-33　基于蜂窝模型的理论与实验结果对比情况 [96]

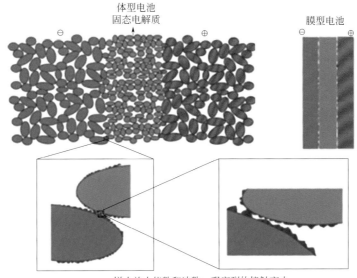

(a) 无机固态电解质/电极接触示意图

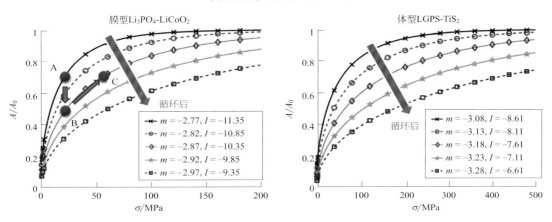

(b) 膜型和体型全固态电池中无机固态电解质与电极间的接触面积随循环次数和接触压力的变化情况

图 9-11　无机固态电解质／电极接触示意图及接触面积随循环次数和接触压力的变化情况 [35]

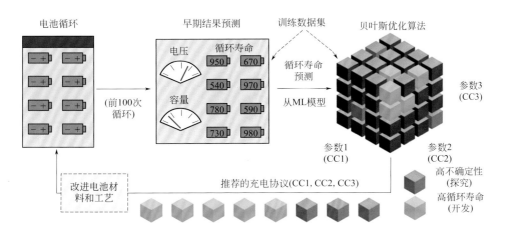

图 9-15　电池系统优化示意图 [46]

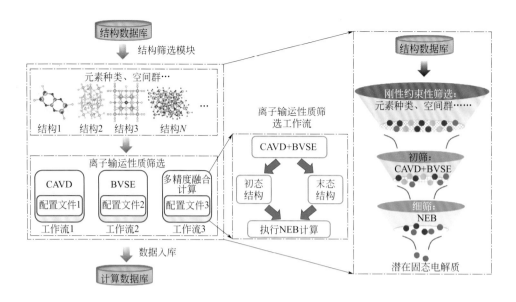

图 10-3 基于电化学储能材料计算与数据平台的固态电解质材料筛选示意图 [64]

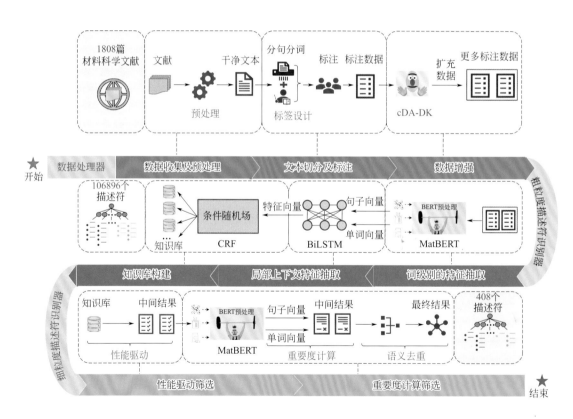

图 10-16 描述符自动识别器 [230]

对数据进行预处理操作的数据处理器、针对材料科学文献的粗粒度
描述符识别器以及针对特定材料任务的细粒度描述符识别器